住房和城乡建设部“十四五”规划教材
高等学校物业管理专业系列教材

物业项目运营

张志红 主 编
梁国军 张新爱 张 培 安芸静 副主编
翁国强 主 审

中国建筑工业出版社

图书在版编目（CIP）数据

物业项目运营/张志红主编；梁国军等副主编. —北京：中国建筑工业出版社，2022.7（2025.8重印）
住房和城乡建设部“十四五”规划教材 高等学校物业管理专业系列教材
ISBN 978-7-112-27555-7

Ⅰ. ①物… Ⅱ. ①张… ②梁… Ⅲ. ①物业管理—项目管理—高等学校—教材 Ⅳ. ①F293.33

中国版本图书馆CIP数据核字（2022）第109967号

本书从应用型人才培养角度出发，基于理论与实践有机结合思想，确保教材内容既符合高等教育学科专业建设规范，又与行业对专业人才职业能力要求相匹配。全书分为3篇。第1篇为基础知识篇，对物业、物业管理、业主、物业服务人、物权等基本概念作了较为深入的分析；第2篇为业务技能篇，按照物业项目运营的时间轴线，对物业项目的早期介入、管理权获取、物业服务合同、承接查验、前期管理、房屋及设施设备管理、秩序维护、环境管理等基本业务的概念、要求、工作流程及现行法律法规约束等分章节作了详细阐述；第3篇为经营管理篇，分别就物业项目运营中的服务品质管理、客户服务与公共关系、行政管理、人力资源管理、财务管理、风险管理等关键任务的内容及要点作了阐述。

本书可作为高等院校物业管理、房地产开发与管理、工程管理、工程造价等专业教材或教学参考书，也可作为全国物业管理员（师）职业能力等级评价考试的自学或辅导用书。

为更好地支持相应课程的教学，我们向采用本书作为教材的教师提供教学课件，有需要者可与出版社联系，邮箱：jckj@cabp.com.cn，电话：(010)58337285，建工书院 http://edu.cabplink.com（PC端）。

课程导入

责任编辑：张 晶 牟琳琳
责任校对：芦欣甜

住房和城乡建设部“十四五”规划教材
高等学校物业管理专业系列教材
物业项目运营
张志红 主 编
梁国军 张新爱 张 培 安芸静 副主编
翁国强 主 审
*
中国建筑工业出版社出版、发行（北京海淀三里河路9号）
各地新华书店、建筑书店经销
北京建筑工业印刷厂制版
建工社（河北）印刷有限公司印刷
*
开本：787毫米×1092毫米 1/16 印张：23 字数：488千字
2022年8月第一版 2025年8月第四次印刷
定价：58.00元（赠教师课件）
ISBN 978-7-112-27555-7
（39731）

出版说明

党和国家高度重视教材建设。2016年，中办国办印发了《关于加强和改进新形势下大中小学教材建设的意见》，提出要健全国家教材制度。2019年12月，教育部牵头制定了《普通高等学校教材管理办法》和《职业院校教材管理办法》，旨在全面加强党的领导，切实提高教材建设的科学化水平，打造精品教材。住房和城乡建设部历来重视土建类学科专业教材建设，从“九五”开始组织部级规划教材立项工作，经过近30年的不断建设，规划教材提升了住房和城乡建设行业教材质量和认可度，出版了一系列精品教材，有效促进了行业部门引导专业教育，推动了行业高质量发展。

为进一步加强高等教育、职业教育住房和城乡建设领域学科专业教材建设工作，提高住房和城乡建设行业人才培养质量，2020年12月，住房和城乡建设部办公厅印发《关于申报高等教育职业教育住房和城乡建设领域学科专业“十四五”规划教材的通知》（建办人函〔2020〕656号），开展了住房和城乡建设部“十四五”规划教材选题的申报工作。经过专家评审和部人事司审核，512项选题列入住房和城乡建设领域学科专业“十四五”规划教材（简称规划教材）。2021年9月，住房和城乡建设部印发了《高等教育职业教育住房和城乡建设领域学科专业“十四五”规划教材选题的通知》（建人函〔2021〕36号）。为做好“十四五”规划教材的编写、审核、出版等工作，《通知》要求：（1）规划教材的编著者应依据《住房和城乡建设领域学科专业“十四五”规划教材申请书》（简称《申请书》）中的立项目标、申报依据、工作安排及进度，按时编写出高质量的教材；（2）规划教材编著者所在单位应履行《申请书》中的学校保证计划实施的主要条件，支持编著者按计划完成书稿编写工作；（3）高等学校土建类专业课程教材与教学资源专家委员会、全国住房和城乡建设职业教育教学指导委员会、住房和城乡建设部中等职业教育专业指导委员会应做好规划教材的指导、协调和审稿等工作，保证编写质量；（4）规划教材出版单位应积极配合，做好编辑、出版、发行等工作；（5）规划教材封面和书脊应标注“住房和城乡建设部‘十四五’规划教材”字样和统一标识；（6）规划教材应在“十四五”期间完成出版，逾期不能完成的，不再作为《住房和城乡建设领域学科专业“十四五”规划教材》。

住房和城乡建设领域学科专业“十四五”规划教材的特点，一是重点以修订教育部、住房和城乡建设部“十二五”“十三五”规划教材为主；二是严格按照专业标准规范要求编写，体现新发展理念；三是系列教材具有明显特点，满足不同层次和类型的学校专业教学要求；四是配备了数字资源，适应现代化教学的要求。规划教材的出版凝聚了作者、主审及编辑的心血，得到了有关院校、出版单位的大力支持，教材建设管理过程有严格保障。希望广大院校及各专业师生在选用、使用过程中，对规划教材的编写、出版质量进行反馈，以促进规划教材建设质量不断提高。

住房和城乡建设部“十四五”规划教材办公室

2021 年 11 月

前　言

物业管理专业在我国高校属于一个新专业，特别是物业管理本科，仅有十几年的建设历史。最近几年，我国物业管理行业发展环境向好，物业服务企业转型发展速度加快，规模扩张、业态升级、服务延伸、科技赋能、跨界合作……行业呈现蒸蒸日上的喜人景象。2016年7月15日，《高等学校物业管理本科指导性专业规范》发布，提出了国家对物业管理专业本科教学的基本要求，规定了物业管理专业本科学生应该学习的基本理论知识及应掌握的基本技能和方法。2020年5月28日，十三届全国人民代表大会三次会议表决通过《中华人民共和国民法典》(简称《民法典》)。《民法典》从不同角度对物业管理活动进行了一系列的规范和调整，奠定了物业管理的民事法律基础。《民法典》对物业管理的相关规定，包括业主的权利、建筑物区分所有权、物业服务计费方式、物业服务合同、侵权责任等，相比之前的相关法律法规有较大变化。2020年8月10日，《物业管理员（师）职业能力评价规范》T/CPMI 010—2020发布，对物业服务人员基础知识、岗位知识和业务能力评价提出了明确要求。物业管理行业的转型发展以及相关法律、规范的出台，均对物业管理专业教材提出了更新要求。

《物业项目运营》从应用型专门人才培养角度出发，基于理论与实践有机结合思想，确保教材内容既符合高等教育学科专业建设规范，又与行业对专业人才职业能力要求相匹配。全书分为3篇。第1篇为基础知识篇，对物业、物业管理、业主、物业服务人、物权等基本概念作了较为深入的分析；第2篇为业务技能篇，按照物业项目运营的时间轴线，对物业项目的早期介入、管理权获取、物业服务合同、承接查验、前期管理、房屋及设施设备管理、秩序维护、环境管理等基本业务的概念、要求、工作流程及现行法律法规约束等分章节作了详细阐述；第3篇为经营管理篇，分别就物业项目运营中的服务品质管理、客户服务与公共关系、行政管理、人力资源管理、财务管理、风险管理等关键任务的内容及要点作了阐述。

为方便教学，各章在正文前设计了“知识要点”“能力要点”，正文后设计了“本章小结”。考虑案例教学需要，正文部分根据内容需要穿插了大量真实案例，主要选自近几年行业发生的有代表性的诉讼案件。每章后均设计了“延伸阅读”板块，提供相关法律、规范和相关知识的阅读信息源，为探究式教学提供便利。

为配合线上线下混合教学模式改革，本教材配套制作了完整的教学视频，读者扫描每节开头的二维码，即可观看。课后练习参照职业资格考试常见题型，设计了单选题、多选题、案例分析题和课程实践题。其中单选题、多选题为在线练习，读者可以扫描课后练习中的二维码进行自测。

本教材由石家庄学院张志红担任主编，石家庄学院梁国军、张新爱、张培、安芸静担任副主编，国家开放大学现代物业服务与不动产管理学院常务副院长、中国物业管理协会高级顾问翁国强担任主审。教材各章编写分工为：张志红负责第1、2、3、4、7、11章，梁国军负责第6、13、16、17章，张新爱负责第9、10、12、14章，张培负责第15、18章，安芸静负责第5、8章。全书由张志红统稿。

本书被列为住房和城乡建设部“十四五”规划教材，也是国家开放大学物业管理本科专业指定教材。教材的编写得到国家开放大学现代物业服务与不动产管理学院课程资源建设项目、河北省高等教育教学改革研究与实践项目、河北省一流本科专业建设项目、石家庄学院一流课程建设项目等的支持。本书编写过程中，得到了国家开放大学现代物业服务与不动产管理学院翁国强常务副院长、清华大学季如进教授、北京林业大学韩朝教授、广州大学陈德豪教授、石家庄市物业管理协会刘明会长等多位专家的指导，同时也参考了众多物业管理专家学者的研究成果，在此一并表示感谢。

本书可作为高等院校物业管理、房地产开发与管理、工程管理、工程造价等专业“物业管理概论”“物业管理基础”“物业管理理论与实务”等课程的教材或教学参考书，也可作为全国物业管理员（师）职业能力等级评价考试的自学或辅导用书。

限于编者学术水平，书中定有许多不足之处，恳请读者朋友们批评指正。

编　者

2021年12月

目　录

第1篇　基础知识篇

1 物业项目运营概述 /002

知识要点……002
能力要点……002
1.1　物业……002
1.2　物业管理……007
1.3　物业项目运营……012
【本章小结】……021
【延伸阅读】……021
课后练习……021

2 业主及物业使用人 /023

知识要点……023
能力要点……023
2.1　业主的含义……023
2.2　业主的权利义务……024
2.3　业主大会和业主委员会……030
2.4　业主大会议事规则和管理规约……037
2.5　物业使用人……044
【本章小结】……045
【延伸阅读】……046
课后练习……046

3 物业服务人 /049

知识要点……049
能力要点……049
3.1　物业服务人的含义……049

3.2 物业服务人的义务……051
3.3 物业服务人的法律责任……053
【本章小结】……066
【延伸阅读】……067
课后练习……067

4 物权 /069
知识要点……069
能力要点……069
4.1 物权概述……069
4.2 业主的建筑物区分所有权……072
4.3 相邻关系……081
4.4 共有……082
【本章小结】……086
【延伸阅读】……086
课后练习……087

第2篇 业务技能篇

5 物业项目早期介入 /090
知识要点……090
能力要点……090
5.1 物业项目早期介入的含义和意义……090
5.2 物业项目早期介入的工作内容……093
5.3 物业项目早期介入的管理……102
【本章小结】……106
【延伸阅读】……106
课后练习……107

6 物业项目管理权获取 /109

知识要点……109
能力要点……109
6.1 物业项目管理权获取概述……109
6.2 物业管理招标投标的程序……112
6.3 物业服务方案编制……118
【本章小结】……120
【延伸阅读】……121
课后练习……121

7 物业服务合同 /124

知识要点……124
能力要点……124
7.1 物业服务概述……124
7.2 物业服务合同的含义和特征……128
7.3 物业服务合同的类型……131
7.4 物业服务合同的签订与终止……134
【本章小结】……138
【延伸阅读】……138
课后练习……139

8 物业项目承接查验 /140

知识要点……140
能力要点……140
8.1 物业项目承接查验概述……140
8.2 新建物业项目的承接查验……144
8.3 物业项目管理机构更迭时的承接查验……148
8.4 物业项目承接查验主体的责任……151
【本章小结】……152
【延伸阅读】……152
课后练习……152

9 物业项目前期管理 /156

知识要点……156
能力要点……156
9.1 物业项目前期管理概述……156
9.2 业主入住管理……159
9.3 物业装饰装修管理……164
9.4 物业质量保修管理……169
【本章小结】……173
【延伸阅读】……174
课后练习……174

10 物业项目房屋及设施设备管理 /178

知识要点……178
能力要点……178
10.1 物业项目房屋及设施场地管理……179
10.2 物业项目设备管理……181
10.3 物业项目公共能源管理……188
【本章小结】……191
【延伸阅读】……191
课后练习……191

11 物业项目秩序维护 /196

知识要点……196
能力要点……196
11.1 物业项目公共安全防范……196
11.2 物业项目车辆管理……201
11.3 物业项目消防管理……205
【本章小结】……210
【延伸阅读】……211
课后练习……211

12 物业项目环境管理 /214

知识要点……214
能力要点……214
12.1 物业项目清洁卫生管理……214
12.2 物业项目绿化管理……220
12.3 物业项目有害生物防治……226
【本章小结】……230
【延伸阅读】……230
课后练习……230

第3篇 经营管理篇

13 物业项目服务品质管理 /234

知识要点……234
能力要点……234
13.1 物业项目质量管理体系……234
13.2 物业项目绩效评价……241
13.3 物业项目供应商管理……246
【本章小结】……251
【延伸阅读】……251
课后练习……251

14 物业项目客户服务与公共关系 /253

知识要点……253
能力要点……253
14.1 物业项目客户服务体系……253
14.2 物业项目客户沟通……257
14.3 物业项目客户投诉管理……260
14.4 物业项目客户满意度管理……262
14.5 物业项目公共关系管理……266
【本章小结】……270

【延伸阅读】……270
课后练习……271

15 物业项目行政管理 /273

知识要点……273
能力要点……273
15.1 物业项目档案管理……273
15.2 物业项目应用文书管理……277
15.3 社区治理与社区文化……283
【本章小结】……289
【延伸阅读】……290
课后练习……290

16 物业项目人力资源管理 /291

知识要点……291
能力要点……291
16.1 物业项目职位管理……291
16.2 物业项目培训管理……297
16.3 物业项目绩效管理……302
16.4 物业项目薪酬管理……303
16.5 物业项目员工劳动保护……305
【本章小结】……307
【延伸阅读】……307
课后练习……307

17 物业项目财务管理 /308

知识要点……308
能力要点……308
17.1 物业服务人财务管理概述……308
17.2 物业项目的收费管理……315
17.3 物业服务费的测算……322
17.4 住宅专项维修资金的管理……328

【本章小结】…… 330
【延伸阅读】…… 331
课后练习…… 331

18 物业项目风险管理 /333

知识要点…… 333
能力要点…… 333
18.1 物业项目风险管理概述…… 333
18.2 物业项目紧急事件处理…… 337
18.3 物业项目危机公关…… 341
【本章小结】…… 343
【延伸阅读】…… 343
课后练习…… 343

附录 《民法典》物业管理相关内容节选…… 345
参考文献…… 354

第1篇

基础知识篇

准确掌握物业项目运营所涉及的基本概念，厘清其内涵和外延，并全面了解与其相关的法律、法规和政策，是做好物业项目运营的基础。本篇对物业、物业管理、业主、物业服务人、物权等基本概念进行了深入、详细的解析。

1 物业项目运营概述

知识要点

1. 物业的含义、组成、类别、属性，物业与相关概念的区分；
2. 物业管理的含义、目的、特征；
3. 物业项目运营的内容、环节；
4. 物业项目利益相关者的含义。

能力要点

1. 能够准确区分物业、物业管理的概念边界，科学理解和运用；
2. 能够准确识别物业项目利益相关者。

我们可以将物业服务人的管理活动分为两类：企业管理和项目管理。物业项目的科学运营，是物业服务人生存发展的基础。本书将站在项目管理的角度，对物业服务人在物业项目全生命周期的运作与经营活动进行研究。本章首先详细介绍物业项目运营的两个最基本概念：物业、物业管理，之后对物业项目运营的基本内涵及利益相关者进行详细阐述。涉及的主要法律文件有《中华人民共和国民法典》(简称《民法典》) 和《物业管理条例》。

1.1 物业

1.1.1 物业的含义

一般认为，“物业”一词来自于我国香港特别行政区地方习惯用语，意为个人或团体所拥有的单元性房地产产业，相对应的英文是 Estate 或 Property。我国香港特别行政区李宗锷法官在《香港房地产法》一书中对“物业”的解释是：“所谓物业，是单元性地产。一住宅单位是一物业，一工厂楼宇是一物业，一农庄也是一物业。故一物业可大可小，大物业可分割为小物业。”20 世纪 80 年代，随着我国内地改革开放和房地产市场的培育与发展，“物业”的概念开始从我国香港经由广东传入内地，逐渐为我国内地的地产界及普通百姓所接受，并广为流传和使用。住房和城乡建设部《房地产业基本术语标准》JGJ/T 30—2015 对“物业”一词的表述为：“已经竣工和正在使用中的各类建筑物、构筑物及附属设备、配套设施、相关场地等组成的房地产实体以及依托于该实体上的权益。”在这一术语解释中，物业除建筑物及附属设备、配套设施、相关场地等实体部分外，还包含了附着在其上的权益。具体的，一个完整的物业应该包括以下几个组成部分。

（1）建筑物、构筑物。建筑物一般指供人居住、工作、学习、生产、经营、娱乐、储藏物品以及进行其他社会活动的工程建筑。建筑物可以是单体建筑，如一幢高层或多层住宅楼、写字楼、商业大厦、宾馆、停车场等；也可以是建筑群，如住宅小区、工业园区、城市综合体等。构筑物一般是指建筑物之外，对主体建筑有辅助作用的，有一定功能性的结构建筑的统称。一般不适合人员直接居住。如水塔、水池、围墙、烟囱等。

（2）附属设备。建筑物附属的功能设备，包括给水排水系统、消防系统、暖通空调系统、强电系统、弱电系统、运输设备、防雷设备等。

（3）配套设施。与建筑物相配套，为建筑物的使用者提供服务的公共建筑设施，如商店、幼儿园、医院等。

（4）相关场地。建筑物周围的庭院、绿地、道路、停车场等。

（5）权益。附着在上述实体上的各项权益。

1.1.2 物业的类别

物业可以从不同的角度进行分类，如按建筑结构形式、层数、产权形式等。从物业项目运营的角度，根据使用功能的不同，物业可以分为住宅物业和非住宅物业两大类。

（1）住宅物业，是指以居住为主要功能的物业，包括普通住宅、公寓、别墅等物业类型。

（2）非住宅物业，包括所有不以居住作为主要使用功能的物业类型，如办公楼、写字楼、学校、医院、场馆、产业园区、商业综合体等。

1.1.3 物业的属性

物业的性质可以分为自然属性和社会属性两大类。

1. 物业的自然属性

物业的自然属性又称物理属性，或物理性质，是指与物业的物质实体或物理形态相联系的性质，它是物业社会属性的物质内容和物质基础。物业的自然属性主要表现为以下 6 个方面。

（1）二元性。一般来说，物业是土地与建筑物的统一体，即“房＋地”的组成品，因而兼有土地与建筑物两方面的物质内容和自然属性。物业的这种二元性，是其他一般商品所不具备的。

（2）有限性。物业的有限性主要是由土地供给的有限性决定的。土地的自然供给是有限的，且具有不可再生性，而用来开发建设的土地就更有限了。随着社会经济的发展，可开发利用土地面积日益减少，物业的有限性表现得越来越明显。同时，由于现代建筑的技术要求高、耗资大，物业的数量和规模还要受到社会经济力量和技术水平的限制。

（3）固定性。物业的固定性主要是指物业空间位置上的不可移动性。首先，土地是不可移动的。这里所说的不可移动，并不是指泥土或者地下埋藏的东西不可移动，也不是指地质地貌不可改变，而是指土地的空间方位、位置的确定性。其次，依赖于土地之上的各类建筑物也是不能随便移动的。再次，与各类建筑相配套的设施，如管道、道路、电缆等也是相对固定的。

（4）耐久性。房屋和土地都是相当耐久的资产。土地具有不可毁灭性，物业一经建造完成，即可供人们长期使用。建筑业中经常提到"百年大计"，建筑物一般是要使用数十年甚至更长时间，特别是那些具有文物价值的建筑，具有更长久的保护价值。

（5）多样性或差异性。就土地而言，处在不同地理位置或区位的物业是不同的。就建筑物本身而言，由于建筑物的结构、功能、自然环境、技术经济条件不同，形成了物业形式上的多样性。房屋建筑不可能像其他工业品一样，可以按照同一套图纸、同一个模具或原料进行"原版复制"。即使是按照同一套图纸进行多个建筑的建造，也会因为建造过程中所使用的材料和消耗的劳动的不同而不同。

（6）系统性。人们的各种现实需求从客观上决定了物业的配套性和系统性。一个完整的物业是一个系统，物业的各组成部分之间彼此联系或相互配套，组成一个整体，才能发挥物业应有的功能。物业的配套设施不仅要完善，而且要运转正常，即系统的每个组成部分都要正常发挥其应有的功能，否则，整个系统的功能就要受到影响。

2. 物业的社会属性

物业的社会属性包括物业的法律属性和社会经济属性，是指与所有权及商品经济相联系的性质。物业的社会属性主要表现为以下 6 个方面。

（1）稀缺性。物业的稀缺性主要是相对于人类的需要而言的。一方面表现为土地资源供应上的绝对短缺，另一方面表现为建筑资源供应上的相对短缺。从整个人类历史发展来看，人口数量在不断增长，而整个地球的陆地面积并没有增加，人均占有土地面积不断缩小，这就是土地的绝对短缺。从人们占有房屋空间的角度来看，这是一个可大可小的伸缩过程。房屋建筑面积小，一个人有张床就可以了；房屋建筑面积大一些，人们就希望一个人有一间房；如果条件再允许，人们还希望一个人拥有一套房。因此，从这个意义上讲，人们对占有房屋空间的面积大小总是不够充分满意的，这就是建筑资源供应上的相对短缺。

（2）商品性。在市场经济条件下，物业同样也是一种商品，具有价值和使用价值。在物业开发建设的整个过程中，凝聚了不同行业、不同人员的脑力和体力劳动，是人类一般劳动的凝结，因而它具有价值。特定的物业都具有满足人们某种需要的属性，即具有使用价值。物业的价值和使用价值可以通过市场交易活动得以实现，如房屋的买卖、租赁、抵押以及土地使用权的出让和转让等，都是物业商品性的具体体现。

（3）保值、增值性。基于土地资源的有限性、人口的不断增长和社会经济水平的不断提高等因素，物业具有保值、增值性。增值是一种长期的趋势，而不是直线式的运动。短期内，物业的价格可能有升有降、上下波动，但从长期来看，它无疑呈现出在波动中上扬、螺旋式上升的趋势。

（4）权属性。物业的权属性是指权利人依法对物业享有的直接支配和排他的权利，包括所有权、用益物权和担保物权。物业的所有权人对自己所有的不动产依法享有占有、使用、收益和处分的权利，并有权在自己的不动产上设立用益物权和担保物权。

（5）交易契约性。不动产的交易不同于动产，物业的购入者不会像购入其他商品一样可以将商品带走，而是意味着购入一宗房地产的物权，带走的是房地产交易的契约。不动产物权比其他商品财产权的结构更复杂，交易中的契约条文显得更为重要。

（6）政策影响性。物业的固定性使得它不像其他商品可以随意地从一个区域移动到另一个区域，因此难以回避区域经济环境和宏观政策的影响。并且，物业是老百姓“吃、住、行”三大基本需求中“住”的载体，关系国计民生及社会稳定，各级政府都会对物业市场的调控给予较多的关注。

1.1.4 物业的相关概念

【案例 1-1】房屋“架空层”归谁所有？

福州市 × 花园小区有 15 幢住宅楼，其中架空层面积 7347m²。开发商在业主入住后，仅提供了两幢楼的架空层共计 480m² 供业主停车使用，其余部分作为独立车位于 2003 年初开始陆续对外发售。业主不同意开发商的这一做法，认为架空层停车位属于小区的公共配套设施，所有权应当归全体业主所有，并向房产管理部门作了反映。但福州市房产交易登记中心认为，开发商已取得预售许可，而法律没有规定架空层是公用配套设施，仍决定为其登记核发产权证。× 花园小区业主委会认为，福州市房管局给购买者发放产权证，以行政行为的方式确认开发商可以出卖架空层停车位，即确认架空层的所有权归开发商，没有法律依据。2010 年，业主委员会一纸诉状将房管局告上了法庭，要求法院判令撤销房管局发放的房屋所有权证。

法院一审判定：该架空层属全体业主共有，归全体业主管理、使用。开发商对判决不服，上诉到上一级人民法院，上级法院认为被上诉人诉讼主体错误，应由业主作为本案诉讼主体。2011 年初，小区业主就这一案件再次向原一审法院提起诉讼。但是，在本次诉讼中，法院判决原告小区业主败诉。

同样的案情，同一个法院，为何会判出截然相反的两个结果？根本原因是当时福建省乃至全国的法律法规对架空层以及架空层车位的权利性质和权利分配都没有作出明确规定。本案中业主与建设单位及房管部门之间的争议，反映了"物业"概念与房地产相关概念在界定和区分上的模糊，并直接影响到对"架空层"法律性质和权利归属的判断。

在物业管理活动中，"物业"往往与"房地产""不动产""房屋""住宅""商品房"等概念密切相连，有时会被交叉混用，而实际上它们之间是有区别的。

1. 房地产

房地产是房产与地产的合称，指可开发的土地及其地上定着物、建筑物，包括物质实体和依托于物质实体上的权益，具体指向是房屋、土地及其上下空间。这一概念多用在商业活动和相关的法律领域。

房地产相对于物业而言，是一个比较宏观抽象的概念，是房产与地产的泛称。站在宏观角度，一般只用房地产，而不用物业，如"房地产业"。房地产体制改革一般也很少用"物业体制改革"来代替。而物业则是一个比较微观的具体化的概念，是房地产的下位概念，是指单元性房地产，即一个单项的、具体的房地产，是房地产中的一个环节、一个部分和一个类别。物业主要指已经建成可投入使用，或已经投入使用，并可具体量化的房地产项目，具有实物性。另一方面，物业又包括了与房地产相联系的配套设施、设备、实物资产、场地及相关权益。

2. 不动产

不动产是指依自然性质或法律规定不可移动的土地、土地定着物、构筑物，与土地尚未脱离的土地生成物，以及因自然或人力添附于土地之上且不能分离，或移动后会损害其主要价值的其他物。这一概念是民法中常用的法律术语。

不动产侧重以不可移动性来说明和界定某一类别的物，除了房地产外广义上还包括了林木、道路等其他同样不好移动的定着物、固定物。而物业则侧重以房地产业为基础来界定物，是限定在一定范围内的不动产，具有定限性和单元性。同时，物业中还包括了一些可移动的设施设备，即"动产"。

3. 房屋、住宅、商品房

房屋一般指上有屋顶，周围有墙，能防风避雨、御寒保温，供人们在其中工作、生活、学习、娱乐或储藏物资，并具有固定基础，层高一般在 2.2m 以上的永久性场所。根据某些地方的生活习惯，也包括可供人们常年居住的窑洞、竹楼等。

住宅是专供人居住的房屋及相接连的庭院，是以家庭为单位，满足家庭生存和发展需要的建筑物。住宅的物质客体就是居住生活用房，包括别墅、公寓、职工家属宿舍、集体宿舍、职工单身宿舍和学生宿舍等，但不包括住宅楼中作为人防使用、不住人的地下室以及托儿所、病房、疗养院、旅馆等具有专门用途的房屋。

商品房特指由房地产开发企业综合开发建设并出售、出租的住宅、商业用房及其他房屋或建筑物。

“房屋”“住宅”“商品房”这三个概念，在经济商业活动、日常生活及相应的法律领域都较为常用。物业尽管是以房屋、住宅、商品房为主，但其范围却不仅仅是房屋、住宅等房产建筑物本体，它是一个包含了建筑物本体、附属设施设备和建筑区域的道路、场地、绿化等多个部分在内的一定空间环境范围的集合体，并具有社区人文与环境的公益性。

4. 其他

在日常物业管理活动中，还经常遇到一些对物业概念的模糊称谓，需要我们有意识加以区分，注意用词的准确性。

（1）物业概念的泛用。现实生活中，人们常常将物业管理行业和从事物业管理的企业也都简称为“物业”，含有“物业管理行业”“物业服务公司”“物业服务人”或“物业管理人”等意思。这只是一种通俗的简称，正式行文中应注意规范。

（2）物业与物业项目。在物业管理领域，当专指某一个具体的、独立的物业管理区域（如一个住宅小区、一座写字楼、一所学校……）时，习惯上称为“某物业项目”，以示与泛指的“物业”相区别。这比较符合《现代汉语词典》对项目的解释，项目即事物分成的门类。但与现代管理理论中对项目的定义是有区别的。

1.2 物业管理

1.2.1 物业管理的含义

1. 物业管理概念的演进

早期的物业管理是作为房地产开发建设的延伸而出现的，主要体现为住宅小区的售后管理。物业管理最早的官方提法出自《城市新建住宅小区管理办法》（建设部令〔1994〕第 33 号）：“本办法所称住宅小区管理，是指对住宅小区内的房屋建筑及其设备、市政公用设施、绿化、卫生、交通、治安和环境容貌等管理项目进行维护、修缮与整治。”“住宅小区应当逐步推行社会化、专业化的管理模式。由物业管理公司统一实施专业化管理。”该办法指出了物业管理的基本内容及其社会化、专业化的性质，但对于物业管理的内涵和物业管理公司的职责及权利义务的界定还比较模糊。

随着我国住房制度改革的推进和物业管理的普及，物业管理行业初步形成并有了一定规模。2003 年出台的《物业管理条例》对物业管理活动中业主、物业服务企业、建设单位和政府的责、权、利进行了较为明确的界定：“业主通过选聘物业管理企业[①]，由业主和物业管理企业按照物业服务合同的约定，对房屋及配套的设施设备和相关场地进行维修、养护、管理，维护相关区域内的环境卫生和秩序的活动。”

2007 年 3 月 16 日，《中华人民共和国物权法》（以下简称《物权法》）颁布。《物权法》第八十一条规定：“业主可以自行管理建筑物及其附属设施，也可以委托物业服务企业[①]或者其他管理人管理。”2020 年 5 月 28 日，《中华人民共和国民法典》颁布，其中第二编“物权”在《物权法》基础上对物权法律制度作了进一步完善，《物权法》于《民法典》施行之日废止。《民法典》第二百八十四条关于业主建筑物的及其附属设施的管理的叙述与物权法第八十一条相同，未作修改。

可见，《民法典》和《物权法》中关于物业管理概念的界定与《物业管理条例》是有差异的。

2.《物业管理条例》中的物业管理

《物业管理条例》所称物业管理，是指业主通过选聘物业服务企业，由业主和物业服务企业按照物业服务合同约定，对房屋及配套的设施设备和相关场地进行维修、养护、管理，维护相关区域内的环境卫生和秩序的活动。具体的，可以从 4 个方面理解《物业管理条例》中物业管理的含义：

（1）物业管理的关键主体是业主。作为物业的所有权人，业主在物业管理活动中居于主导地位，有权依照自己的意愿自主决定物业的管理方式。

（2）《物业管理条例》的调整范围限于市场化的物业管理。法律并不强制业主必须选择物业服务企业来管理物业。《物业管理条例》第三条规定，“国家提倡业主通过公开、公平、公正的市场竞争机制选择物业服务企业。”业主选聘物业服务企业本身就是行使自主权的一种方式，应当受到法律保护。同时，将业主选聘物业服务企业作为物业管理活动的前提条件，就是将物业管理与传统意义的行政管房模式区分开，强调物业管理是一种市场行为、市场关系和市场活动，必须遵守市场规则。不仅如此，业主选聘物业服务企业，必须在平等、自愿、等价有偿、诚实信用的基础上，必须通过公开、公平、公正的市场竞争机制进行，必须纳入市场秩序。制定市场规则，维护市场秩序，是政府履行物业管理市场监管职能的重要手段。因此，如果业主通过选聘物业服务企业的方式来对物业进行管理，业主及物业服务企业就必须遵守物业管理的市场秩序，服从政府主管部门的监管。

（3）物业管理的依据是物业服务合同。物业管理活动的实质，是业主和物业服务企业以物业管理服务为标的进行的一项交易。市场经济条件下，交易的进行主要以合同作为纽带，交易的双方就是合同的主体。物业管理作为一种市场行

---

① 《物权法》中将“物业管理企业”改称“物业服务企业”。《物权法》颁布后，《物业管理条例》也进行了相应修改。

为，是通过物业服务合同的签订和履行得以实现的。物业服务合同是业主和物业服务企业订立的关于双方在物业管理活动中的权利义务的协议，是物业管理活动产生的契约基础。物业服务企业是基于物业服务合同的约定来为业主提供物业管理服务的，提供哪些服务，服务标准是什么，业主如何承担服务费用，以及相互之间所承担的违约责任，都必须在物业服务合同中作出明确约定。物业服务合同确立了业主和物业服务企业之间被服务者和服务者的关系，明确了物业管理活动的基本性质。物业服务企业根据物业服务合同提供物业管理服务，业主根据物业服务合同交纳相应的物业服务费用，双方是平等的民事法律关系。

（4）物业管理的基本内容是维修、养护、管理物业以及维护环境卫生和秩序。物业管理的内容主要有4个方面，通常被称为“四维”：一是对房屋及配套的设施设备和相关场地进行维修、养护、管理，二是公共区域环境卫生的清洁、维护，三是公共区域绿化的养护，四是管理区域公共秩序的维护。《物业管理条例》中也明确，物业服务企业可以根据业主的委托提供物业服务合同约定以外的服务项目，服务报酬由双方约定。例如，利用物业资源和客户资源开展多种经营，为业主提供租赁服务管理、物业招商、营销策划、销售代理等不动产投资理财服务。但需要特定的业主或使用人与物业服务企业在物业服务合同之外另行约定。《物业管理条例》未对特约服务作具体的约束。

3.《民法典》中的物业管理

《民法典》所称物业管理，是不动产管理活动的总称，是指业主通过自行管理、委托物业服务企业或其他管理人管理等方式，对其所有的建筑物及其附属设施进行维修、养护和管理的活动。其范围明显宽于《物业管理条例》。根据《民法典》，业主是物业的所有权人，有权根据不同情况，对建筑物及其附属设施选择不同的管理方式：一是业主自己进行管理；二是委托物业服务企业管理；三是委托其他管理人管理。《民法典》将物业服务企业和其他管理人统称为“物业服务人”。其他管理人，作为物业服务企业以外的根据业主委托管理建筑物的法人、其他组织和自然人，随着物业服务企业资质认定的取消，物业服务行业特征逐步淡化模糊，主要是指从事物业服务的非法人组织和自然人[①]。

自行管理建筑物及其附属设施是业主的权利，但只有在业主具备管理能力，且业主只有一个或数量较少的情况下，自行管理才具备可行性。通常，物业管理工作由业主委托专业的管理人来进行。应该指出的是，其他管理人如果接受业主委托从事物业管理工作，同样应该具备相应的专业能力和资格，也应有相应的管理制度。

4.物业管理正被重新定义

《物业管理条例》和《民法典》中对物业管理的定义，虽然在“管理者”的界定上有所区别，但在物业管理的内容上是一致的，都只限于对业主的建筑物

---

① 陈伟.民法典视野下的物业管理［J］，中国物业管理，2020（7）：6-16.

及其附属设施的维修、养护和管理活动。服务面向的是全体业主和使用人，具有准公共服务性质。这是物业管理的起点，也是根本。随着物业管理行业的发展成熟，越来越多的物业服务人开始将物业管理的边界从传统的“四维”，向满足业主更多方面的需求拓展。2014 年 6 月，彩生活服务集团有限公司在我国香港地区上市，拉开了物业公司从房地产公司母体中分拆出来独立上市的序幕。物业服务人在准公共服务之外的“跨界”服务与经营，开始受到业内外的特别关注。

过去，物业管理行业的定位更多是地产后端的服务角色，服务局限于准公共性的基础服务。但过去 6 年中，物业管理行业正在发生着巨大的变化，物业服务人的服务品质、服务内容、服务边界都在发生改变。随着大数据、物联网、人工智能等前沿技术的成熟与发展，智慧时代走入现实，科技为服务赋能，从传统服务向智慧生态服务转型。随着城市化进程不断提速，改善城市区域生态，进行城市产业升级是众多城市的共性需求。行业头部企业纷纷加速“走出社区”的步伐，赋能城市发展，向高维服务转型升级。

物业管理的概念正在被重新定义，同时兼具了准公共服务、消费管理、资产管理三大属性，同时兼顾政府、居民和业主等三大主体的利益，形成政府、居民、业主、物业服务人四方共赢的局面，也将奠定行业更大的发展空间①。以公开商业价值为出发点，从市场主体的立场上认识物业管理，在物业服务人的视角下定义物业管理：物业管理是物业服务人从事的以不动产为基础，业主需求为导向，管理为手段，准公共性服务为核心产品的商事行为②。

1.2.2 物业管理的目的

概括地讲，物业管理的目的是保证和发挥物业的使用功能，使其保值增值，达到社会收益和福利的最大化，为物业所有人和使用人创造整洁、文明、安全、舒适的生活和工作环境，最终实现社会、经济、环境三个效益的统一和同步增长，提高城市的现代文明程度和可持续发展。对于物业管理的目的，我们从以下 3 个角度具体分析和认识。

1. 从物的角度

通过物业管理，实现物业的保值增值。物业管理的对象首先是物业，没有物业，就没有物业管理。物业管理首先要管理物业、管好物业。房地产作为不动产，是一个国家最主要的社会资源和财富载体。对于一个家庭来说，拥有的房产或物业是其最重要的财富之一。因此，许多国家都把实现物业的保值、增值作为物业管理的最终目的或首要目的。同时，这也是业主委托物业服务人对物业实行

① 申万宏源研究．物管本质的讨论：准公服、消费、资管，三大价值再认识 [EB/OL].https：//max.book118.com/html/2021/0712/6040150223003212.shtm.

② 陈伟．民法典视野下的物业管理［J］．中国物业管理，2020（7）：6-16.

统一有效管理的初衷。通过物业管理，确保和延长物业的使用期限，完善和增强物业的使用功能，实现物业的保值和增值，在实现业主利益最大化的同时也实现了社会总体效益和社会福利的最大化。

2. 从人的角度

通过以人为核心的物业管理，为广大住用人创造良好的生活、工作环境。物业为人所用，物业的产权人、使用人具有多元化的特征。在物业管理的具体实施过程中，其管理服务必须坚持以人为核心，通过开展全方位、多层次、高效率、高质量的管理服务工作，为广大住用人提供并保持整洁、文明、安全、舒适的良好生活、工作环境和秩序，以保障人们生活、工作的正常、有序进行。

3. 从社会的角度

通过物业管理，促进社区管理和社会的和谐稳定，提高城市的现代文明程度和可持续发展。城市的基础是社区，每个社区又由众多的居住小区和其他物业组成。因此，从一定意义上讲，物业管理尤其是住宅小区的物业管理，是社区管理和城市管理的基础性工作之一。做好物业管理工作，就能保障和促进社会的和谐稳定，提高城市管理水平和现代文明程度。

1.2.3 物业管理的特征

物业管理是城市管理体制和房地产管理体制改革的产物，是与房地产综合开发和现代化生产方式相配套的综合性管理，是与住房制度改革和产权多元化相衔接的统一管理，是与社会主义市场经济体制相适应的社会化、专业化、市场化的房屋管理。

1. 社会化

物业管理的社会化，是指摆脱了过去那种自建自管的分散管理体制，由多个业主通过业主大会选聘一家物业服务人的统一管理。物业的所有权、使用权与物业的管理权相分离，是物业管理社会化的必要前提，现代化大生产的社会专业分工，是实现物业管理社会化的必要条件。物业管理社会化，有两个基本含义：一是物业的所有权人要到社会上去选聘物业服务人；二是物业服务人要到社会上去竞聘可以接管的物业项目。在业主大会委托授权的范围内集中实施统一管理，有利于提高整个城市管理的集约化程度，充分发挥住宅小区与各类物业的综合效益和整体功能，实现社会效益、经济效益和环境效益的协调发展。

2. 专业化

物业管理的专业化，是指由物业服务人从解决专业难点入手，充分运用专业方法，通过提供专业的物业服务产品来满足业主的需求。专业化要求物业服务人具备专业的人员、专业的组织机构、专业的生产工具和专业的管理方法；要求物业服务人运用先进的维修养护技术，实施房屋及其设施设备的运行、维修和养护工作；要求建立市场准入制度，物业服务人承接物业项目必须具备一定的资质等级，从业人员执业必须具备一定的职业资格。

3. 市场化

市场化是物业管理的基本特征，双向选择和等价有偿是物业管理市场化的集中体现。在市场经济条件下，物业管理的属性是交易，提供的商品是服务，交易的方式是等价有偿。业主通过招标投标方式选聘物业服务人，物业服务人按照现代企业制度组建并运作，是自主经营、独立核算、自负盈亏、独立承担民事责任的企业法人。物业服务人向业主和物业使用人提供物业服务，业主和物业使用人支付物业费以换取物业服务的消费。在物业管理市场中，业主有权选择物业管理单位，物业管理单位必须靠自己良好的经营和服务，才能进入和占领物业管理市场。物业管理活动必须遵循市场规律，在等价有偿的基础上实现业主和物业服务人之间的公平交易。物业服务人的商业性和物业管理活动的市场化，是物业管理可持续发展的经济基础。

1.3 物业项目运营

1.3.1 项目的含义和特征

许多专家、学者和项目管理专业组织都为项目下了定义。美国项目管理学会（Project Management Institute，PMI）在其项目管理知识体系（PMBOK）中对项目所下的定义是，项目是为了创造某项独特的产品、服务或结果而被承担下来的一项临时性努力。国际标准化组织（ISO）在其国际标准《项目管理指南》（Guidance on Project Management，ISO 21500，2012）中给项目下的定义是，项目由一套独有的过程组成，这些过程又由具有开始和完成时间、受协调和控制的活动组成，所有活动都是为了实现项目的目标而需要完成的。根据项目这两个相对权威的定义，我们可以总结出项目的两个最基本的特征。

1. 临时性

临时性也叫作一次性，是指每个项目都有其确定的起点和终点。当一个项目的目标已经实现，或者已经明确知道该项目的目标不再或不可能实现，或是对项目的需求已经不存在时，该项目就到达了它的终点。换句话说，项目是必须结束的。需要注意的是，一次性并不意味着时间短，许多项目要经历几年甚至更长时间，但在任何情况下项目的期限都是有限的。

2. 唯一性

唯一性也叫作独特性，或独一无二性。项目中必然包含一些以前没有做过的事情，所以它是唯一的。一项产品或服务尽管所属的种类很广，但它仍然可以是唯一的。例如，尽管建造了成千上万座办公楼，但每一座都是唯一的——不同的拥有者、不同的设计、不同的地点、不同的承包商等。某些重复性因素的存在并不改变项目的唯一性特征。

需要澄清的是，现实生活中人们经常把一些事物叫作“项目”。这只是出于习惯，也很随意，并不是按照项目的科学定义，通过判断得出的结论。

1.3.2 项目管理的含义

项目管理是通过项目经理和项目团队的努力，运用系统理论和方法对组织的资源进行计划、组织、指挥、控制，旨在更好地实现项目的特定目的的科学管理方法体系[①]。我们可以从以下几个方面来理解项目管理的含义。

（1）项目管理是一种科学管理方法体系。项目管理是一种已被公认的管理模式，而不是任意的一次管理过程，是在长期实践和研究的基础上总结而成的理论方法。

（2）项目管理的对象和目的。项目管理的对象是项目，即一系列的临时任务。项目管理的目的是通过运用科学的项目管理技术，更好地实现项目目标。

（3）项目管理的职能和任务。项目管理的职能是对组织的资源进行计划、组织、指挥、控制。资源是指项目所在的组织中可得的、为项目所需要的那些资源，包括人员、技术、设备等。项目管理的任务是对项目及其资源的计划、组织、指挥、控制，切记不能将项目管理的任务与项目本身的任务混淆。

（4）项目管理运用系统理论与思想。项目任务分别是由不同的人执行的，项目管理要求把这些任务和人员集中到一起，把它们当作一个整体对待，最终实现整体目标，这就是系统思想。

（5）项目管理职能主要由项目经理执行。项目经理即项目负责人，负责项目的组织、计划及实施过程。项目经理是决定项目成功的关键人物，其管理素质、组织能力、知识结构、经验水平、领导艺术等都对项目管理的成败有着决定性影响。项目经理是采用项目管理的充分必要条件，没有项目经理，就没有项目管理。

1.3.3 物业项目运营模型

【案例 1-2】纵横拓展型商业模式[②]

科技“纵向延伸至房地产业的整个链条，横向涵盖消费者个性化需求”是四川 A 资产管理集团有限公司（以下简称 A 公司）的品牌标签，也是现代物业服务人一种典型商业模式（图 1-1）。

A 公司一直以来都坚持走市场化自主发展的道路，并且成功总结出了“以物业服务为原点，纵向整合房地产产业链，横向涵盖业主个性化需求”的商业运作模式，让企业的经营收入不拘泥于物业服务费。

① 毕星．项目管理［M］．3 版．北京：清华大学出版社，2017.

② 资料来源：《城市开发》2015 年第 4 期，24–25 页。

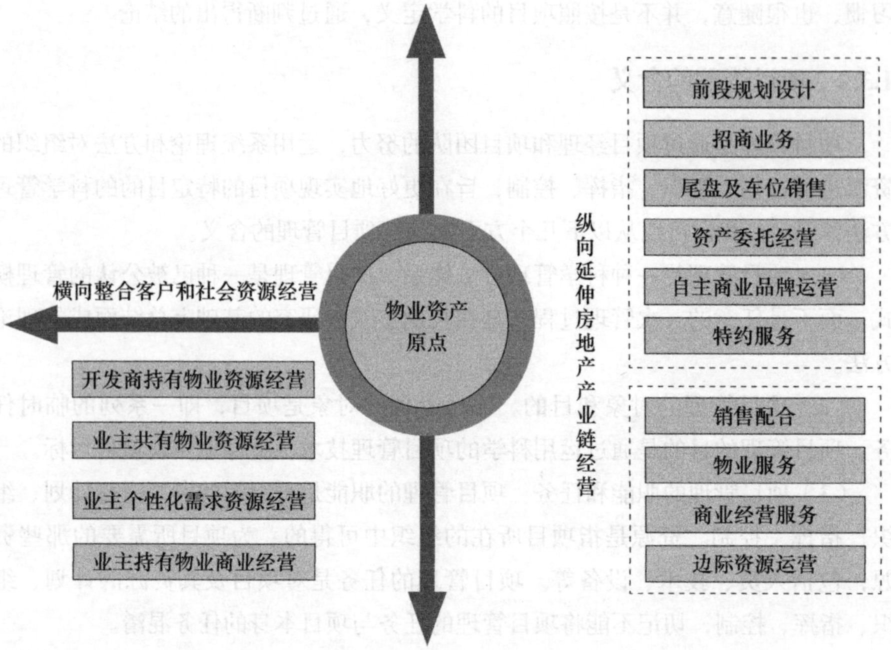

图1-1 A公司纵横拓展型商业模式

“纵向延伸房地产业的整个链条”可以说是A公司对于物业管理自身定位的重新“破与立”。A公司采用了通过物业管理综合价值体系的开发，完成对房地产全流程产业链的介入与服务，从中收获远超基础服务的利润与来自各方的身份认同。

如果说A公司在房地产全产业链的覆盖对于部分物业服务人来说还会有复制的难度，那么A公司对于消费者个性化需求的体察与满足则对每一个有着创富愿景的物业服务人都有借鉴意义。A公司的经验证明，作为直面消费者（业主）的一线服务部门，物业服务人完全可以把重点放到对社区及消费者资源深度掌控并统筹整合上。通过对消费者需求的细分，将服务涵盖并满足其各类个性化需求。同时，A公司围绕为客户创造价值，以物业资产管理为架构，通过搭建集中化经营平台，形成强大的资源转化能力。实现公司从劳动密集型企业向技术密集型、资源密集型经营模式提档升级，奠定了企业的生命力。

借鉴纵横拓展型商业模式，我们可以将物业项目运营模型描述为，以常规性公共服务为基础，分别在空间、时间两个维度延展。空间层面体现的是物业项目运营的具体内容，时间层面展示的是物业项目运营的环节。

1. 物业项目运营的内容

现代意义的物业项目运营的内容，涉及的领域相当广泛。根据是否在物业服务合同约定范围内，可以分为常规性公共服务和物业项目多种经营。常规性公共服务是指物业服务人按照物业服务合同的约定，必须为业主和使用人提供相应的服务。常规性公共服务面向全体业主和使用人，具有公共服务性质。物业服务人在做好常规性公共服务的基础上，可以根据业主或其他客户的委托，提供物业服务合同约定以外的服务，服务报酬由双方约定，此即物业项目的多种经营。

（1）常规性公共服务。常规性公共服务是物业服务人面向所有住用人提供的最基本的管理和服务，目的是确保物业的完好与正常使用，保证正常的生活工作秩序，净化、美化生活工作环境。公共性管理服务工作是物业内所有住用人每天都能享受得到的，其具体内容和要求应在物业服务合同中明确规定，物业服务人有义务按时按质提供合同中约定的服务。住用人在享受这些服务时，也不需要事先再提出或做出某种约定。常规性公共服务的主要内容包括以下几个方面。

1）房屋建筑主体的管理与维护，主要任务是保持房屋完好率，确保房屋使用功能，努力使房屋保值增值。

2）房屋设备、设施的管理与维护，主要任务是保持房屋及其配套附属的各类设备设施完好和正常使用。

3）环境卫生管理服务，主要任务是净化物业环境，保持管理区域内卫生清洁。

4）绿化管理服务，主要任务是美化物业环境，保障住用人生活、工作环境更加舒适、健康。

5）秩序维护管理服务，主要任务是维护物业管理区域内人们正常的工作、生活秩序。

6）消防协助管理服务，主要任务是从技术和人力两方面（通常称作“技保”和“人保”），协助相关部门做好管理区域内消防安全防范工作。

7）交通协助管理服务，主要任务是对管理区域内的车辆停放及行驶安全进行管理，为住用人提供安全、便利的生活环境。

8）装饰装修管理服务，主要任务是对管理区域内业主的装饰装修活动进行监督。

（2）物业项目多种经营。从资源管理的角度，物业项目的多种经营是把物业项目管理活动中所能涉及的所有社会资源和生产要素，包括人、财、物、知识产权等有形资产和无形资产，都作为可以经营的价值，通过对这些价值的综合运营，达到资本的最大限度增值。资本之所以投入物业项目，就是通过针对性物业项目运营活动，使投入的资本快速增值。这里的资源可以包括物业资源、业主资源、开发商资源、物业服务人资源以及社区、城市资源等。

1）物业资源。这是指在管物业本身的资源，包括：可直接使用或经营的资源，如经营用房、停车场；派生资源，如屋顶广告、电梯广告。

2）业主资源。业主是物业服务的对象，也是最重要的经营资源。业主资源的开发内容包括：业主需求资源，如业主日常生活、健康、娱乐、教育、网络等需求；业主财产资源，如业主的房屋、汽车、有价证券；业主无形资源，如业主的知识、社会关系等。

3）开发商资源。这主要指开发商持有的物业资源，包括未销售完成或战略考虑持有的建筑区划内部分商业物业、住宅物业和整体持有商业物业，如未售商品房、会所、社区生活广场、卖场等。

4）物业服务人资源。这是指物业服务人自身拥有的管理技术、品牌、人力、自有设备、资料、信息、社会关系等资源，如顾问咨询、品牌输出等。

5）社区及城市资源。随着物业管理行业快速发展和竞争加剧，越来越多的头部企业将经营管理的触角从小区拓展到社区，并开始向城市服务延伸。

2. 物业项目运营的环节

时间轴上，我们将房地产开发过程简单抽象为五个阶段：立项、规划设计、施工建设、竣工验收、预销售。物业项目运营的基础任务是在房地产项目竣工验收之后才开始进行。除此之外，物业服务人可以通过物业管理综合价值体系的开发，完成对房地产全流程产业链的介入与服务，从中收获远超基础服务的利润。

一般的，我们将物业项目运营分为3个环节：早期介入阶段、物业项目前期管理阶段、物业项目常规管理阶段。物业项目运营的环节及时间节点如图1–2所示。

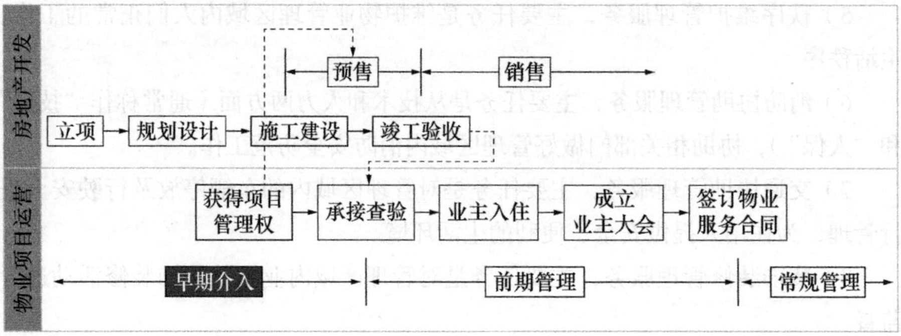

图1–2 物业项目运营环节示意图

（1）早期介入阶段。项目早期介入是指新建物业竣工之前，建设单位在项目的立项（可行性研究）、规划设计、施工建设、营销策划、竣工验收阶段所引入的物业服务咨询活动。物业服务人从业主、物业服务人和建设单位三方的共同利益出发，对物业的环境布局、功能规划、楼宇设计、材料选用、设备选型、配套设施、管线布置、施工质量、竣工验收等方面提出合理化意见和建议，以便建成的物业更好地满足业主和物业使用人的需求，方便物业服务工作的开展。

早期介入是建设单位在项目开发各阶段引入的物业服务专业技术支持，在项目的开发建设中起着积极的作用。早期介入对建设单位而言并非强制性要求，而是根据项目管理的需要进行选择，可以由物业服务人提供，也可以由专业咨询机构提供。早期介入服务的对象是建设单位，由建设单位与物业服务人或咨询机构签订协议，并支付项目早期介入服务费用。

对物业服务人来说，项目早期介入的一个重要意义是项目管理权的获取。房地产项目施工进度到一定阶段，开发商办理预售手续之前，需要选择物业服务人和确定物业服务标准。

（2）物业项目前期管理阶段。物业项目前期管理是指在业主、业主大会选聘物业服务人之前，由建设单位选聘物业服务人实施的物业管理。前期管理期限自物业承接查验开始，至业主委员会代表业主与业主大会选聘的物业服务人签订的物业服务合同生效时止。前期管理是物业服务人对新物业项目实施的物业管理服务，服务的对象是全体业主，并按规定向业主收取物业服务费用。在前期管理期间，物业服务人从事的活动和提供的服务，既包含物业正常使用期所需要的常规服务内容，又包括物业共用部位及共用设施设备的承接查验、业主入住、装修管理、工程质量保修处理等内容。

（3）物业项目常规管理阶段。在前期管理阶段，物业服务人是由建设单位代替业主选聘的。当管理区域已交付的专有部分面积超过建筑物总面积50%时，业主可以按相关法律文件要求的程序，组织成立业主大会和选举产生业主委员会。业主委员会代表业主与业主大会选聘新的物业服务人并签订物业服务合同后，前期物业服务合同终止，物业项目进入稳定的常规管理阶段。常规的物业管理服务内容可以概括为两个方面，一是对房屋及配套的设施设备和相关场地进行维修、养护、管理，二是维护相关区域内的环境卫生和公共秩序。

1.3.4 物业项目利益相关者

项目利益相关者是所有可能影响项目或受项目影响的人、群体或组织，包括项目的客户、出资人、执行组织、公众等，可能在项目执行组织内部，也可能存在于组织之外。利益相关者或主动参与项目，或对项目的运行和交付施加影响，或其利益因项目的执行或完成受到积极或消极的影响。

物业项目的利益相关者主要包括业主及非业主使用人、物业服务人、建设单位、行政监管部门、行业协会、市政公用单位、居民委员会、专业性服务企业等。作为物业项目执行者，物业服务人在项目运营过程中，要注意识别各种利益相关者，明确相互间法律关系，分析其兴趣、期望、重要性和影响，制定针对性的关系管理策略。目的是使积极的影响最大化，同时降低潜在的消极影响，最终实现企业利润的最大化。物业服务人与其他利益相关者间法律关系如图1–3所示。

1. 业主及非业主使用人

房屋的所有权人为业主。另外，基于与建设单位之间的商品房买卖民事法律行为，已经合法占有建筑物专有部分，但尚未依法办理房屋所有权登记的自然人或者法人，可以认定为业主。业主是物业项目最主要的利益相关者。

物业的承租人、借用人或者其他物业使用人，由于不拥有物业的所有权，因此不能参与物业的实际管理。但作为物业的实际使用人，享有接受物业服务的权利，承担物业管理中的社会责任，并受管理规约和相关法律法规的约束。

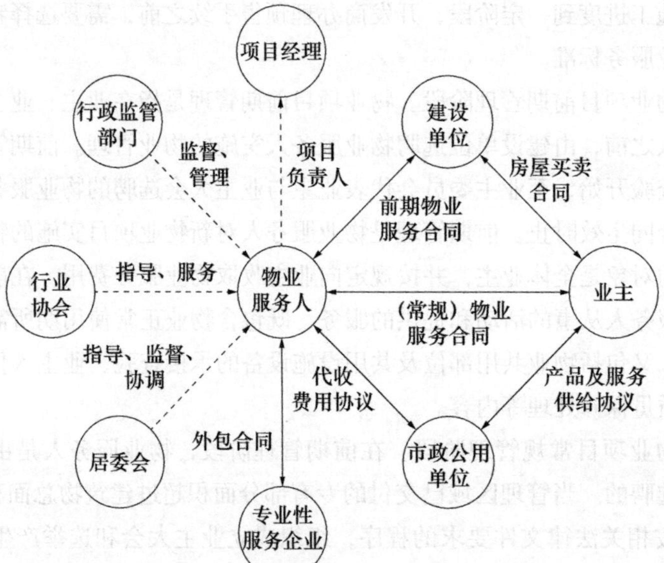

图1-3 物业服务人与其他利益相关者间法律关系示意图

2. 物业服务人

物业服务人是物业项目运营中的关键主体，是物业服务的提供者。物业服务人依据物业服务合同，为物业服务区域内的业主提供建筑物及其附属设施的维修养护、环境卫生和相关秩序的管理维护等服务。物业服务人是物业项目的执行组织，包括物业服务企业和其他管理人。物业服务企业是依法成立，具有独立企业法人地位，依据物业服务合同从事物业管理相关活动的经济实体。其他管理人是指物业服务企业以外的，根据业主委托管理建筑物的法人、其他组织和自然人。

物业项目一般采用项目经理制。项目经理是物业项目小组的负责人，负责项目的组织、计划及实施过程，保证项目目标的达成。

3. 建设单位

建设单位作为物业的开发建设者，与物业服务人、业主等具有非常密切的关系。物业开发建设的品质，直接影响着后期物业管理的质量。另一方面，建设单位在没有销售完商品房之前，拥有待销售房屋的产权，本身也是业主。

在物业项目前期管理阶段，物业服务人是由建设单位选聘的，但物业服务人提供服务的对象是全体物业买受人。这就存在着合同的签订者和合同权利义务的承受者不一致的情况。为了解决这个问题，《物业管理条例》要求，物业买受人在与开发建设单位签订的房屋买卖合同中，必须包含建设单位与物业服务人签订的前期物业服务合同的内容，以明确规范购房人承担前期物业服务合同中约定的关于物业管理的权利义务。开发建设单位在物业管理活动中应当履行的义务有：签订前期物业服务合同；制定临时管理规约并向物业买受人明示；通过招标投标的方式选聘住宅物业的前期物业服务人；提供必要的物业管理用房；与物业服务人办理承接查验手续；移交物业管理资料；承担物业的保修责任；承担未售出或未交付房屋的物业服务费；参与筹建业主大会。

业主在前期物业管理阶段接受物业管理服务，实际上建立在3个契约基础之上：一是建设单位与物业买受人签订的包含前期物业服务内容的房屋买卖合同，二是建设单位制定并由物业买受人签署的临时管理规约，三是建设单位与物业服务人签订的前期物业服务合同。

4. 行政监管部门

住房和城乡建设部房地产业市场监管司负责全国物业管理市场的监督管理，各级地方物业管理行政管理机构负责本辖区有关物业管理法规、政策和实施细则的制定和执行，以及指导和监督物业服务人、业主大会和业主委员会的具体工作。物业项目运营活动还要受到地方相关行政职能部门的监督管理，包括发改委、民政、工商、公安、税务等部门。

5. 物业管理行业协会

物业管理行业协会属于民间行业组织，是社会团体法人，不受部门、地区和所有制的限制，也不改变成员的企事业单位的隶属关系。其不以营利为目的，代表物业管理行业的共同利益，并为其服务。物业管理协会按照政府的产业政策和行政意图协助主管部门推动行业的管理和发展，根据政府主管部门的委托可以行使某些行业管理的职权。

6. 市政公用单位

与业主日常生活、工作密切相关的供水、供电、供气、通信、有线电视等公共服务的提供者，我们统一称之为市政公用单位。这些单位向业主提供产品和服务，业主支付相应费用，双方是一种合同关系，各自承担相应的权利义务。如果市政公用单位委托物业服务人向业主收取有关费用，双方应当签订委托合同，确立委托关系。物业服务人可以按委托合同的约定代这些单位向业主收取有关费用。这里需要注意的是，市政公用单位为业主提供的产品或服务，与物业服务人向业主提供的物业服务是相对独立的，当市政公用单位的产品或服务出现问题时，不能将责任转嫁到物业服务人。

7. 居民委员会

居民委员会（以下简称“居委会”）是居民自我管理、自我教育、自我服务的基层群众性自治组织，对于化解居民邻里之间矛盾、促进社会稳定发挥着重要的作用。中共中央、国务院《关于加强和完善城乡社区治理的意见》（中发〔2017〕13号）中明确指出，加强社区党组织、社区居民委员会对业主委员会和物业服务人的指导和监督，建立健全社区党组织、社区居民委员会、业主委员会和物业服务人议事协调机制；探索在社区居民委员会下设环境和物业管理委员会，督促业主委员会和物业服务人履行职责；探索在无物业管理的老旧小区依托社区居民委员会实行自治管理。

8. 专业性服务企业

根据《物业管理条例》的规定，一个物业管理区域内只能由一个物业服务人实施物业管理。物业服务人可以将物业管理区域内的专项服务业务委托给专业性服务企业，但不得将该区域内的全部物业管理一并委托给他人。物业服务人根据企业经营战略，并结合物业项目特点，会选择将绿化、保洁、保安、餐饮、设备运行等专业服务项目外包给专业性的公司经营。通过业务外包可以享受到专业化分工所带来的高效率，降低企业经营成本，提高服务质量，使企业资源集中在最具成本效益、最有价值的核心业务上，增强企业核心竞争力。但需要注意的是，外包项目质量是物业项目整体质量的组成部分，服务企业要加强对外包企业的监督。

【案例1-3】开发商承诺免物业费，法院认定该承诺无效[①]

近日，湖南省某县人民法院公开开庭审理一起物业服务合同纠纷案，判决王女士向物业公司交纳物业费7395.36元。

2005年1月1日，王女士与某房产开发商签订了购房合同书，购买×花园小区的4套房屋。原告系该花园小区物业公司，与小区业主委员会签订了物业管理服务合同。王女士自2012年1月1日至2014年12月31日期间，只交纳1套房屋的物业费，而没有交纳另外三套房屋的物业费。王女士辩称，自己购买的4套房屋，1套用于自家居住，另外3套用于开办幼儿园。因计划开办幼儿园，当时与房产开发商约定按照幼儿园格局建造这3套房屋，且购房价格高于该小区普通房屋价格。因为开发商在购房合同书附件中对自己承诺了物业费"4套终身按一套收取"，自己才会决定购买这3套房屋，否则，自己不会购买。由此王女士拒绝交纳另外3套房屋的物业费。

法院经审理认为，购房合同书附件中"4套终身按1套收取"的约定对物业公司没有约束力，被告王女士不能由此主张免交另外3套房屋的物业费。法院最终判决王女士需向物业公司交纳物业费7395.36元。

这起案件的争议焦点在于开发商在售房时对业主作出的关于减免物业费的承诺对物业公司是否具有约束力，物业公司对此是否需要无条件地执行。房产开发公司与物业公司各自具有独立的法人资格，是两个不同的法律关系主体。王女士与房产开发公司之间形成的是房屋买卖合同关系，而其与物业公司之间形成的是物业服务合同关系，这是两个完全不同的民事法律关系。在未获得物业公司授权委托的情形下，房产开发公司无权擅自处分物业公司权利，无权在购房合同书附件中就物业费收取事项对被告作出承诺，减免物业费的承诺超越了房产开发公司在房屋买卖法律关系中的应有权利范围，可以理解为房产开发公司在售房时为促使被告成功购房所采取的一种商业促销手段。该承诺是一种无权代理行为，根据《民法典》的规定，无权代理行为在未经被代理人追认的情形下，对被代理人不发生法律效力。事实上，对于房产开发公司为获取自身利益所作出的越权承诺，

① 资料来源：中国物业管理协会官网，http://www.ecpmi.org.cn.

如果物业公司需要无条件执行的话，对物业公司而言显失公平。

【本章小结】

物业，是指正在使用中和已经可以投入使用的各类建筑物及附属设备、配套设施、相关场地等组成的单宗房地产实体以及依托于该实体上的权益。属性可以从自然属性和社会属性两方面来理解。

物业管理的概念有狭义和广义之分。《物业管理条例》对物业管理的定义是，业主通过选聘物业服务人，由业主和物业服务人按照物业服务合同约定，对房屋及配套的设施设备和相关场地进行维修、养护、管理，维护相关区域内的环境卫生和秩序的活动。《民法典》所称物业管理，是不动产管理活动的总称，是指业主通过自行管理、委托物业服务人或其他管理人管理等方式，对其所有的建筑物及其附属设施进行维修、养护和管理的活动。物业管理的主要特征是社会化、专业化、市场化。

物业项目运营包括常规性公共服务和物业项目多种经营两方面内容，可以划分为早期介入、前期管理、常规管理 3 个环节。物业项目的利益相关者主要包括业主及非业主使用人、物业服务人、建设单位、行政监管部门、物业管理行业协会、市政公用单位、居民委员会、专业性服务企业等。

【延伸阅读】

1.《民法典》;

2.《物业管理条例》;

3.《北京市物业管理条例》;

4. 中共中央、国务院《关于加强和完善城乡社区治理的意见》(中发〔2017〕13号);

5. 陈伟. 物业管理的本质 [M]. 北京：中国市场出版社，2014;

6. 谈俊. 小区地下人防工程、地下车库、架空层的权益问题 [J]. 现代物业新业主，2019 (4);

7. 姚敏. 嘉宝纵横拓展型商业模式破解经营难题 [J]. 城市开发，2015 (4)。

课后练习

一、选择题（扫下方二维码自测）

二、案例分析题

【案例 1-4】孔某为北京市 × 小区业主，自 2010 年 7 月至 2013 年 7 月期间，共拖欠物业公司物业费 47316 元。经多次催要未果，物业公司将孔某起诉至法院。庭审中，孔某辩称自己购买房屋时，开发商曾承诺赠送 3 年的物业费，故不同意交纳上述费用。法院经审理认为，开发商作为房屋出卖人对孔某作出的承诺的效力并不必然及于第三人。故孔某以开发商对其作出赠送物业费的承诺为由拒绝交纳物业费缺乏依据。

开发商赠送物业费的承诺对物业公司是否有约束力？

【案例 1-5】周某为北京市 × 小区业主，其拖欠物业公司自 2007 年 7 月 21 日至 2009 年 6 月 30 日间物业费共计 22311 元。经多次催要未果，物业公司最终将周某诉至法院。庭审中，周某辩称自己购买房屋时，因介绍了其他人购买该小区的房屋，开发商曾承诺免除其 3 个月的物业费，另外物业公司提供的物业管理服务质量不合格，故不同意交纳上述费用。物业公司在庭审中认可开发商关于免除周某 3 个月物业费的承诺，但对其余物业管理服务费用坚持追讨。后法院认定对于开发商的承诺“因原告（即甲物业公司）予以认可并同意减免收取被告（即周某）3 个月物业费，本院对此不持异议”。

1. 物业公司对其余物业费的追讨是否合理？

2. 本案例与【案例 1-4】的区别在哪里？

【案例 1-6】一封业主投诉信

建设局领导您好！

我们是 ×× 小区的居民，我们小区是政府因建 ×× 隧道而建的拆迁安置房，2008 年 8 月末拿的新房钥匙，第一年装修入住率达不到要求没有供暖，2009 年冬天供的暖，供暖后我们发现室内南面的 2 个房间的窗的顶部，长满了灰色的霉点，特别是 1~3 号楼基本上每家都是这样。我们也找过物业，至今没人来解决这个问题，我们认为这种发霉长毛现象属房屋质量问题。请问，我们该找谁解决这个问题？

×× 小区居民 ×××

请问，上述问题应该由谁来解决？

三、课程实践

请以你熟悉的市（或县）为调查对象，对该区域物业管理行业发展情况进行调研。调查内容包括：发展历程回顾、现状调查、主要问题、对策建议等，最后形成调研报告。

2 业主及物业使用人

知识要点

1. 业主的含义、获得方式、权利、义务；
2. 业主大会的性质、筹备、成立，业主大会会议的形式；
3. 业主委员会的组成、职责，业主委员会委员的任职条件、任期，业主委员会会议的召开；
4. 业主大会议事规则的性质、内容，业主大会、业主委员会决定的效力；
5. 临时管理规约和管理规约的含义、内容、法律效力，二者区别；
6. 物业使用人的含义、权利、义务。

能力要点

1. 能够准确识别业主、业主大会、业主委员会的概念边界；
2. 能够准确识别业主的权利、义务边界；
3. 能够准确辨识业主大会议事规则、管理规约、临时管理规约的法律效力。

在区分所有的物业管理区域中，业主被分为单个业主、业主大会和业主委员会三个层次。这三个层次在物业项目运营中地位、作用、权利、义务各不相同。本章将分别介绍单个业主、业主大会、业主委员会的含义及各自权利、义务，并对有关全体业主及使用人的两个重要自我约束性文件《业主大会议事规则》《（临时）管理规约》加以解释，最后就物业使用人的权利义务进行说明。

2.1 业主的含义

业主即指房屋的所有权人。业主可以是自然人，也可以是法人或其他组织。获得业主身份可以通过以下方式。

（1）依法登记取得建筑物专有部分所有权。不动产物业的设立、变更、转让和消灭，应当依照法律规定登记，不动产权属证书是权利人享有该不动产物权的证明。

（2）因人民法院、仲裁委员会的法律文书或者人民政府征收决定取得建筑物专有部分所有权。自法律文书或者征收决定等生效时发生效力。

（3）因继承或者受遗赠取得建筑物专有部分所有权的。自继承开始时发生效力。

（4）因合法建造、拆除房屋等事实行为取得建筑物专有部分所有权。自事实行为成就时发生效力。

（5）基于与建设单位之间的商品房买卖民事法律行为，已经合法占有建筑物专有部分，但尚未依法办理房屋所有权登记的自然人或者法人，可以认定为业主。

【案例 2-1】开发商是否可以是业主？

某住宅小区共有420套住房，仍有27套未售出。2007年7月，在区物业管理行政主管部门的主持下，成立了业主委员会成立筹备小组，召开筹备小组工作会议，确定了14名候选人。2008年4月初，在区物业管理行政主管部门的主持下投票选举出7名业委会委员并公示。但部分业主提出开发公司不是业主，其经理当选为业委会委员侵犯了业主的合法权益，坚决反对选举结果，要求进行重新选举。本案中，开发商是不是业主？

根据《物业管理条例》的规定，房屋的所有权人为业主。开发商能否成为业主，关键是看其是否对房屋享有所有权。一般来说，开发商开发建筑物，分为两个阶段：第一阶段，开发商依法取得土地使用权后，通过开发建设取得建筑物所有权，即通常所说的“大产权”；第二阶段，开发商依法将“大产权”分割为若干区分所有权，并通过出售等形式将建筑物区分所有权转移给买受人。

开发商将建筑物区分成为各个单元或套房出售，使得建筑物区分所有权得以产生，而依法获得了建筑物区分所有权专有权的所有人，即成为业主。但是如果开发商并未将物业管理区域内所有房屋都出售，由于这部分房屋的所有权未发生转移，这时开发商就由原来的建筑物的大产权人依法变成了建筑物的区分所有权人，与其他业主一样，拥有区分所有权，同样成为小区的业主。

本案中，开发商尚未将小区内全部住宅售出，作为未售出住宅的所有权人，具备本小区业主身份，也就与小区其他业主一样，可以作为候选人参加小区业主委员会委员的选举。

2.2 业主的权利义务

在物业管理活动中，业主以区分所有权人、物业服务合同聘用人和建筑物损害侵权责任人的三种身份，具有《民法典》规定的民事权利、义务和责任。单个业主在物业管理过程中的权利和义务，是其获取和保障应得利益、规范和约束自身行为、监督和配合物业服务人的基础。

2.2.1 业主的权利

在物业管理活动中，业主基于对房屋的所有权享有对物业和相关共同事务进行管理的权利。这些权利有些由单个业主享有和行使，有些只能通过业主大会来实现。

1. 建筑物区分所有权

业主对建筑物内的住宅、经营性用房等专用部分享有专有权，对专有部分以外的共有部分享有共有和共同管理的权利。

2. 接受服务权

业主有权按照物业服务合同的约定，接受物业服务人提供的服务。物业服务合同是业主大会与物业服务人之间约定有关物业管理权利和义务的协议，受益人是物业管理区域内的全体业主。物业服务合同签订后，物业服务人负有向业主提供合同所约定服务的义务，业主在支付了合同所约定的物业服务费用后，享有接受物业服务人提供的服务的权利。

3. 知情权和监督权

业主有权监督业主委员会的工作；监督物业服务人履行物业服务合同；监督住宅专项维修资金的管理和使用。业主对物业共用部位、共用设施设备和相关场地使用情况享有知情权和监督权。业主请求公布、查阅下列应当向业主公开的情况和资料的，人民法院应予支持：

（1）建筑物及其附属设施的维修资金的筹集、使用情况；

（2）管理规约、业主大会议事规则，以及业主大会或者业主委员会的决定及会议记录；

（3）物业服务合同、共有部分的使用和收益情况；

（4）建筑区划内规划用于停放汽车的车位、车库的处分情况；

（5）其他应当向业主公开的情况和资料。

4. 参与权和选择权

业主有权提议召开业主大会会议，并就物业管理的有关事项提出建议；提出制定和修改管理规约、业主大会议事规则的建议；参加业主大会会议，行使投票权；有权选举业主委员会委员，并享有被选举权。

5. 请求权

业主对建设单位、物业服务人和其他业主侵害自己合法权益的行为，有权请求其承担民事责任。业主大会或者业主委员会作出的决定侵害业主合法权益的，受侵害的业主可以请求人民法院予以撤销。

6. 其他

法律法规赋予业主的其他权利。

【案例 2-2】孙某诉小区业委会业主知情权纠纷案①

2015 年 09 月 16 日，南京 × 小区业主孙某诉业委会业主知情权纠纷案在江苏省南京市 × 区人民法院审理。原告孙某诉称：小区本届业委会自 2012 年 12

① 资料来源：《最高人民法院公报》，2015 年第 21 期。

月接手小区以来，管理混乱，财务收支不透明，从不公开依法应公开的信息，甚至出现违法行为，致原告等广大业主合法权益受到损害。原告曾至业委会要求查询相关信息被借故推脱。为维护业主合法权益，请求依法判决小区业委会在小区公告栏公布下列情况及资料：① 公布本小区建筑物及附属设施的维修资金筹集使用情况；② 公布本届业委会所有决定、决议和会议记录；③ 公布本届业委会与物业公司之间的服务合同和共有部分的使用及收益情况；④ 公布本小区停车费收支分配和车位处分情况；⑤ 公布本届业主委员任期内的各年度财务收支账目、收支凭证。

被告小区业委会辩称：① 原告孙某的请求应通过业主大会集体行使，现因部分业主与被告产生冲突导致业委会无法召开，故原告起诉公布事项无法通过业主大会进行公示；② 原告要求公布维修资金的情况，被告将当庭公示原告所属单元的维修资金使用情况，而且小区维修资金的使用应向相关管理部门申报，业委会并未掌握相关情况；③ 车位使用是根据先到先用的原则分配，故无法提供具体处分情况，原告应向小区物业公司质询。对于其他的诉求，被告已经予以公示。

法院一审审理认为：业主对小区公共事务和物业管理的相关事项享有知情权，可以向业委会、物业公司要求公布、查阅依法应当向业主公开且确由业委会和物业公司掌握的情况和资料。孙某作为业主，可以向小区业委会主张公布由被告掌握的情况和资料。根据《最高人民法院关于审理建筑物区分所有权纠纷案件具体应用法律若干问题的解释》[①] 第十三条之规定，业主有权请求公布、查阅以下资料：① 建筑物及其附属设施的维修资金的筹集、使用情况；② 管理规约、业主大会议事规则，以及业主大会或者业主委员会的决定及会议记录；③ 物业服务合同、共有部分的使用和收益情况；④ 建筑区划内规划用于停放汽车的车位、车库的处分情况；⑤ 其他应当向业主公开的情况和资料。因此，被告认为原告主张的权利应通过业主大会予以集体行使的抗辩理由，没有法律依据，且有违经济、便利原则，不利于业主上述知情权利的行使与保护，因此不予支持。小区业委会应保障业主对上述资料进行查阅的权利，并及时公布与业主利益相关的资料。

关于原告孙某请求公布小区建筑物及附属设施的维修资金筹集使用情况的主张，建筑物及附属设施的维修资金属于业主共有，用于住宅共有部位、共用设施设备保修期满后的维修及更新，业主有权了解其使用情况。小区业委会作为小区全体业主的代表对小区进行管理，对于维修资金的筹集及使用情况应当知晓，而且资金是否由其直接掌握不影响其对维修资金情况的公布。被告向法院提交的2013年小区屋面、墙体防水工程等资金使用情况，仅为部分资金的使用情况，

① 2020年12月23日修改为《最高人民法院关于审理建筑物区分所有权纠纷案件适用法律若干问题的解释》。

并非全部维修资金的筹集、使用情况。故对原告的该项诉请，予以支持。关于原告要求公布本届业主委员会所有决定、决议和会议记录的主张。业委会作出的决定、决议和会议记录与业主的权利紧密相关，应予公开，并提供业主查阅。在本案审理过程中，被告虽已提交了相关会议纪要等证据，但并未在小区向全体业主公布，故对原告的该项诉请，予以支持。关于原告要求公布本届业委会与物业公司之间的物业服务合同和共有部分的使用及收益情况的主张，被告在小区公告栏已经张贴与物业公司所签订的《物业服务合同》，原告亦可通过被告办公室查阅上述物业服务合同，因此对于原告该项主张，不予支持。小区共有部分使用和收益与业主的利益亦密切相关，虽存在物业公司未及时上缴公共收益等问题，但是被告作为全体业主代表应及时追缴，保障业主的合法权利，并将目前的使用和收益情况及时公布。关于原告要求公布本小区停车费收支分配和车位处分情况的主张，小区共有停车位，即规划区外的车位，虽由物业公司代管，但仍归属小区全体业主共有，业主对于小区共有部分停车费的收支分配及停车位处分情况享有知情权。被告应及时联系物业公司，及时公布上述信息。故对于原告的该项主张，予以支持。关于原告主张公布本届业主委员任期内的各年度财务收支账目、收支凭证的主张，小区财务收支与小区业主具体利益息息相关，业委会应予公布。被告虽在小区公告栏公布了2013年度及2014年度的收支一览表，但项目较少且不尽详细，后被告虽在庭审中提供账目明细表及凭证，但并未履行公布的义务，因此对于原告的该项主张，予以支持。

业主作为建筑物区分所有权人，享有了解本小区建筑区划内涉及业主共有权及共同管理权等相关事项的权利，业委会应全面、合理公开其掌握的情况和资料。业主行使知情权，应合理限制，其范围应设定在涉及业主合法权益的信息，并遵循简便的原则，防止滥用权利。

2.2.2 业主的义务

权利和义务是相对应的，业主在物业管理活动中享有一定权利的同时，还应当履行一定的义务。

1.《物业管理条例》关于业主义务的规定

（1）遵守管理规约、业主大会议事规则。管理规约是业主依法订立的一种自我管理的公约，应当对有关物业的使用、维护、管理，业主的共同利益，业主应当履行的义务，违反公约应当承担的责任等事项依法作出约定。每位业主都应当依照管理规约的约定行使权利、履行义务。业主大会议事规则是业主大会运行应当遵循的规则，应当就业主大会的议事方式、表决程序、业主投票权确定办法、业主委员会的组成和委员任期等事项作出约定。业主通过制订和遵守管理规约和业主大会议事规则来进行自我管理和自我约束，有利于形成良好的物业管理秩序。管理规约、业主大会议事规则对全体业主具有约束力，每位业主都要自觉遵守。

（2）遵守物业管理区域内物业共用部位和共用设施设备的使用、公共秩序和环境卫生的维护等方面的规章制度。物业共用部位和共用设施设备的使用、公共秩序和环境卫生的维护等事项，事关物业管理区域内全体业主的共同利益。为了维护这种共同利益，业主大会可以制定或者授权物业服务人制定一系列的规章制度，要求全体业主共同遵守。每一位业主都有遵守这些规章制度的义务。

（3）执行业主大会的决定和业主大会授权业主委员会作出的决定。业主大会的决定是全体业主共同作出的，代表了全体业主的共同意志，符合业主的共同利益，理应得到全体业主的共同遵守。业主委员会是业主大会的执行机构，具体实施业主大会所作出的决定，同时经业主大会的授权，也可以自行对一定物业管理事项作出决定，业主委员会作出的决定，业主同样应该执行。

（4）按照国家有关规定交纳专项维修资金。住宅专项维修资金是指专项用于住宅共用部位、共用设施设备保修期满后的维修和更新改造的资金。住宅专项维修资金是物业得以正常维修养护的资金保障，业主应当按时履行交纳义务。实际生活中，有的物业管理区域内业主不缴纳或者不及时缴纳专项维修资金，影响了房屋大修、更新和改造的正常开展，加速了物业的老化和贬损，并危及广大业主的生命财产安全。

（5）按时交纳物业服务费用。物业服务费用，是物业服务人按照物业服务合同的约定，对房屋及配套的设施设备和相关场地进行维修、养护、管理，维护相关区域内的环境卫生和秩序，向业主所收取的费用。物业服务费用是物业服务合同约定的重要内容之一，是确保物业管理正常运行的必要前提。物业管理服务行为是一种市场行为，应当遵循等价有偿的市场原则。业主在享受物业服务人提供的服务的同时，必须按照合同的约定按时交纳物业服务费，不得无故拖延和拒交，否则物业服务人有权依法要求其承担违约责任。

（6）法律、法规规定的其他义务。除以上义务外，业主还应承担法律、法规规定的其他义务。例如：配合物业服务人开展管理服务工作的义务；装饰装修房屋时向物业服务人告知的义务；按照物业本来的用途和目的使用物业的义务；按照安全和正常方式使用物业的义务；遵守物业管理区域内公共秩序和维护物业管理区域内环境整洁的义务等。此外，《物业管理条例》第六十五条规定，业主以业主大会或者业主委员会的名义，从事违反法律、法规的活动，构成犯罪的，依法追究刑事责任；尚不构成犯罪的，依法给予治安管理处罚。

2.《民法典》关于业主义务的规定

（1）守法义务。业主应当遵守法律、法规以及管理规约；相关行为应当符合节约资源、保护生态环境的要求。

（2）应急处置配合义务。对于物业服务人执行政府依法实施的应急处置措施和其他管理措施，业主应当依法予以配合。

（3）告知义务。业主装饰装修房屋的，应当事先告知物业服务人，遵守物业服务人提示的合理注意事项，并配合其进行必要的现场检查。业主转让、出租物业专有部分、设立居住权或者依法改变共有部分用途的，应当及时将相关情况告知物业服务人。

2.2.3 有关业主权利义务的注意事项

业主在行使自己的权利或履行应尽的义务过程中，经常存在一些误区，或者会采取一些极端的做法。物业服务人作为物业服务合同的另一方，在物业管理活动中要特别注意。

1. 引导业主通过民主途径行使权利

物业管理活动中，业主行使自己的权利，可以直接向物业服务人提出意见、批评询问、了解情况，也可以通过业主委员会、政府主管部门等途径。业主大会、业主委员会是民主的主要载体和组织形式，应成为单个业主行使权利的主要途径。业主可以通过业主大会会议，行使投票权，决定物业服务人的去留，决定物业服务标准及收费标准等事项。

2. 引导业主理性维权

业主可以通过多种途径和办法来维护和保障自身权利，但前提必须是合法的。业主维权之前，首先要弄清楚，是谁的问题，该谁负责，向谁维权。物业管理活动中的纠纷通常涉及3个层面。

（1）业主和建设单位间的矛盾。主要来自物业配套设施不到位、房屋质量问题、开发商销售过程中的过度宣传或随意许诺等。一般的，这类问题的责任与物业服务人无关。物业服务人要做的是向业主讲明原委，并积极帮助业主协调。

（2）业主和物业服务人的矛盾。主要体现在物业服务合同纠纷上，如物业服务标准、质量和收费标准的争议等。由于物业服务在一个物业管理区域内具有公共产品的属性，客观上使得单个业主即使不交费也能够享受物业服务。因此，有些业主就会认为不交物业服务费是维护自身权利的方式。应当让业主清楚，不交物业服务费的业主是在免费享受其他交费业主所购买的服务，相当于侵犯其他业主的合法权益。

（3）业主之间的矛盾。随着物业管理各项法律制度的完善，物业管理中的矛盾越来越多地体现为业主之间的矛盾，比如，违章搭建、侵占通道等违法违规占用共有部分的矛盾，违规饲养宠物或排放噪声等影响他人使用物业的矛盾等。此类矛盾，首先应该由业主大会和业主委员会出面解决，因为业主大会是代表全体业主利益的组织。

3. 业主权利义务的对应性

业主的权利和义务，就好比一枚硬币的两面，永远是并存的。业主拥有所有权各项权能的同时，也必须承担相应的义务。《民法典》第二百七十三条规定，业主对建筑物专有部分以外的共有部分，享有权利，承担义务；不得以放弃权利为由不履行义务。如，业主不得以不使用电梯为由，不交纳电梯维修费用。关于这一点，我们将在第4章详细分析。

【案例 2-3】空置房是否要交物业服务费？

2009年2月6日，上海市某物业公司以长期欠交、拒交物业服务费为由，诉其物业管理区域内业主詹女士，请求人民法院依法判令詹女士立即支付所欠物业服务费用，并承担相应的违约责任。詹女士辩称，自己自从2008年8月购买该房屋以来，一直在国外留学，不在小区内居住，不愿意交纳物业服务费。詹女士是否有义务交纳物业服务费用？

本案中，双方争议的焦点是业主的义务。《物业管理条例》第二条指出，物业管理是指业主通过选聘物业服务人，由业主和物业服务人按照物业服务合同约定，对房屋及配套的设施设备和相关场地进行维修、养护、管理，维护相关区域内的环境卫生和秩序的活动。根据《物业管理条例》第七条，按时交纳物业服务费用是业主的义务。《民法典》第二百七十三条规定，业主对建筑物专有部分以外的共有部分，享有权利，承担义务；不得以放弃权利为由不履行义务。

物业服务费的交纳不以入住为前提，在没有特别约定的情况下，物业服务费的交纳一般应从业主收房时开始计算。物业管理不仅是对人的管理，更重要的是对物业本身的管理，特别是对共用部分、公用设施的管理。在本案中，虽然詹女士暂时还没有入住，但对其物业的管理服务一直存在。所以，詹女士应当按照合同的约定交纳物业服务费。詹女士拒绝支付物业服务费用，使物业公司受到了直接的经济损失，从而也可能影响到其他业主的整体生活环境和整体的合法利益。因此物业公司可以要求法院判令詹女士按照合同约定支付违约金或者依据物业公司实际遭受的损失承担违约赔偿责任。

2.3 业主大会和业主委员会

2.3.1 业主大会

1. 业主大会的性质

业主大会由物业管理领域内的全体业主组成，代表和维护物业管理区域内全体业主在物业管理活动中的合法权利，履行相应的义务。业主大会是业主参与物业管理活动的组织形式，有权依据法律法规的规定和管理规约的约定，决定物业管理区域内的所有物业管理事项。物业管理区域内的业主，都必须遵守业主大会制定的管理规约和业主大会议事规则，遵守业主大会制定的各项规章制度，并执行业主大会作出的决定。

业主大会根据物业管理区域的划分成立，一个物业管理区域成立一个业主大会。只有一个业主的，或者业主人数较少且经全体业主一致同意，不成立业主大会的，由业主共同履行业主大会、业主委员会职责。对于由众多业主组成的物业管理区域，只有成立业主大会才能民主解决物业管理的公共事项；对于业主数量较少的物业管理区域，业主共同商讨物业管理问题较为方便，业主大会成立与否并不影响业主关于物业管理的民主决策，可以不成立业主大会。

2. 业主大会的筹备

物业管理区域内，已交付的专有部分面积超过建筑物总面积50%时，可以筹备成立业主大会。建设单位应当按照物业所在地的区、县房地产行政主管部门或者街道办事处、乡镇人民政府的要求，及时报送下列筹备首次业主大会会议所需的文件资料：① 物业管理区域证明；② 房屋及建筑物面积清册；③ 业主名册；④ 建筑规划总平面图；⑤ 交付使用共用设施设备的证明；⑥ 物业服务用房配置证明；⑦ 其他有关的文件资料。

符合成立业主大会条件的，区、县房地产行政主管部门或者街道办事处、乡镇人民政府应当在收到业主提出筹备业主大会书面申请后60日内，负责组织、指导成立首次业主大会会议筹备组。筹备组由业主代表、建设单位代表、街道办事处、乡镇人民政府代表和居民委员会代表组成，成员人数应为单数，其中业主代表人数不低于筹备组总人数的一半，筹备组组长由街道办事处、乡镇人民政府代表担任。筹备组中业主代表的产生，由街道办事处、乡镇人民政府或者居民委员会组织业主推荐。筹备组应当将成员名单以书面形式在物业管理区域内公告。业主对筹备组成员有异议的，由街道办事处、乡镇人民政府协调解决。建设单位和物业服务人应当配合协助筹备组开展工作。

业主大会筹备组应当做好以下筹备工作：① 确认并公示业主身份、业主人数以及所拥有的专有部分面积；② 确定首次业主大会会议召开的时间、地点、形式和内容；③ 草拟管理规约、业主大会议事规则；④ 依法确定首次业主大会会议表决规则；⑤ 制定业主委员会委员候选人产生办法，确定业主委员会委员候选人名单；⑥ 制定业主委员会选举办法；⑦ 完成召开首次业主大会会议的其他准备工作。上述内容应当在首次业主大会会议召开15日前以书面形式在物业管理区域内公告。业主对公告内容有异议的，筹备组应当记录并作出答复。业主委员会委员候选人由业主推荐或者自荐。筹备组应当核查参选人的资格，根据物业规模、物权份额、委员的代表性和广泛性等因素，确定业主委员会委员候选人名单。筹备组应当自组成之日起90日内完成筹备工作，组织召开首次业主大会会议。

3. 业主大会的成立

业主大会自首次业主大会会议表决通过管理规约、业主大会议事规则，并选举产生业主委员会之日起成立。业主大会成立后，业主委员会应当自选举产生之日起30日内，持下列文件向物业所在地的区、县房地产行政主管部门和街道办事处、乡镇人民政府办理备案手续：① 业主大会成立和业主委员会选举的情况；② 管理规约；③ 业主大会议事规则；④ 业主大会决定的其他重大事项。业主委员会办理备案手续后，可持备案证明向公安机关申请刻制业主大会印章和业主委员会印章。业主委员会任期内，备案内容发生变更的，业主委员会应当自变更之日起 30 日内将变更内容书面报告备案部门。

划分为一个物业管理区域的分期开发的建设项目，先期开发部分符合条件的，可以成立业主大会，选举产生业主委员会。首次业主大会会议应当根据分期开发的物业面积和进度等因素，在业主大会议事规则中明确增补业主委员会委员的办法。

4. 业主大会会议

（1）业主大会会议的类别。业主大会会议分为定期会议和临时会议。业主大会定期会议，应当按照业主大会议事规则的规定由业主委员会组织召开。当出现下列情况时，业主委员会应当及时组织召开业主大会临时会议：① 经专有部分占建筑物总面积 20% 以上且占总人数 20% 以上业主提议的；② 发生重大事故或者紧急事件需要及时处理的；③ 业主大会议事规则或者管理规约规定的其他情况。召开业主大会会议，应当于会议召开 15 日以前通知全体业主，住宅小区召开业主大会会议，还应当同时告知与物业管理区域相关的居民委员会。召开业主大会会议，物业所在地的区、县房地产行政主管部门和街道办事处、乡镇人民政府应当给予指导和协助。

（2）业主大会会议的形式。业主大会会议可以采用集体讨论的形式，也可以采用书面征求意见的形式；但应当有物业管理区域内专有部分占建筑物总面积过半数的业主且占总人数过半数的业主参加。采用书面征求意见形式的，应当将征求意见书送交每一位业主；无法送达的，应当在物业管理区域内公告。凡需投票表决的，表决意见应由业主本人签名。业主大会会议应当由业主委员会作出书面记录并存档。业主大会的决定应当以书面形式在物业管理区域内及时公告。

（3）业主代理人和代表人。业主因故不能参加业主大会会议的，可以书面委托代理人参加。代理人应当在业主委托书的授权范围内行使代理权，如投票、发表意见、参加表决等。业主委托代理人的授权内容不得超越业主自身权限，如投票权数。业主只能委托代理人代理事项，不能委托代理人代理业主身份，代理人无权以候选人身份参加业主委员会成员的竞选。物业管理区域内业主人数较多的，可以按照幢、单元、楼层等为单位，推选一名业主代表参加业主大会会议，推选及表决办法应当在业主大会议事规则中规定。业主可以书面委托的形式，约定由其推选的业主代表在一定期限内代其行使共同管理权，具体委托内容、期限、权限和程序由业主大会议事规则规定。

2.3.2 业主委员会

1. 业主委员会的职责

业主委员会由业主大会依法选举产生，履行业主大会赋予的职责，执行业主大会决定的事项，接受业主的监督。业主委员会主要履行的职责有：① 执行业主大会的决定和决议；② 召集业主大会会议，报告物业管理实施情况；③ 与业主大会选聘的物业服务人签订物业服务合同；④ 及时了解业主、物业使用人的意见和建议，监督和协助物业服务人履行物业服务合同；⑤ 监督管理规约的实施；⑥ 督促业主交纳物业服务费及其他相关费用；⑦ 组织和监督专项维修资金的筹集和使用；⑧ 调解业主之间因物业使用、维护和管理产生的纠纷；⑨ 业主大会赋予的其他职责。

为了保证业主委员会工作的规范性和连续性，业主委员会应当建立工作档案，工作档案包括以下主要内容：① 业主大会、业主委员会的会议记录；② 业主大会、业主委员会的决定；③ 业主大会议事规则、管理规约和物业服务合同；④ 业主委员会选举及备案资料；⑤ 专项维修资金筹集及使用账目；⑥ 业主及业主代表的名册；⑦ 业主的意见和建议。

业主委员会应当建立印章管理规定，并指定专人保管印章。使用业主大会印章，应当根据业主大会议事规则的规定或者业主大会会议的决定；使用业主委员会印章，应当根据业主委员会会议的决定。业主委员会应当自任期届满之日起10日内，将其保管的档案资料、印章及其他属于业主大会所有的财物移交新一届业主委员会。

为保障业主知情权和监督权的实现，业主委员会应当向业主公布下列情况和资料：① 管理规约、业主大会议事规则；② 业主大会和业主委员会的决定；③ 物业服务合同；④ 专项维修资金的筹集、使用情况；⑤ 物业共有部分的使用和收益情况；⑥ 占用业主共有的道路或者其他场地用于停放汽车车位的处分情况；⑦ 业主大会和业主委员会工作经费的收支情况；⑧ 其他应当向业主公开的情况和资料。

2. 业主委员会委员的任职条件

业主委员会由业主大会会议选举产生，由5～11人单数组成。业主委员会委员应当是物业管理区域内的业主，并符合下列条件：① 具有完全民事行为能力；② 遵守国家有关法律、法规；③ 遵守业主大会议事规则、管理规约，模范履行业主义务；④ 热心公益事业，责任心强，公正廉洁；⑤ 具有一定的组织能力；⑥ 具备必要的工作时间。

业主委员会委员实行任期制，每届任期不超过5年，可连选连任。业主委员会委员具有同等表决权。业主委员会应当自选举之日起7日内召开首次会议，推选业主委员会主任和副主任。

业主委员会委员有下列情况之一的，其委员资格自行终止：① 因物业转让、灭失等原因不再是业主的；② 丧失民事行为能力的；③ 依法被限制人身自由的；④ 法律、法规以及管理规约规定的其他情形。

业主委员会委员有下列情况之一的，由业主委员会1/3以上委员或者持有20%以上投票权数的业主提议，业主大会或者业主委员会根据业主大会的授权，可以决定是否终止其委员资格：① 以书面方式提出辞职请求的；② 不履行委员职责的；③ 利用委员资格谋取私利的；④ 拒不履行业主义务的；⑤ 侵害他人合法权益的；⑥ 因其他原因不宜担任业主委员会委员的。

业主委员会委员资格终止的，应当自终止之日起 3 日内将其保管的档案资料、印章及其他属于全体业主所有的财物移交业主委员会。业主委员会委员资格终止，拒不移交所保管的档案资料、印章及其他属于全体业主所有的财物的，其他业主委员会委员可以请求物业所在地的公安机关协助移交。

3. 业主委员会会议的召开

业主委员会应当按照业主大会议事规则的规定及业主大会的决定召开会议。

经 1/3 以上业主委员会委员的提议，应当在 7 日内召开业主委员会会议。业主委员会会议由主任召集和主持，主任因故不能履行职责，可以委托副主任召集。业主委员会会议应有过半数的委员出席，作出的决定必须经全体委员半数以上同意。业主委员会委员不能委托代理人参加会议。

业主委员会应当于会议召开 7 日前，在物业管理区域内公告业主委员会会议的内容和议程，听取业主的意见和建议。业主委员会会议应当制作书面记录并存档，业主委员会会议作出的决定，应当有参会委员的签字确认，并自作出决定之日起 3 日内在物业管理区域内公告。

召开业主委员会会议，应当告知相关的居民委员会，并听取居民委员会的建议。在物业管理区域内，业主大会、业主委员会应当积极配合相关居民委员会依法履行自治管理职责，支持居民委员会开展工作，并接受其指导和监督。

4. 业主委员会的补选与换届

业主委员会任期内，委员出现空缺时，应当及时补足。业主委员会委员候补办法由业主大会决定或者在业主大会议事规则中规定。业主委员会委员人数不足总数的 1/2 时，应当召开业主大会临时会议，重新选举业主委员会。业主委员会任期届满前 3 个月，应当组织召开业主大会会议，进行换届选举，并报告物业所在地的区、县房地产行政主管部门和街道办事处、乡镇人民政府。因客观原因未能选举产生业主委员会或者业主委员会委员人数不足总数的 1/2 的，新一届业主委员会产生之前，可以由物业所在地的居民委员会在街道办事处、乡镇人民政府的指导和监督下，代行业主委员会的职责。

业主委员会应当自任期届满之日起 10 日内，将其保管的档案资料、印章及其他属于业主大会所有的财物移交新一届业主委员会。业主委员会任期届满后，拒不移交所保管的档案资料、印章及其他属于全体业主所有的财物的，新一届业主委员会可以请求物业所在地的公安机关协助移交。

5. 业主委员会的工作经费

业主大会、业主委员会工作经费由全体业主承担。工作经费可以由业主分摊，也可以从物业共有部分经营所得收益中列支。工作经费的收支情况，应当定期在物业管理区域内公告，接受业主监督。工作经费筹集、管理和使用的具体办法由业主大会决定。

2.3.3 业主大会和业主委员会决定的效力

《民法典》第二百八十条规定，业主大会或者业主委员会的决定，对业主具有法律的约束力。这是因为，业主大会是由建筑区划内的全体业主参加，依法成立的自治组织，是建筑区划内建筑物及其附属设施的管理机构。业主大会依据法定程序做出的决定，反映了建筑区划内绝大多数业主的意志与心声，代表和维护了建筑区划内广大业主的合法权益。业主委员会是业主大会的执行机构，具有实施业主大会作出的决定，业主大会或者业主委员会作为自我管理的权力机构和执行机构，依据法定程序作出的决定，对业主应当具有约束力。

对业主具有约束力的业主大会或者业主委员会的决定，必须是依法设立的业主大会、业主委员会作出的，必须是业主大会、业主委员会依据法定程序作出的，必须是符合法律、法规及规章，不违背社会道德，不损害国家、公共和他人利益的决定，上述三点必须同时具备，否则业主大会、业主委员会的决定对业主没有约束力。《物业管理条例》第十九条规定，业主大会、业主委员会作出的决定违反法律、法规的，物业所在地的区、县人民政府房地产行政主管部门，应当责令限期改正或者撤销其决定，并通告全体业主。业主大会、业主委员会主要对建筑区划内，业主的建筑物区分所有权如何行使，业主的合法权益如何维护等事项作出决定，例如，可以对制定和修改业主大会议事规则作出决定，对制定和修改建筑物及其附属设施的管理规约作出决定，对选举业主委员会或者更换业主委员会成员作出决定，对选聘、解聘物业服务人作出决定，对筹集、使用建筑物及其附属设施作出决定，对改建、重建建筑物及其附属设施作出决定。无论业主大会、业主委员会作出上述任何一项决定，对业主均具有约束力。

对于建筑区划内个别业主任意弃置垃圾、排放污染物或者噪声、违反规定饲养动物、违章搭建、侵占通道、拒付物业费等行为，《民法典》第二百六十八条规定："业主大会或者业主委员会，对任意弃置垃圾、排放污染物或者噪声、违反规定饲养动物、违章搭建、侵占通道、拒付物业费等损害他人合法权益的行为，有权依照法律、法规以及管理规约，请求行为人停止侵害、排除妨碍、消除危险、恢复原状、赔偿损失。"

2.3.4 指导和监督

《民法典》第二百七十七条规定："地方人民政府有关部门、居民委员会应当对设立业主大会和选举业主委员会给予指导和协助。"《物业管理条例》第十条规定："同一个物业管理区域内的业主，应当在物业所在地的区、县人民政府房地产行政主管部门或者街道办事处、乡镇人民政府的指导下成立业主大会，并选举产生业主委员会。"第十九条规定："业主大会、业主委员会应当依法履行职责，不得作出与物业管理无关的决定，不得从事与物业管理无关的活动。业主大会、业主委员会作出的决定违反法律、法规的，物业所在地的区、县人民政府房地产行政主管部门，应当责令限期改正或者撤销其决定，并通告全体业主。”

为了强化对业主大会和业主委员会的协助、指导和监督作用，《业主大会业主委员会指导规则》详细规定了区、县房地产行政主管部门和街道办事处、乡镇人民政府的具体职责和权限。

（1）已交付使用的专有部分面积超过建筑物总面积50%时，建设单位未按要求报送筹备首次业主大会会议相关文件资料的，物业所在地的区、县房地产行政主管部门或者街道办事处、乡镇人民政府有权责令建设单位限期改正。

（2）业主委员会未按业主大会议事规则的规定组织召开业主大会定期会议，或者发生应当召开业主大会临时会议的情况，业主委员会不履行组织召开会议职责的，物业所在地的区、县房地产行政主管部门或者街道办事处、乡镇人民政府可以责令业主委员会限期召开；逾期仍不召开的，可以由物业所在地的居民委员会在街道办事处、乡镇人民政府的指导和监督下组织召开。

（3）按照业主大会议事规则的规定或者1/3以上委员提议，应当召开业主委员会会议的，业主委员会主任、副主任无正当理由不召集业主委员会会议的，物业所在地的区、县房地产行政主管部门或者街道办事处、乡镇人民政府可以指定业主委员会其他委员召集业主委员会会议。

（4）业主委员会在规定时间内不组织换届选举的，物业所在地的区、县房地产行政主管部门或者街道办事处、乡镇人民政府应当责令其限期组织换届选举；逾期仍不组织的，可以由物业所在地的居民委员会在街道办事处、乡镇人民政府的指导和监督下，组织换届选举工作。

（5）违反业主大会议事规则或者未经业主大会会议和业主委员会会议的决定，擅自使用业主大会印章、业主委员会印章的，物业所在地的街道办事处、乡镇人民政府应当责令限期改正，并通告全体业主；造成经济损失或者不良影响的，应当依法追究责任人的法律责任。

（6）物业所在地的区、县房地产行政主管部门和街道办事处、乡镇人民政府应当积极开展物业管理政策法规的宣传和教育活动，及时处理业主、业主委员会在物业管理活动中的投诉。

（7）物业管理区域内，可以召开物业管理联席会议。物业管理联席会议由街道办事处、乡镇人民政府负责召集，由区、县房地产行政主管部门、公安派出所、居民委员会、业主委员会和物业服务人等方面的代表参加，共同协调解决物业管理中遇到的问题。

【案例2-4】业主大会的决议对业主具有约束力[①]

上诉人北京市海淀区×小区业主雷某因与被上诉人JH物业公司、×小区业主委员会物业服务合同纠纷一案，不服北京市海淀区人民法院判决，向北京市

① 案号：北京市第一中级人民法院（2016）京01民终4078号。

中级人民法院提起上诉。

雷某在原审法院诉称，小区原有物业费收费标准为每月每平方米1.98元。2014年7月1日，JH物业公司与小区业委会签订的《物业服务合同》中将物业费收费标准提高至每月每平方米2.38元。JH物业公司、小区业委会擅自调高物业费收费标准，故诉请法院依法判令JH物业公司、小区业委会于2014年7月1日签订的《物业服务合同》中的该条款无效。

JH物业公司在原审法院辩称，在上调物业费之前，我公司向×小区业委会提出了调整物业费的申请并说明理由。之后小区业委会以书面征询的方式召开了业主大会，投票通过了新的物业费收费标准。因此，调整物业费符合相关法律、行政法规的规定，不同意雷某的全部诉讼请求。小区业委会在原审法院辩称，同意JH物业公司的答辩意见。

法院经审理认定，提高小区物业费标准事宜，属于有关该小区共有和共同管理权利的重大事项，应当事先征得业主大会表决同意。小区业委会曾就此采用书面征求意见的形式召开业主大会，其中，超过专有部分占建筑物总面积过半数的业主且占总人数过半数的业主同意，物业费标准上调至每月每平方米2.38元。JH物业公司与小区业委会依据上述投票结果，签订涉诉物业合同并提高物业费标准，符合相关法律、行政法规的规定，应为合法有效。最终判定驳回雷某诉讼请求。

2.4 业主大会议事规则和管理规约

物业管理往往涉及多个业主，业主之间既有个体利益，也有共同利益，在单个业主的个体利益与全体业主之间的整体利益发生冲突时，个体利益应当服从整体利益，单个业主应当遵守物业管理区域内涉及公共秩序和公共利益的有关约定。有关维护业主共同利益的约束性文件主要有业主大会议事规则、管理规约和临时管理规约①。

2.4.1 业主大会议事规则

1. 业主大会议事规则的性质

业主大会议事规则由全体业主经过民主协商和表决，在首次业主大会上通过。其内容主要是约定业主大会的议事内容、议事方式、表决程序、业主委员会的组成和委员任期等事项。议事规则是每个业主通过民主的程序和方法正确行使自己权利的必要前提，它规定了物业管理区域内物业管理活动中重要事项的运作

---

① 2003年颁布的《物业管理条例》提出了业主公约制度，2007年修订后的《物业管理条例》将业主公约修改为管理规约，业主临时公约修改为临时管理规约。

方式和运作规则。议事规则的制定是业主自治的根本体现。也就是说，只有业主有权通过合法、民主的程序确定物业管理活动的“游戏规则”时，才是实现真正意义上的民主自治。

关于议事规则，有两点需要注意：一是议事规则中的任何规定不得违反国家相关的法律、法规；二是议事规则必须在首次业主大会会议上最先讨论和通过，然后才能按此议事规则讨论决定其他事项。

2. 业主大会议事规则的内容

议事规则应当对下列主要事项作出规定：① 业主大会名称及相应的物业管理区域；② 业主委员会的职责；③ 业主委员会议事规则；④ 业主大会会议召开的形式、时间和议事方式；⑤ 业主投票权数的确定方法；⑥ 业主代表的产生方式；⑦ 业主大会会议的表决程序；⑧ 业主委员会委员的资格、人数和任期等；⑨ 业主委员会换届程序、补选办法等；⑩ 业主大会、业主委员会工作经费的筹集、使用和管理；⑪ 业主大会、业主委员会印章的使用和管理。

《业主大会和业主委员会指导规则》第二十条规定：“业主拒付物业服务费，不缴存专项维修资金以及实施其他损害业主共同权益行为的，业主大会可以在管理规约和业主大会议事规则中对其共同管理权的行使予以限制。”这一规定旨在督促业主履行公共义务，实现业主在共同管理事务中权利和义务的对等和公平。虽然一些地方的规范性文件中有“欠交物业服务费的业主不得担任业主委员会委员”的类似规定，但业主委员会委员的被选举权仅为业主共同管理权的一项子权利，欠交物业服务费也只是损害业主共同权益的一种形式，因此，指导规则从概括共同管理权内涵和扩充侵权行为外延两个方面对相关做法进行了提炼，并上升到制度创新的层面。

正确理解和适用这一规定，我们应当注意以下几点：一是除了拒付物业服务费，不缴存专项维修资金以外，业主实施任意丢弃垃圾、排放污染物或者噪声、违反规定饲养动物、违章搭建、侵占通道等损害他人合法权益和业主共同权益行为的，同样构成限制其行使共同管理权的条件；二是有权限制业主行使共同管理权的主体是业主大会，而非业主委员会；三是限制行使共同管理权的依据是管理规约和业主大会议事规则；四是该条款属授权性规范，可供业主大会选择适用，并无强制执行的效力。

2.4.2 管理规约

1. 管理规约的含义

管理规约是区分所有建筑物的业主行使共同管理权的契约性文件，是物业管理区域内业主共同制定并遵守的行为准则，由全体业主共同制定。《物业管理条例》第十七条规定：“管理规约应当对有关物业的使用、维护、管理，业主的共同利益，业主应当履行的义务，违反规约应当承担的责任等事项依法作出约定，管理规约对全体业主具有约束力。”实行管理规约制度，有利于提高业主的自律意识，缓解物业服务人与业主间的矛盾和冲突，预防和减少物业管理纠纷。

管理规约作为业主对物业管理区域内一些重大事务的共同性约定和允诺，作为业主自我管理的一种重要形式和手段，一般以书面形式订立，要求全体业主共同遵守。管理规约是对物业管理法律法规和政策的一种有益的补充，是有效调整业主之间权利与义务关系的基础性文件，也是物业管理顺利进行的重要保证。要形成和谐有序的物业管理秩序，必须充分认识到管理规约的重要作用。共同财产和共同利益是业主之间建立联系的基础，管理规约就是物业管理区域内全体业主建立的共同契约。业主共同财产的管理和共同利益的平衡，需要通过民主协商的机制来实现，管理规约集中体现了经民主协商所确立的全体业主均需遵守的规则。维护业主的财产权利是物业管理的主要内容，物业管理的落脚点就是要保护业主的财产权利，不仅要保护单个业主的权利，而且要保护全体业主的共同财产权益。因此，管理规约必须协调单个业主利益与业主整体利益存在的各种矛盾，并按照少数服从多数的原则解决存在的分歧。

2. 管理规约的功能

管理规约在物业管理活动中，主要承载两方面的功能。

（1）明确权利让渡规则。业主通过签署管理规约承诺书，将物业共有部分的管理权让渡给业主大会，业主大会据此有权代表业主选聘物业服务人并签订物业服务合同，因而物业服务合同的效力自然及于每位业主，个别业主以非物业服务合同的签约人为由，否认物业服务合同的约束力有悖法理。

（2）明确业主内部自律规则。业主行使建筑物区分所有权的基本规则，应事先通过管理规约的形式予以明确，以便能够在业主内部形成自我监督机制，凭借多数业主的善意意志约束个别业主的不当行为。业主一旦共同决定委托物业服务人实施物业管理，就要将共同财产的管理职能授权物业服务人实施，并将这项授权明确写入管理规约中，要求业主遵守公约，服从物业服务人维护公共秩序的物业管理行为。

3. 管理规约的主要内容

（1）物业的使用、维护与管理。例如：业主使用其专有部分和物业管理区域内共用部分、共用设备设施以及相关场地的约定；业主对物业管理区域内公共建筑和共用设施使用的有关规则；业主对专有部分进行装饰装修时应当遵守的规则等。

（2）业主的共同利益。例如：对物业共用部位、共用设施设备使用和维护，利用物业共用部位获得收益的分配；对公共秩序和环境卫生的维护等。

（3）业主应当履行的义务。例如：遵守物业管理区域内物业共用部位和共用设施设备的使用、公共秩序和环境卫生的维护等方面的规章制度；按照国家有关规定交纳住宅专项维修资金；按时交纳物业服务费用；不得擅自改变建筑物及其附属设施设备的结构、外貌、设计用途；不得违反规定存放易燃、易爆、剧毒、放射性等物品；不得违反规定饲养家禽、宠物；不得随意停放车辆和鸣放喇叭等。

（4）违反管理规约应当承担的责任。业主不履行管理规约约定的义务要承担民事责任，承担民事责任的主要方式是支付违约金和赔偿损失。在管理规约中，一般还要明确解决争议的办法，如通过业主委员会或者物业服务人调处，业主大会和业主委员会也可以通过诉讼追究其民事责任。

在《物业管理条例》基础上，《业主大会和业主委员会指导规则》进一步明确管理规约应当对下列主要事项作出规定：① 物业的使用、维护、管理；② 专项维修资金的筹集、管理和使用；③ 物业共用部分的经营与收益分配；④ 业主共同利益的维护；⑤ 业主共同管理权的行使；⑥ 业主应尽的义务；⑦ 违反管理规约应当承担的责任。

4. 管理规约的法律效力

管理规约对物业管理区域内的全体业主具有约束力。理解管理规约的法律效力应当注意以下两点。

（1）管理规约对物业使用人发生法律效力。由于管理规约的一项核心内容是规范对物业的使用秩序，而物业使用人基于其物业实际使用者的身份，不可避免地会影响到物业的状态，而且业主委员会或者物业服务人对物业进行管理，不可避免要直接与物业使用人打交道，因此，客观上需要将物业使用人纳入管理规约的效力范围。

（2）管理规约对物业继受人（新业主）发生法律效力。在物业的转让和继承中，物业的所有权移转给受让人，受让人取得业主身份的同时，自然成为管理规约约束的对象。通常情况下，管理规约无须物业继受人作出任何形式上的承诺，就自动地对其产生效力。换句话说，继受人在取得物业时，对已经生效的管理规约存在默示认可，自愿接受管理规约的约束。

5. 业主的违约责任

业主及物业使用人违反管理规约，实施以下损害他人合法权益的行为，应当承担相应的侵权或者违约责任。

（1）未经有利害关系的业主同意，将住宅改变为经营性用房。

（2）任意弃置垃圾、排放污染物或者噪声、违反规定饲养动物、违章搭建、侵占通道、拒付物业费。

（3）利用屋顶以及其专有部分相对应的外墙面等共有部分，损害他人合法权益。

（4）损害房屋承重结构，损害或者违章使用电力、燃气、消防设施，在建筑物内放置危险、放射性物品等危及建筑物安全或者妨碍建筑物正常使用。

（5）违反规定破坏、改变建筑物外墙面的形状、颜色等损害建筑物外观的行为。

（6）违反规定进行房屋装饰装修。

（7）违章加建、改建，侵占、挖掘公共通道、道路、场地或者其他共有部分等。

（8）实施妨害物业服务与管理的行为。

（9）其他损害他人合法权益的行为。

2.4.3 临时管理规约

1. 临时管理规约的含义

《物业管理条例》第二十二条规定："建设单位应当在销售物业之前，制定临时管理规约，对有关物业的使用、维护、管理，业主的共同利益，业主应当履行的义务，以及违反公约应当承担的责任等事项依法作出约定。"制定管理规约是业主之间的共同行为，通常情况下，管理规约由业主大会筹备组草拟，经首次业主大会会议审议通过，规约的修改权也属于业主大会。但是，在前期物业管理阶段，在不具备成立业主大会的条件时，基于物业的正常使用和已经入住业主共同利益的考虑，有必要制定业主共同遵守的管理准则，使物业的使用、维护、管理处于有序状态，及时有效地建立和谐的生活和工作秩序。因此，在业主大会制定管理规约之前，由建设单位制定的，适用于前期物业管理阶段的临时性管理规约，称为临时管理规约。

临时管理规约有两点值得重视。一是充分体现了政府的责任，将临时管理规约的制定确定为物业管理的一项基本制度，这是政府作为未来广大潜在业主的权利的代表者作出的规定；二是业主的承诺，物业出售即意味着所有权的转移，新的业主必须承诺遵守临时管理规约，才能保证临时管理规约对所有业主的约束力。

2. 临时管理规约的制定

临时管理规约一般由建设单位在出售物业之前预先制定。在物业销售之前，建设单位是物业的唯一业主，即初始业主，而且建设单位这种"业主"的身份一直延续到物业全部销售完毕。在业主共同利益的代表者——业主大会的成立条件不具备的情况下，建设单位有权利也有义务代行制定有关物业共同管理事项的公共契约，以实现业主的共同利益。这是建设单位应当负责制定临时管理规约的主要理由。但是，建设单位制定的临时管理规约毕竟不同于全体业主自行制定的管理规约，有时并不一定能完全体现全体业主的意志，这类规约只存在于前期物业管理阶段，具有过渡性质。业主大会成立后，业主可以通过业主大会会议表达自己的意志，表决通过新制定的管理规约，也可以沿用临时管理规约，或者修改临时管理规约后继续生效。

《物业管理条例》规定建设单位制定临时管理规约的时间为物业销售之前，是因为物业销售交付后，一旦业主入住，就会面临业主之间有关物业使用、维护、管理等方面权利义务的行使问题。因此，在物业销售之前制定临时管理规约，便于业主提前知晓管理规约的内容，做到从入住一开始就有规可循。在实践中，建设单位一般将临时管理规约作为物业买卖合同的附件，或者在物业买卖合同中有明确要求物业买受人遵守临时管理规约的条款，通过这种方式让物业买受人作出遵守临时管理规约的承诺，这在客观上要求临时管理规约应当在物业销售前制定。还需说明的是，商品房销售包括商品房现售和商品房预售两种形式，无论现售还是预售，建设单位都应预先制定临时管理规约。

3. 临时管理规约对相关主体的法律约束

（1）建设单位不得侵害物业买受人权益。临时管理规约由建设单位制定，但由于物业买受人在购房时与建设单位相比，无论是经济实力还是专业信息都处于劣势，对于临时管理规约的制定缺乏主动参与的机会。建设单位从有利自己的动机出发，可能会利用制定临时管理规约的便利，在规约中加入不公正的条款，从而损害物业买受人的利益。例如：规定长期保留对某些会所、学校、停车场、网球场等共用部位的所有权或使用权，但不承担支付物业服务费用的义务；规定物业服务人可以利用物业的某些共有部位谋求自身利益等。为了消除临时管理规约中可能存在的有失公平的内容，保障物业买受人的利益，《物业管理条例》对临时管理规约的内容进行了原则上的限制，规定建设单位制定的临时管理规约，不得侵害物业买受人的合法权益。

（2）建设单位对临时管理规约的明示和说明义务。建设单位制定的临时管理规约，应当在物业销售之前向物业买受人明示，并予以说明。对临时管理规约的主要内容，向物业买受人陈述，并就容易导致购房人混淆的地方进行解释说明，以使物业买受人准确理解未来作为业主的权利与义务。明示，应该理解为是以书面的形式向物业买受人明确无误的告示，例如：直接将临时管理规约文本交与物业买受人，或者以通告的方式，在显著位置予以公示。

（3）物业买受人书面承诺遵守临时管理规约的义务。为了进一步强化和保护物业买受人的权益，《物业管理条例》规定，物业买受人在与建设单位签订物业买卖合同时，应当对遵守临时管理规约予以书面承诺。承诺是物业买受人同时接受临时管理规约的意思表示，为了避免建设单位和物业买受人对是否已经明示和说明的事实发生争议，减少纠纷，承诺应当采用书面的方式。实践中，通常存在两种做法：一种是建设单位将临时管理规约作为物业买卖合同的附件，或者在物业买卖合同中明确规定要求物业买受人遵守临时管理规约的条款，让物业买受人在物业买卖合同上签字确认；另一种是物业买受人在签订物业买卖合同的同时，在建设单位提供的临时管理规约承诺书上签字确认。签字确认，也就意味着临时管理规约得到物业买受人的接受和认可，从而为物业买受人同意遵守临时管理规约提供了书面依据。

4. 临时管理规约的内容

根据2004年建设部发布的《业主临时公约（示范文本）》，临时管理规约具体包括以下内容。

（1）物业的自然状况与权属状况。包括物业的名称、坐落地址、类型、建筑面积、用地面积、四至以及物业权属情况等。

（2）业主使用物业应当遵守的规则。包括相邻权规定、房屋装饰装修规定、共用部位共用设施设备的使用规定、使用物业的禁止性规定等。

（3）维修养护物业应当遵守的规则。包括物业维修养护中业主应当相互配合与协助、涉及公共利益与公共安全的物业维修养护、保修责任与住宅专项维修资金管理等。

（4）涉及业主共同利益的事项。包括全体业主授予物业服务人行使的管理权利、业主承诺按时足额交纳物业服务费用、利用物业共用部位和共用设施设备经营的约定等。

（5）违约责任。

2.4.4 临时管理规约与管理规约的区别

临时管理规约和管理规约的基本内容相同，都是针对全体业主和使用人规定的有关物业的使用、维护和管理，业主的共同利益、业主应当履行的义务、违反规约应当承担的责任等事项。但二者还是有区别的，主要体现在以下四个方面。

（1）制定主体不同。临时管理规约由建设单位制定，管理规约由业主大会或全体业主共同制定。

（2）内容存在差异。临时管理规约一般参照政府颁布的示范文本制定，只对最具普遍性的事项和原则作出规定；管理规约是根据业主的共同意愿作出的，内容更为丰富，并可根据物业实际情况和物业管理实施中的问题随时作出修改和调整。

（3）生效方式不同。临时管理规约通过物业买受人的书面承诺得以生效，即物业买受人在与建设单位签订物业买卖合同时，应当对遵守临时管理规约予以书面承诺。而管理规约经业主大会会议表决通过后生效，即对全体业主具有约束力，无需业主单独进行书面承诺。

（4）适用阶段不同。临时管理规约适用于首次业主大会会议通过管理规约之前，即前期物业管理阶段。一旦业主大会会议通过管理规约，临时管理规约即宣告失效，开始适用管理规约。

【案例 2-5】管理规约对业主具有约束力[①]

上诉人胡某2013年4月7日与G公司签订房地产买卖合同，购买×金融大厦×室房屋，并约定由S公司负责物业管理，物业管理费标准为每月每平方米32元。G公司向胡某提供的《×金融大厦临时管理规约》等资料作为合同附件，与房地产买卖合同具有同等法律效力。管理规约约定，物业管理费按季交纳，业主/物业使用人应在每季首月10日之前履行缴纳义务，逾期按每天0.3%缴纳滞纳金。胡某在《承诺书》上签字，确认已详细阅读了《×金融大厦临时

① 资料来源：上海市第二中级人民法院（2015）沪二中民二（民）终字第2732号。

管理规约》，同意遵守规约和承担违反规约的相应责任。

2014年10月，S公司因胡某拖欠物业服务费且追缴无果，起诉至一审法院，要求胡某补交拖欠的物业服务费74504.32元，并支付滞纳金30000元。经调解，胡某于2015年7月24日支付了欠交的物业服务费。但胡某不同意一审法院最后作出的支付30000元滞纳金的判决，并以S公司未按合同约定提供物业服务和滞纳金过高等为由，向二审法院提起上诉。

法院二审审理认为，S公司作为×金融大厦的物业管理单位，对×金融大厦提供了物业管理服务，胡某作为业主已接受了S公司提供的服务，故胡某理应按照《上海市房地产买卖合同》及《×金融大厦临时管理规约》向S公司支付相应的物业管理费。胡某未履行支付物业管理费的义务，应支付相应的滞纳金。最后判决，驳回胡某上诉，维持原判。

2.5 物业使用人

2.5.1 物业使用人的含义

物业使用人一般指除了业主以外其他实际使用物业的人员[①]。具体的，是指不具有物业的所有权，但是对物业享有使用权，并且按照合同、法律规定能够行使业主的部分权利的人[②]，包括居住权人、承租人、借用人及其他取得物业使用权的自然人、法人或其他组织。

2.5.2 物业使用人的权利义务

与业主对物业享有所有权的四项权能不同，物业使用人对物业只享有占有、使用、收益三项权能，没有处分权能。作为物业的实际使用人，非业主的物业使用人享有接受物业服务的权利，同时要承担物业管理中的社会责任，并受管理规约和法律规范的约束[③]。物业使用人与业主的在物业管理活动中拥有权利上的最大区别，是使用人不具有在业主大会上的投票权。

物业使用人的义务包括：① 遵守管理规约的义务；② 遵守物业管理区域内物业共用部位和共用设施等方面的规章制度；③ 执行业主大会的决定和业主大会授权业主委员会作出的决定；④ 在约定由物业使用人交纳物业费时，应按时

① 住房和城乡建设部．房地产业基本术语标准：JGJ 30—2015［S］．北京：中国建筑工业出版社，2015：3.

② 最高人民法院民事审判第一庭．最高人民法院建筑物区分所有权、物业服务司法解释理解与适用［M］．北京：人民法院出版社，2009：363.

③ 最高人民法院民事审判第一庭．最高人民法院建筑物区分所有权、物业服务司法解释理解与适用［M］．北京：人民法院出版社，2009：364.

交纳物业服务费用[①]。

物业的承租人、借用人或者其他物业使用人，由于不拥有物业的所有权，因此不能参与物业的实际管理。但作为物业的实际使用人，享有接受物业服务的权利，承担物业管理中的社会责任，并受管理规约和相关法律法规的约束。最高人民法院《关于审理物业服务纠纷案件适用法律若干问题的解释》(法释〔2020〕17号)第四条指出，因物业的承租人、借用人或者其他物业使用人实施违反物业服务合同，以及法律、法规或者管理规约的行为引起的物业服务纠纷，人民法院可以参照关于业主的规定处理。

2.5.3 物业使用人与业主间关系处理

在物业管理活动中，物业使用人也是物业服务人服务的对象，也享有相应的权利，承担相应的义务。业主委员会应及时了解业主和物业使用人的意见和建议；政府主管部门应处理物业使用人在物业管理活动中的投诉；业主可以与使用人约定物业服务费用的交纳者，但业主负连带交纳责任。

业主并不需要对物业使用人的所有行为承担连带责任。业主和物业服务人是物业服务合同的当事人，与物业使用人无关。根据《民法典》债权债务转让的相关原理，债权转让无须债务人同意，但债务承担需经债权人同意。如果债权人不同意，则此债务承担对债权人无效。因此业主将交纳物业费等合同义务约定由物业使用人交纳后，如果经物业服务人同意，则物业使用人参加该合同关系，物业费应由物业使用人来交纳。此时，物业使用人如果未按约定交纳物业费，则构成违约，物业服务人可以直接向物业使用人主张权利，由物业使用人承担相应的违约责任，业主无须承担任何责任；但是如果业主将交纳物业费等合同义务约定由物业使用人交纳，没有经过物业服务人同意，则该义务承担对物业服务人不发生法律效力，在物业使用人不交纳物业费时，业主则需要承担连带责任。

【本章小结】

在区分所有的物业管理区域中，业主被分为单个业主、业主大会和业主委员会三个层次。

业主即指房屋的所有权人，包括房屋所有权证书持有人，和尚未登记取得所有权，但是基于建造、买卖、赠与、拆迁补偿、法律文书裁定等行为，已经合法占有建筑物专有部分的单位或者个人。业主对建筑物专有部分以外的共有部分，享有权利，承担义务；不得以放弃权利为由不履行义务。

业主大会由物业管理领域内的全体业主组成，一个物业管理区域最多成立一个业主大会。物业管理区域内已交付的专有部分面积超过建筑物总面积50%时，

---

① 最高人民法院民事审判第一庭．最高人民法院建筑物区分所有权、物业服务司法解释理解与适用［M］．北京：人民法院出版社，2009：366.

可以筹备成立业主大会。业主委员会由业主大会依法选举产生。业主大会和业主委员会的决议，对全体业主具有约束力。业主投票权数涉及专有部分面积和人数两项指标。

业主大会议事规则、管理规约由全体业主经过民主协商和表决。临时管理规约由建设单位在销售物业前制定。管理规约和临时管理规约对有关物业的使用、维护、管理，业主的共同利益，业主应当履行的义务，以及违反公约应当承担的责任等事项依法作出约定。

【延伸阅读】

1.《民法典》;

2.《物业管理条例》;

3.《最高人民法院关于审理建筑物区分所有权纠纷案件适用法律若干问题的解释》(法释〔2020〕17号);

4.《业主大会和业主委员会指导规则》(建房〔2009〕274号);

5.《业主临时公约（示范文本）》(建住房〔2004〕156号)。

课后练习

一、选择题（扫下方二维码自测）

二、案例分析题

【案例 2-6】某物业服务公司与某小区业委会签订了物业服务合同。合同到期后，因该物业公司服务不到位，小区业主大会决定聘用新的物业公司。该物业公司拒绝退场，并自行与小区过半数业主分别签订了新的物业服务合同。小区业主委员会遂作为原告向法院提起诉讼，请求判令该物业公司停止对小区提供物业服务并退出物业服务区。诉讼中，该物业公司提出：小区业主委员会主任陈某系业主的配偶，房屋产权证上未载明陈某姓名，陈某不具有业主资格，故小区业委会组成不符合法律规定，不具备诉讼主体资格；且新的物业服务合同系物业公司在平等自愿的情况下同小区内过半数业主签订的，符合物业合同成立要件，物业公司据此有权继续为小区提供物业服务。

房屋产权证上未载明的业主配偶，是否具有业主资格?

【案例 2-7】2002年，上海市静安区×公寓原业委会与H物业公司曾签订物业服务合同，期限从2002年4月15日至2004年4月16日止。合同中约定，小区停车费用于小区建设和弥补物业亏损。2006年3月，现×公寓业主委员会成立，但未与H物业公司续签合同。后区房地局要求H物业公司继续对×公寓进行物业管理。2007年1月29日，×公寓业主委员会仍与H物业公司签订《×公寓公共收益情况约定》，约定×公寓的停车费每月3000元、电梯广告费每月人民币250元用于公寓房屋的日常维修、公灯费等支出，单独立账专款专用，由业委会核定并定期向业主公布。2006年至2007年期间，业委会与物业公司共同制定了×公寓业主大会账目公布报表、商品住宅物业管理服务费用账户公开报表、停车广告收益报表等予以公布。

因涉案4名业主对电梯改造的维修基金支出、公共收益收入、支出等费用产生异议，故要求业委会提供维修基金支出的费用清单及结算报告、分摊依据明细账目、公共收入及支出的明细账目，还要求撤销未经业主大会同意的《×公寓公共收益情况约定》。因业主与业委会协商不成，4名业主于2008年4月8日分别起诉到法院，认为未得到业主大会授权，业委会擅自指定该物业公司为小区物业管理，遂起诉要求公布小区公共收益及支取情况，公布近3年来的物业房屋维修基金的使用。审理中，4名业主还提供了上海×会计师事务所的审计报告，审计报告指出×公寓专项维修资金的使用、公共收益支配等存在问题。

法庭上，×公寓业委会辩称，原该小区物业一直由该物业公司在管理，合同到期后物业公司因亏损不愿继续服务。经区房地局指定H物业公司继续对小区进行管理，而非业委会擅自决定聘用。鉴于该现状，×公寓的公共收益仍在补贴物业公司，来弥补物业公司开支上的亏损。双方有合同约定，在每半年一次的财政收支情况表中予以公布。业委会对维修基金使用是严格按照规定执行的，每半年公布财务报表，并公布支出情况，涉及售后公房的维修基金也由建设银行定期发放，均不存在未公布的现象。

×公寓业委会与物业公司签订的《×公寓公共收益情况约定》是否有效？4名业主的诉讼请求，法院是否就予支持？

【案例2-8】刘某为辽宁省庄河市×小区业主。其所在小区的业委会与HZ物业公司订立了物业服务合同。刘某认为，HZ物业公司提供的物业服务不合格，且物业公司系业委会选聘，并未经过其个人同意，物业公司无权向其收取物业费。物业公司起诉后，一审判决刘某败诉。刘某不服，向大连市中级人民法院提起上诉，仍被驳回。刘某后又到辽宁省高级人民法院提起申诉。

刘某以其并未允诺业委会签字为由拒绝履行合同，是否合理？

【案例2–9】F住宅小区专有部分共1188个，其中有7个专有部分是同一买受人省税务局。小区召开业主大会，进行业委会换届选举。大会共收回有效选票819张，业委会委员候选人宋某得590票，张某得402票。

F小区业主人数应按多少计算？本次选举是否有效？候选人宋某、张某谁有资格当选业主委员会委员？

三、课程实践

为维护全体业主的共同利益，国家提倡具备条件的物业项目成立业主大会，并选举产生业主委员会。但在实际物业管理中，物业服务人与业主委员会间经常产生各种矛盾。请问，站在物业服务人的角度，你认为成立业主委员会是利大于弊还是弊大于利？请通过调研，并综合运用相关法律法规，进行分析与论述。

3 物业服务人

知识要点

1. 物业服务人的含义；
2. 物业服务企业设立的基本条件、运行模式；
3. 物业服务人的义务、法律责任；
4. 物业服务人的违约责任、侵权责任的构成要件，两种责任的竞合；
5. 物业管理中的职务侵权行为。

能力要点

1. 能够准确识别物业服务人的权利、义务边界；
2. 能够准确判定物业服务人的法律责任。

物业服务人包括物业服务企业和其他管理人，是物业项目运营中的关键主体，是物业管理服务的提供者。本章分别就物业服务人的含义、义务和法律责任进行阐述，涉及的法律文件主要有《民法典》《物业管理条例》《关于审理物业服务纠纷案件适用法律若干问题的解释》。

3.1 物业服务人的含义

3.1.1 物业服务人概念的由来

物业服务人是《民法典》合同编创设的法律名词。《民法典》第九百三十七条规定，物业服务人包括物业服务企业和其他管理人。但是，将其他管理人与物业服务企业并列为物业管理的主体，是《物权法》的规定，《物权法》第八十一条（《民法典》物权编第二百八十四条）明确规定，"业主可以自行管理建筑物及其附属设施，也可以委托物业服务企业或者其他管理人管理。"以此为基础，物权编中所有涉及物业服务企业的条款均采用与其他管理人并称的方式表述。其他管理人，作为物业服务企业以外的根据业主委托管理建筑物的法人、其他组织和自然人，随着物业服务企业资质认定的取消，物业服务行业特征逐步淡化模糊，主要是指从事物业服务的非法人组织和自然人。

3.1.2 物业服务企业的含义

物业服务企业是依法成立，具有独立企业法人地位，依据物业服务合同从事物业管理相关活动的经济实体。物业服务企业是从事物业服务活动的市场主体。作为市场主体，应当具有相应的主体资格，享有完全的民事权利能力和行为能力，能够独立地承担民事责任。《物业管理条例》第三十二条规定，从事物业管理活动的企业应当具有独立的法人资格。《民法典》第五十七条规定，法人是具有民事权利能力和民事行为能力，依法独立享有民事权利和承担民事义务的组织。物业服务企业应当具有独立的法人资格，意味着应当具备下列条件。

（1）依法成立。依法成立是指依照法律规定而成立。这是程序性要件，也就是说，物业服务企业的设立程序要符合法律法规的规定。

（2）有必要的财产或者经费。物业服务企业属于营利性法人，必要的财产和经费是其生存和发展的前提，也是其承担民事责任的物质基础。

（3）有自己的名称、组织机构和场所。名称是企业对外进行活动的标记，其确定应当符合《企业名称登记管理规定》（国务院令第734号）等法律法规的规定。组织机构是健全内部管理的需要，如股份公司应当设立董事会、股东大会、监事会等。场所是物业服务企业进行经营活动的固定地点，不仅表示企业的存在具有长期性，而且可依据经营场所确定与之相关的其他一些问题，如合同的履行、诉讼的管辖等问题。

（4）能够独立承担民事责任。如果企业不能就自己的行为承担相应责任，就不具备独立的主体资格。独立承担民事责任是建立在独立财产基础之上的，如果企业没有独立财产，是不可能独立承担民事责任的。物业服务企业严格遵循法定程序建立，拥有一定的资金、设备、人员和经营场所；拥有明确的经营宗旨和符合法规的管理章程；独立核算，自负盈亏，以自己的名义享有民事权利，承担民事责任；所提供的服务是有偿的和盈利性的。

3.1.3 物业服务人的运行模式

目前，我国物业服务人的运行模式主要有3种。

（1）建设单位的关联单位。建设单位的关联单位有2种情况：一种是由物业的开发建设单位投资成立的法人或非法人物业服务组织，是建设单位的下属单位；另一种是与建设单位同属于一个上级公司，与建设单位是平行关系。这类物业服务人过去的主要管理对象仅限于与其密切关联的建设单位开发的物业项目。随着物业管理市场化进程的不断推进，越来越多的物业服务人除接管建设单位开发的项目以外，也通过市场获取更多的物业管理项目。有建设单位背景的物业服务人，可以顺理成章地接管建设单位开发的物业项目，在项目拓展方面压力较小。但也容易受到建设单位的制约，甚至承担一些本应由建设单位承担的义务。

（2）独立的物业服务人。独立的物业服务人是指不依附于物业开发建设单位或其他单位，独立注册、自主经营、自负盈亏的物业服务人，通常被称为第三方物业服务人。第三方物业服务人最显著的特征就是独立，即不依赖于建设单位和业主中的任何一方。独立的物业服务人没有稳定的项目来源，需要主动参与市场竞争，自己到市场上承揽项目，开发经营的压力相对较大。但没有了建设单位的牵绊，其在经营管理中有更大的自由度，在建设单位、业主、物业服务人的三角关系中也更容易被业主认可和接受。

（3）改制成立的物业服务企业。伴随我国物业管理市场化进程的不断深入，以及国家“三供一业”政策改革的实施，原房地产管理部门附属房管所，以及原机关、企事业单位的后勤、总务、房管部门等，逐步改制形成的独立的物业服务企业。这类企业由于长期专注于某一专门领域的物业服务，具备专门的技术实力，在专门的物业类型管理服务上有较强竞争实力。但也或多或少还存留着原组织的行政或福利色彩，需要持续改革，增强市场意识、服务意识和综合服务水平。

以上 3 种运行模式在我国物业管理市场上同时存在、互为补充。但不管哪种运行模式的物业服务人，都应明确物业管理活动的服务对象是业主，服务宗旨是保障业主的核心利益和核心价值。

3.2 物业服务人的义务

物业服务人的基本义务是履行与业主间的物业服务合同中约定的各项义务。《物业管理条例》第三十六条规定，物业服务企业应当按照物业服务合同的约定，提供相应的服务。《民法典》物权编中规定物业服务人有接受业主监督的义务，有执行政府依法实施的应急处置措施和其他管理措施的义务；合同编中规定物业服务人应当采取合理措施保护业主的人身财产安全；应当定期向业主公开物业服务事项并向业主大会、业主委员会报告；侵权责任编中规定物业服务企业等建筑物管理人应当对建筑物损害承担未履行安全保障义务的侵权责任等。具体包括以下方面。

3.2.1 管理经营的义务

《民法典》第九百四十二条规定，物业服务人应当按照约定和物业的使用性质，妥善维修、养护、清洁、绿化和经营管理物业服务区域内的业主共有部分。具体包括房屋共用部位的维修、养护与管理，房屋共用设施设备的维修、养护与管理，物业管理区域内共用设施设备的维修、养护与管理，物业管理区域内的环境卫生与绿化管理服务，物业装饰装修管理服务，物业档案资料的管理，以及利用业主共用部位、共用设施设备进行经营等。物业服务人在管理经营中，不得损害业主的共同利益。《物业管理条例》第五十一条规定，物业服务企业不得擅自占用、挖掘物业管理区域内的道路、场地，损害业主的共同利益。因维修物业或者公共利益，确需临时占用、挖掘道路、场地的，应当征得业主委员会的同意，并应在约定期限内恢复原状。

同时,《民法典》第二百八十二条规定，建设单位、物业服务企业或者其他管理人等利用业主的共有部分产生的收入，在扣除合理成本之后，属于业主共有。该条明确了共有部分经营收入归全体业主所有，因此，如果业主委托物业服务人代为经营共有部分，代为收取保管业主共有收益资金的，物业服务人应在法定及约定范围内合理分配上述经营收入。虽然共有部分收入归全体业主所有，但物业服务人在代为经营共有部分的过程中也投入了必要的成本，因此有权参与共有部分收入的分配。关于“合理成本”，国家无统一标准，部分地区的地方性法规中有规定。实务中，物业服务人可以通过与业主大会、业主委员会或一定比例的业主签订物业服务合同或其他契约性文件，协商确定共有收益分配的比例。

3.2.2 接受监督及告知义务

业主有权监督物业服务人履行物业服务合同，对物业共用部位、共用设施设备和相关场地使用情况享有知情权和监督权。相应的，物业服务人有接受业主监督和信息公开及告知义务。

《民法典》第二百八十五条规定，物业服务企业或者其他管理人根据业主的委托，依照物业服务合同的规定管理建筑区划内的建筑物及其附属设施，接受业主的监督，并及时答复业主对物业服务情况提出的询问。《民法典》第九百四十三条规定，物业服务人应当定期将服务的事项、负责人员、质量要求、收费项目、收费标准、履行情况，以及维修资金使用情况、业主共有部分的经营与收益情况等以合理方式向业主公开并向业主大会、业主委员会报告。《物业管理条例》第五十三条规定，物业服务企业应当将房屋装饰装修中的禁止行为和注意事项告知业主。

3.2.3 秩序维护及安全防范义务

《民法典》第九百四十二条规定，物业服务人应当按照约定和物业的使用性质，维护物业服务区域内的基本秩序，采取合理措施保护业主的人身、财产安全。对物业服务区域内违反有关治安、环保、消防等法律法规的行为，物业服务人应当及时采取合理措施制止、向有关行政主管部门报告并协助处理。《物业管理条例》第四十七条规定，物业服务企业应当协助做好物业管理区域内的安全防范工作。发生安全事故时，物业服务企业在采取应急措施的同时，应当及时向有关行政管理部门报告，协助做好救助工作。《民法典》第一千二百五十四条规定，物业服务企业等建筑物管理人应当采取必要的安全保障措施防止高空抛物、高空坠物情形的发生。

3.2.4 应急处置的义务

《民法典》第二百八十五条规定，物业服务企业或者其他管理人应当执行政府依法实施的应急处置措施和其他管理措施；积极配合开展相关工作。应急处置措施属于一种紧急国家权力。按照《中华人民共和国突发事件应对法》的规定，受到自然灾害危害或者发生事故灾难、公共卫生事件的单位，应当根据具体情况，立即组织本单位应急救援队伍和工作人员营救受害人员，疏散、撤离、安置受到威胁的人员，排除险情。对于仍在对人民生命财产安全造成威胁的危险源、危险场所，应采取必要措施予以控制或封锁，并采取措施防止危害扩大。这些基层单位应当立即将应急处置情况向所在地县级政府报告。对因本单位的问题引发的或者主体是本单位人员的社会安全事件，有关单位应当按照规定上报情况，并迅速派出负责人赶赴现场开展劝解、疏导工作，积极配合处置。事发地其他单位，在突发事件发生后，应当服从相关政府发布的决定、命令，配合政府采取的各项应急处置措施；按照政府要求，积极组织人员参加所在地的应急救援工作；本单位受到突发事件影响的，应做好本单位的应急救援工作。

物业服务人在配合政府开展应急处置和其他管理措施的过程中，应把握两原则。一是依法原则，物业服务人对政府“依法实施的应急处置措施和管理措施”应予配合，如果政府实施的应急处置措施和管理措施并非依法做出或明显存在违反法律法规强制性规定的情形，则物业服务人有权拒绝配合；二是适度原则，物业服务人执行政府实施的应急处置措施和其他管理措施时，应把握必要限度，应当以政府为主导，在政府的指导和监督下，配合做好各项应急处置工作。

3.2.5 后合同义务

根据《民法典》第九百四十九、九百五十条，物业服务合同终止的，原物业服务人应当在约定期限或者合理期限内退出物业服务区域，将物业服务用房、相关设施、物业服务所必需的相关资料等交还给业主委员会、决定自行管理的业主或者其指定的人，配合新物业服务人做好交接工作，并如实告知物业的使用和管理状况。原物业服务人违反前款规定的，不得请求业主支付物业服务合同终止后的物业费；造成业主损失的，应当赔偿损失。物业服务合同终止后，在业主或者业主大会选聘的新物业服务人或者决定自行管理的业主接管之前，原物业服务人应当继续处理物业服务事项，并可以请求业主支付该期间的物业费。

应当注意的是，物业服务人的义务是多方面的，其中一些服务义务仅靠物业服务人单方面的行为就可以完成，还有一些服务义务较为复杂，仅靠物业服务人单方面的行为难以完成，需要业主以及主管部门共同发挥作用。相关内容我们会在后续章节中详细介绍。

3.3 物业服务人的法律责任

3.3.1 法律责任概述

物业管理法律关系的一个重要特征，是既涉及公权关系，也涉及私权关系。

公私权关系混合的特征，决定了我们可以把物业管理法律关系分为行政关系和民事关系两大类型。与此相对应，物业服务人的法律责任，分为行政责任和民事责任两大类。民事责任是民事主体违反民事义务所应承担的责任，是以民事义务为基础的。法律规定或当事人约定民事主体应当做什么和不应当做什么，即要求应当为一定的行为或不为一定的行为，这就是民事主体的义务。法律也同时规定了违反民事义务的后果，即应当承担的责任，这就是民事责任。民事责任具有强制性，表现在对不履行民事义务的行为予以制裁，要求民事主体承担民事责任。民事责任又可分为违约责任和侵权责任。

3.3.2 物业服务人的行政责任

物业服务人的行政责任，是指物业服务人违反现行行政法律规范所应承担的法律责任。《物业管理条例》有关物业服务人行政责任的规定主要有以下几点。

（1）拒不移交资料的责任。不移交有关资料的，由县级以上地方人民政府房地产行政主管部门责令限期改正；逾期仍不移交有关资料的，对建设单位、物业服务企业予以通报，处1万元以上10万元以下的罚款。

（2）违反委托管理限制的责任。物业服务企业将一个物业管理区域内的全部物业管理一并委托给他人的，由县级以上地方人民政府房地产行政主管部门责令限期改正，处委托合同价款30%以上50%以下的罚款。委托所得收益，用于物业管理区域内物业共用部位、共用设施设备的维修、养护，剩余部分按照业主大会的决定使用；给业主造成损失的，依法承担赔偿责任。

（3）挪用专项维修资金的责任。挪用专项维修资金的，由县级以上地方人民政府房地产行政主管部门追回挪用的专项维修资金，给予警告，没收违法所得，可以并处挪用数额2倍以下的罚款；构成犯罪的，依法追究直接负责的主管人员和其他直接责任人员的刑事责任。

（4）擅自改变物业用途和进行经营的责任。未经业主大会同意，擅自改变物业管理用房的用途的，由县级以上地方人民政府房地产行政主管部门勒令限期改正，给予警告，并处1万元以上10万元以下的罚款；有收益的，所得收益用于物业管理区域内物业共用部位、共用设施设备的维修、养护，剩余部分按照业主大会的决定使用。擅自改变物业管理区域内按照规划建设的公共建筑和共用设施用途的，擅自占用、挖掘物业管理区域内道路、场地，损害业主共同利益的，擅自利用物业共用部位、共用设施设备进行经营的，个人处1000元以上1万元以下的罚款，单位处5万元以上20万元以下的罚款。所得收益，用于物业管理区域内物业共用部位、共用设施设备的维修、养护，剩余部分按照业主大会的决定使用。

3.3.3 物业服务人的违约责任

1. 物业服务人的违约责任概述

违约责任，是违反合同的民事责任的简称，是指合同当事人一方不履行合同约定的义务或者履行合同义务不符合约定所应承担的民事责任。《民法典》第五百七十七条规定："当事人一方不履行合同义务或者履行合同义务不符合约定的，应当承担继续履行、采取补救措施或者赔偿损失等违约责任。"

在物业管理中，物业管理权的权利来源就是物业服务合同的授权，在物业服务人未按照合同约定履行义务的情况下，物业服务人要按照合同的约定承担违约责任。《物业管理条例》第三十六条规定："物业服务企业应当按照物业服务合同的约定，提供相应的服务。物业服务企业未能履行物业服务合同的约定，导致业主人身、财产安全受到损害的，应当依法承担相应的法律责任。"第三十五条规定："物业服务合同的当事人应当就物业服务质量等进行约定。"物业服务合同一旦生效，将在当事人之间产生法律约束力，当事人应按照合同的约定全面履行合同，任何一方当事人违反有效合同所规定的义务，均应承担违约责任。按照合同约定提供相应的服务是物业服务人的主要合同义务。物业管理中发生的法律责任的确定，除依法律相关规定外，也要以物业管理合同为根据。物业服务人有违反物业管理委托合同和国家有关物业管理的标准的行为的，业主委员会有权终止物业管理委托合同，并要求其承担违约责任。

根据最高人民法院《关于审理物业服务纠纷案件适用法律若干问题的解释》，物业服务人违反物业服务合同约定或者法律、法规、部门规章规定，擅自扩大收费范围、提高收费标准或者重复收费，业主以违规收费为由提出抗辩的，人民法院应予支持。业主请求物业服务人退还其已经收取的违规费用的，人民法院应予支持。物业服务合同的权利义务终止后，业主请求物业服务人退还已经预收，但尚未提供物业服务期间的物业费的，人民法院应予支持。

2. 物业服务人违约责任的构成要件

物业服务人不履行合同义务，同时具备以下 3 个因素，即可认定其违约，应当承担违约责任。

（1）有不履行或者不完全履行合同义务的行为。违约责任只有在存在违约事实的情况下才有可能产生，当事人不履行或者不完全履行合同义务，是违约责任的客观要件。违约行为包括以下几种情况。

1）拒绝履行，又称毁约，合同当事人拒绝履行合同，是指当事人不履行合同规定的全部义务的情况。

2）不完全履行，又称部分履行，指当事人只履行合同规定义务一部分，对其余部分不予履行。

3）迟延履行，又称逾期履行，指当事人超过合同规定的期限履行义务的。在合同未定期限的情况下，债权人要求履行后，债务人未在合理期限内履行，也构成迟延履行。

4）质量瑕疵，是指履行的合同标的达不到合同的质量要求。对质量瑕疵，权利人应在法定期限内提出异议，否则，后果自行承担。

5）不正确履行，是指合同义务人未按合同规定的履行方式履行义务。

（2）违约行为造成了损害事实。损害事实是指当事人违约给对方造成了财产上的损害和其他不利的后果。从权利角度考虑，只要有违约行为，合同债权人的权利就无法实现或不能全部实现，其损失即已发生。在违约人支付违约金的情况下，不必考虑对方当事人是否真的受到损害及损害的大小；而在需要支付赔偿金的情况下，则必须考虑当事人所受到的实际损害。

（3）违约行为和损害结果之间存在着因果关系。违约当事人承担的赔偿责任，只限于因其违约而给对方造成的损失。对合同对方当事人的其他损失，违约人自然没有赔偿的义务。违约行为造成的损害包括直接损害和间接损害，对这两种损害违约人都应赔偿。

3. 物业服务人承担违约责任的形式

针对物业服务合同当事人的特殊性，结合我国《民法典》和《物业管理条例》的有关规定，物业服务合同的违约当事人应当承担的法律责任的具体落实方式包括：

（1）继续履行合同。《物业管理条例》第六十七条规定："违反物业服务合同约定，业主逾期不交纳物业服务费用的，业主委员会应当督促其限期交纳；逾期仍不交纳的，物业服务企业可以向人民法院起诉。"

（2）支付违约金。如果当事人在物业服务合同中约定了违约金，则一方实施了违约行为后，另一方可以要求其承担支付违约金的责任。

（3）赔偿损失。在物业管理活动中，一方的违约行为造成对方损失的，对方可以要求其承担赔偿损失的法律责任。如果物业服务人未按照合同的约定履行，物业服务人要承担相应的民事责任。如，针对物业服务人怠于履行消防、水患、坍塌等重大安全管理义务，尚未造成损失的，业主或者业主团体可以要求物业服务人承担继续履行义务、返还物业管理权、服务费等民事责任；针对物业服务人怠于履行消防、水患、坍塌等重大安全管理义务，并且已经造成重大损失的，业主或者业主团体可以向物业服务人主张返还相应的物业管理费、承担赔偿损失的责任。这种赔偿的范围应当包括所导致的直接损失及其救灾、安置所产生的费用等多项损失。如果火灾、水灾、坍塌等重大事故是由个别业主引发的，则应当由业主或业主使用人承担民事责任。

（4）其他违约责任承担方式。如减低服务费用等。

【案例 3-1】业主堵塞消防通道，物业公司是否承担违约责任？

HT 小区业主张某私自将其别墅旁的公用道路用围墙封堵成为自家的小院，并在其上堆放杂物，将消防通道也一并堵塞。YY 物业公司明知业主张某将物业小区的公用道路、消防通道堵死，却置之不理。后业主张某家中发生火灾，由于消防通道被堵死，消防车辆无法及时进入小区进行灭火，业主张某及邻居业主李某的财产受到损失。随后张某、李某两位业主提起诉讼，要求 YY 物业公司进行赔偿。

本案中，责任认定必须审查在损害结果与物业公司的疏于管理之间是否具有关联性。业主张某家中财物被烧，起因在于其家失火，并且由于张某将消防通道堵塞导致消防车无法及时进入，故此乃张、李两家财物受损的直接原因。两家财物受损与物业公司的不作为亦存在因果关系，但并非两家财物受损的直接原因，故张某应对邻居李某的财物受损承担主要的赔偿责任。物业公司仅应对张、李两家的财物受损承担部分赔偿责任。

3.3.4 物业服务人的侵权责任

1. 物业服务人的侵权责任概述

侵权责任，是指民事主体因违法实施侵犯国家、集体、公民的财产权和公民、法人人身权的行为而应依法承受的不利民事法律制裁。物业服务人在侵害业主和他人权利，侵害全体业主的共同利益时，业主和业主委员会可以要求侵权人承担侵权责任。《物业管理条例》第三十六条规定："物业服务企业未能履行物业服务合同的约定，导致业主人身、财产安全受到损害的，应当依法承担相应的法律责任。"《民法典》第一千一百六十五条规定："行为人因过错侵害他人民事权益造成损害的，应当承担侵权责任。依照法律规定推定行为人有过错，其不能证明自己没有过错的，应当承担侵权责任。"

侵权责任在民法上可以划分为一般侵权责任和特殊侵权责任，二者在责任的构成要件方面略有区别，一般侵权责任以行为人有过错为构成要件；而特殊侵权责任，则由法律另作特殊规定。侵权行为法规范基本上围绕责任而确定，一定的归责原则既决定着侵权行为的分类，也决定着责任构成要件、举证责任的承担、免责事由、损害赔偿责任的原则和方法、减轻责任的根据等。在讨论物业管理侵权损害赔偿责任的构成要件之前，首先需要明确物业服务人承担的是一般侵权责任还是特殊侵权责任及相应的归责原则。《物业管理条例》第三十六条规定，物业服务企业应当按照物业服务合同的约定，提供相应的服务。物业服务企业未能履行物业服务合同的约定，导致业主人身、财产安全受到损害的，应当依法承担相应的法律责任。

2. 物业服务人一般侵权责任的构成要件

一般侵权责任的构成要件是指侵权行为人在一般情况下，对其实施的侵权行为，依法应当承担民事法律责任的必备要件。一般侵权责任的构成要件，通常认为应当包括侵权行为、损害事实、因果关系、行为人过错四个构成要件。

（1）侵权行为。侵权行为的核心是由于行为人的行为在客观上损害了他人的合法权益。侵权行为在法律上可以分为作为和不作为两种方式。

作为的形式，即以积极的行为侵犯他人的合法权益的情况。判断行为人具有作为义务的依据，主要有三个方面：一是法律规定的义务，如法律规定对物业管理区域内违反有关治安、环保、物业装饰装修和使用等方面法律、法规规定的行为，物业服务企应当制止，并及时向有关行政管理部门报告；二是合同规定的义务，如在特定物业管理环境下物业服务人依其所掌握的专业知识和具备的资质资格应当发现的问题和承担的特殊职务性义务等；三是基于自己先前的行为而产生的义务，如施工人员在地面挖坑而产生保证行人安全通过的义务、建筑物存在危险时所有人或管理人负有向行人警告的义务等。

不作为的侵权方式如物业服务人对特定居民小区内的环境污染源不管不问，严重影响了居民的正常生活等。物业服务企业的员工在管理活动中，其行为属于执行职务，其行为的后果属于职务行为。当其行为不当，违反法律规定的义务，造成业主人身或者财产损害的，物业服务企业应当承担转承责任。

（2）损害事实。损害事实是确定侵权责任的一个不可缺少的构成要件，损害作为一种事实状态，是指因一定的行为或事件使某人的合法权益受到不利的影响。包括财产损失、人身伤害、精神损害。侵权责任的主要功能在于否定并制裁行为人的违法行为，同时对受害人所遭受的损害进行补偿和抚慰。所以，只有在行为人的行为客观上给他人的财产、人身利益造成实际的损害时，才应当承担侵权责任。反之，如果没有造成实际损失，行为人就不会因此而产生民事责任。

（3）侵权行为与损害事实之间存在因果关系。因果关系是侵权责任的核心问题，非常复杂，在司法实践中，法官所要确定的是侵权人的行为是不是造成受害人损害的原因。如果能够证明这种联系的存在，那么，行为人就具备了向受害人承担民事责任的条件之一。而缺少这种因果联系，则不能判定行为人向受害人承担民事责任。对因果关系的确定，不仅要确定在具体案件中，某人的行为与某个特定的结果之间是否存在原因与结果的联系，而且当某个特定的结果是由多个原因引起时，还要确定每个原因行为在导致损害结果发生的过程中所起的具体作用的大小，以确定每个侵权行为人承担民事责任的比例。

就物业管理侵权而言，其因果关系则特指物业服务人的加害行为与业主损害事实之间存在时间上的先后、内在的必然和逻辑上能证明的客观联系。即因为有物业服务人的加害行为，才有业主损害事实的发生。如没有物业服务人的加害行为，就不会发生业主损害事实。在物业管理侵权的实务中，对物业服务人的加害行为与业主损害事实之间是否存在因果关系的认定，应采纳盖然因果关系说，即只要业主证明损害事实的发生与存在，且这种损害事实的发生与存在是由物业服务人的加害行为引起的，就可以推物业服务人的加害行为与业主损害事实之间存在因果关系，除非物业服务人有证据证明这种损害事实的发生与存在是由于业主自己的过错行为、第三人的行为或其他不可抗力的原因所引起的。

（4）过错。就物业管理侵权而言，物业服务人的过错是物业服务人在实施加害行为时其主观上的一种可归责的心理状态。具体来说，即物业服务人在实施物业管理行为的过程中，未尽到法律、物业服务合同所规定的善良管理、充分注意和必要谨慎的义务，实施了该加害行为，侵害了业主依法律享有的或受法律保护的财产权利或特殊利益。物业服务人在实施该加害行为时具有应在法律上遭否定和在伦理上受谴责的主观性状。物业服务人的这种过错也表现为故意和过失两种形态。

总之，对于物业服务人的侵权行为，必须同时具备上述四个要件，才能确定其应当承担民事责任。如果物业服务人要减免自己的责任，就必须证明其在实施侵权行为时，存在着侵权责任的抗辩事由。

由于不可抗力导致事故的发生，物业服务人可以作为免责抗辩理由，但仍然需要根据发生安全事故的具体情况具体分析。不可抗力，是指不能预见、不能避免并不能克服的客观情况。在日常生活中，不可抗力主要包括自然灾害和事件。自然灾害主要包括冰雹、地震、暴风等。事件主要是指罢工、战争等。但在侵权法领域中，不可抗力造成他人伤害的，除法律另有规定外，并不必然免除侵害人的责任。用台风刮倒物业服务人设立的标示牌的例子来说明，台风刮倒了标示牌是属于不可抗力中的自然灾害，但是并不能必然免除物业服务人的责任。如果物业服务人想要证明自己没有责任，应当向法院举证证明，承担自己没有过错的举证责任，证明是否采取了正确措施加固标示牌的牢固程度，是否已经采取了相应的有效措施防止标示牌造成他人损害的情形发生，否则就要承担相应的赔偿责任。

【案例 3-2】业主家被盗物业公司是否担责

业主王某家中被盗，财产损失达 2 万多元。王某认为其所交的物业管理费中已包含了治安管理服务内容，因此其家中被盗，物业公司应承担赔偿责任。

根据《民法典》，物业服务人有按照约定，采取合理措施保护业主的人身、财产安全的义务。根据《物业管理条例》，物业服务企业未能履行物业服务合同的约定，导致业主人身、财产安全受到损害的，应当依法承担相应的法律责任。

本案中，如果物业公司保安员不履行或未完全履行职责，而且又能证明这些因素与业主家中被盗有必然的因果关系，则物业公司应当承担民事责任。如果物业公司采取了合理防范措施，公共区域没有治安隐患，保安员尽职尽责，业主也找不到物业公司的不当之处，则物业公司不承担赔偿责任。

为了避免因业主财物被盗引发的物业纠纷，物业小区的保安及管理人员应切实地履行对业主的安全保障义务，严格地按照物业公司与业主的约定提供安全保障服务并严格地执行公司的执勤及巡视制度的规定，只要尽到了必要的安全保障义务，物业公司在此类纠纷中是无责任的。

3. 物业服务人的主要侵权责任[①]

（1）自甘风险责任。《民法典》第一千一百七十六条规定：“自愿参加具有一定风险的文体活动，因其他参加者的行为受到损害的，受害人不得请求其他参加

① 赵中华.“民法典时代”：物业服务侵权责任有哪些？[N]. 中国建设报.

者承担侵权责任；但是，其他参加者对损害的发生有故意或者重大过失的除外。”同时明确，活动组织者的责任适用本法第一千一百九十八条的规定，即“宾馆、商场、银行、车站、机场、体育场馆、娱乐场所等经营场所、公共场所的经营者、管理者或者群众性活动的组织者，未尽到安全保障义务，造成他人损害的，应当承担侵权责任。”也就是说，一般情形下参与自甘风险活动的受害人不需要承担侵权责任，但是作为自甘风险活动的组织者却需要承担相应的安全保障义务。

物业服务人组织物业区域内的业主参与文体活动，在体育活动中业主或者物业使用人受到损害的，物业服务人未尽到安全保障义务的（存在过错，由受害人举证证明），要承担侵权责任。

（2）作为用人单位、用工单位的责任。《民法典》第一千一百九十一条规定：“用人单位的工作人员因执行工作任务造成他人损害的，由用人单位承担侵权责任。用人单位承担侵权责任后，可以向有故意或者重大过失的工作人员追偿。劳务派遣期间，被派遣的工作人员因执行工作任务造成他人损害的，由接受劳务派遣的用工单位承担侵权责任；劳务派遣单位有过错的，承担相应的责任。”

物业服务企业的保安人员在工作期间与违规进出小区的人员发生冲突，导致对方人身或者财产损失的，应当由物业服务企业承担侵权责任。如果保安人员在冲突中有故意或者重大过失，物业服务企业可以向该保安人员追偿。接受劳务派遣的物业服务企业对于被派遣的工作人员造成的上述损害，原则上由物业服务企业承担责任，除劳务派遣单位有过错的，承担相应的责任。

（3）作为安全保障义务人的责任。《民法典》第一千一百九十八条规定：“宾馆、商场、银行、车站、机场、体育场馆、娱乐场所等经营场所、公共场所的经营者、管理者或者群众性活动的组织者，未尽到安全保障义务，造成他人损害的，应当承担侵权责任。因第三人的行为造成他人损害的，由第三人承担侵权责任；经营者、管理者或者组织者未尽到安全保障义务的，承担相应的补充责任。经营者、管理者或者组织者承担补充责任后，可以向第三人追偿。”

实践中，法院判决物业服务人承担侵权责任的案件，大量是基于物业服务人未尽到安全保障义务人责任。根据《物业管理条例》第三十六条、四十六条、四十七条的规定，物业服务企业未能履行物业服务合同的约定，导致业主人身、财产安全受到损害的，应当依法承担相应的法律责任。对物业管理区域内违反有关治安、环保、物业装饰装修和使用等方面法律、法规规定的行为，物业服务企业应当制止，并及时向有关行政管理部门报告。物业服务企业应当协助做好物业管理区域内的安全防范工作。发生安全事故时，物业服务企业在采取应急措施的同时，应当及时向有关行政管理部门报告，协助做好救助工作。物业服务企业雇请保安人员的，应当遵守国家有关规定。保安人员在维护物业管理区域内的公共秩序时，应当履行职责，不得侵害公民的合法权益。

物业服务人作为安全保障义务人，承担安全保障义务人责任分为两种情况，一是物业服务人未尽到防止他人遭受侵害的安全保障义务，由于损害后果没有第三人的介入，需要自己承担全部侵权责任，例如楼内大堂湿滑，导致业主摔伤；二是在第三人侵权介入导致业主人身、财产损害的情况下，只是依据其过错程度，在其能够防止或者制止损害的范围内承担补充责任，且享有向第三人追偿的权利，如业主家中发生入室盗窃。需要注意的是，第一千一百九十八条规定的安全保障义务，适用过错责任原则，需要由受害人承担举证责任，而且物业服务人的安全保障义务是一种行为义务而非结果义务。如果物业服务人已经履行了法定和约定义务，即使业主有人身和财产损害，物业服务人也不应承担赔偿责任。

（4）向业主销售产品的责任。《民法典》第一千二百零三条规定，因产品存在缺陷造成他人损害的，被侵权人可以向产品的生产者请求赔偿，也可以向产品的销售者请求赔偿。产品缺陷由生产者造成的，销售者赔偿后，有权向生产者追偿。因销售者的过错使产品存在缺陷的，生产者赔偿后，有权向销售者追偿。如，物业服务人在开展多种经营活动中，对向业主销售的水果、海鲜等产品，需要严格把关，对于产品质量引发的业主受到人身伤害的，作为销售者，物业服务人应当承担侵权责任。

（5）公共道路、交通事故责任。《民法典》第一千二百五十六条规定，在公共道路上堆放、倾倒、遗撒妨碍通行的物品造成他人损害的，由行为人承担侵权责任。公共道路管理人不能证明已经尽到清理、防护、警示等义务的，应当承担相应的责任。《民法典》第一千二百零八条规定，机动车发生交通事故造成损害的，依照道路交通安全法律和本法的有关规定承担赔偿责任。物业服务企业在住宅小区内发生车辆通行事故时，应当按照《物业管理条例》第三十六条、四十六和四十七条的规定和物业服务合同的约定，制止违法行为、及时向有关部门报告、采取应急措施和协助有关部门做好救助工作，正确履行安全保障义务，做到既不越位，也不缺位。

（6）物业服务企业员工从事高空作业致害责任。《民法典》第一千二百四十条规定，从事高空、高压、地下挖掘活动或者使用高速轨道运输工具造成他人损害的，经营者应当承担侵权责任；但是，能够证明损害是因受害人故意或者不可抗力造成的，不承担责任。被侵权人对损害的发生有重大过失的，可以减轻经营者的责任。

高空作业，也称为高处作业，根据国家标准《高处作业分级》GB/T 3608—2008 规定，即在距坠落高度基准面 2m 或 2m 以上有可能坠落的高处进行的作业。物业服务活动中涉及的高空作业主要包括玻璃幕墙清洗、建筑物外立面修复、更换照明灯具等。对于高空作业致人损害的侵权行为，应当由经营者即物业服务企业来承担责任；高空作业造成作业人人身损害的，对受害人应当按照工伤保险有关规定处理。

（7）业主或者物业使用人饲养动物的损害责任。《民法典》第一千二百四十五条规定，饲养的动物造成他人损害的，动物饲养人或者管理人应当承担侵权责任；但是，能够证明损害是因被侵权人故意或者重大过失造成的，可以不承担或者减轻责任。一般情况下，业主或者物业使用人饲养动物致人损害的，由动物饲养人或者管理人承担侵权责任。司法实践中，对于受害人以物业服务人未尽到安全保障义务为由将物业服务人列为共同被告的，除非物业服务人有明显过错的，法院一般不予支持。但是有些地方性法规对物业服务人的职责有明确规定。例如《武汉市物业管理条例》第四十九条、第七十条规定，物业服务企业应当采取措施加强对文明养犬的宣传、引导，及时制止违法违规养犬行为。物业服务企业违反第四十九条第四款规定的，由公安机关责令限期改正；逾期不改正的，处1万元以上3万元以下罚款。

（8）建筑物、构筑物或者其他设施及其搁置物、悬挂物脱落、坠落致害责任。《民法典》第一千二百五十二条、一千二百五十三条规定，因所有人、管理人、使用人或者第三人的原因，建筑物、构筑物或者其他设施倒塌、塌陷造成他人损害的，由所有人、管理人、使用人或者第三人承担侵权责任。建筑物、构筑物或者其他设施及其搁置物、悬挂物发生脱落、坠落造成他人损害，所有人、管理人或者使用人不能证明自己没有过错的，应当承担侵权责任。所有人、管理人或者使用人赔偿后，有其他责任人的，有权向其他责任人追偿。

根据《建筑工程质量管理条例》和《房屋建筑工程质量保修办法》的规定，建筑物墙砖作为外部装修工程的组成部分，在正常使用条件下，适用2年的最低保修期限，保修期自竣工验收合格之日起计算。建设工程在保修范围和保修期限内发生质量问题的，施工单位应当履行保修义务，并对造成的损失承担赔偿责任。保修期满后，物业服务企业在日常维护中，如果对外聘请了专业公司负责建筑物外墙维护的，双方在合同中有相关约定的，物业服务企业承担侵权责任后，还可以向专业公司主张违约责任。

（9）不明抛掷物、坠落物致害责任。《民法典》第一千二百五十四条规定，从建筑物中抛掷物品或者从建筑物上坠落的物品造成他人损害的，由侵权人依法承担侵权责任；经调查难以确定具体侵权人的，除能够证明自己不是侵权人的外，由可能加害的建筑物使用人给予补偿。可能加害的建筑物使用人补偿后，有权向侵权人追偿。物业服务企业等建筑物管理人应当采取必要的安全保障措施防止前款规定情形的发生；未采取必要的安全保障措施的，应当依法承担未履行安全保障义务的侵权责任。不明抛掷物、坠落物致害的，公安等机关应当依法及时调查，查清责任人。

因此，发生高空抛物、高空坠物需要确定侵权责任的，需要把握以下原则：一是能够找到侵权人的，按照《最高人民法院关于依法妥善审理高空抛物、坠物案件的意见》的规定，侵权责任人故意从高空抛弃物品，尚未造成严重后果，但足以危害公共安全的，依照以危险方法危害公共安全罪定罪处罚。为伤害、杀害特定人员实施上述行为的，依照故意伤害罪、故意杀人罪定罪处罚。此外，侵权责任人还要承担民事侵权责任或者刑事附带民事责任。二是经公安部门调查取证，通过向物业服务企业、周边群众、技术专家等询问查证调查难以确定具体侵权人的，除能够证明自己不是侵权人的外，由可能加害的建筑物使用人给予补偿，即适用《民法典》侵权责任编第一千一百八十六条公平责任原则的有关规定。三是无论是否找到侵权人，物业服务企业未尽到安全保障义务的，基于第三方侵权导致受害人人身、财产损害的情况下，依据物业服务企业过错程度，在其能够防止或者制止损害的范围内承担补充责任，且享有向侵权人追偿的权利。

【案例 3-3】未成年人高空抛物伤人致死纠纷案

2019 年 7 月 2 日下午，被告王某某放学后欲回到贵阳市南明区某小区位于 8 楼的舅舅家中。因家中无人进门未果，王某某步行至 7 楼，从楼道墙上消防柜中取出手提式干粉灭火器，推开七楼步梯间防火门，将灭火器竖立放在楼道打开的窗台外侧，先后两次从窗台处推落两个灭火器下楼。第一次灭火器掉落在该栋 1 单元侧门地面受害人袁某某（该栋 1 楼住户兼经营便利店）晾晒的洋芋片后即弹进附近草丛中，第二次灭火器砸中正在附近翻晒洋芋片的袁某某头部，受害人当场倒地昏迷，头部出血，后被物业人员发现并送医急救，经抢救无效死亡。受害人袁某某的父母、配偶、子女作为原告诉至法院，要求被告王某某的父亲王某、母亲方某赔偿 80 余万元，该小区物业公司承担连带赔偿责任。贵阳市南明区人民法院一审判决被告王某某的父母承担赔偿各项经济损失的 95%，被告某物业分公司承担 5% 补充赔偿责任。

高空抛物的行为对社会公共安全存在极大的危险，极易造成人身伤亡和财产损失，引发社会矛盾纠纷。本案中，被告王某某高空抛物致袁某某死亡，因其系未成年人，案发时系限制民事行为能力人，应由其监护人即王某某的父母承担侵权责任。被告某物业分公司对本小区及房屋负有维修、养护、管理和维护的义务。本案中，袁某某的死亡虽系因王某某高空抛物所致，但物业公司对占用通道晾晒洋芋片的行为不加制止，对人流高峰时段有重物落下未及时发现，可以认定对于本案的发生，其存在管理上的疏漏。根据《民法典》第一千二百五十三条“建筑物、构筑物或者其他设施及其搁置物、悬挂物发生脱落、坠落造成他人损害，所有人、管理人或者使用人不能证明自己没有过错的，应当承担侵权责任”的规定，被告某物业分公司对本案应承担补充责任。

4. 物业管理中的职务侵权行为

物业服务人的工作人员在日常工作中，需要面对工作生活环境不同、性格脾气各异的业主或物业使用人。因此，工作人员不当的行为极有可能造成物业服务人与业主或物业使用人之间的矛盾，甚至给业主或物业使用人造成人身、财产侵害。实践中主要表现为物业服务人的工作人员与业主或物业使用人引发的人身伤害事件、拆除业主的私搭乱建房屋引发的财产侵权纠纷、搜查物业小区来访客人引发的侵权案件等。在业主或物业使用人诉讼至法院后，物业服务人的辩称往往是工作人员的行为并非职务行为，物业服务人不应承担相应的赔偿责任。

（1）物业服务人对其工作人员在履行职责过程中的侵权行为承担责任的基础。有关一般法人的侵权，我国民法采用法人实在说，法人有一般的侵权责任能力。法人对其法定代表人和负责人的行为负责被认为是法人为自己的行为负责，但是法人对其工作人员、代理人的行为负责，是替代责任。《民法典》第一千一百九十一条规定："用人单位的工作人员因执行工作任务造成他人损害的，由用人单位承担侵权责任。用人单位承担侵权责任后，可以向有故意或者重大过失的工作人员追偿。劳务派遣期间，被派遣的工作人员因执行工作任务造成他人损害的，由接受劳务派遣的用工单位承担侵权责任；劳务派遣单位有过错的，承担相应的责任。"

基于物业服务人的工作人员的工作与其身份密切相关，如果该工作人员是在履行职责的过程中造成业主或者其他相关人伤害，则相应的责任由物业服务企业承担；如果虽然在小区范围之内，但是并不是因为物业服务企业工作人员履行工作职责造成业主及相关人伤害的，则应由该工作人员承担责任，物业服务人可以因此免责。主要包括两种情况，一是超越职责的行为，即不属于履行职责的行为，应当由行为人本人承担一切后果。超越职责的行为是没有得到物业服务人授权的行为，不代表物业服务人的意志，也不可能得到物业服务人的承认，当然就不应当由物业服务人承担民事责任，而应由行为人自己对行为的后果承担法律责任。二是借用机会的行为，是指物业服务人的工作人员利用职务提供的机会实施的侵权行为，侵权行为的发生是在物业服务人不知情的情况下，而且物业服务人在选任和监督人员方面并没有不当的，按照"罪责自负"的原则，由行为人本人承担刑事责任和相应的民事赔偿责任。

（2）物业服务人的工作人员致害责任的构成要件。从理论上讲，物业服务人对其工作人员的职务行为承担民事责任，当备以下几个条件：

1）行为人与物业服务人存在着聘任和劳动合同关系。

2）必须是工作人员在履行职责时所造成的损害。

3）履行职责的行为违反了合法性的原则。

4）工作人员的行为客观上造成了对业主及相关人员的损害后果。

5）工作人员的职务行为与业主及相关人员受到的损害事实具有因果关系。

6）工作人员在主观上存在过错。

（3）物业服务人的工作人员致害责任的归责原则。一般认为在确定工作人员的致害责任时，应当适用过错推定的归责原则。在工作人员的致害责任中，工作人员的行为是否存在过错、是法律推论的问题，即不能证明工作人员行为的正当性、合法性，就推定工作人员在履行职责时存在主观过错。在过错推定责任原则中，作为受害人的业主及相关人员，只要证明自己的合法权益受到了侵犯，而自己的损害是由于物业服务企业工作人员的职务行为造成的就可以了。这样，就大大减轻了受害人的举证责任的负担，使受害人更容易获得赔偿。而让物业服务人对自己工作人员的职务行为是否存在过错的问题承担证明责任，这对物业服务人来讲，只要实事求是，完成证明责任并不困难，而且还有利于促进物业服务人完善管理制度。所谓主观过错，包含 2 个方面。

第一，工作人员在履行职责过程中，违反了职责所要求的注意义务，即工作人员应当考虑到自己行为的方式可能会造成对业主及相关人员的损害，但由于疏忽大意而没有考虑到，以致发生了业主及相关人员受到损害的结果，或者工作人员已经考虑到自己行为的方式可能会造成对业主及相关人员的损害，但是自己认为可以避免，结果事实上发生了业主及相关人员受到损害的情形。通常物业服务企业工作人员在履行职责时，对于业主及相关人员损害事实的发生，其主观过错的形态一般都是过失，当然，也不排除工作人员故意使业主及相关人员受到伤害。

第二，物业服务人的过错主要是对其工作人员的选任、监督、管理方面存在过错，这种过错是推定的。物业服务人对其工作人员的职务行为负有指导、约束并保证正确实施的义务。物业服务人应当对选任的工作人员的工作方式进行经常性的教育、帮助和指导，应当对工作人员履行职责的情况进行检查，发现问题，及时纠正，以保证工作人员能够正确地履行职责。如果工作人员在履行职责的过程中，侵犯业主及相关人员的合法权益，使业主及相关人员受到了损害，那么，就推定物业服务人在对工作人员的管理方面存在过错。如果物业服务人要免除对其工作人员的过错而承担的民事责任，那么，物业服务人必须证明该工作人员在履行职责的行为中，尽到了合理的注意义务，没有过错；或者即使工作人员和物业服务人都尽到了合理的注意义务，也不能避免事故的发生。如果物业服务人的上述证明成立，则物业服务人没有过错，如果物业服务人不能证明或证明不足，则推定成立，认定物业服务人有过错。

3.3.5 物业服务人侵权责任与违约责任的竞合

物业服务人侵权责任与违约责任竞合，是指物业服务人的行为既符合违约要件，又符合侵权要件，导致违约责任与侵权责任一并产生。即物业服务人的违法或不当物业管理行为，既违反了物业服务合同的约定，构成了违约；同时该行为又违反了法律的规定，侵害了业主的合法权益，又具备了侵权的构成条件。如物业服务人未依约将住宅小区内公共设施的出租收入移交给业主或业主委员会，而挪用作为物业服务人内部的职工福利的行为，就属于既违反了合同的约定，又侵害了业主合法权利的行为。

当物业管理与服务过程中出现侵权与违约竞合的情形时，所要考虑的主要是业主或业主委员会应以何种事由向物业服务人行使请求权。《民法典》第一百八十六条规定："因当事人一方的违约行为，损害对方人身权益、财产权益的，受损害方有权选择请求其承担违约责任或者侵权责任。"也就是说，业主或业主委员会可以选择对自己更为有利一种请求，但不能同时选择行使两种请求权。如有请求权一方当事人认为选择侵权之诉更为有利，则法院可按侵权案件进行审判；如有请求权一方当事人认为选择违约之诉能充分实现自己的权利，则法院可按合同纠纷进行审判。

【案例 3-4】小孩在小区意外死亡，物业服务人是否承担法律责任？——

2001 年 7 月 2 日下午 2 时许，原告卢某夫妇之子小卢与比他大 3 岁的吴某在小区内玩球。两人抢球时，小卢不慎跌倒在门口建筑垃圾堆上，恰好垃圾堆上有 1 个废弃的玻璃鱼缸，鱼缸的锐口割断了小卢的股动脉。小卢当即被送往医院，经抢救无效于次日晚上死亡。经查实，该建筑垃圾是居住在该小区内的卓某在装修房屋时临时堆放的，小区居委会曾多次要求卓某将垃圾及时清运出去。事发 3 天前，卓某委托环卫保洁公司清运了部分垃圾，剩余的部分垃圾因卓某称非其堆放而未清运。

本案中，引起小卢不慎因废鱼缸而死亡的因素是多方面的，如吴某与小卢在抢球中的过失推搡行为、业主卓某的临时不当垃圾堆放行为、小区物业公司未尽善良管理义务对临时堆放的垃圾没有进行及时的清运等，其中小区物业公司未尽善良管理义务，对临时堆放的垃圾没有进行及时的清运，属于不当和有瑕疵的物业管理行为，已构成了物业服务违约行为。而且，该不当和有瑕疵的物业管理行为所导致的废弃玻璃鱼缸未及时清运，又是引起小卢死亡这一危害结果发生的直接原因，此一危害结果已超出了物业服务合同所约定的利益范围，同时又构成人身权侵权。因此，作为受害人小卢的利害关系人卢某夫妇，既可以选择违约之诉也可以选择侵权之诉追究该小区物业公司的民事责任。但就本案而言，卢某夫妇选择侵权之诉，要求该小区物业公司承担侵权赔偿责任，更为有利。

【本章小结】

物业服务人包括物业服务企业和其他管理人。物业服务企业是依法成立，具有独立企业法人地位，依据物业服务合同从事物业管理相关活动的经济实体。目前我国物业服务人的运行模式主要有建设单位的关联公司、独立的物业服务人和改制成立的物业服务企业 3 种运行模式。其他管理人主要是指从事物业服务的非法人组织和自然人。

物业服务人的基本义务是履行物业服务合同的约定，为业主提供相应的服务。具体包括管理经营的义务、接受监督及告知义务、秩序维护及安全防范义务、应急处置的义务、后合同义务等。

物业服务人的法律责任主要有行政责任和民事责任，民事法律责任又分为违约责任和侵权责任两类。

物业服务人的行政责任包括拒不移交资料、违反委托管理限制、挪用专项维修资金、擅自改变物业用途和进行经营等应承担的法律责任。

物业服务人未能履行物业服务合同的约定，导致业主人身、财产安全受到损害的，应当依法承担违约责任。物业服务人违约责任的构成要件包括有不履行或者不完全履行合同义务的行为、违约行为造成了损害事实、违约行为和损害结果之间存在着因果关系 3 项。物业服务人承担违约责任的形式包括继续履行合同、支付违约金、赔偿损失和减低服务费用等其他方式。

物业服务人违反合同约定，侵害业主和他人权利、侵害全体业主的共同利益时，除承担违约责任外，还应依法承担侵权责任。物业服务人承担侵权责任包括侵权行为、损害事实、因果关系、行为人过错 4 个构成要件。物业服务人的主要侵权责任有：自甘风险责任，作为用人单位、用工单位的责任，作为安全保障义务人的责任，向业主销售产品的责任，公共道路、交通事故责任，物业服务企业员工从事高空作业致害责任，业主或者物业使用人饲养动物的损害责任，建筑物、构筑物或者其他设施及其搁置物、悬挂物脱落、坠落致害责任，不明抛掷物、坠落物致害责任等。物业服务人的工作人员因执行工作任务造成他人损害的，由物业服务人承担侵权责任。物业服务人承担侵权责任后，可以向有故意或者重大过失的工作人员追偿。

当出现物业服务人的违约责任与侵权责任竞合的情形时，受害人享有选择权，可以选择请求物业服务人承担违约责任，或者承担侵权责任，但不能要求物业服务人同时承担两种责任。

【延伸阅读】

1.《民法典》物业服务合同章；

2.《物业管理条例》；

3.《最高人民法院关于审理建筑物区分所有权纠纷案件适用法律若干问题的解释》(法释〔2020〕17 号)；

4.《最高人民法院关于审理物业服务纠纷案件适用法律若干问题的解释》(法释〔2020〕17 号)；

5. 中国物业管理协会：高空抛物伤人致死、小区公共区域被占？看贵州法院咋判 http://www.ecpmi.org.cn/NewsInfo.aspx?NewsID=10718。

课后练习

一、选择题（扫下方二维码自测）

二、案例分析

【案例 3-5】丁某系北京市密云区正阳小区 × 室的实际使用人。CG

公司系该小区物业管理人。2015年10月4日，丁某回家发现厨房地漏返水，室内部分装修、家具被浸泡。丁某与CG物业公司联系后，CG公司委托专业人员对涉案房屋地下的下水主管道进行疏通，疏通时发现主管道被餐厨垃圾堵塞。丁某主张因CG公司疏于管理造成下水管道堵塞，导致其室内被浸泡，要求赔偿损失，双方为此发生争议。丁某为证明其主张，向法院提交了CG公司在小区张贴的物业管理服务内容，其中包含"房屋共用设施设备及其运行的日常维护和管理，环境卫生等"。审理中，法院请专业机构鉴定，× 室因漏水造成的装修及家具损失为16821元，丁某支付鉴定费3500元。

1. 本案中CG公司是否构成违约责任？

2. 本案中CG公司是否构成侵权责任？

【案例3-6】广州市MY花园小区由MY物业公司负责物业管理。2009年7月12日夜间，广州市突降暴雨，因MY花园所处的位置系当晚积水较严重的地区，加之小区地下停车场入口与小区外围公共道路平齐，造成地面积水向停车场倒灌。因MY物业公司未及时采取排险措施，仅于7月13日4时22分拨打119消防报警电话，随后又拨打了排水公司电话求援，但积水已无法控制，涌入停车场，造成小区供电设施短路，抽水泵无法往外排水，小区地下停车场淹没，停放在停车场内的车辆全部被淹，其中包括业主王某所有的轿车。停车场积水排除后，王某委托拖车公司将其车辆送至广州该品牌4S维修店进行修复。事发后，王某多次与物业管理单位协商车辆的维修费承担问题，双方无法达成一致意见。王某遂作为原告诉至法院，要求被告MY公司赔偿车辆维修费110800元。被告MY公司认为广州的特大暴雨属于不可抗力，被告无法预见，因此应免除其赔偿责任。况且，被告在发现车库浸水后拨打了消防报警电话，并组织了拖车公司进场拖车，其已经尽到了物业管理公司应尽的管理和注意义务，无须承担赔偿责任。

1. 突降暴雨导致车辆被水浸是否构成不可抗力？

2. 被告在处理车库浸水过程中是否存在过错，应否承担赔偿责任？

三、课程实践

2007年9月1日，国务院公布了《关于修改〈物业管理条例〉的决定》以及新的《物业管理条例》的全文。此次《物业管理条例》修改的其中一条是将原"物业管理企业"修改为"物业服务企业"，将"业主公约"修改为"管理规约"，将"业主临时公约"修改为"临时管理规约"。关于物业管理到底是"管理"还是"服务"这个问题，业主与物业服务企业的看法往往不一致。一些物业公司认为，物业管理就是管理，而很大一部分业主却认为，业主请来物业公司，是来为业主服务的，不是来管业主的。

物业管理到底是"管理"还是"服务"？请就此话题，谈谈你的观点。

4 物权

知识要点

1. 物权的含义、类型；
2. 建筑物专有部分、共有部分的认定；
3. 业主专有权的内容、限制；
4. 业主共有权的特征、内容；
5. 业主共同管理权的内容、表决规则、实施；
6. 相邻关系的含义、处理规定；
7. 共有的形式、共有物的管理与分割。

能力要点

1. 能够准确认定业主的建筑物专有部分和共有部分；
2. 能够准确识别业主的建筑物区分所有权的内容、法律约束。

物权是民事主体依法享有的重要财产权。物权法律制度调整因物的归属和利用而产生的民事关系，是最重要的民事基本制度之一。特别是物权法律制度中“业主的建筑物区分所有权”的概念，在物业项目运营中有着非常重要的理论指导意义。本章将主要依据《民法典》物权编以及修订后的《关于审理建筑物区分所有权纠纷案件适用法律若干问题的解释》两个法律文件，对物权的基本概念、业主的建筑物区分所有权、相邻关系、共有等内容进行阐述。

4.1 物权概述

4.1.1 我国物权相关法律

2007 年 10 月 1 日，《物权法》正式实施。《物权法》作为规范我国财产法律关系的基本法律，是权利人对动产和不动产实施占有、使用、收益和处分的基本准则，是《物业管理条例》之后又一部对物业管理行业产生深远影响的法律，其中“业主的建筑物区分所有权”的有关规定，明确了业主在共同管理建筑物及其附属设施中的权利和义务，奠定了物业管理的民事法律基础。

2020 年 5 月 28 日，《民法典》由第十三届全国人民代表大会第三次会议于 2020 年 5 月 28 日通过，并以中华人民共和国主席令（第 45 号）的形式予以公布，自2021年1月1日起施行。这是中国第一部以“典”命名的法律，对我国法制建设而言具有划时代的意义。其中第二编物权对《物权法》的内容进行了修订与调整，《物权法》自2021年1月1日起废止。

2009年9月，最高人民法院公布了《关于审理建筑物区分所有权案件具体应用法律若干问题的解释》（法释〔2009〕7号）。2020年12月23日经最高人民法院审判委员会第1823次会议决定，将名称修改为《关于审理建筑物区分所有权纠纷案件适用法律若干问题的解释》，内容也作了相应修改。本司法解释对适用《物权法》和《民法典》中“业主的建筑物区分所有权”的具有法律约束力的司法规则作了说明，不仅对各级人民法院以及仲裁机构审判和仲裁建筑物区分所有权纠纷案件起到具体的指导作用，而且对当事人的相关法律活动具有规范和引导的功能。

2020年12月25日，最高人民法院审判委员会第1825次会议通过《最高人民法院关于适用〈中华人民共和国民法典〉物权编的解释（一）》（法释〔2020〕24号），自2021年1月1日起施行，为正确审理物权纠纷案件，根据《民法典》等相关法律规定，结合审判实践，制定本解释。

4.1.2 物权的含义

物权法律关系，是因对物的归属和利用在民事主体之间产生的权利义务关系。物包括不动产和动产。法律规定权利作为物权客体的，依照其规定。物权是权利人依法对特定的物享有直接支配和排他的权利，包括所有权、用益物权和担保物权。

《民法典》第二百零七条规定了物权的平等保护原则：“国家、集体、私人的物权和其他权利人的物权受法律平等保护，任何组织或者个人不得侵犯。”具体表现为：物权的主体平等，不得歧视非公有物权的主体；物权平等，无论是国家的、集体的、私人的还是其他权利人的物权，都是平等的物权，受法律规则的约束，不存在高低之分；平等受到保护，当不同的所有权受到侵害时，在法律保护上一律平等，不得对私人的物权歧视对待。

《民法典》第二百零八条规定了物权的公示原则：“不动产物权的设立、变更、转让和消灭，应当依照法律规定登记。动产物权的设立和转让，应当依照法律规定交付。”物权公示，是指在物权变动时，必须将物权变动的事实通过一定的公示方法向社会公开，使第三人知道物权变动的情况，以避免第三人遭受损害并保护交易安全。《民法典》第二百零九条规定：“不动产物权的设立、变更、转让和消灭，经依法登记，发生效力；未经登记，不发生效力，但是法律另有规定的除外。”

4.1.3 物权的类型

物权包括所有权、用益物权和担保物权。所有权人有权在自己的不动产或者动产上设立用益物权和担保物权。用益物权人、担保物权人行使权利，不得损害所有权人的权益。由于用益物权与担保物权都是对他人的物享有的权利，因此统称为“他物权”，与此相对应的，所有权称为“自物权”。

1. 所有权

所有权是指所有权人对自己的不动产或动产，依法享有占有、使用、收益和处分的权利。占有，就是对于财产的实际管领或控制，拥有一个物的一般前提就是占有，这是财产所有者直接行使所有权的表现。使用，是权利主体对财产的运用，发挥财产的使用价值。收益，是通过财产的占有、使用等方式取得经济效益。处分，是指财产所有人对其财产在事实上和法律上的最终处置。法律规定专属于国家的不动产和动产，任何组织或个人不能取得所有权。

2. 用益物权

用益物权是用益物权人对他人所有的不动产或者动产，依法享有占有、使用和收益的权利。作为物权体系的重要组成部分，用益物权具备物权的一般特征，如以对物的实际占有为前提、以使用收益为目的。此外，还有以下几个方面的特征：用益物权是一种他物权，是在他人所有之物上设立一个新的物权；用益物权是以使用和收益为内容的定限物权，目的就是对他人所有的不动产或动产的使用和收益；用益物权为独立物权，一旦依当事人的约定或法律直接规定设立，用益物权人便能独立享有对标的物的使用和收益权，除了能有效地对抗第三人以外，也能对抗所有权人。

用益物权的基本内容，是对用益物权的标的物享有占有、使用和收益的权利，是通过直接支配他人之物而占有、使用和收益。这是从所有权的权能中分离出来的权益，表现的是对财产的利用关系。用益物权人享有用益物权，就可以占有用益物、使用用益物，对用益物直接支配并进行收益。

用益物权包括土地承包经营权、建设用地使用权、宅基地使用权、居住权和地役权等。土地承包经营权人依法对其承包经营的耕地、林地、草地等享有占有、使用和收益的权利，有权从事种植业、林业、畜牧业等农业生产。建设用地使用权人依法对国家所有的土地享有占有、使用、收益的权利，有权利用该土地建造建筑物、构筑物及其附属设施。宅基地使用权人依法对集体所有的土地享有占有和使用的权利，有权依法利用该土地建造住宅及其他附属设施。居住权人有权按照合同约定，对他人的住宅享有占有、使用的用益物权，以满足生活居住的需要。地役权人有权按照合同约定，利用他人的不动产，以提高自己的不动产的效益。

3. 担保物权

担保物权人在债务人不履行到期债务或者发生当事人约定的实现担保物权的情形，依法享有就担保财产优先受偿的权利，但是法律另有规定的除外。担保物权以确保债权人的债权得到完全清偿为目的，这是担保物权与其他物权的最大区别。担保物权是在债务人或者第三人的财产上成立的权利。债务人既可以自己的财产，也可以第三人的财产为债权设立担保物权。债权人设立担保物权并不以使用担保财产为目的，而是以取得该财产的交换价值为目的。因此，担保财产灭失、毁损，但代替该财产的交换价值还存在的担保物权的效力仍存在，但此时担保物权的效力转移到了该代替物上。

4.1.4 物权的变动

不动产物权变动必须依照法律规定进行登记，只有经过登记，才能够发生物权变动的效果，才具有发生物权变动的外部特征，才能取得不动产物权变动的公信力。除法律另有规定外，不动产物权变动未经登记，不发生物权变动的法律效果，法律不承认其物权已经发生变动，也不予以保护。法律另有规定的情形主要有：

（1）依法属于国家所有的自然资源、所有权可以不登记，至于在国家所有的土地、森林、海域等自然资源上设立用益物权、担保物权，则需要依法登记生效。

（2）因人民法院、仲裁机构的法律文书或者人民政府的征收决定等，导致物权设立变更、转让或者消灭的，自法律文书或者征收决定等生效时发生效力。

（3）因继承取得物权的，自继承开始时发生效力。

（4）因合法建造、拆除房屋等事实行为设立消灭物权的，自事实行为成就时发生效力。

（5）土地承包经营权互换、转让的，当事人可以向登记机构申请登记；未经登记，不得对抗善意第三人。注意这里规定的是“不得对抗善意第三人”，而不是“不发生效力”。

（6）已经登记的宅基地使用权转让或者消灭的，应当及时办理变更登记或者注销登记。宅基地使用权的变动，也并未规定必须登记。

（7）地役权自地役权合同生效时设立。当事人要求登记的，可以向登记机构申请地役权登记；未经登记，不得对抗善意第三人。

4.2 业主的建筑物区分所有权

建筑物区分所有权，是指多个业主共同拥有一栋建筑物时，各个业主对其在构造和使用上具有独立的建筑物部分所享有的所有权，对供全体或部分所有人共同使用的建筑物部分所享有的共有权，以及基于建筑物的管理、维护和修缮等共同事务而产生的共同管理权的总称。《民法典》第二百七十一条规定：“业主对建筑物内的住宅、经营性用房等专有部分享有所有权，对专有部分以外的共有部分享有共有和共同管理的权利。”具体的，业主的建筑物区分所有权由以下三部分构成：业主对专有部分的所有权；业主对建筑区划内的共有部分的共有权；业主对建筑物区划内的共有部分的共同管理权。

4.2.1 业主对专有部分的所有权

1. 专有部分的认定

建筑区划内符合下列条件的房屋，以及车位、摊位等特定空间，应当认定为建筑物的专有部分。

（1）具有构造上的独立性，能够明确区分；

（2）具有利用上的独立性，可以排他使用；

（3）能够登记成为特定业主所有权的客体。

这里所称房屋，包括整栋建筑物。规划上专属于特定房屋，且建设单位销售时已经根据规划列入该特定房屋买卖合同中的露台等，应当认定为建筑物专有部分的组成部分。

【案例 4-1】空间高度为两层的阳台，是否归下层业主专有？[①]

赵某、庄某分别为深圳市××花园D栋1–3A和1–4A房屋的业主，房屋上下相邻。1–3A建有空间高度为两层的阳台，1–4A在该阳台上方开有窗户。庄某在装修1–4A过程中，在该阳台两侧的墙体上与1–4A号房屋的地板平行的部位钻孔，插入钢梁、铺设钢板并同时在外侧加建铝合金窗墙体，从而在该阳台的上方搭建了一间房屋。

赵某认为，1–3A两层的阳台在构造上和利用上具有独立性，进入该处必须通过1–3A的房门，能够登记成为房屋所有权的客体，属于其专有部分，其对阳台享有专有所有权。庄某搭建的楼板严重影响了自己房屋的通风、采光和日照，应予拆除，恢复原状。

庄某认为，根据赵某的房地产买卖合同，可以算出该房屋的套内建筑面积为192.48m^2，与房产证上的面积一致，这就足以证明阳台空间对应的地面面积未计入1–3A的房屋面积，即赵某并未对该地面面积支付房价；其次，在房地产买卖合同中也未发现房屋的开发商有明确将该空间赠与赵某的意思表示。在既无购买又无赠与的情形下，赵某将该空间归为己有没有任何法律依据。再者，不动产实行统一登记制度，涉案阳台从未出现在赵某的房地产证或房地产买卖合同上，没有进行过任何合法的备案登记，无从认定其权属。因此，涉案空间应视为两户共有的空间，双方都有合理使用的权利，赵某无权独自占有使用。并且，开发商在销售时承诺可以改造，物业公司在业主进行搭建时亦给予了技术性指导，该小区除了尚未入住装修的业主以外，95%的业主都进行了搭建，足以看出该项搭建是整个小区约定俗成的装修方案。

法院审理查明，1–3A房屋房地产买卖合同附件中有深圳市地籍测绘大队出具的房屋建筑面积分户平面图，明确标明了“二层高阳台”，国土部门的竣工验

① 资料来源：中国裁判文书网，http://wenshu.court.gov.cn.

收备案测绘图显示该阳台为二层高。法院判定，依照最高人民法院《关于审理建筑物区分所有权案件具体应用法律若干问题的解释》的规定，1–4A 与 1–3A 房屋之间的露台花园属于建筑物区划内的专有部分，即属于 1–3A 权利人。庄某在该空间搭建，无论对权利人是否形成影响，均需取得权利所有人的同意。至于该小区内搭建具有普遍性，并不等于这些行为就是正确，上诉人不能以此作为搭建侵权的理由。最后判定庄某拆除搭建房间，并恢复原状。

2. 专有权的内容

业主对其建筑物专有部分享有占有、使用、收益和处分的权利。业主对建筑物内属于自己所有的住宅、经营性用房等专有部分可以直接占有、使用，实现居住或者营业的目的；也可以依法出租，获取收益；还可以出借，解决亲朋好友居住之难，加深亲朋好友间的亲情与友情；或者在自己的专有部分上依法设定负担，如为保证债务的履行将属于自己所有的住宅或者经营性用房抵押给债权人，或者抵押给金融机构以取得贷款等；还可以将住宅、经营性用房等专有部分出售给他人，对专有部分予以处分。

3. 业主行使专有权的限制

对于建筑物区分所有权人对专有部分享有的权利，一方面，应明确其与一般所有权相同，具有绝对性、永久性、排他性。所有权人在法律限制范围内可以自由使用、收益、处分专有部分，并排除他人干涉。另一方面，也应注意到其与一般所有权的不同：业主的专有部分是建筑物的重要组成部分，与共有部分具有一体性、不可分离性。因此业主对专有部分行使所有权应受到一定限制。

（1）业主行使对其建筑物专有部分的专有权，不得危及建筑物的安全，不得损害其他业主的合法权益。例如，业主对专有部分装修时，不得拆除房屋内的承重墙，不得在专有部分内储藏、存放易燃易爆的危险物品，危及整个建筑物的安全，损害其他业主的合法权益。

（2）业主不得违反法律、法规以及管理规约，将住宅改变为经营性用房。业主将住宅改变为经营性用房的，除遵守法律、法规以及管理规约外，应当经有利害关系的业主一致同意。业主负有维护住宅建筑物现状的义务，其中包括不得将住宅改变为经营性用房。如果业主要将住宅改变为经营性用房，除了应当遵守法律、法规以及管理规约外，还应当经过有利害关系的业主的一致同意，有利害关系的业主只要有一人不同意，就不得改变住宅用房的用途。业主将住宅改变为经营性用房，本栋建筑物内的其他业主，应当认定为本条所称“有利害关系的业主”；建筑区划内，本栋建筑物之外的业主，主张与自己有利害关系的，应证明其房屋价值、生活质量受到或者可能受到不利影响。业主将住宅改变为经营性用房，未经有利害关系的业主一致同意，有利害关系的业主请求排除妨害、消除危险、恢复原状或者赔偿损失的，人民法院应予支持。将住宅改变为经营性用房的业主以多数有利害关系的业主同意其行为进行抗辩的，人民法院不予支持。

【案例 4-2】张某诉郑某、LT 公司建筑物区分所有权纠纷案[1]

原告张某因与被告郑某、LT 公司发生建筑物区分所有权纠纷，向法院提起诉讼。张某诉称，2011 年 12 月，被告郑某为 ×× 小区 × 栋 × 单元 A 室（以下简称 A 室）业主，其与被告 LT 公司未经小区内相关业主的同意，擅自将光纤传输机柜、电源柜、蓄电池等设备安置在 A 室，建成通信机房，该机房 24 小时运转，无人值班，存在安全隐患。要求判令两被告拆除设备，恢复房屋住宅用途。郑某辩称，依据相关法律规定，其对此 A 室享有使用、处分的权利，将房屋出租给 LT 公司的行为合法合理，并没有给其他业主造成危害，也没有任何的安全隐患；且设备只放置在本人房屋内，并没有占用任何公摊面积。LT 公司辩称，其与郑某签订租赁合同后有权放置电信设备，放置电信设备的房间不属于经营性用房，没有对小区居民生活造成任何影响。

一审法院认为，《物权法》第七十七条的立法目的，实际上主要针对的是利用住宅从事经营生产企业，规模较大的餐饮及娱乐、洗浴或者作为公司办公用房等动辄给其他区分所有权人带来噪声、污水、异味、过多外来人员出入等影响其安宁生活的营业行为，即并非所有将住宅改变的行为都是本条款规制的行为。两被告并未改变涉案房屋的住宅性质，即或改变亦是用于公益事业，并于 2013 年 9 月 26 日判决驳回原告诉讼请求。

张某不服，向上一级人民法院提起上诉。二审法院查明，LT 公司于 2010 年 5 月 13 日与该市公安局签订了 1.86 亿元的城市视频监控系统项目建设、运维服务协议。二审法院认为：LT 公司在 A 室内放置光纤传输机柜作为数据传输汇聚节点的行为，属于将住宅改变为经营性用房。住宅是指专供个人、家庭日常生活居住使用的房屋；经营性用房是指用于商业、工业、旅游、办公等经营性活动的房屋。两者因用途不同而有本质区别。LT 公司租赁 A 室的行为，其用途不是为了生活居住，而是为了从事经营性活动，属于将住宅改变为经营性用房。LT 公司在 A 室内放置光纤传输机柜作为数据传输汇聚节点的行为，应当经过张某的同意。依照《区分所有权司法解释》，张某应认定为有利害关系的业主。二审法院于 2014 年 1 月 20 日判决，撤销一审民事判决，两被告限期拆除设备，恢复房屋住宅用途。

4.2.2 业主对共有部分的共有权

1. 共有权及其特征

共有权，是指两个以上的民事主体对同一项财产共同享有的所有权。其特征是：

[1] 资料来源：《最高人民法院公报》，2014 年第 11 期。

（1）共有权的主体具有非单一性，须由两人或两个以上的自然人、法人或非法人组织构成；

（2）共有物的所有权具有单一性，共有权的客体即共有物是同一项财产，共有权是一个所有权；

（3）共有权的内容具有双重性，包括所有权具有的与非所有权人构成的对世性的权利义务关系，以及内部共有人之间的权利义务关系；

（4）共有权具有意志或目的的共同性，基于共同的生活、生产和经营目的，或者基于共同的意志发生共有关系。

2. 共有部分的认定

业主共有部分是指建筑物专有部分以外的部分。具体包括以下部分。

（1）建筑区划内，建筑物的基础、承重结构、外墙、屋顶等基本结构部分，通道、楼梯、大堂等公共通行部分，消防、公共照明等附属设施、设备，避难层、设备层或者设备间等结构部分，归业主共有。

（2）建筑区划内的道路，属于业主共有，但属于城镇公共道路的除外。建筑区划内的绿地，属于业主共有，但属于城镇公共绿地或者明示属于个人的除外。需要注意的是，法律规定的绿地、道路归业主所有，不是说绿地、道路的土地所有权归业主所有，而是说绿地、道路作为土地上的附着物归业主所有。

（3）建筑区划内的其他公共场所、公用设施和物业服务用房，属于业主共有。这里的共有，包括对这部分场所、公用设施和用房本身的所有权和对其地基的土地使用权。物业管理用房属于业主共有，《物业管理条例》第三十八条规定："物业管理用房的所有权依法属于业主。未经业主大会同意，物业服务企业不得改变物业管理用房的用途。"

（4）建筑区划内，其他不属于业主专有部分，也不属于市政公用部分或者其他权利人所有的场所及设施等，归业主共有。

（5）建筑区划内的土地，依法由业主共同享有建设用地使用权，但属于业主专有的整栋建筑物的规划占地或者城镇公共道路、绿地占地除外。

3. 车位、车库所有权的归属

建筑区划内，规划用于停放汽车的车位、车库的归属，由当事人通过出售、附赠或者出租等方式约定。通过出售和附赠取得车库车位的，所有权归属于业主；车库车位出租的，所有权归属于开发商，业主享有使用权。确定出售和附赠车位、车库的所有权属于业主的，车库车位的所有权和土地使用权也应当进行物权登记，在转移专有权时，车库车位的所有权和土地使用权并不必然跟随建筑物的权属一并转移，须单独进行转让或者不转让。

占用业主共有的道路或者其他场地用于停放汽车的车位，属于业主共有。这里的车位，指的是建筑区划内在规划用于停放汽车的车位之外，占用业主共有道路或者其他场地增设的车位。

建筑区划内，规划用于停放汽车的车位、车库应当首先满足业主的需要。建设单位按照配置比例将车位、车库，以出售、附赠或者出租等方式处分给业主的，应当认定其行为符合“应当首先满足业主的需要”的规定。配置比例是指规划确定的建筑区划内规划用于停放汽车的车位、车库与房屋套数的比例。

4. 业主对共有部分的共有权及义务

业主对专有部分以外的共有部分，享有权利，承担义务；不得以放弃权利为由不履行义务。例如，业主不得以不使用电梯为由，不交纳电梯维修费用；不得以不在此居住为由，不交物业服务费用。

业主转让建筑物内的住宅、经营性用房，其对共有部分享有的共有和共同管理的权利一并转让。业主的建筑物区分所有权是一个集合权，包括对专有部分享有的所有权、对建筑区划内共有部分享有的共有权和共同管理的权利，这 3 种权利具有不可分离性。在这 3 种权利中，业主对专有部分的所有权占主导地位，是业主对专有部分以外的共有部分享有共有权以及对共有部分享有共同管理权的前提与基础。没有业主对专有部分的所有权，就无法产生业主对专有部分以外共有部分的共有权，以及对共有部分的共同管理的权利。如果业主丧失了对专有部分的所有权，也就丧失了对共有部分的共有权及对共有部分的共同管理的权利。

而且，区分所有权人所有的专有部分的大小，也决定了其对建筑物共有部分里有的共有和共同管理权利的份额大小。《民法典》第二百八十三条规定：“建筑物及其附属设施的费用分摊、收益分配等事项，有约定的，按照约定；没有约定或者约定不明确的，按照业主专有部分面积所占比例确定。”

【案例 4-3】小区内通信管道归业主所有[①]

2001 年 10 月 25 日，× 小区开发商（甲方）与 TT 公司（乙方）签订电话协议书，约定乙方为小区 C 组团电话业务经营商，负责该小区内的电话安装、维护、经营。甲方负责小区内的户外管道及楼内户线通道和引入线到户的建设，费用由甲方承担，双方合作期内使用权归乙方；乙方负责电话交换机房内的设备、户外电缆建设，费用由乙方承担，产权及使用权归乙方。协议合作期 20 年，合作期内，小区 C 组团不再与其他公司进行相同或类似服务的合作。

2013 年 9 月 18 日，CC 网络服务公司与小区 QT 物业公司签订社区宽带互联接入业务合作运营协议约定 CC 公司承担信息化社区的网络工程建设的投资、设计、施工、维护以及技术改造，为该小区提供互联网宽带接入服务，有权使用社区内现有的网络线路、设备。后 CC 公司在小区的户外通信管道以及楼内户线通道内进行了缆线的铺设。2014 年 9 月，TT 公司工作人员将 CC 公司在小区 C 组团铺设的合计总长 5653m 4 芯光缆、1056m 48 芯光缆以及 1309m 双绞线剪断并将其中的双绞线抽出带走。CC 公司发现后于 2014 年 9 月 27 日报警，后因调解未成，同年 10 月向法院提起诉讼。

① 资料来源：《最高人民法院公报》，2019 年第 12 期。

法院审理认为，法人的财产权受法律保护。TT公司与开发商签订的电话协议书，约定协议合作期20年内小区C组团内通信管道由TT公司专属使用，该条款限制其他电信运营公司接入小区C组团，破坏了公平竞争的市场环境，限制了小区业主自由选择电信服务的权利，损害了小区业主的利益，应属无效。建筑区划内的其他公共场所、公用设施和物业服务用房，属于业主共有。小区内配套的通信管道应属于公用设施的一种，是开发商建设小区楼盘时必须建设的满足建筑物专有部分功能需求的配套设施之一，开发商将房屋交付后，通信管道应该属于业主共有。TT公司在发现通信管道内有非属于其公司的缆线后，未查明缆线所有权人，自行采取剪断缆线并抽出部分缆线带走的行为侵害了CC公司的财产权，应当承担侵权责任。法院判定TT公司将剪断、抽出的CC公司的缆线恢复原状。

4.2.3 业主对共有部分的共同管理权

1. 业主共同管理权的内容

按照《民法典》第二百七十八条的规定，建筑区划内的下列事项由业主共同决定：

（1）制定和修改业主大会议事规则；

（2）制定和修改建筑物及其附属设施的管理规约；

（3）选举业主委员会和更换业主委员会成员；

（4）选聘和解聘物业服务企业或者其他管理人；

（5）使用建筑物及其附属设施的维修资金；

（6）筹集建筑物及其附属设施的维修资金；

（7）改建、重建建筑物及其附属设施；

（8）改变共有部分的用途或者利用共有部分从事经营活动；

（9）有关共有和共同管理权利的其他重大事项。

《区分所有权司法解释》第七条规定，处分共有部分，以及业主大会依法决定或者管理规约依法确定应由业主共同决定的事项，应当认定为本项规定的有关共有和共同管理权利的“其他重大事项”。

2. 业主行使共同管理权的表决规则

业主共同决定事项，表决权数的确定涉及专有部分面积和人数两项指标。专有部分面积按照不动产登记簿记载的面积计算；尚未进行登记的，暂按测绘机构的实测面积计算；尚未进行实测的，暂按房屋买卖合同记载的面积计算。业主人数按照专有部分的数量计算，一个专有部分按一人计算；建设单位尚未出售和虽已出售但尚未交付的部分，以及同一买受人拥有一个以上专有部分的，按一人计算。一个专有部分有两个以上所有权人的，应当推选一人行使表决权，但共有人所代表的业主人数为一人。业主为无民事行为能力人或者限制民事行为能力人的，由其法定监护人行使投票权。

业主共同决定事项，应当由专有部分面积占比 2/3 以上的业主且人数占比 2/3 以上的业主参与表决。决定筹集建筑物及其附属设施的维修资金，改建、重建建筑物及其附属设施，改变共有部分的用途或者利用共有部分从事经营活动的（即以上第 6、7、8 事项），应当经参与表决专有部分面积 3/4 以上的业主且参与表决人数 3/4 以上的业主同意；决定其他共有和共同管理权利事项的，应当经参与表决专有部分面积过半的业主且参与表决人数过半的业主同意。未参与表决的业主，其投票权数是否可以计入已表决的多数票，由管理规约或者业主大会议事规则规定。

3. 业主共同管理权的实施

《区分所有权司法解释》第十四条规定："建设单位、物业服务企业或者其他管理人等擅自占用、处分业主共有部分、改变其使用功能或者进行经营性活动，权利人请求排除妨害、恢复原状、确认处分行为无效或者赔偿损失的，人民法院应予支持。属于前款所称擅自进行经营性活动的情形，权利人请求建设单位、物业服务企业或者其他管理人等将扣除合理成本之后的收益用于补充专项维修资金或者业主共同决定的其他用途的，人民法院应予支持。行为人对成本的支出及其合理性承担举证责任。"对于行为人利用业主共有部分进行经营性活动，《民法典》第二百八十二条规定："建设单位、物业服务企业或者其他管理人等利用业主的共有部分产生的收入，在扣除成本之后，属于业主共有。"区分所有建筑物的共有部分属于业主共有，如果共有部分发生收益，应当归全体业主所有。建设单位、物业服务企业或者其他管理人将这些收益作为自己的经营收益，侵害全体业主的权利的，构成侵权行为。

实施侵害业主共有权行为的主体，除了建设单位，还包括物业服务企业、业主和使用人等。《民法典》第二百八十六条规定："业主大会或者业主委员会，对任意弃置垃圾、排放污染物或者噪声、违反规定饲养动物、违章搭建、侵占通道、拒付物业费等损害他人合法权益的行为，有权依照法律、法规以及管理规约，请求行为人停止侵害、排除妨碍、消除危险、恢复原状、赔偿损失。业主或者其他行为人拒不履行相关义务的；有关当事人可以向有关行政主管部门报告或者投诉；有关行政主管部门应当依法处理。"《区分所有权司法解释》第十五条对上述"损害他人合法权益的行为"解释为：

（1）损害房屋承重结构，损害或者违章使用电力、燃气、消防设施，在建筑物内放置危险、放射性物品等危及建筑物安全或者妨碍建筑物正常使用；

（2）违反规定破坏、改变建筑物外墙面的形状、颜色等损害建筑物外观；

（3）违反规定进行房屋装饰装修；

（4）违章加建、改建，侵占、挖掘公共通道、道路、场地或者其他共有部分。

值得注意的是，根据《区分所有权司法解释》第四条，业主基于对住宅、经营性用房等专有部分特定使用功能的合理需要，无偿利用屋顶以及与其专有部分相对应的外墙面等共有部分的，不应认定为侵权。但违反法律、法规、管理规约，损害他人合法权益的除外。

【案例 4-4】小区业主委员会诉物业公司物业管理纠纷案[①]

2002 年 11 月 25 日，LJ 物业公司与江苏省 × 小区开发商签订前期物业管理合同。合同成立后，物业公司对 × 小区实施物业管理。2007 年 12 月 22 日，小区业委会依法成立，并于 2008 年 6 月 21 日根据业主大会作出的业主自治决议，致函物业公司，明确不再与其签订物业管理合同，并及时办理移交。业委会在审查物业公司移交的资料时发现，物业公司在 2004 年至 2007 年间，收取了小区共有部分收入 5967370.31 元未列入移交，遂诉至法院，要求物业公司立即返还 2004 年至 2007 年共有部分收益的 70% 即 4177159.22 元。

法院一审查明：根据物业公司财务报表显示，其对 × 小区业主共有部分物业实施管理的收入和支出的差额为 4142559.18 元。法院认为，本案中争讼收益之产生，一方面得益于物业公司的管理行为，另一方面也应注意到物业服务企业管理的物业属于全体业主共有。共有人对共有物享有收益权，这是一项法定权利。对该部分的收益分配，全体业主和物业服务企业可以通过合同约定进行分配，在没有约定的情形下，应当依法分配。本案中双方对该部分收益的分配没有合同根据，故应当按照法律规定进行分配。由于我国法律对此没有具体规定，故法院认为应当在不违反法律原则的前提下，公平合理分配共有部分物业的管理收益。物业管理有其特殊性，物业服务企业在实施物业管理期间其服务的对象为小区业主，而其对共有部分进行管理时业主并不给予报酬。如物业服务企业付出管理成本后不能获得经济回报，这对其是不公平的。同时，小区共有部分作为小区全体业主的共有物，全体业主才是该物的所有权人，如果在收益分配上排除业主的权利，同样有悖法律原则。据此，在存有小区共有部分管理收益的情形下，该收益应主要归属于全体业主享有，同时物管企业付出了管理成本，也应享有合理的回报。综上，根据公平原则的要求，并参照《江苏省物业管理条例》第三十三条“经批准设置的经营性设施的收益，在扣除物业管理企业代办费用后，应当将收益的 30% 用于补贴物业管理公共服务费，收益的 70% 纳入维修基金，但合同另有约定的除外”的精神，法院认为本案对共有部分收益分配的比例，确定为原告业委会得 70%、物业公司得 30% 较为合理。据此，法院最后判定被告物业公司将 4142559.18 元收益的 70% 即 2899791.43 元返还业主委员会。值得注意的是，业委会不具有对该部分款项的自行处置权利，业委会作为执行机构，使用该款应按照业主的意志和法律的规定行使。

---

① 资料来源：《最高人民法院公报》，2010 年第 5 期。

4.3 相邻关系

4.3.1 相邻关系的含义

相邻关系，是指相互毗邻的不动产权利人之间在行使所有权或者使用权时，因相互间给予便利或者接受限制所发生的权利义务关系。相邻关系是法定的，不动产权利人对相邻不动产权利人有避免妨害的注意义务；不动产权利人在非使用邻地就不能对自己的不动产进行正常使用时，有权在对邻地损害最小的范围内使用邻地，邻地权利人不能阻拦。

4.3.2 相邻关系的处理原则

不动产的相邻权利人应当按照有利生产、方便生活、团结互助、公平合理的原则，正确处理相邻关系。相邻权利人的范围，既包括相邻不动产的所有权人，也包括相邻不动产的用益物权人和占有人。

法律、法规对处理相邻关系有规定的，依照其规定；法律、法规没有规定的，可以按照当地习惯。处理相邻关系，首先是依照法律、法规的规定。当没有法律和行政法规的规定时，可以适用习惯作为处理相邻关系的依据。习惯，是指在长期的社会实践中逐渐形成的，被人们公认的行为准则，具有普遍性和认同性，一经国家认可，就具有法律效力，成为调整社会关系的行为规范。民间习惯虽然没有上升为法律，但它之所以存在，被人们普遍接受和遵从，有其社会根源、思想根源、文化根源和经济根源，只要不违反法律的规定和公序良俗，人民法院在规范民事裁判尺度时就应当遵从。

4.3.3 相邻关系的处理规定

（1）相邻用水、排水、流水关系。不动产权利人应当为相邻权利人用水、排水提供必要的便利。对自然流水的利用、应当在不动产的相邻权利人之间合理分配。对自然流水的排放，应当尊重自然流向。关于生产、生活用水的排放，相邻一方必须使用另一方的土地排水的，应当予以准许；但应在必要限度内使用并采取适当的保护措施排水，如仍造成损失的，由受益人合理补偿。相邻一方可以采取其他合理的措施排水而未采取，向他方土地排水毁损或者可能毁损他方财产，他方要求致害人停止侵害、消除危险、恢复原状、赔偿损失的，应当予以支持。

（2）相邻关系中的通行权。不动产权利人对相邻权利人因通行等必须利用其土地的，应当提供必要的便利。一方必须在相邻方使用的土地上通行的，应当予以准许；因此造成损失的，应当给予适当补偿。对于一方所有的或者使用的建筑物范围内历史形成的必经通道，所有权人或者使用权人不得堵塞。因堵塞影响他人生产生活，他人要求排除妨碍或者恢复原状的，应当予以支持。但有条件另开通道的，可以另开通道。

（3）相邻土地的利用。不动产权利人因建造、修缮建筑物以及铺设电线、电缆水管、暖气和燃气管线等必须利用相邻土地、建筑物的，该土地、建筑物的权利人应当提供必要的便利。相邻一方因施工临时占用另一方土地的，占用的一方如未按照双方约定的范围、用途和期限使用的，应当责令其及时清理现场，排除妨碍，恢复原状，赔偿损失。

（4）相邻建筑物通风、采光、日照。建造建筑物，不得违反国家有关工程建设标准，不得妨碍相邻建筑物的通风、采光和日照。

（5）相邻不动产之间不得排放、施放污染物。不动产权利人不得违反国家规定弃置固体废物，排放大气污染物、水污染物、土壤污染物、噪声、光辐射、电磁辐射等有害物质。

（6）维护相邻不动产安全。不动产权利人挖掘土地、建造建筑物、铺设管线以及安装设备等，不得危及相邻不动产的安全。

（7）相邻权的限度。不动产权利人因用水、排水、通行、铺设管线等利用相邻不动产的，应当尽量避免对相邻的不动产权利人造成损害。

4.4 共有

4.4.1 共有的形式

不动产或者动产可以由两个以上组织、个人共有。共有包括按份共有和共同共有。

1. 按份共有

按份共有，又称分别共有，指数人按应有份额（部分）对共有物共同享有权利和分担义务的共有。按份共有人对共有的不动产或者动产按照其份额享有所有权。按份共有的法律特征有：

（1）各个共有人对共有物按份额享有不同的权利。各个共有人的份额又称为应有份额，其数额一般由共有人事先约定，或按出资比例决定。如果各个共有人应有部分不明确，则应推定为均等。

（2）各共有人对共有财产享有权利和承担义务是根据其不同的份额确定的。份额不同，各个共有人对共同财产的权利和义务各不相同。

（3）各个共有人的权利不是局限于共有财产某一具体部分，或就某一具体部分单独享有所有权，而是及于财产的全部。

按份共有人可以转让其享有的共有的不动产或者动产份额。其他共有人在同等条件下享有优先购买的权利。在一般情况下，按份共有人转让其享有的共有份额，无需得到其他共有人同意，但不得侵害其他共有人的利益。法律特别规定的，共有人处分其份额应遵守法律的规定。按份共有人转让其享有的共有的不动产或者动产份额的，应当将转让条件及时通知其他共有人。其他共有人应当在合理期限内行使优先购买权。两个以上其他共有人主张行使优先购买权的，协商确定各自的购买比例；协商不成的，按照转让时各自的共有份额比例行使优先购买权。

2. 共同共有

共同共有是指两个或两个以上的民事主体，根据某种共同关系而对某项财产不分份额地共同享有权利并承担义务。共同共有人对共有的不动产或者动产共同享有所有权。共同共有的特征是：

（1）共同共有根据共同关系而产生，以共同关系的存在为前提，例如夫妻关系、家庭关系。

（2）在共同共有关系存续期间内，共有财产不分份额，这是共同共有与按份共有的主要区别。

（3）在共同共有中，各共有人平等地对共有物享受权利和承担义务，共同共有人的权利及于整个共有财产，行使全部共有权。

（4）共同共有人对共有物享有连带权利，承担连带义务。基于共有物而设定的权利，每个共同共有人都是权利人，该权利为连带权利；基于共有关系而发生的债务，亦为连带债务，每个共同共有人都是连带债务人；基于共有关系发生的民事责任，为连带民事责任，每个共有人都是连带责任人。

4.4.2 共有物的管理

共有人按照约定管理共有的不动产或者动产，没有约定或者约定不明确的，各共有人都有管理的权利和义务。

处分共有的不动产或者动产，以及对共有的不动产或者动产作重大修缮、变更性质或者用途的，应当经占份额 2/3 以上的按份共有人或者全体共同共有人同意，但是共有之间另有约定的除外。

共有人对共有物的管理费用以及其他负担，有约定的，按照其约定；没有约定或者约定不明确的，按份共有人按照其份额负担，共同共有人共同负担。共有财产的管理费用，是指因保存、改良或者利用共有财产的行为所支付的费用。管理费用也包括其他负担，如因共有物致害他人所应支付的损害赔偿金。对管理费用的负担规则是：

（1）对共有物的管理费用以及其他负担，有约定的，按照约定处理；

（2）没有约定或者约定不明确的，按份共有人按照其份额负担，共同共有人共同负担；

（3）共有人中的一人支付管理费用、该费用是必要管理费用的，其超过应有份额所应分担的额外部分，对其他共有人可按其各应分担的份额请求偿还。

4.4.3 共有物的分割

1. 共有物分割的原则

在共有关系存续期间，共有人负有维持共有状态的义务，分割共有财产的规则是：

（1）约定不得分割共有财产的，不得分割。共有人约定不得分割共有的不动产或者动产以维持共有关系的，应当按照约定，维持共有关系，不得请求分割共有财产，消灭共有关系。共同共有的共有关系存续期间，原则上不得分割。

（2）有不得分割约定，但有重大理由需要分割共有财产的。共有人虽有不得分割共有的不动产或者动产以维持共有关系的协议，但有重大理由需要分割的，可以请求分割。至于请求分割的共有人究竟是一人、数人还是全体，则不问。共有人全体请求分割共有财产的，则为消灭共有关系的当事人一致意见，可以分割。

（3）没有约定或者约定不明确的，按份共有的共有人可以随时请求分割；共同共有的共有人在共有的基础丧失或者有重大理由需要分割时，也可以请求分割。

（4）造成损害的赔偿。不论是否约定保持共有关系，共有人提出对共有财产请求分割，在分割共有财产时对其他共有人造成损害的，应当给予赔偿。

2. 共有物分割的方式

共有人可以协商确定分割方式。

（1）实物分割。在不影响共有物的使用价值和特定用途时可以对共有物进行实物分割。

（2）变价分割。如果共有物无法进行实物分割，或实物分割将减损物的使用价值或者改变物的特定用途时，应当将共有物进行拍卖或者变卖，对所得价款进行分割。

（3）折价分割。折价分割方式主要存在于以下情形，即对于不可分割的共有物或者分割将减损其价值的，如果共有人中的一人愿意取得共有物，可以由该共有人取得共有物，并由该共有人向其他共有人折价赔偿。

共有人分割所得的不动产或者动产有瑕疵的，其他共有人应当分担损失。

4.4.4 共有的其他规定

1. 共有产生的债权债务承担规则

因共有的不动产或者动产产生的债权债务，在对外关系上，共有人享有连带债权、承担连带债务，但是法律另有规定或者第三人知道共有人不具有连带债权债务关系的除外；在共有人内部关系上，除共有人另有约定外，按份共有人按照份额享有债权、承担债务，共同共有人共同享有债权、承担债务。偿还债务超过自己应当承担份额的按份共有人，有权向其他共有人追偿。

2. 共有关系不明时对共有关系性质的推定

共有人对共有的不动产或者动产没有约定为按份共有或者共同共有，或者约定不明确的，除共有人具有家庭关系等外，视为按份共有。共有人对共有的不动产或者动产没有约定为按份共有或共同共有，或者共有关系性质不明的情况下，确定的规则是，除共有人具有婚姻、家庭关系或者合伙关系之外，都视为按份共有，按照按份共有确定共有人的权利义务和对外关系。

按份共有人对共有的不动产或者动产享有的份额，没约定或者约定不明确的，按照出资额确定；不能确定出资的，视为等额享有。

【案例 4-5】“私家花园”是否真的私有？[1]

2005 年 3 月，徐某、陆某购买了 × 小区房屋一套，同年 10 月 1 日办理了房屋交付手续，并于 2005 年 12 月开始装修。该房屋南阳台外有一庭院绿地，徐某、陆某二人装修房屋时，对庭院绿地进行了改造，破坏原有绿地后在庭院里铺设水泥地、砌花台、建鱼池。小区物业公司两次向 2 人发出整改通知，要求停止对该庭院绿地的改建，恢复原状，未果。2006 年 11 月，物业公司向法院提起诉讼，请求判令 2 人拆除违建，恢复为原有的绿地。

徐某、陆某二人认为，购买此房屋时售楼人员曾口头承诺买一楼送花园，开发商为庭院绿地设置了栅栏围挡，且在南阳台上预留了出入门。据此，徐某、陆某一家可以进入该庭院绿地，而小区其他业主则不能进入，即从该庭院绿地的建造设计情况看，该庭院绿地仅供其一家使用。

法院认为，该庭院绿地作为不动产，其使用权的归属不能仅仅依据现实占有、使用的情况进行判断，必须根据房屋买卖双方的协议内容及物权登记情况加以确定。而开发商与被告签订的商品房买卖契约中，并未对庭院绿地的使用权作出明确约定。同时，鉴于被告尚未领取房屋所有权证及国有土地使用权证，不能以物权证书证明其对该庭院绿地享有独占使用权。最后法院判决被告限期内拆除在庭院绿地内改建的水泥地、鱼池、花台，恢复该庭院绿地原状。

商品房特别是别墅买卖中，开发商经常通过附赠“私家花园”的形式促销。对于与业主所购房屋毗邻庭院绿地的权属问题，不能仅仅依据售楼人员的口头承诺“买一楼房屋送花园”，以及庭院绿地实际为业主占有、使用的事实，即认定业主对庭院绿地享有独占使用权。一般的，“私家花园”的所有权的形式主要包括“共有”和“独有”两种。一种是花园所占土地的使用权完全共有，每个业主的小产证上没有花园面积的登记记载，花园单独的土地使用权没有界定，所谓的“私家花园”也只是形式上属于该业主单独使用，不受法律保护。换言之，这样的私家花园只是用栅栏将其分割一下，在产权属性上与栅栏外的土地一样。另一种是花园所占土地使用权已被分割为业主单独所有，在业主的小产权证上登载有

① 资料来源：《最高人民法院公报》，2007 年第 9 期。

花园的土地面积。其他比如公共花园、公共设施、公共道路所占土地，则为小区业主所共有。这类别墅的私家花园才是真正意义上的“私家花园”。

【本章小结】

物权是权利人依法对特定的物享有直接支配和排他的权利，包括所有权、用益物权和担保物权。所有权人对自己的不动产或动产，依法享有占有、使用、收益和处分的权利，用益物权人对自己的不动产或动产，依法享有占有、使用和收益的权利。

业主对建筑物内的住宅、经营性用房等专有部分享有所有权，业主行使权利不得危及建筑物的安全，不得损害其他业主的合法权益。业主对专有部分以外的共有部分享有共有和共同管理的权利，并承担义务，不得以放弃权利为由不履行义务。业主转让建筑物内的住宅、经营性用房，其对共有部分享有的共有和共同管理的权利一并转让。业主不得违反法律、法规以及管理规约，将住宅改变为经营性用房。业主将住宅改变为经营性用房的，除遵守法律、法规以及管理规约外，应当经有利害关系的业主一致同意。建设单位、物业服务企业或者其他管理人等利用业主的共有部分产生的收入，在扣除合理成本之后，属于业主共有。

建筑区划内的道路、绿地，其他公共场所、公用设施和物业服务用房，属于业主共有，属于城镇公共道路、公共绿地的除外，或者明示属于个人的除外。建筑区划内，规划用于停放汽车的车位、车库的归属，由当事人通过出售、附赠或者出租等方式约定，并应当首先满足业主的需要。占用业主共有的道路或者其他场地用于停放汽车的车位，属于业主共有。

业主共同决定事项，应当由专有部分面积占比 2/3 以上的业主且人数占比 2/3 以上的业主参与表决。业主共同决定筹集建筑物及其附属设施的维修资金，改建、重建建筑物及其附属设施，改变共有部分的用途或者利用共有部分从事经营活动，应当经参与表决专有部分面积 3/4 以上的业主且参与表决人数 3/4 以上的业主同意，决定其他事项，应当经参与表决专有部分面积 1/2 以上的业主且参与表决人数 1/2 以上的业主同意。

不动产的相邻权利人应当按照有利生产、方便生活、团结互助、公平合理的原则；正确处理相邻关系。不动产或者动产可以由 2 个以上组织、个人共有。共有包括按份共有和共同共有。

【延伸阅读】

1.《民法典》物权编；

2.《物业管理条例》；

3.《关于审理建筑物区分所有权纠纷案件适用法律若干问题的解释》；

4.《关于适用〈中华人民共和国民法典〉物权编的解释（一）》。

课后练习

一、选择题（扫下方二维码自测）

二、案例分析题

【案例 4–6】李先生住在某小区一幢高层公寓的 3 楼。由于楼层低，李先生平时极少乘电梯，可电梯费却要照交不误。李先生向物业管理公司提出，自己以后不再使用电梯，也不交电梯费，物业公司予以拒绝。

本案中，李先生不使用电梯，是否还需要交电梯费？

【案例 4–7】高某为了住得更舒适，把原在一般住宅区的住房卖了，在旁边的豪华住宅区买了套新的。可是又出了麻烦：豪华住宅区内的轿车挤满了，虽说是要扩建停车场，但眼下高某的车是没地方放了。他只好把车开回原小区。原小区轿车少，停车不收费。但物业公司要向高某收费，理由是他已不是小区的业主了。高某拿来卖房合同给物业看：“我卖的是住宅，是里面的专用部分；外面的公用部分我没卖，你看，合同上根本没提到外面！”

本案中，高某的说法有法律依据吗？

【案例 4–8】A 房地产公司和温先生等购房者在售楼合同中约定：“A 房地产公司将为业主提供地下停车场的车位。”可是，入住后，温先生等业主发现房地产公司已经把地下停车场整体卖给 B 公司，该停车场只对 B 公司的员工提供使用。经过多次协商未果，温先生等业主提起诉讼，要求法院判决 A 房地产公司和 B 公司所订立的地下停车场买卖协议无效，同时要求开发商 A 房地产公司提供车位或赔偿损失。

1. 本案中，甲房地产公司把停车场卖给乙公司合法吗？

2. 思考：什么样的停车位、车库才可以买？

【案例 4–9】住在 3 楼的邻居突然在自家阳台和窗户上都安装了铁栅栏，说是出于防盗考虑。这引起了住在 4 楼的张某不满。张某认为，楼下安装的铁栅栏突出墙面 20～40cm。会使不法人员轻易攀爬进入他们家。楼下家安全了，可他家变得不安全了。张某诉至法院，要求楼下拆除铁栅栏。楼下业主辩称：没有不允许安装窗户护栏的法律条文，也没有需要行政审批许可的规定，我在自家窗外安装护栏并不违法。

1. 本案中，4 楼业主张某的诉求是应予支持？

2. **【案例 4–9】**与**【案例 4–1】**的判定，适用法律是否相同？

三、课程实践

2009年出台的《石家庄市物业管理条例》中规定，“连续3个月以上无人居住、使用、装修空置的物业，空置期间按20%缴纳物业服务费。”此文件一经出台，即引发各方广泛争议。有关部门表示20%比例是参照空置房的暖气收费标准制定的。空置房业主认为，业主没有入住，等于没有享受完整的物业服务，部分缴纳物业费是合理的。石家庄市民苗先生对记者说：“我从网上看到了这个消息后，特别高兴。我最近买了第2套房，暂时还不想住，如果物业费只收20%的话，就先不着急装修住进去了，万一将来房价涨高点儿还可卖。”而绝大多数的物业公司都表示反对。认为这将直接影响物业服务企业的合法收益，其后果是导致物业服务质量的下降，最终吃亏的还是大多数的业主。甚至更有人认为，现在空置房的业主大多是拥有第2套住房的业主，这一政策实际上是让一部分业主承担了那些拥有第2套住房业主的物业费，就是所谓的“劫贫济富”，显失公平。

你认为，此政策的出台是否合理？请综合运用所学相关法律法规进行评述。

第 2 篇

业务技能篇

常规的物业管理服务是物业项目运营的根本。本篇按照物业项目运营的时间轴线，对物业项目的早期介入、管理权获取、物业服务合同、承接查验、前期管理、房屋及设施设备管理、秩序维护、环境管理等基本业务的概念、要求、工作流程及现行法律法规约束等作了详细阐述。

5　物业项目早期介入

知识要点

1. 早期介入的含义、作用、内容和方法；
2. 各阶段早期介入的工作内容；
3. 早期介入的组织实施、应注意的问题。

能力要点

1. 能够进行物业管理早期介入项目策划并组织实施；
2. 能够对早期介入中发现的疑难问题提出建设性解决方案。

早期介入是物业项目运营的前奏，是成功获得物业项目管理权和保证物业项目运营质量的基础。本章对物业项目早期介入环节的含义、方式、意义、内容和方法进行论述。

5.1　物业项目早期介入的含义和意义

5.1.1　早期介入的含义

早期介入是指新建物业竣工之前，建设单位在项目的可行性研究、规划设计、施工建设、营销策划、竣工验收等阶段所引入的物业咨询服务活动。物业服务人从业主使用和物业管理的角度对物业的环境布局、功能规划、楼宇设计、材料选用、设备选型、配套设施、管线布置、施工质量、竣工验收等方面提出合理化意见和建议，以便建成的物业更好地满足业主和物业使用人的需求，方便物业服务工作的开展。

早期介入对建设单位而言并非强制性要求，而是根据项目管理的需要进行选择，可以由物业服务人提供，也可以由专业咨询机构提供；早期介入是建设单位在项目开发各阶段引入的物业服务专业技术支持，在项目的开发建设中起着积极的作用；早期介入服务的对象是建设单位，由建设单位与物业服务人或咨询机构签订协议并支付服务费用。

5.1.2　早期介入的方式

物业服务人或专业咨询机构受建设单位的委托，安排专业的工作人员，通常运用以下方式实施物业项目的早期介入。

（1）市场调研。对物业及周边情况进行调研，了解物业的交通、教育、医疗等相关配套情况和不利因素，综合分析、评估对物业产生的各种影响，并将结果向建设单位进行汇报说明，以助于建设单位决策。

（2）图纸会审。会同建设单位、设计单位、施工单位、监理单位等，对图纸进行分析、论证，并提出相关建议。

（3）对标管理。通过对同类型物业的客户群、服务标准等调查比较，对新建物业的物业服务定位、物业服务模式等向建设单位提供建议。

（4）过程监控。跟踪新建物业的开发建设过程，通过现场勘察，发现建设过程中出现的各种问题，并向建设单位提交改善建议。

物业服务人或咨询机构通过定期参加由建设单位组织的项目沟通会，以发函的方式提交建议书等，了解项目的建设进展情况，并就早期介入的相关问题交换意见。

5.1.3 早期介入的意义

我国的物业管理脱胎于传统的房地产管理，一直滞后于规划设计和施工建设，以至于交付的物业出现布局不合理、配套不完善、管理不便、维修困难等诸多缺陷，引发业主、建设单位和物业服务人之间的矛盾和纠纷。物业服务人的早期介入可以协助建设单位及时发现项目规划、设计、施工、销售过程中所存在的问题，使规划更加优化、完善，减少设计上的缺陷及交付后的业主纠纷，还可以在项目建设初期将损害业主利益或不利于物业管理的因素尽可能消除或减少，使业主利益得到保障，物业服务顺利开展。早期介入的良好开展，可以实现建设单位、业主和物业服务人三方的利益共赢。

1. 提高建设单位的开发效益

（1）完善物业的规划设计和使用功能。建设单位在进行小区规划设计时往往比较关注技术规范，对于建设项目今后是否能够很好地满足使用要求、管理要求和降低管理成本等因素考虑较少。早期介入可以从业主使用、物业管理和项目开发的角度去完善项目的设计缺陷，使规划设计方案中的布局、功能定位更趋合理，有利于日后的运营管理。如小区规划设计必须考虑到物业管理用房、机动车停车场、自行车棚、商业配套设施等，从业主需求角度提出建议。

（2）提高项目开发效益。早期介入是物业服务人从项目的可行性研究开始到项目竣工验收的全程介入。通过早期介入，物业服务人在与各单位的沟通协作中可充分展示自身的专业素质，协助建设单位减少不必要的投资成本，提高项目的开发效益。通过物业服务人的专业支持，建设单位可以对项目进行准确的市场定位，并考虑到物业的使用功能和业主满意，促进项目的销售，加快资金周转。同时，建设单位还可以通过引入高水平的物业管理咨询服务提升物业的品牌价值。

2. 提高业主对物业的认可度

（1）有助于优化物业设计，更好地满足业主使用需求。随着社会经济的发展，人们对物业的品位和环境要求越来越高。建设单位在建设过程中除了要执行国家有关技术标准外，还要充分考虑物业的功能、布局、造型、环境，以及物业使用者的便利、安全、舒适等因素。物业服务人可从业主和物业管理的角度出发，就房屋设计、功能配置、设备选型、材料选用、公共设施配套等方面提出建议，使物业的设计更符合业主的使用要求。

（2）有助于提高物业质量，提升业主对物业的满意度。在物业的建设过程中，物业服务人利用自身优势帮助建设单位加强工程质量管理，及时发现设计、施工过程中的缺陷，提前防范质量隐患，使工程质量问题在施工过程中及时得到解决，减少在日后使用中的矛盾纠纷，从而提高业主对物业的满意度和认可度。

3. 有利于物业服务人开展工作

（1）便于更准确地了解物业情况。对物业及其配套设施设备的运行管理和维修养护是物业管理的主要工作之一，要做好这方面的工作，必须对物业的建筑结构、管线走向、设备安装等情况了如指掌。物业服务人可以通过早期介入，如对于图纸的改动部分做好记录，对设备安装、管线布置尤其是隐蔽工程状况进行全过程跟踪等，充分了解物业的情况。

（2）为前期物业管理做准备。物业服务人可利用早期介入的机会，逐步开展物业管理服务方案和各项规章制度制定、组织架构设计、人员招聘、上岗培训等前期管理的准备工作，以便物业移交后各项物业管理工作顺利开展。同时，通过早期介入阶段的磨合，可以同建设单位、施工单位形成良好的合作关系，便于在今后物业保修期内紧密合作，提高物业维修及时率。

（3）有利于规避物业管理风险。物业服务人通过早期介入对物业情况及周边不利因素提前了解，由此对后续物业管理过程中可能出现的风险做出预估，提前制定应对措施，规避物业管理的风险，也可提升后期物业管理服务的质量。同时，早期介入可充分了解目标客户群，制定质价相符的服务标准、服务内容等，保证物业管理的可持续经营管理。

目前，物业服务人同业主的很多纠纷就其实质来说不是由于物业管理服务质量的低下造成的，而是由于小区设备布局不合理、房屋管线铺设不合适、房屋质量差等物业的“先天不足”，其根本原因是物业在开发建设的过程中没有物业服务人的参与。因此，突破“物业服务仅仅出现在物业竣工之后”这一思维，在开发建设阶段就引入与物业管理服务相关的建议，是十分必要的。

【案例 5-1】早期介入使开发商获得经济效益与社会效益双赢

某建设单位通过公开招标的方式取得位于城乡接合部的 × 小区开发权，小区靠近高新技术工业区，占地面积 54 万 m^2，建筑面积 60 万 m^2，是土地招标的“地王”，也是该城市拍卖史上最大的住宅项目，备受当地居民和政府的关注。按规划包含别墅、洋房、公寓、高层住宅以及 5 万 m^2 的商业配套，整个项目分四期建设，一期为多层、小高层；二期为别墅和宽景洋房；三期为别墅、公寓和高层；四期为别墅、高层。建设单位结合该物业密度低、产品类型多样化、客户群定位差异化等特点，规划打造为居住、商业及公共配套与高新产业区形成的里程碑式综合社区，聘请有丰富客户服务经验的物业公司担任物业服务顾问。

物业公司通过调研、分析，认为该地区远离城市核心商业区，周边以高新工业区为主，市场认知度低，商业和生活配套、设施配套水平相对较低，而周边消费者则是具有高知、高薪、高品位特征的生活群体，确定了通过服务品质的提升，实现该物业由“郊区化”向“城市化”居住环境演变的方针。

（1）客户口碑。推出“金钥匙”管家服务，设置亲善服务大使为业主提供贴心、便捷的服务；推出绿色物业，倡导绿色环保，实行垃圾分类社区，用行为改变社区的居住环境；推出邻里守望，组建邻里互动交流圈，营造融洽、和谐、温馨的亲情化社区氛围；根据该物业客户群的特性，对物业类型、产品定位、区域环境等方面量身定制创新的服务模式和体系，赢得了业主的高度认同，通过服务形象的展示也有力地推动了物业的销售。

（2）经济效益。一期销售 11 万 m^2 全部售罄，甚至出现了抢购，也是房产销售低谷期的爆棚，二期房价比一期上涨达 30%，前期购房者都享受了房屋升值带来的收益；房屋交付后基本无因质量返工问题，节省了大量的人力、物力成本，赢得了业主、地产公司的双重赞誉；商业在业态、功能布局、交通流线方面规划完善，产品符合商业运作，减少商家进驻后的装修改造，不仅节省成本，还大大降低了违章装修的风险。

（3）社会效益。创新的服务模式，深受业主好评及行业赞誉，当地同行纷纷前来交流学习，该小区成为当地城市建设和物业服务的样板；物业一期销售成功，使建设单位的开发实力再次得到验证，促使其他物业建设单位提高了对物业管理的认识；该小区物业管理的成功，为当地物业管理意识和物业管理水平的提高起到了非常积极的促进作用。

良好的物业管理品牌提高了小区的知名度，同时早期介入使该物业在客户口碑、经济效益和社会效益方面取得了预期效果，也成为该城市最具影响力的物业和物业服务范例。

5.2 物业项目早期介入的工作内容

项目开发的全过程可以简单地划分为可行性研究、规划设计、施工建设、营销策划、竣工验收 5 个大的阶段，早期介入在不同阶段的介入形式、工作内容等方面有所不同。

5.2.1 可行性研究阶段的早期介入

1. 可行性研究阶段早期介入的形式

物业服务人在项目可行性研究阶段获取项目信息，组织相关人员对项目的整体设想和建设思路、周边情况、项目定位等进行分析、评估，就项目的物业管理服务进行总体策划。

2. 可行性研究阶段早期介入的工作内容

（1）了解项目的周边环境。

（2）协助建设单位评估项目所需相关配套设施。

（3）向建设单位提供专业咨询意见和可行性研究报告建议。

（4）设计与客户目标相一致并具备合理性价格比的物业管理服务框架性方案。

（5）就项目定位、物业管理服务的基本思路和框架、物业管理服务运作模式提供专业意见。

3. 可行性研究阶段早期介入的工作要点

可行性研究是项目开发建设的前提，物业服务人要推选知识面广、综合素质高、策划能力强的管理人员承担早期介入工作，帮助建设单位更准确地进行市场定位，提高项目的性价比。

【案例5-1】续

在小区可行性分析阶段，物业公司就物业的市场定位、业态定位、物业管理的基本思路和运作模式等提出了建议，得到了建设单位的采纳。

（1）锁定城市未来居住方向，定位于城市的后花园，未来客户群为周边高新技术产业区中层管理人员和城市白领。

（2）考虑周边商业及配套水平，在业态定位方面以社区配套服务为目标，因地制宜配置临街和集中商业区域，引进品牌商家。

（3）为方便业主和安全的角度，住宅分为两大组团封闭管理，组团之间开设市政道路，与外界形成开放式衔接，将商业、泳池、幼儿园、会所沿开放性道路布置，社区居民到社区任何地方可以实现“5分钟距离”。

（4）考虑项目的区位，一期产品主要以宽景洋房和小高层住宅组成，并设置商业风情街、休闲广场等休闲娱乐场所，树立品牌形象，增强市场效应。

（5）确定了物业管理早期介入和前期管理的时间、方式和工作内容，明确了各配合方之间信息沟通的渠道，确定了分阶段物业管理的目标和要求。

5.2.2 规划设计阶段的早期介入

1. 规划设计阶段早期介入的形式

组织房屋结构、设备等专业人员参与项目规划设计沟通会，从使用、维护、管理、经营及未来功能的调整和保值、增值等角度出发，对设计方案提出意见或建议。

2. 规划设计阶段早期介入的工作内容

（1）获取项目规划资料。

（2）就项目的结构布局、功能提出建议。

（3）就项目环境及配套规划的合理性、适用性提出建议。

（4）就项目设备设施的设置、选型及运营、维护等提供改进建议。

（5）就物业管理用房、社区活动场所、公建配套等公共配套建筑、设施、场地的设置和要求等提出意见。

（6）收集对建设单位规划设计的建议，整理成项目建议书并跟进落实。

3. 规划设计阶段早期介入的工作要点

（1）所提出意见和建议应体现专业性，并符合有关法律法规及技术规范的要求。

（2）从确定的目标客户的角度考虑问题。在设计上，比较物业建设、使用、维护的成本与目标客户的需求及经济承受力，使业主、建设单位与物业服务人的目标利益相统一。

（3）贯彻可行性研究阶段所确定的物业管理服务总体设计规划的内容和思路，保证总体思路的一致性、连贯性和持续性。

4. 规划设计阶段早期介入的技术要点

规划设计阶段的技术要点包括总体设计、安保布局、消防布局、交通布局、生活配置、设备配套、新材料、新技术、管理用房、生态环保、公共空间、景观配置、绿化配置、室内配置、房屋主体、智能化配置、管理用房及垃圾房等方面应注意的内容，具体见表 5-1。

物业项目规划设计阶段早期介入技术要点　　表 5-1

分项	技术要点
准备资料	①《可行性研究报告》及批复，《城市详细规划》及批复，项目选址意见书，《勘测定界报告》，配套条件明细资料等 ② 企划文件。市场调研、产品定位、目标客户定位、目标客户资料等 ③ 设计文件。总说明、修建性详细规划、建筑设计说明书、设计图纸、结构设计说明书、给水排水设计说明书、电气设计说明书、弱电设计说明书、供暖通风空调设计说明书、动力设计说明书、交通分析、绿化分析、经济指标等 ④ 项目说明会资料。建设单位需组织项目说明会，会同设计、工程、营销、物业等相关部门专题介绍项目情况并解答疑问
规划设计总体评估	① 规划功能区分合理，居住私密性和社区交流性协调 ② 道路交通规划合理，车流、人流组织兼顾，停车位充足 ③ 建筑与自然和谐，采光、通风充足，环境优美 ④ 生活便利，基本生活配套齐全，出行便捷 ⑤ 设备设施保障充分，水、电、煤、电信、广播电视、电梯、污水处理等相关设备设施可靠完善

续表

分项	技术要点
规划设计总体评估	⑥ 注重环境生态，使用环保、节能等环保材料及设备设施 ⑦ 安全防卫设计完备，运用先进技防手段，安全及消防配置充分 ⑧ 智能化配置，网络资源充分，便于数字化小区建设 ⑨ 便于物业组织管理，节约管理成本
房屋主体	① 屋面应充分考虑到防水及隔热效果，可上人屋面及屋顶花园满足其特殊要求 ② 墙体应充分考虑到防水、隔热、隔声效果 ③ 楼板厚度与隔声符合国家相关规范要求 ④ 住宅外窗应考虑开启方便及尺度（安装空调要求），隔声、防水效果要好，不宜近距离直接面对其他住户的门窗 ⑤ 卫生间不应直接开向起居室，有上下水的洁具宜尽量避开卧室墙面布置 ⑥ 厨房、卫生间隔楼板及墙身应充分考虑隔声、防水设置，地漏位置合理，便于检修 ⑦ 管道、管线布局合理，互不干扰碰撞，尺寸符合国家相关规范要求，管道井检修孔应设置合理，便于检修 ⑧ 宜采用垂直烟道，断面尺寸充分，应有防止油烟回流和串烟措施。出屋顶口高度适中，高层宜安装无动力风帽 ⑨ 底层地坪应充分考虑防潮措施 ⑩ 阳台栏杆或栏板高度合理，宜采用垂直杆件，杆件间距合理，防止儿童攀爬
安保布局	① 便于安保管理区域分割，消除管理死角 ② 便于安保管理视线的巡查，避免管理的盲点 ③ 人员及车辆各级出入口设置清晰，便于动态管理 ④ 安保设备设施配置齐全，可采取有效措施防范
消防布局	① 消防设备设施配置（灭火器、消防箱、室内（外）消火栓、消防泵、烟感、自动喷淋等）充分合理，使用可靠 ② 消防车道设置合理，其位置及转变半径符合国家相关规范要求 ③ 消防登高面（场地）设置合理，其位置及面积符合国家相关规范要求 ④ 消防通道、门、墙、避难区设置合理，符合国家相关规范要求
交通布局	① 各级道路的功能分配充分合理，有层次感，线路清晰，便于分流管理 ② 主要道路和出入口人车分流，在设计和设施配置上考虑到限速要求及汇车余地 ③ 机动车位、非机动车配置充分，充分考虑访客车辆停放的便利性
生活配置	① 根据小区周边市场、商业配套状况设置充足市政、商业用房 ② 考虑超市、菜市场、医疗、教育、邮政、银行、餐饮、美容美发、建材、文化娱乐、交通等配套服务功能 ③ 小区商业配套宜独立集中，事先规划商业功能的划分和商业经营的配套条件，尽量避免产生干扰。营业场所出入口宜与住宅分开
设备配套	① 水、电、煤、电信、广播电视、污水处理等的设计容量应能满足使用需要，并留有适当扩展余地 ② 配电、水泵、电梯、中央空调的设备定型成熟可靠 ③ 沟、管、渠、井的设置合理，便于维护保养 ④ 公共照明、楼道照明配置合理。公共照明数量、亮度、位置合适，宜采用节能装置。地下停车库照明设计应考虑节能要求，分区域控制，控制方式为交叉多路、分级控制 ⑤ 配电房、水泵房、电梯机房、中央空调机房等设备房设计应符合国家相关规范要求。水泵房不应设在住宅建筑内，给水泵房内不应有污水管穿越，电梯井不应紧邻卧室，电梯井紧邻书房时，应采取隔声措施 ⑥ 供配电系统设计时，应将居民用电与商铺及公共用电分开设计，小区配套用房、控制中心、小区室外公共照明、车库照明、景观照明、电梯供电等设备均应安装计量装置，以便分类计量核算。会所、商业、公厕设置独立用电计量系统 ⑦ 小区绿化清洁用水、商业用水、会所用水、配套用房用水、公厕用水等单独计量，需委托物业抄表分摊的冷、热水应独立设置计量表，集中设置在公共区域

续表

分项	技术要点
智能化配置	① 安保智能化一般可配置红外线周界防越系统、门禁可视对讲系统、小区巡更系统、闭路监控系统、车辆管理系统、居家安防系统等，并与控制中心联网 ② 网络智能化一般可配置社区宽带、电子公告牌、物业管理网络平台、家电远程控制系统 ③ 设备管理智能化一般可配置公共照明管理系统、停车库管理系统、电梯运行状态管理系统、消防管理系统、配电及给水排水管理系统、家庭表具管理系统、煤气泄漏报警系统、紧急广播系统等，并与控制中心联网 ④ 智能化设备和技术应考虑技术先进性、设备标准化、网络开放性、系统可靠性及可扩性，采用成熟产品
室内及其配套配置	① 室内空调机位设置合理，应与家具布置一并考虑。卧室内宜避免对床直吹 ② 室外空调机位应考虑外墙美观，设置统一机座、安全隐蔽 ③ 室外空调机位应考虑安装及维修便利。距离过近而对吹的室外机应相互错开，与邻套住宅机座相邻时，应采取安全隔离措施 ④ 空调机冷凝水应设专管排放，或接入阳台排水系统 ⑤ 室内空调洞位置合理 ⑥ 室内各类插座、开关位置合理，应与家具布置和使用习惯一并考虑，配电箱配出回路设计分配合理 ⑦ 电视、信息（电话和数据）插座宜在主卧、书房分别设置，且不宜并行设置
绿化配置	① 绿化布局合理，乔木、灌木、花、草的配置层次丰富，数量品种充足，造型优美 ② 绿化率、集中绿地率设置合理，分布均衡，集中绿地位置适中，便于人流自然汇聚 ③ 绿化品种适宜当地气候条件，以变色观叶植物为主，选择茂盛期长，成活率高，抗病虫性好的品种 ④ 绿化品种便于养护，节约养护成本 ⑤ 绿化布局不遮挡住宅采光，便于人行通行，宜考虑行走习惯 ⑥ 绿化品种宜无污染，兼具吸收有害污染功能（如尾气等） ⑦ 主干道两侧及集中绿地宜有大型树木
景观配置	① 景观装饰布局合理，宜处于相对人流集中的区域 ② 水景应考虑水系的水质、清理、保洁、排泄、补充、养护 ③ 水系岸床设计应考虑防渗漏效果 ④ 不宜在小区内设置深度超过 1m 的水系，如需设置，应有防护或警示 ⑤ 景观装饰应便于清洁、养护，宜采用牢度较高，不易污染、损坏、变形、破旧的材料 ⑥ 泛光照明不影响住户，不造成光污染
公共空间	① 应充分考虑雨水排泄能力的设计，避免排泄不畅通 ② 宜设置可开展社区活动的集中场所及避难场所 ③ 公共活动区域分布合理、均衡，位置适中，并尽量减少对住户的影响 ④ 绿化及保洁用水取水口设置合理 ⑤ 各类表具、表箱设置合理，便于查看、收发。楼道内应设置公告栏，宜预留牛奶箱、休闲椅位置，室外信报箱应有防雨措施 ⑥ 楼宇出入口处及公共场所宜考虑残障人员出入，设置无障碍通道和设施 ⑦ 公共空间道路、踏步道、坡道应考虑老人、小孩等行动不便人员，设置相应保护措施 ⑧ 高层住宅通至屋顶平台宜为普通玻璃门 ⑨ 楼道、楼梯、过道便于家具搬运，人员不易碰撞
管理用房	① 依照地方法规要求配置管理用房面积，还要考虑业主委员会管理用房的面积 ② 办公和住宿用房不应设在地下室中，通风、采光、周边环境等条件应达到办公场所和住宅标准 ③ 服务中心应设置在住户方便到达的位置 ④ 控制中心位置宜设于物业服务中心办公区内或与服务中心办公区域相邻，不宜设在地下室，并具备水、电、供热、通信等条件 ⑤ 业主委员会用房水、电、供暖单独计量 ⑥ 物业服务办公用房、食堂用房、员工宿舍、生活垃圾房应在项目首次入住前就交付使用

续表

分项	技术要点
垃圾收集站	① 位置选择应避免主要人流方向，且应考虑夏季风向影响，设在比较隐蔽且方便垃圾车出入的位置，考虑通风设施及工具摆放位置 ② 在项目首期工程就要考虑建造，如项目首期建造困难，应考虑设置临时垃圾收集设施，满足首期业主入住使用需要

【案例5-1】续

在小区规划设计阶段，物业公司多次参加项目设计方案沟通会，结合物业管理思路及运作模式，提出了具体的建议并得到采纳，为后期项目管理打下基础，得到了认同和好评。

（1）项目规划首先遵循“公共空间优先”的原则，把公共区域划分清楚，然后再沿公共区域布置房屋组团，结合安全防范智能化技术方案，使项目内外部有效隔离。

（2）对项目的人流、车流线路合理规划，强调街道的多功能性，采用“机动车道＋非机动车道＋绿化道＋人行道”的模式，道路网密度高，住户选择出行方向多。

（3）考虑到项目产品类型多样化，建议对组团式管理的布局相对独立，这样有利于对不同服务对象提供不同的服务内容，确定不同的收费标准，满足不同层次的消费需求。

（4）考虑消防控制中心和监控中心规划合并，优化出入口的数量，以减少后期物业管理的运营成本。

（5）考虑规划小区垃圾收集站在方便运输、小区下风向的位置，设备机房采取降声降噪措施，减少对业主的影响。

（6）就项目整体设计方案及物业服务的运作模式，规划明确物业管理办公用房，物业服务人员宿舍、食堂、休息室、仓库以及清洁车的停放场地等。

此阶段还根据前期物业服务总体策划方案的思路，进行了详细物业服务方案的制定和实施进度表的确定，包括人员的编制及招聘、培训计划、费用测算等，这些都得到了地产方面的支持和认可。

5.2.3 施工建设阶段的早期介入

1. 施工建设阶段早期介入的形式

此阶段主要是安排工程技术人员驻场，对施工中的项目进行巡查、了解、记录，并就有关问题提出建议。

2. 施工建设阶段早期介入的工作内容

（1）熟悉规划设计内容，对现场施工情况进行跟踪。

（2）参加项目沟通会，准确了解现场施工进度节点和各专业分项施工计划。

（3）跟进设施设备的安装调试，了解设施设备的使用功能和操作要求，并收集相关的技术资料及文件。

（4）熟悉并记录基础及隐蔽工程的建设情况和管线的铺设情况，特别注意在设计资料或常规竣工资料中未反映的内容。

（5）与建设单位就施工过程中遇到的问题共同磋商，及时提出并落实整改方案。

3. 施工建设阶段早期介入的工作要点

（1）仔细做好现场记录，将重要的场面拍照、存档，为今后的物业管理服务提供资料，也为将来处理质量问题提供重要依据。

（2）物业服务人不是建设监理单位，要注意介入的方式方法，既要对质量持认真的态度，又不能影响正常的施工、监理工作。

4. 施工建设阶段早期介入的技术要点

施工建设阶段侧重于项目土建工程的尾声，即在设备、门窗安装阶段，主要是了解项目各类机电设施设备配置或容量、设施设备的安装调试、各类管线的分布走向、隐蔽工程、房屋结构等，并指出设计中缺陷、遗漏的工程项目，常见工程质量及隐蔽工程等特殊过程的监控。并注意地下室工程、回填土工程、楼面及屋面混凝土工程、砌筑工程、装饰工程、门窗工程等方面的问题，具体见表 5-2。

物业项目施工建设阶段早期介入技术要点　　表 5-2

分项	技术要点
电气设备	① 户内配电线路出配电箱处穿防护套管敷设，且必须设置防止线路划伤措施 ② 注意配电房高压环网柜电缆沟渗水问题，安装时应做好防水措施，室外电缆进入配电房时应高于地面穿墙进入 ③ 配电房、高压房、变压器房存在排水管的应改位，不能改位的必须加防护罩引流到集水井，电缆桥架进线口处进行封堵防鼠处理 ④ 各电缆必须有标识，标明进出位置、型号、大小，标识清晰，便于后期管理 ⑤ 室外配电箱安装位置底面应高出地面，应封闭并做硬化处理，防止进水浸泡 ⑥ 注意公共照明开关位置设置、开闭形式，以及公共电表计量问题
给水排水工程	① 给水排水管道必须做防腐处理 ② 安装完毕的管道必须做好防护措施，将管口封堵，以免异物进入，避免影响验收及后期使用，造成返工 ③ 供水管道埋设在墙内，则应在隐蔽前做试水、试压试验 ④ 关注阀门的安装方向，给水止回阀应采用消声式止回阀，污水管网的止回阀由于杂物较多应采用悬启式止回阀，采用升降式容易被堵 ⑤ 室内安装的阀门、管件不可以设置在墙体内，避免日后无法维修更换阀门、配件，同时还要注意维修的空间 ⑥ 室外安装的阀门做好防护措施，不能浸泡在水中，同时还要考虑防冻措施，以避免影响阀门及管道的使用寿命 ⑦ 室外井、雨水井等各类设备井，完工后应做好防护措施，避免建筑垃圾掉入或积水

续表

分项	技术要点
供热设备	① 室内供暖管线铺设不应高出地面，以免影响后期装修 ② 室外管道铺设环节，铺设路段需夯实后再在铺设管路段填沙，管路本身需做防腐处理 ③ 供热外管线在接头部位应做好保温处理，供暖管线焊接点应做好防腐处理
地下室工程	① 基坑中不应积水，严禁带水或泥浆进行防水工程施工 ② 严格按照设计要求计算防水混凝土的配合比，底板尽量连续浇注，施工后墙体只允许留水平施工缝，后浇带、沉降缝等应尽量要求在底板以下，墙体外侧相应部位加设防水层；预埋件的埋设应严格按规范施工；注意养护时间和养护方式 ③ 采用水泥砂浆防水层，除按设计要求及规范施工外，应注意阴阳角应做成圆弧形或钝角；用刚性多层做法的防水层宜连续施工，各层紧密贴合不留施工缝
回填土工程	对回填土成分、分层打夯厚度进行监控
楼面及屋面混凝土工程	① 钢筋绑扎按图按规范施工，钢筋垫块要做好，无露筋现象 ② 剪力墙混凝土捣制密实
砌筑工程	① 砌筑砂浆要饱满 ② 墙顶砖砌方式合理，墙顶与梁底间的砌砖要合格
装饰工程	① 墙面：外墙面抹灰及饰面施工要做好 ② 内墙面及顶棚：内墙面及顶棚混合砂浆搅拌均匀 ③ 地面：厨、厕地面砂浆密实
门窗工程	木门与墙体接合处无缝隙

【案例5-1】续

在小区施工建设阶段，物业公司跟进了整个施工过程，召集或参与了多次专题讨论会，提出了建设性的整改意见，意见大部分都在建设中被采纳。

（1）核实管理用房位置和出入口设置、监控中心的布置等是否与规划设计方案一致。

（2）对生活垃圾堆放、清运和处理方式提出了具体要求，要求设立足够的垃圾桶放置位置，地面采用防滑地砖，配备清洗水源和污水集排设施。

（3）关注单元门的安装方式，是否便于安装可视对讲系统，开门尺寸是否便于业主搬运物品进出，是否采用无限位地弹簧。

（4）园林绿化施工时，充分考虑浇水管道的铺设及计量要求和对小区人行道路排水的考虑。

（5）安排机电技术人员全程跟踪机电设施、设备的安装，提交建议并跟进整改情况。

（6）为前期管理做准备工作。陆续招聘物业服务人员并进行培训，组织编写各类管理服务文件和规章制度，准备业主入住资料。

此阶段重点工作是跟进项目建设情况，特别是规划设计时的建议是否得到落实，参与设备安装调试，了解设备性能，熟悉设备操作流程，与机电设备安装单位建立了良好的沟通关系，为后期设备运行管理打下基础。

5.2.4 营销策划阶段的早期介入

1. 营销策划阶段早期介入的形式

确定物业管理服务模式、收费标准等，对销售人员、客户提供物业管理服务的培训、咨询活动，让业主对项目的物业管理服务情况有一定的了解。

2. 营销策划阶段早期介入的工作内容

（1）根据物业产品类型、目标客户群的定位确定物业管理服务的模式。

（2）根据物业规划、配套确定物业管理服务的基本内容和服务质量标准。

（3）拟定物业管理服务各项费用的收费标准及收费办法，协助各种手续的报批。

（4）协助建设单位起草并确定《前期物业服务合同》和《临时管理规约》。

（5）安排现场咨询人员，在销售现场为客户提供物业管理咨询服务。

（6）评估项目红线内外影响业主生活的不利因素，向建设单位提出建议。

（7）接受建设单位的委托对销售中心、样板房等提供物业管理服务，并展示未来物业管理服务的状况。

3. 营销策划阶段早期介入的工作要点

（1）物业管理服务费的定价除考虑物业档次、定位外，还应考虑物业管理服务成本的增长趋势和可持续经营。

（2）对于物业管理服务的宣传及承诺，要实事求是，符合法律法规。在销售时应依据物业管理服务的策划方案，不应为了促销而夸大其词，更不能做出不切实际的承诺。

4. 营销策划阶段早期介入的技术要点

营销策划阶段早期介入的技术要点主要包括物业管理服务方案策划、物业管理服务模式研究及销售推介应注意的内容，具体见表 5-3。

物业项目营销策划阶段早期介入技术要点　　表 5-3

分项	技术要点
物业管理服务方案策划	项目正式完成营销推广方案前，需要确定物业管理服务方案，应包含管理模式、服务创新、内部管理机制、服务标准、质量控制方法、管理服务费测算等
物业管理服务模式研究	项目在编制销售包装设计任务书和营销工作方案时，需要将物业管理服务概念及模式研究作为项目策划的一部分
合同签订	在房屋销售前签订《前期物业服务合同》
销售推介	建设单位对与物业管理服务有关的宣传和承诺内容需要征得物业服务人书面确认

【案例 5-1】续

在小区销售阶段，物业公司主要介入了以下工作。

（1）在项目销售前，整理物业服务方案，将涉及业主买房应知的内容，以书面文件的形式确定下来。

（2）在项目销售前，对销售人员进行物业管理知识的培训，使他们对物业管理的基本概念和基本知识有所了解，对小区的物业管理内容和模式有统一的理解。

（3）在销售现场设立了专职的物业管理咨询人员，接受购房者的咨询。这种咨询和宣传沟通起到了良好的效果，避免了建设单位对物业管理的乱承诺，也使未来业主对物业管理有了信心，增加了购买的欲望。

（4）通过对销售现场的规范管理与服务，使业主对未来的物业管理服务有所了解，加深了业主对物业公司的印象。

5.2.5　竣工验收阶段的早期介入

1. 竣工验收阶段早期介入的形式

从确保物业正常使用的角度，选派工程技术人员参与对已竣工物业的验收，严把质量关。

2. 竣工验收阶段早期介入的工作内容

（1）收集相关的验收标准和法律法规。

（2）参与竣工验收。在各单项工程完工后，参与单项工程竣工验收；在分期建设的工程完工后，参与分期竣工验收；在工程全面竣工后，参与综合竣工验收。

（3）协助跟进遗留问题的整改和竣工验收资料的收集整理。

3. 竣工验收阶段早期介入的工作要点

（1）参与竣工验收，主要是为了掌握验收情况，收集在工程质量、功能配套及其他方面存在的遗留问题，为物业的承接查验做准备。

（2）应跟进验收过程，了解验收人员给施工或建设单位的意见、建议和验收结论。

（3）注意介入的方式方法，不要过多干预验收工作的进程。

5.3　物业项目早期介入的管理

5.3.1　物业项目早期介入的管理流程

物业管理项目早期介入管理流程如图5-1所示。

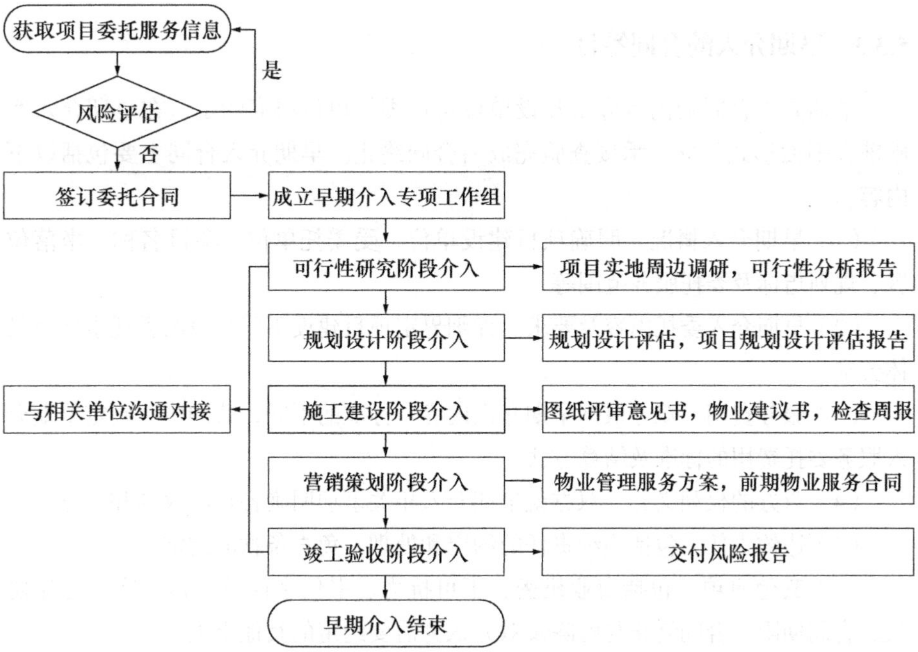

图5-1 项目早期介入管理流程

5.3.2 物业项目早期介入的风险评估

（1）责任划分不清造成的风险。在签订早期介入服务委托合同时，如果双方的权利义务约定、责任划分不清晰，甚至作出一些难以实现的承诺，可能成为建设单位向物业服务人追责的理由，也可能使物业服务人承担本不该承担的风险。

（2）专业能力不足造成的风险。项目的早期介入工作涉及面广、时间长、技术性强、难度大，早期介入人员专业技术能力不足，所提出的建议不能面面俱到，同时，建设单位忽视对建议的重视与采纳，可能会造成后期承接的物业问题整改不及时。

（3）职业安全的风险。早期介入在建设施工阶段，各专业工程技术人员为充分了解设备的技术状态和技术性能，必须深入现场，跟踪工程进度，因此职业安全的风险较大。

（4）信息管理的风险。物业服务人对于获取的建设单位及项目的相关资料负有保密义务，存在承担资料泄露的违约责任的风险。

（5）可持续经营的风险。物业服务人为了与建设单位搞好关系，取得前期物业管理的管理权，可能出现在订立早期介入服务委托合同时盲目压低费用和提供合同约定外的超值服务。然而前期物业管理权的获取存在很大的不确定性，物业服务人在早期介入阶段的过度投入，可能存在因未取得前期物业管理的管理权而造成的早期介入成本无法收回的可持续经营风险。

5.3.3 早期介入的合同签订

早期介入合同的内容应由建设单位与被委托单位协商约定，在早期介入实施前以书面形式订立，承接查验完成后合同终止。早期介入合同主要包括以下内容。

（1）早期介入概况。明确项目建设单位、受委托单位、项目名称、坐落位置、规划指标及委托服务范围等。

（2）早期介入委托内容及要求。详细界定项目建设不同阶段的委托事项及具体要求。

（3）服务费用。双方根据早期介入内容、标准的不同，共同协商确定早期介入服务委托费用的标准及结算方式。

（4）双方的权利义务。双方就早期介入相关事项明确各自的权利和义务。

（5）违约责任。包括违约责任的约定和处理，免责条款的约定。

（6）其他事项。包括商业机密、不可抗力、书信来往及送达、廉洁合作协议、合同期限、合同终止与解除及双方认为需要约定的其他事项。

5.3.4 早期介入的工作组织

1. 成立早期介入专项工作小组

工作小组成员主要由房屋结构、设备专业等方面人员组成。要求工作小组人员的专业搭配合理，具有良好的沟通技巧和相关专业知识的培训。

早期介入从项目开始到结束，贯穿项目建设的全过程，早期介入人员的素质与技术在很大程度上决定了早期介入的成效，因此一定要挑选经验丰富、知识全面的管理人员和技术人员。

2. 明确工作职责

（1）与建设单位、施工单位就早期介入相关工作进行沟通与协调。

（2）参与项目各专业设计、技术交底和图纸会审，提出书面合理化建议和意见。

（3）了解、跟进施工现场进度，发现可能影响日后使用或管理运作的因素，及时反馈给建设单位以便采取适当措施。

（4）对检查过程中发现的问题并提出的合理化建议进行对接、沟通。

（5）收集整理前期物业相关文件资料，并备案存档。

（6）对建设单位销售人员进行物业管理服务基础知识培训。

（7）跟进提出的相关建议，并督促各相关单位实施。

3. 建立沟通机制

明确与各方之间沟通的渠道，包括以下几点。

（1）获取建设单位及各施工单位的联系信息，以便能够及时有效地沟通。

（2）建设单位须明确早期介入对接的设计、工程等专业部门。

（3）建立周报制度，主要汇报工作进度计划、检查情况及问题处理建议。

4. 获取物业项目相关信息、资料

（1）收集小区整体规划指标，了解产品类型、设施设备配套等信息。

（2）收集物业项目开发建设计划、运营计划、各分项工程时间节点等，与建设单位保持积极沟通，及时获取最新资料。

（3）获取物业项目的相关图纸（建筑、结构、给水排水、电气、暖通、景观、精装等）。

5. 制订工作计划

按照项目建设进程，分阶段制订详尽的工作计划，明确各阶段起止时间、工作任务、工作重点等。

【案例 5-2】

××项目早期介入工作计划见表 5-4。

××项目早期介入工作计划　　　　表 5-4

介入阶段	实施时间	控制要点
可行性研究至规划设计阶段	建设单位取得土地使用权后 2 个月内	获得项目委托信息，对项目现场实际情况进行风险评估，签订早期介入委托合同
	合同签订后 1 个月内	成立早期介入专项工作组，人员招聘、培训
	项目介入后	项目实地调研，进行项目可行性分析
	项目可行性研究后	需要与相关部门保持信息沟通，并获取项目相关的基本资料
可行性研究至规划设计阶段	蓝图会审阶段	与建设单位、设计单位保持沟通，重点关注项目与物业管理有关的规划设计，如人行、车行流向要求，垃圾房、垃圾桶位置设置，商铺设置，服务中心设置，控制中心设置，消防中心设置等
	正式图纸确认后	从使用、维护、经营及未来功能的调整和物业的保值、增值等角度提出建设性意见。如管理用房、配套用房和配套设施、水电气的配套及机电设备选型、公共设施配套与设置
施工建设至营销策划阶段	施工建设期（竣工验收前 5 个月）	跟进现场施工，提高工程施工质量
	项目开盘前 6 个月（或根据营销要求）	根据项目定位、客户群体特征，确定服务模式及服务标准 根据项目规模、标准及配套管理成本，测算管理服务费收费标准
	项目开盘前 1 个月	完成项目前期物业服务招标投标及政府主管部门要求备案的资料，如价格备案、前期物业服务合同备案，对销售人员进行物业管理服务知识的培训
竣工验收阶段	竣工验收前 3 个月	组织项目竣工验收工作，准备成立服务中心和人员招聘、培训等

5.3.5 早期介入的注意事项

（1）早期介入委托合同应遵循事先签订的原则，先签订合同，再开展工作。

同时，要尊重合同关系，严格按合同约定的工作内容及工作界面开展。

（2）物业服务人在早期介入期间不要越俎代庖，不要轻易承诺，不要超越专业及合同范畴，不要取代了设计院、施工单位、设备安装单位、监理公司。

（3）建立良好的沟通机制，明确物业缺陷的处理流程，并在合同中明确约定。明确沟通的方式（如参加工程例会、发函签收制度）。

（4）在规划设计阶段发现的问题如果没有解决，则要在施工阶段跟进；在施工阶段发现的问题没有解决，则要在未来的物业管理服务方案中加以预防。并非所有的建议建设单位都会采纳，如没有采纳而确实发生了的问题，要在方案中提出预防措施。

（5）在早期介入中，要坚持专业的原则，同时维护建设单位、物业使用人、物业服务人三者之间的利益。

物业服务人对现场发现的问题应积极与相关单位磋商，协调各方关系，及时提出并落实整改方案，这有利于物业的良性开发。首先，站在建设单位的角度，要控制好现场的施工质量，要保证物业交付后不能留有隐患；其次，发现的问题应向建设单位反馈，责令整改，不要直接与施工单位进行交涉；最后，从业主使用的角度要发挥早期介入专业性，工作要求细致、准确，做到查证有记录，整改有落实。

【本章小结】

早期介入是指新建物业竣工之前，建设单位在项目的可行性研究、规划设计、施工建设、营销策划、竣工验收等阶段所引入的物业咨询服务活动。早期介入的良好开展，有利于提高建设单位的开发效益，有利于提高业主对物业的认可度，有利于后续物业管理工作的顺利开展。早期介入方式包括市场调研、图纸会审、对标管理、过程监控等。项目开发不同阶段，早期介入的形式、工作内容有所不同。

物业服务人在早期介入中要注意规避责任划分不清、专业能力不足、职业安全、信息管理、可持续经营等方面的风险。坚持合同先行，注意工作方式方法，注意与建设单位间的沟通技巧，同时维护建设单位、物业使用人、物业服务人三者之间的利益。

【延伸阅读】

1．前期介入——地产开发缺陷及分析．http://jz.docin.com/p-1957675218.html.

2．成忻．同德昆明广场：前期介入规划赢得管理先机［J］．现代物业·新业主，2019（8）.

课后练习

一、选择题（扫下方二维码自测）

二、案例分析选择题（每小题的多个备选答案中，至少有1个是正确的）

【案例 5-3】××花园项目位于某沿海城市，是集独栋别墅、双拼、叠拼于一体的大型高端物业项目，项目分三期进行开发。某物业公司与开发商签订协议，承接该项目物业管理。在完成一期工程业主集中入住后，物业公司与开发商共同对在集中入住阶段业主的投诉情况进行了统计，以便及时发现问题，避免在项目二、三期开发过程中重蹈覆辙。统计结果见表 5-5。

××花园一期集中入住阶段业主投诉情况统计表　　表 5-5

编号	投诉涉及问题	所占比例
A	投诉问题不能及时有效处理	21.3%
B	房屋质量问题（渗漏水、入户门及窗质量问题）	16.1%
C	设计缺陷（车库、无排烟道、空调预留位等）	10.7%
D	治安状况（被盗情况等）	10.1%
E	设备设施运行（电梯故障、供配电等）	7.4%
F	卫生环境	5.1%
G	物业管理服务态度	4.4%
H	小区配套完善情况（会所、泳池等）	3.1%
I	绿化园林景观（施工种植期，苗木选取不当导致苗木枯死等）	2.1%
J	其他	19.7%

1. 以上应该在规划设计阶段早期介入过程中加以控制或避免的问题有（　　）。

2. 以上应该在施工建设阶段早期介入过程中加以控制或避免的问题有（　　）。

【案例 5-4】某物业项目位于南方某沿海城市郊区，是集独栋别墅、双拼、联排、精装温泉公寓于一体的大型温泉住宅项目，总建筑面积为 8 万 m^2。某物业公司在该项目早期介入阶段，先后完成以下工作。

A. 发现园区内安装的太阳能路灯的灯杆及灯座的材质为铸铁（一

体成型），考虑该项目所处地理位置（临海）的大风气候，应充分考虑户外设施的抗风性能，建议开发商更换为抗风等级较高的路灯

B. 考虑该项目在南方，高温时间较长，商业楼宇空调用电量比较大，提示开发商在确定商业区域用电负荷时予以考虑

C. 发现某住宅楼大堂石膏吊顶被水浸泡，施工单位未及时处理，将情况向开发商如实反映

D. 发现管线节点的设置与设计图纸所标位置有一定差距，进行实地标注和记录，为日后问题的查找和处理提供真实数据

E. 在项目售楼处对置业顾问进行物业管理服务知识培训

F. 从业主角度，对温泉水水质及温度等能否满足使用需求进行实地实验

1. 以上（　　）项工作是在规划设计阶段完成的。

2. 以上（　　）项工作是在施工建设阶段完成的。

3. 以上（　　）项工作是在营销策划阶段完成的。

三、案例分析论述题

【案例5-5】拟建的ZJ花园项目地处城市边缘地带，邻近凤凰山风景区。总建筑面积为20万m^2，全部为高层楼房，小户型、单身公寓为主力户型。物业管理区域有基本商业配套及健身房、网球场、游泳池、图书馆等。某物业公司派出了由行政总监为组长，品质部、市场拓展部骨干组成的早期介入小组，负责为开发商提供物业管理咨询服务。在项目协调会上，开发商介绍，该项目正在施工建设中，预计还有12个月封顶。会后，物业公司随即制订了早期介入工作方案，内容主要包括：ZJ花园周边交通、商圈情况调查，确定目标销售群体，工程质量监理，确定设备安装单位，项目销售配合方案等。

1. 根据本案例提供的材料，物业公司早期介入工作中有哪些不当和错误?

2. 根据该项目具体情况，列举并简要阐述早期介入工作的主要内容。

3. 如果该公司取得该项目的物业管理权，结合本案例提供的具体条件和情况，可以在哪些方面开展多种经营服务（每个方面至少列举一项具体项目）?

四、课程实践

选择一新建物业项目进行实地踏勘、调查、访谈，了解、发现项目存在的各种问题，判断其中哪些属于在项目开过程中可以避免的，并指明可以在哪个阶段发现和解决，最后提出具体解决建议。

6 物业项目管理权获取

知识要点

1. 物业项目管理权的获取方式；
2. 必须通过招标投标方式选择物业服务人的物业范围；
3. 物业管理招标投标的含义、原则、主体；
4. 物业管理招标投标的程序；
5. 物业管理投标技巧；
6. 物业服务方案的内容、编制程序、编制要点。

能力要点

1. 能够科学设计和组织投标的全过程；
2. 能够全面掌握物业管理方案的编制方法，并且能够根据不同项目情况对物业服务方案进行整体设计与优化。

物业项目管理权的获取，是物业服务人开展物业管理业务的第一步。如何以合理的价格和服务标准获得项目管理权，直接影响到物业服务人的业务拓展和长远发展。本章主要依据《物业管理条例》《中华人民共和国招标投标法》和《前期物业管理招标投标管理暂行办法》(建住房〔2003〕130号)，对物业项目管理权获取的方式、流程、技术要点等进行分析。

6.1 物业项目管理权获取概述

6.1.1 物业项目管理权获取的方式

目前在我国物业管理权的获取方式主要有招标投标和协议方式。

1. 招标投标方式

物业管理招标又分为公开招标和邀请招标两种方式。

(1) 公开招标。是指招标人通过公共媒介发布招标公告，邀请所有符合投标条件的物业服务人参加投标的招标方式。

公开招标的主要特点是招标人以公开的方式邀请不确定的法人组织参与投标，招标程序和中标结果公开，评选条件及程序是预先设定的，且不允许在程序启动后单方面变更。

（2）邀请招标。也称作有限竞争性招标或选择性招标，是指招标人预先选择若干家有能力的企业，直接向其发出投标邀请的招标方式。

邀请招标的主要特点是招标不使用公开的公告方式，投标人是特定的，即接受邀请的企业才是合格的投标人，投标人的数量有限。

2. 协议方式

除招标投标方式外，写字楼、商业综合体及老旧物业等，仍可通过协议方式确定物业管理权归属。另外，根据《前期物业管理招标投标管理暂行办法》，投标人少于3个或者住宅规模较小的，经物业所在地的区、县人民政府房地产行政主管部门批准，可以采用协议方式选聘具有相应资质的物业服务人。

【案例 6-1】招标选聘物业服务人应依法、合规则进行[①]

×家园小区由FR物业公司提供前期物业服务。2014年11月1日，×家园业委会发出选聘决议：根据北京市业主一卡通业主投票的授权，终止前期物业服务合同，签订新的物业服务合同，业委会委托第三方招标投标公司，用公开邀标的方式将投标物业公司排出前三名，向全体业主公示后，业委会再组织召开本小区业主大会，选出最终中标物业公司，并与之签订新的物业服务合同。2014年11月5日，×家园业委会与QY招标公司签订招标委托合同，约定由QY公司承担×家园小区物业服务项目的招标工作。

×家园小区业主陆某认为，×家园业委会在未召开业主大会、未经业主大会授权的情况下，擅自违规实施了选聘新物业公司的招标投标，侵害了业主的投票表决权、提案建议权、知情权和决定权等合法权益。于是上诉至法院，请示依法认定选聘决议无效。

法院经审理认为，×家园小区业主大会投票通过了“终止前期物业服务合同，签订新的物业服务合同”的决定，但对于选聘新物业公司的方式和具体实施者、物业服务合同的主要内容等事项并未作出决定。×家园业委会自行决定了选聘新物业公司的方式为“邀标”、具体实施者为其委托的“招标投标公司”。而新物业公司的选聘方式、具体实施者属于业主大会而非业主委员会的决议事项，且业主大会未就上述事项授权业主委员会作出决定。因此，×家园业委会在未经业主大会决定亦未事先取得业主大会授权的情况下于2014年11月1日作出的选聘决议，侵犯了陆某作为小区业主所享有的共同管理权，依法予以撤销。

6.1.2 物业管理招标投标的含义

物业管理招标投标是指招标投标双方运用价值规律和市场竞争机制，通过规

① 北京市第一中级人民法院民事判决书（2016）京01民终2290号。

范有序的招标投标行为，确定物业管理权的活动。

物业管理招标投标包括招标和投标两个环节。物业管理招标是指由物业的建设单位、业主大会或物业所有权人（以下简称招标人）根据物业管理服务内容，制定符合其管理服务要求和标准的招标文件，由多家物业服务人或专业服务公司参与竞投，从中选择最符合条件的竞投者，并与之订立物业服务合同的一种交易行为。物业管理投标是对物业管理招标的响应，是指符合招标条件的物业服务人，根据招标文件的各项管理服务要求与标准，编制投标文件，参与投标竞争的行为。招标和投标是一个过程的两个方面，是一种市场双向选择的行为。二者有机结合，有招标才会有投标，投标也是针对某个特定的招标标的物进行的。

6.1.3 物业管理招标投标的原则

物业管理招标投标应当贯彻公开、公平、公正和诚实守信的原则。

（1）公开原则，是指招标投标的程序应透明，招标信息、招标规则、中标结果都应公开。采用公开招标方式，应当发布招标公告。公开原则有助于提高投标人参与投标的积极性，防止暗箱操作等违规现象的发生。

（2）公平原则，是指参与投标人的法律地位平等，权利与义务相对应，所有投标人的机会平等，不得实行歧视。招标人不得以任何方式限制或者排斥本地区、本系统以外的法人或者其他组织参加投标。

（3）公正原则，是指投标人及评标委员会必须按统一标准进行评审，市场监管机构对各参与方都应依法监督，一视同仁。

以上“三公”原则中，公开是基础，只有完全公开才能做到公平和公正。

（4）诚实守信原则，是指招标人、投标人都应诚实、守信、善意、实事求是，不得欺诈他人，损人利己。诚实守信原则，在西方常被称为债法中的“帝王原则”，也是我国《民法典》的基本原则。

6.1.4 物业管理招标投标的主体

1. 物业管理招标的主体

物业管理招标的主体（招标人）可以是物业建设单位、业主大会或物业所有权人。在业主、业主大会选聘物业服务人之前，由物业建设单位负责物业管理权的招标组织工作。业主大会已经成立的，由业主大会负责实施物业管理权的招标组织工作。一些重点基础设施或大型公用设施的物业（如机场、码头、医院、学校、口岸、政府办公楼等），其产权人多为国有资产管理部门，此类物业的招标投标必须经国有资产管理部门或相关产权部门的批准，一般由产权人或管理使用单位、政府采购中心等作为招标人组织招标。

2. 物业管理投标的主体

物业管理投标的主体（投标人）一般是指符合招标条件的物业服务人或专业

服务公司。就项目整体物业管理活动而言，投标的主体必须是符合投标条件的物业服务人。

3. 招标代理机构

招标代理机构是依法设立、从事招标代理业务并提供相关服务的社会中介组织。从事物业管理的招标代理机构应当具备下列条件：有从事招标代理业务的营业场所和相应资金；有能够编制招标文件和组织评标的相应专业力量；有房地产行政主管部门建立的物业管理评标专家名册。招标人可以自行组织和实施招标活动，也可以委托招标代理机构办理招标事宜。物业管理招标代理机构应当在招标人委托的范围内办理招标事宜，应当遵守前期物业管理招标投标规定，不能越权代理。

6.2 物业管理招标投标的程序

物业管理招标投标过程中涉及大量的人力、物力等，应当严格按照规定程序来完成。我们按时间的先后顺序将整个招标程序和投标过程划分为 4 个环节：准备阶段、招标 / 投标阶段、开标阶段和签约阶段，如图 6–1 所示。

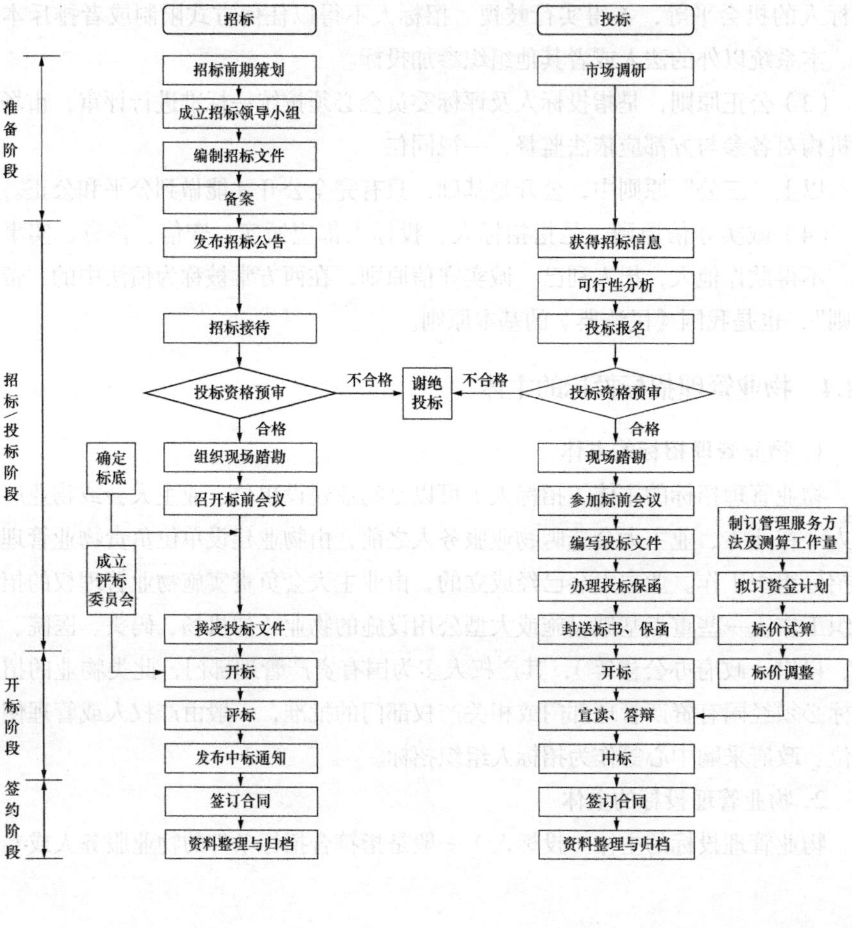

图6–1 物业管理招标投标流程

6.2.1 物业管理招标的流程

1. 准备阶段

（1）招标前期策划。充分了解物业项目所在地的物业管理市场环境，包括供需情况、价格行情、潜在投标人的情况、市场监管情况等；确定采取公开招标还是邀请招标方式；确定招标活动由招标人自行组织还是委托招标代理机构办理。

（2）成立招标领导小组。招标人或其代理机构在政府房地产行政主管部门指导与监督下，成立招标领导小组。

（3）编制招标文件。编制招标文件是招标准备阶段最重要的工作。招标文件是招标人向投标人提供的进行投标工作所必需的文件。招标文件应包括：招标人及招标项目简介、物业管理服务内容及要求、对投标人及投标书的要求、评标标准和评标办法、招标活动方案、物业服务合同的签订说明、其他事项的说明及法律法规规定的其他内容。

（4）备案。招标人应当在发布招标公告或者发出投标邀请书的 10 日前，提交与物业管理有关的物业项目开发建设的政府批件、招标公告或者招标邀请书、招标文件和法律法规规定的其他材料报物业项目所在地的县级以上地方人民政府房地产行政主管部门备案。

2. 招标阶段

（1）发布招标公告或者发出投标邀请书。招标人采取公开招标方式的，应通过公共媒介发布招标公告。招标公告应当载明招标人的名称和地址、招标项目的基本情况及获取招标文件的办法等事项。招标人采取邀请招标方式的，应当向 3 个以上物业服务人发出投标邀请书，投标邀请书应当包含上述招标公告载明的事项。

（2）投标资格预审。实行投标资格预审的物业管理项目，招标人应当在招标公告或者投标邀请书中载明资格预审的条件和获取资格预审文件的办法。

（3）发放招标文件。招标文件的发放应当按照招标公告或投标邀请书规定的时间、地点向投标方提供，也可以通过网络下载的方式进行。公开招标的物业项目，自招标文件发出之日起至投标人提交投标文件截止之日止，最短不得少于 20 日。招标人对已发出的招标文件进行必要的澄清或者修改的，应当在招标文件要求提交投标文件截止时间至少 15 日前，以书面形式通知所有的招标文件收受人。该澄清或者修改的内容为招标文件的组成部分。

（4）组织现场踏勘。招标人根据物业管理项目的具体情况，可以组织投标人踏勘物业项目现场，并提供隐蔽工程图纸等详细资料。

（5）召开标前会议。在进行规模较大、比较复杂的物业项目招标时，通常由招标人或招标机构在投标人获得招标文件后，统一安排投标人会议，即标前会议。

（6）确定标底。标底是招标人为准备招标的内容计算出的一个预期价格或预算价格，它的主要作用是为招标人审核报价、评标和确定中标人提供重要依据。

招标人设有标底的，应在开标前确定。标底是招标单位的"绝密"资料，不能向任何无关人员泄露。

（7）接受投标文件。投标人应按照招标文件规定的时间和地点报送投标文件。投标人送达的投标文件，招标人应检验文件是否密封或送达时间是否符合要求，向符合者发出回执，对于不符合者招标人有权拒绝或作废标处理。投标书递交后，在投标截止期限前，投标人可以通过正式函件的形式调整报价及作补充说明。招标人不得向他人透露已获取招标文件的潜在投标人的名称、数量及可能影响公平竞争的有关招标投标的其他情况。

3. 开标阶段

（1）成立评标委员会。评标委员会由招标人代表与物业管理专家组成，专家从房地产行政主管部门建立的物业管理评标专家库中采取随机抽取的方式确定。评标委员会的人数一般为5人以上的单数，其中招标人代表以外的物业管理专家人数不得少于成员总数的2/3。

（2）开标。开标应当在招标文件确定的提交投标文件截止时间的同一时间公开进行；开标地点应当为招标文件中预先确定的地点。开标由招标人主持，邀请所有投标人参加。

（3）评标。开标过程结束后应立即进入评标程序，评标由评标委员会负责，评标应当在严格保密的情况下进行。

（4）中标。评标委员会完成评标后，应当向招标人提出书面评标报告，阐明评标委员会对各投标文件的评审和比较意见，并按照招标文件规定的评标标准和评标方法，推荐不超过3名有排序的合格的中标候选人。招标人应当按照中标候选人的排序确定中标人。当确定中标的中标候选人放弃中标或者因不可抗力提出不能履行合同的，招标人可以依序确定其他中标候选人为中标人。

（5）备案。招标人应当自确定中标人之日起15日内，向物业项目所在地的县级以上地方人民政府房地产行政主管部门备案。备案资料应当包括开标评标过程、确定中标人的方式及理由、评标委员会的评标报告、中标人的投标文件等资料。委托代理招标的，还应当附招标代理委托合同。

4. 签约阶段

（1）签订合同。确定中标单位后，应书面通知中标单位。中标单位与业主方一般还会进行必要的商务谈判，才会正式签订物业服务合同。

（2）资料整理与归档。为了让业主和开发商能够长期对中标人的履约行为进行有效的监督，招标人在招标结束后应当对形成合同的一系列契约及资料进行整理与归档。

6.2.2 物业管理投标的程序

1. 准备阶段

（1）市场调研。投标人应密切关注物业管理市场供给动态，关注区域内市场物业管理水平、社会环境、政策法律、人才市场、物料市场等社会经济环境情况，及时掌握潜在招标项目进展，并注意关注竞争对手动态。

（2）获取招标信息。根据招标方式的特点，投标人获取招标信息一般来自2个渠道，一是从公共媒介上采集公开招标信息；二是来自招标方的邀请。

（3）可行性分析。在获取招标信息后，投标人应首先组织经营管理、专业技术和财务等方面的人员对招标物业进行全方位的可行性分析，预测中标成功的可能性和存在的风险，并对投标活动进行策划，制订相应的投标策略和风险控制措施，确保投标的成功或避免企业遭受损失。

1）物业项目分析。

2）企业自身条件分析。

3）竞争对手分析。

4）风险评估。

2. 投标阶段

（1）获取招标文件。投标人在确定参加投标后，按招标公告和投标邀请书指定的地点和方式登记并取得招标文件。

（2）投标资格预审。投标人应按招标文件规定的要求准备相应资料，接受招标方的资格审查。

（3）现场踏勘。如有必要，投标方可参加招标方组织的现场踏勘，充分了解物业情况。根据惯例，投标人应对现场条件考察结果自行负责，招标方将认为投标者已掌握了现场情况，明确了现场物业与投标报价有关的外在风险条件。投标人不得在接管后对物业外在的质量问题提出异议，申明条件不利而要求索赔（内在且不能从外部发现的质量问题除外）。因此，投标人对这一步骤切不可掉以轻心。

（4）参加标前会议。投标人可参加招标方组织的标前会议，就招标书中的疑问及现场踏勘过程中发现的问题向招标方提问。

（5）编写投标文件。投标人应严格按照招标文件的要求编制投标文件，并对招标文件提出的实质性的要求和条件作出响应。投标文件又称标书，一般由投标函、投标报价表、资格证明文件、物业服务方案、招标文件要求提供的其他材料等几部分组成。常见的做法是将投标文件根据性质分为商务文件和技术文件两大类。

1）商务文件，又称商务标，主要包括以下三部分。

① 公司简介，概要介绍投标公司的资质条件、以往业绩、人员等情况。

② 公司法人地位及法定代表人证明。

③ 投标报价单及招标文件要求提供的其他资料。

2）技术文件，又称技术标，主要是物业服务方案和招标方要求提供的其他技术性资料。有的招标条件要求在技术文件中禁止透露可以反映企业情况的数据、文字、报价等，应按招标要求准备相关资料。

（6）制定管理服务方法及工作量。通常投标人可根据招标文件中的物业情况和管理服务范围、要求，详细列出完成所要求管理服务任务的方法及工作量。

（7）拟定资金计划。资金计划应当在确定了管理服务内容及工作量的基础上确定。拟定资金计划的目的，一是复核投标可行性研究结果；二是做好评标阶段答辩的准备。

（8）标价试算。在对标价进行试算前，投标人应确保做到以下几点。

1）明确领会了招标文件中的各项服务要求、经济条件。

2）计算或复核服务工作量。

3）掌握了物业现场基础信息。

4）掌握了标价计算所需的各种单价、费率、费用。

5）拥有分析所需的、适合当地条件的经验数据。

通常，在确定了工作量之后，即可用服务单价乘以工作量，得出管理服务费用。但对于单价的确定，不可套用统一收费标准（国家规定了管理服务单价的除外），必须具体问题具体分析。同时，确定单价时还必须根据竞争对手的状况，从战略、战术上予以研究分析。

（9）标价评估与调整。对于试算结果，投标者必须经过进一步评估才能最后确定标价。现行标价的评估内容大致包括两方面：一是价格类比；二是竞争形势分析。分析之后便可进行标价调整，确定最终标价。

（10）办理投标保函。由于投标者一旦中标就必须履行受标的义务，为防止投标单位违约给招标单位带来经济上的损失，在投递标书时，招标单位通常要求投标单位出具一定金额和期限的保证文件，以确保在投标单位中标后不能履约时，招标单位可通过出具保函的银行，用保证金额的全部或部分为投标单位赔偿经济损失。投标保函通常由投标单位开户银行或其主管部门出具。

（11）封送标书、保函。投标文件全部编制好以后，投标人应按招标文件要求进行封装。封装后，投标人就可派专人或通过邮寄将标书投送给招标人。所有投标文件都必须按招标人在投标邀请书中规定的投标截止时间之前送至招标人，否则，招标人将拒绝在投标截止时间后收到的投标文件。

3. 开标阶段

投标人在接到开标通知后，在规定的时间到达开标地点参加开标会议和现场答辩，并接受评标委员会的审核。

4. 签约阶段

（1）签订合同。投标方接到招标方的中标通知，即可着手签订合同的准备工作。

（2）资料整理与归档。投标人无论是否中标，在竞标结束后都应将投标过程中的一些重要文件进行分类归档保存，以备查核。

6.2.3 物业管理投标的技巧

1. 招标文件解读

投标是对招标的完全响应过程，准确解读招标文件，是取得投标胜利的基础。解读招标文件的关键点主要有以下几方面。

（1）投标工作整体时间节点。

（2）投标文件组成。

（3）投标文件的数量及封装方式。

（4）评标方式、评分规则和计算方式。

（5）履约条款和废标条款。

2. 基础资料及数据的收集与核实

物业基础资料及数据的收集是准确地完成投标文件、响应招标需求的基础。招标文件中提供的数据、图纸、资料等，需要在仔细研读后在现场踏勘环节进行核实，避免因设计变更导致的数据变化影响商务标的准确测算。

3. 投标的组织策划

物业服务人在获取招标信息后应组织相关人员组成投标小组，对投标活动进行策划实施，其主要任务是项目分析评估、编制标书、制订投标策略、参与现场踏勘、开标、评标、现场答辩、签约谈判等。

（1）根据招标物业项目的情况选择企业骨干力量组成投标小组，投标小组成员的选择、配备，尤其是项目负责人的选择是确保投标活动的质量和效率的基础。

（2）对招标方、招标物业基本情况和竞争对手要进行深入细致的调查，正确评估、预测并降低投标的风险。

（3）正确编制标书。编制标书要根据招标文件的要求进行，在透彻掌握招标文件内容和进行细致深入的市场调查基础上，确定管理项目的整体思路（包括物业管理服务工作重点、服务特色、管理目标、管理方式及实施措施等），制订物业服务方案。

（4）在科学分析和准确计算的前提下测算管理服务成本并制定合理报价。

（5）灵活运用公共关系，多渠道获取相关信息，确保报价的合理性。

（6）选择最能体现企业优势的物业管理项目作为招标方考察的对象。

（7）加强与招标方的沟通，了解招标方的需求，及时掌握投标过程中出现的变化情况并采取相应的应对措施。

（8）周密安排招标方的资格预选和评标过程中的现场答辩活动。

4. 物业项目的现场踏勘

在踏勘现场过程中，招标人还会就投标公司代表提出的问题做出口头回答，但这种口头答复并不具备法律效力，只有在投标者以书面形式提出问题并由招标人做出书面答复时，才能产生法律约束力。投标人应对现场物业进行详细地踏勘，查勘现场物业与投标报价是否存在外在风险条件。

5. 投标文件的编写

物业管理投标文件除了按规定格式要求响应招标文件外，最主要的内容是介绍物业管理要点和物业管理服务内容、服务形式和费用。

作为评标的基本依据，投标文件必须具备统一的编写基础，以便于评标工作的顺利进行。

投标文件编写中还应注意：确保填写无遗漏、无空缺，不可任意修改填写内容；填写方式规范；不得改变标书格式；计算数字必须准确无误；报价合理；包装整洁美观；做好投标文件的保密措施。

6. 投标报价的策略和技巧

投标报价是技术性、技巧性极强的工作，在投标的过程中，需要不断调整策略，使报价更接近标底。对项目运作的经营管理成本进行准确测算，确定项目运作的盈亏平衡点和利润空间，在此基础上预测标底和竞争对手的报价范围；密切关注、正确分析竞争对手的报价；补充一些投标人有能力承担的优惠条件作为报价的附加。

7. 现场答辩的技巧

应选择经验丰富、性格沉稳、对项目情况熟悉的人作为答辩人；开标前答辩人员应该保持良好的精神状态；应对答辩人员进行模拟演练，正确把握招标文件的要点、投标文件的重点内容，加强对项目的熟悉程度等，对重点问题、难点问题、普遍性问题一一准备答辩要点；在正式开标时，如果招标方要求在规定的时间内完整地将标书主要内容、特点做一概要性介绍，答辩人员应当围绕招标方和评委普遍关注的问题集中阐述，重点突出，难点讲透，特色鲜明。

8. 签约谈判的技巧

在签约谈判时要准确把握对方的真实意图，准确判断对方履行合同的诚意和能力，对进驻物业和实施常规物业管理必备的条件应明确约定；慎重考虑物业管理目标、前期投入费用及奖罚条件等方面的任何承诺。如管辖区域刑事案件，业主、物业使用人人身和财产安全损失等承诺；预测承接物业后可能出现的各种风险，将其列入相应的合同条款中加以规避。

6.3 物业服务方案编制

6.3.1 物业服务方案的主要内容

1. 物业项目简介

物业服务人应当在编制物业服务方案之前，通过现场踏勘、招标方答疑会等，获取物业项目的基本资料。同时，还可以借助公共媒介、网络等手段对项目的周边环境、市场情况等进行深入的市场调查，从而形成物业项目简介。

2. 物业项目整体策划

（1）业主的需求分析，包括业主的构成特点、业主共性需求分析、业主个性需求分析及满足业主需求的对策分析等。

（2）物业的特点分析，分析项目特点对物业管理服务可能带来的正、负面的影响，并给出相应的应对措施。

（3）服务标准及服务承诺。物业服务人应将服务标准的关键点向业主公开承诺，承诺内容应选取客户接触面（客户可以直接感受到的服务项目）的服务标准。例如，物业管理处作息时间，投诉受理及处理时间，停水、停电的恢复时间，电梯困人的救援时间，消防演习的频率，水箱、外墙清洗频次等。

（4）服务定位与服务愿景。服务定位是对物业管理服务模式的概述。服务愿景是对物业项目未来美好蓝图的描述。

3. 人力资源策划

（1）组织架构及职位设置。组织架构及职位设置通常因人而异，没有定式可言，但基本的原则是扁平化、高效运作、能快速响应业主需求。

（2）人力资源定编计划。明确各项业务是物业管理处员工自行管理，还是外委给专业公司管理。物业类型不同、费用标准不同、工作内容不同都会导致人员配置上出现较大的差异。

（3）员工岗位工作说明。

（4）管理服务团队的绩效目标，主要包括财务、客户、流程、人力资源 4 个方面的指标。

4. 物业管理流程策划

对物业管理流程的策划，通常包括了共用设施设备管理、公共秩序管理、清洁管理、有害生物防治、园艺管理等常规内容。

5. 客户服务策划

（1）客户服务项目策划，主要描述为业主提供的客户服务项目、服务标准、收费标准等。注意区分基础性服务、个性化服务、支持性服务，注意区分有偿服务、无偿服务。

（2）客户服务流程策划。针对上述已经确定的服务项目，可以采用服务蓝图的方法对服务流程进行详细的设计。

（3）服务接触面策划。确定关键接触面，包括高接触区域、高接触员工、高接触场景；设计关键接触面，包括高接触区域中的环境布置要求，以及高接触员工群体的管理要求。

（4）客户关系管理。客户分类，根据客户的特征、需求等对其进行分类，同时应识别出关键客户；客户沟通，针对不同类别的客户，描述与其沟通的方法、明确频次与要求；客户管理，对业主客户在社区中的公共行为，分析并制订出相应的使用规则，以确保这些行为不会造成对设施的损坏及对其他业主的影响；公共关系维护，明确项目应建立的各类公共关系、联系方式、责任人等。

6. 财务计划及费用测算

（1）成本（或支出）测算。财务计划的制订，应当以工作计划为前提。

（2）收入测算。应严格按照招标书（或物业服务委托合同）的要求，测算收入项目；对政府主管部门明文规定不许收取或没有法律依据支持的收费项目，不要进行测算；参考项目所在区域同类同质物业的经验数据，合理地确定费用收缴率。

（3）盈亏平衡点分析。对项目整体经营情况进行科学的盈亏平衡点分析，确保项目良性运作。

6.3.2 物业服务方案编制的程序

物业服务人在确定参与招标活动后，应组织相关人员在对招标物业项目基本情况分析和物业管理服务模式确定的基础上，制订切实可行的物业服务方案。制定物业服务方案的一般程序如下。

（1）组织经营、管理、技术、财务人员及拟任项目经理参与物业服务方案的制定。

（2）对招标物业项目的基本情况进行分析，收集相关信息及资料。

（3）根据招标文件规定的需求内容进行分工、协作。

（4）确定组织架构和人员配置。

（5）根据物业资料及设备设施技术参数、组织架构及人员配置情况、市场信息、管理经验等情况详细测算物业管理服务成本。

（6）根据招标文件规定的物业管理服务需求内容制订详细的操作方案。

（7）测算物业管理服务费用（合同总价和单价）。

（8）对拟定的物业服务方案进行审核、校对、调整。

（9）排版、印制、装帧。

6.3.3 物业服务方案编制的注意事项

（1）物业服务方案的内容、格式、投标报价必须响应并符合招标文件中对物业管理服务需求的规定，不能有缺项或漏项。

（2）方案的各项具体实施内容必须根据招标物业的基本情况和特点制订；整体方案必须在调研、评估的基础上制定；方案的内容必须符合国家及地方法律法规的规定。

（3）方案中对招标文件要求做出的实质性响应内容必须是投标企业能够履行的，包括各项服务承诺、工作目标及计划、具体项目的实施方案等。

（4）必须合理制订物业管理服务费用价格，具体实施内容应该在满足招标方需求的基础上制订设计科学、运行经济的方案。例如，实行酬金制的物业管理项目，投标方不能为了取得稳定的利润而制订加大成本投入的方案；实行包干制的物业管理项目，物业服务人不能为了控制经营风险而制订影响服务质量的方案。

【本章小结】

物业管理权的获取方式主要有招标投标和协议两种。必须通过招标投标方式选聘物业服务人的物业项目仅限于新开发的住宅及同一物业管理区域内的非住宅项目。

物业管理招标投标，是指招标投标双方运用价值规律和市场竞争机制，通过规范有序的招标投标行为，确定物业管理权的活动。物业管理招标投标应当贯彻公开、公平、公正和诚实信用的原则。物业管理招标投标包括招标和投标 2 个环节，招标的方式主要有公开招标和邀请招标两种。物业管理招标的主体（招标人）可以是物业建设单位、业主大会或物业所有权人。招标人可以自行组织和实施招标活动，也可以委托招标代理机构办理招标事宜。物业管理投标的主体（投标人）一般是指符合投标条件的物业服务人或专业服务公司。

物业服务方案的编制要点包括：物业项目简介、物业项目整体策划、人力资源策划、物业管理流程策划、客户服务策划、财务计划及费用测算。

【延伸阅读】

1.《物业管理条例》第三章；

2.《前期物业管理招标投标管理办法》；

3. 有代表性的住宅项目和非住宅项目的完整招标文件和投标文件。

课后练习

一、选择题（扫下方二维码自测）

二、案例分析选择题（每小题的多个备选答案中，至少有1个是正确的）

【案例 6-2】某住宅项目总占地面积 12 万 m^2，建筑容积率为 4.5，分两期开发。一期占地面积 6 万 m^2，其中保障性住房建筑面积 10 万 m^2，地下停车库与地下设备用房 3 万 m^2，其余为商品住宅；二期建筑面积为 19 万 m^2。该项目一期建设收尾阶段，建设单位考虑：

① 物业销售前应确定物业服务人；

② 以邀请招标的方式选聘物业服务人；

③ 由建设单位与中标物业服务人签订《物业服务合同》；

④ 合同期拟定 5 年。

该项目一期全部售罄，中标的甲物业公司协助建设单位办理业主入住手续。甲公司管理半年后物业管理服务费收缴率只有 30% 左右，亏损严重。关于未来该项目二期的物业管理工作，建设单位提出将自行组建物业服务人负责，甲公司不同意。

请回答下列问题：

（1）该项目一期商品住宅建筑面积正确的计算式为（　　）。

A. $6\times4.5-10=17$ 万 m^2　　B. $6\times4.5-10-3=14$ 万 m^2

C. $12\times4.5-10-19=25$ 万 m^2　　D. $12\times4.5-10-3-19=22$ 万 m^2

（2）建设单位在一期建设收尾阶段考虑的几项内容中，错误的为（　　）。

A. ①　　B. ②

C. ③　　D. ④

（3）下列措施中，能够在短期内实现合理、有效减亏的为（　　）。

A. 关闭公共区域照明，降低能耗

B. 协调建设单位追加技防、物防等设备投入，降低管理运行成本

C. 充分利用空间，在设备转换层、架空层和楼梯间等部位设置员工宿舍，降低管理运行成本

D. 加大业主联络和宣传工作，提升物业管理服务费收缴力度

（4）甲公司不同意二期物业由建设单位自行组建的物业服务人负责，正当理由可以是（　　）。

A. 按照相关规定，一个物业管理区域应由一个物业服务人实施管理

B. 建设单位新组建的物业服务人不具备管理该物业的资质

C. 建设单位的做法影响物业服务人效益

D. 新建住宅的建设单位，必须通过招标方式确定物业服务人

三、案例分析计算题

【案例6-3】某住宅小区有4栋30层住宅楼，即将投入使用。建设单位在前期物业管理服务招标书中有关公共秩序维护的具体要求包括：小区一个门岗和一个监控岗24小时值班；小区楼宇内走廊、楼梯间等公共部位昼夜巡视，巡视频率为每小时一次。另外，本项目招标书已明确，建设单位为该小区无偿提供价值20万元的固定资产，作为该项目管理服务开办之用。

请回答下列问题：

（1）若该小区每栋每层正常巡视时间为1分钟，投标物业服务人每班至少需安排多少个巡视员方能满足招标书中对楼宇公共部位巡视方面的要求？（层与层之间巡视时间忽略不计）

（2）每月按30天计算，按劳动法规规定，职工平均每月的工作天数为20.83天（8小时/天），每月加班最多不得超过36小时，问每名员工每月最长工作时间是多少小时？（计算结果保留两位小数）

（3）假设巡视岗、门岗、监控岗三个岗位人员不允许交叉，投标企业完成公共秩序维护这项工作至少需安排员工多少人？

（4）假设每名员工月工资为1700元，每月公共秩序维护的人工成本最低需要多少万元？（计算结果保留两位小数）

四、课程实践

以自己熟悉的物业公司近三年参与的某个物业项目的招投标为案例，了解物业项目和招标方的详细情况、参与投标企业的具体情况以及招标投标的过程，分析物业公司参与本次投标成功或失败的原因，总结物业服务企业参与物业项目投标的对策建议。

7 物业服务合同

知识要点

1. 物业服务的含义、内容、特点、标准；
2. 物业服务合同的含义、形式、内容、法律效力；
3. 前期物业服务合同与物业服务合同的区别。

能力要点

1. 能够准确把握签订物业服务合同的关键要素；
2. 能够制定适宜的物业服务标准。

在物业项目运营中，合同占有举足轻重的地位。合同体现着当事人之间的权利义务关系，大量存在于物业项目运营的各个环节。签订与履行好各项合同，是物业项目优质服务的核心内容，也是保障物业项目运营活动顺利开展和提高服务品质的基石。物业项目运营中最主要的两个合同，是建设单位与物业服务人签订的前期物业服务合同，和业主、业主大会（或业主大会授权的业主委员会）与物业服务人签订的物业服务合同。本章根据《物业管理条例》和《民法典》合同编物业服务合同专章，在介绍物业服务基本概念的基础上，阐述物业服务合同的内容、法律效力和签约注意事项。①

7.1 物业服务概述

7.1.1 物业服务的含义和类型

在物业项目运营中，物业服务人与业主之间交易的标的物是物业服务。物业服务是指物业服务人为业主或物业使用人提供的专业性劳务活动。一般的，我们将物业服务分为公共性物业服务和特约性物业服务。

1. 公共性物业服务

公共性物业服务是指按照物业服务合同约定，物业服务人必须履行的服务内

① 关于“物业服务合同”，实际运用中有着两层含义。一是专指业主、业主大会或其授权的业主委员会与物业服务人签订的“物业服务合同”；二是泛指建设单位与物业服务人签订的“前期物业服务合同”和业主、业主大会或其授权的业主委员会与物业服务人签订的“物业服务合同”两类合同的总称。应注意在具体语境中加以区分。

容，服务对象是物业管理区域内的全体业主。对每一个业主而言，依据物业服务合同享受的服务应当是统一的。主要内容一是对房屋及配套的设施设备和相关场地进行维修、养护、管理，二是维护相关区域内的环境卫生和秩序。具体服务内容有以下方面。

（1）房屋共用部位的维修、养护与管理；

（2）房屋共用设施设备的维修、养护与管理；

（3）物业管理区域内共用设施设备的维修、养护与管理；

（4）物业管理区域内的环境卫生与绿化管理服务；

（5）物业区域内公共秩序、消防、交通等协管事项服务；

（6）物业装饰装修管理服务；

（7）物业服务合同中约定的其他服务。

2. 特约性物业服务

除物业服务合同中约定的公共性服务外，由于每个业主都是独立的民事主体，除了全体业主共同需求之外，单个业主自然会有自身的特殊需求，如老年人看护、孩子接送、房屋租赁、二手房交易等。这类需求无法通过业主大会与物业服务人订立的物业服务合同解决，只能由特定的服务需求者与物业服务人就其特殊需求另行订立协议，物业服务人为其提供物业服务合同之外的特约服务项目。特约服务通常为有偿服务，接受服务的业主一般需要支付一定的服务报酬。《物业管理条例》第四十四条规定：物业服务人可以根据业主委托提供物业服务合同约定以外的服务，服务报酬由双方约定。理解这条规定，需注意以下几点。

（1）提供物业服务合同约定以外的服务，并不是物业服务人的法定义务。合同约定之外的服务事项，由于当事人未作约定，按照契约自由原则，业主不能强行要求物业服务人提供。当然，提供物业服务合同以外的服务，对业主而言，可以满足自身需求，提高生活质量；对物业服务人而言，可以增强业主的亲和力和认同感，同时获得一定的经济利益。因此，虽然提供相关服务不是物业服务人的合同义务，但对于业主提出的特殊服务要求，有条件的物业服务人应当尽可能地满足；无法满足的，尽量予以说明，以获得业主的理解。

（2）合同以外的服务事项，需由特定的业主和物业服务人另行约定。需要此项服务的业主，应当与物业服务人另行协商，签订委托合同，约定双方的权利和义务。该委托合同与物业服务合同在主体、内容等方面并不一致，不能混为一谈。

（3）物业服务合同约定以外的服务是一种有偿服务。有偿服务意味着接受服务者需为服务提供者支付对价——服务报酬。服务报酬的数额、支付方式、支付时间等由双方当事人自主约定。当然，一些物业服务人出于经营策略考虑，也可能无偿地为业主提供某些服务。但一般情况下，该类服务协议与物业服务合同一样，属于双务合同的范畴，以有偿为原则。

7.1.2 物业服务的特点

1．物业服务的公共性和综合性

物业管理是物业服务人与业主之间基于物业服务合同形成的交易关系，双方交易的标的物是物业服务。与一对一的交易关系不同的是，物业管理必须面对众多的服务对象，开展房屋及配套的设施设备和相关场地的维修、养护、管理，维护相关区域内的环境卫生和公共秩序，重点是物业的共用部位和共用设施设备。在建筑物区分所有的情况下，物业的共用部位和共用设施设备不为单一的业主所有，而是由物业管理区域内的全体业主或部分业主共同所有，使得物业服务有别于为单一客户提供的个别服务，具有为某一特定社会群体提供服务产品的公共性。《物业管理条例》第三十四条明确规定，一个物业管理区域由一个物业服务人实施物业管理。

从物业服务合同的内容来看，物业服务人与业主约定的物业管理事项具有综合性，不仅包括对物业共用部位和共用设施设备进行维修、养护，而且包括对物业管理区域内绿化、清洁、交通等秩序的维护，这就使得物业服务有别于业主与专业公司之间的专项服务业务委托。

2．物业服务受益主体的广泛性和差异性

物业服务的公共性决定了其受益主体的广泛性和差异性，这是物业服务合同区别于一般委托合同的一个显著特点。首先，物业服务合同中服务内容、服务标准、服务期限，双方当事人的权利和义务，违约责任等约定，必须是全体业主的合意。但对于业主群体来讲，很难实现所有业主认识完全一致，总会有部分业主或个别业主持有异议。因此，必须从业主整体利益出发，按照少数服从多数的原则决定物业服务事项，然后再以全体业主的名义，与物业服务人签订物业服务合同。其次，每个业主对物业服务人履行物业服务合同的认识也是不一致的，有的业主对服务表示满意，有的业主则不满意，这就给客观评价物业服务质量带来一定困难。

在此情况下，物业服务合同成为衡量物业服务人是否正确履行义务的检验标准，这就要求物业服务人和业主尽可能细化物业服务合同，对服务项目、服务标准、违约责任等方面的约定尽可能具体、明确、完备。同时，物业服务人还应当经常进行客户调查，及时掌握大多数业主的普遍需求，客观评价服务效果，不断提升服务质量，以保证受益群体满意度的最大化。

3．物业服务的即时性和无形性

一般有形商品的生产、储存、流通和消费环节彼此独立且较为清晰，而物业服务并不存在储存和流通环节，且生产和消费处于同一过程之中，服务产品随时生产、随时消费，这就使得物业服务人必须随时满足业主客观上存在的物业服务需求。物业服务的即时性，对物业服务人的服务质量控制能力提出了很高的要求，一旦相关服务满足不了业主的消费需求，就很难有效地予以纠正和弥补。

物业服务的无形性源于其服务产品的特征，由于服务的无形性，使得作为物业服务消费者的业主，难以像有形产品的消费者那样感到物业服务的真实存在，对于服务消费意识较薄弱的部分业主，难以产生物有所值的感觉。物业服务的无形性还使物业服务的质量评价变得困难和复杂，因为物业服务人的服务品质难以用标准去衡量，更多依赖于业主的主观评判。

4. 物业服务的持续性和长期性

一方面，与一次性交易行为不同，物业服务的提供是一个持续的不间断的过程。在短则一年，长则若干年的合同有效期内，物业服务人必须保证物业共用部位的持续完好和共用设施设备的全天候运行，在物业服务合同有效期内的任何服务中断，都有可能导致业主投诉和违约追究。另一方面，在现行法律制度下，业主解聘和选聘物业服务人的程序较为复杂，而且必须达到法定的表决比例，物业服务交易的解约难度相对较大。

物业服务的持续性和更换物业服务人的高成本，使得物业服务合同的期限一般较长，这对保持物业服务质量的稳定和改善客户关系较为有利，同时也要求物业服务人必须长时间接受客户的监督和考验。

7.1.3 物业服务的标准

为了规范住宅小区物业服务的内容和标准，中国物业管理协会根据我国物业管理现实情况，于2004年印发了《普通住宅小区物业服务等级标准（试行）》，作为物业服务人与建设单位或业主大会签订物业服务合同，确定物业服务等级，约定物业服务项目、内容、标准以及测算物业服务价格的参考依据。标准从物业服务的基本要求、房屋管理、共用设施设备维修养护、协助维护公共秩序、保洁服务、绿化养护管理6个方面界定物业服务的内容，并根据普通住宅小区物业服务需求的不同情况，由高到低设定为一级、二级、三级3个服务等级，级别越高，表示物业服务标准越高。本标准的适用范围为普通商品住房、经济适用住房、房改房、集资建房、廉租住房等普通住宅小区物业服务，不适用于高档商品住宅的物业服务。同时，本标准仅为推荐标准，物业服务人、建设单位或业主大会应充分考虑住宅小区的建设标准、配套设施设备、服务功能及业主（使用人）的居住消费能力等因素，选择相应的服务等级。

物业服务等级与地域条件、经济发展水平关系密切，全国各地陆续参照本标准，制定并发布了符合本地物业管理行业发展状况的物业服务标准，对本地区指导和规范物业管理工作发挥了积极作用。

【案例7-1】一个物管区域内不容两家物业服务公司①

位于广州市白云区的×小区属于商住两用楼，1～5层为商业，6～33层住宅。2009年9月20日，JS物业公司与开发商YX房产开发公司签订前期物业服

① 资料来源：现代物业新业主，2011年第1期.

务合同，约定将×小区委托JS物业公司进行物业管理，期限为2009年10月1日起至业主委员会与JS物业公司或其他物业服务公司签订的物业服务合同生效时终止。

2010年1月4日，XF投资有限公司购买了×小区一层6套商铺，预售合同第二十条约定由XF投资有限公司自行委托物业服务公司对上述6套商铺进行物业管理。2010年3月1日，XF投资有限公司办妥收铺手续入场经营。2010年3月15日，XF投资有限公司与AH物业公司签订了物业服务委托合同，将上述6套商铺委托AH物业公司进行物业管理，并支付相应的物业管理费。2010年11月，JS物业公司以XF投资有限公司拖欠支付物业管理费为由，提出诉讼，要求XF投资有限公司支付自2010年3月至2010年11月的物业管理费人民币122531元。

被告XF投资有限公司辩称，其没有与原告签订前期物业服务合同，并非前期物业服务合同的当事人，不应受合同的约束。由于开发商与其在签订预售合同时，没有选择原告作为6套商铺的物业服务人，在该特别约定的情况下，被告授权其他物业服务人进行物业管理，并支付了相应的物业服务费，故应认定原告没有取得6套商铺的物业管理权限，其要求被告支付物业管理费依据不足，应驳回其诉讼请求。

法院经审理认为：开发商与其选聘的物业服务人签订的前期物业服务合同，对居住小区的其他业主均有约束力，被告购置的6套商铺位于×小区的物业管理区域内，前期物业服务合同同样对被告具有效力；《物业管理条例》第三十四条规定，一个物业管理区域由一个物业服务人实施物业管理，开发商与被告签订的商品房预售合同约定被告自行选择物业服务人违反了本规定，故被告自行选择物业服务人进行物业管理的约定应属无效；原告为×居住小区提供了物业服务，故可以按照前期物业管理服务合同的约定，向被告收取物业服务费。法院最后判令被告向原告支付2010年3月至11月的物业管理费人民币122531元。

7.2 物业服务合同的含义和特征

7.2.1 物业服务合同的含义

合同是民事主体之间设立、变更、终止民事法律关系的协议。双方或多方当事人之间的协议当受要约人以订立合同的意图接受要约时合同即成立。合同是当事人之间意思表示一致的结果。物业服务合同是物业服务人在物业服务区域内，为业主提供建筑物及其附属设施的维修养护、环境卫生和相关秩序的管理维护等物业服务，业主支付物业费的合同。物业服务人接受业主委托从事物业管理服务，应当与业主签订物业服务合同。

物业服务合同的签订双方是业主与建设单位或者业主与物业服务人，双方之间是平等的民事主体关系。在住宅物业管理中，业主通常是分散的、具有独立法律人格的自然人，由业主委员会代表全体业主与业主大会选聘的物业服务人订立物业服务合同。物业服务合同对业主具有法律约束力。

7.2.2 物业服务合同的形式

根据《民法典》，当事人订立合同的形式，可以采用书面形式、口头形式和其他形式。

（1）书面形式。是指合同书、信件、电报、电传、传真等可以有形地表现所载内容的形式。以电子数据交换、电子邮件等方式能够有形地表现所载内容，并可以随时调取查用的数据电文，视为书面形式。合同采用书面形式，不仅可以强化双方当事人的责任心，敦促双方严肃认真全面履行合同义务，而且在发生纠纷时，可以形成比较可靠的证据。因此，只要条件允许，合同应当尽可能采用书面形式。法律、行政法规规定采用书面形式或者当事人约定用书面形式的，应当采用书面形式。这条规定的实质就是要求合同形式必须合法。

（2）口头合同。是指当事人以对话的方式就合同的主要条款协商一致达成的协议。除了当事人面对面协商达成的口头协议之外，当事人通过电话以及第三人从中撮合、转达意思达成一致的表示一般也都被认为属于口头合同。口头合同的优点是简便易行，缺点是一旦发生纠纷难以查据。因此，口头合同一般适用于数额较小、即付即清、经济关系比较简单、信用较好的老客户。对于标的金额较大、时间周期较长、法律关系复杂、不太了解对方信用的情况，就应该采用书面合同。在实践中，有些口头合同虽然已经履行完毕，还会因质量等问题而引发纠纷，如物业装饰装修等工程，当事人之间应该订立书面合同。

（3）事实合同。其他形式主要指行为合同形式，也就是通常人们所说的事实合同。事实合同是指当事人双方不直接用口头或者书面形式进行意思表示，而是通过实施某种具体行为方式进行意思表示所达成的协议。在现实生活中存在着大量的事实合同。如顾客到自选商场购买商品，直接到货架上拿取商品，支付价款后合同即成立；又如车主将车辆开到停车场进口处，即表示要进入停车场停放车辆，停车场管理员将停车道闸打开允许车辆入内后车辆停放合同即成立。

《民法典》第九百三十八条明确规定，物业服务合同应当采用书面形式。基于此，物业服务合同原则上应当以书面形式订立。但在实际的物业项目运营中，特别是在出现物业服务人更迭时，也存在事实合同。《民法典》第四百九十条规定，法律、行政法规规定或者当事人约定合同应当采用书面形式订立，当事人未采用书面形式但是一方已经履行主要义务，对方接受时，该合同成立。因此，物业服务合同的订立可以有书面和事实两种形式。

7.2.3 物业服务合同的特征

（1）物业服务合同是当事人意思表示一致的产物。应当注意的是，物业服务合同中的业主通常是个群体，在住宅物业管理中就是全体业主或业主大会，并非单个业主或部分业主。只有全体业主或业主大会才具有选聘、解聘物业服务人，制定、修改有关规章制度的权利。

（2）物业服务合同的订立以当事人相互信任为前提。任何一方通过利诱、欺诈、蒙骗等手段签订的合同，一经查实，可依法起诉，直至解除合同关系。同时，业主是基于对特定物业服务人的认可和信任才选聘该物业服务人的，因此物业服务人不得将一个物业管理区域内的全部物业管理一并委托给他人。

（3）物业服务合同是有偿的。物业服务合同是一种委托合同。委托合同的目的在于由受托人用委托人的名义和费用处理管理委托人事务。因此，业主不但要支付物业服务人在处理委托事务中的必要费用，还应支付物业服务人定的利润或酬金。

（4）物业服务合同既是诺成性合同又是双务合同。物业服务合同自双方达成协议时成立，故为诺成性合同。物业服务合同又是双务合同，即当事人互享权利，互负义务。双方的权利义务是相对而言的，一方的权利就是另一方的义务。例如，享受物业服务是业主的权利，而提供物业服务则是物业服务人的义务；收取物业服务费用是物业服务人的权利，而支付物业服务费用是业主的义务。

（5）物业服务合同是劳务合同。劳务合同的特点是，合同的标的是一定的、符合要求的劳务，而不是物质成果或物化成果；合同约定的劳务通过提供劳务的人的特定行为表现出来，物业服务合同正是如此。

（6）物业服务合同需要到政府行政主管部门备案。物业服务合同虽然是当事人自愿平等签订的，但由于物业管理涉及百姓日常生活和城市正常秩序，物业服务合同必须向行政主管部门备案。

【案例 7-2】合同到期，物业公司以“事实合同”为由继续收取物业服务费是否合法？

×花园小区是一座集办公、住宅、商业于一体的综合性楼盘，交付后成立了2个业主委员会，即住宅业主委员会和非住宅业主委员会。2000年3月，非住宅业委会和住宅业委会的代表董某、陈某与M物业公司签订了《物业服务合同》，约定委托该公司进行物业管理，期限为3年，自2000年3月10日至2003年3月9日止；业主委员会在合同生效之日起向物业公司提供经营性商业用房，由其租用，租金用于物业管理的开支。

该合同到期后，M物业公司仍然对该花园小区进行物业管理，花园小区业主也接受了管理，并向物业公司继续缴纳物业管理费。2007年11月，花园小区成立了统一的小区业委会并备案。之后，花园小区业委会向法院起诉，要求物业公司归还2003年4月至2008年12月期间花园小区全体业主物管费，以及商业用房、共用部位和共用设施设备共计80万元的经营性收入。

法院经审理认为，合同到期后，物业公司与业委会虽然未续签物业服务合同，但花园小区全体业主一直在接受该物业公司的服务，并按原合同的约定缴纳物业管理费，应认定物业公司与业委会的合同关系仍在延续，原合同有效。花园小区业委会要求物业公司返还经营性收入80万元，依据不足。据此，法院判决驳回花园小区业主委员会的诉讼请求。

7.3 物业服务合同的类型

7.3.1 前期物业服务合同

1. 前期物业服务合同的含义

前期物业服务合同，是指物业建设单位与物业服务人就前期物业管理阶段双方的权利义务所达成的协议，是物业服务人被授权开展物业服务的依据。《物业管理条例》第二十一条规定，在业主、业主大会选聘物业服务人之前，建设单位选聘物业服务人的，应当签订书面的前期物业服务合同。第二十五条规定，建设单位与物业买受人签订的买卖合同应当包含前期物业服务合同约定的内容。前期物业服务合同的当事人不仅涉及建设单位与物业服务人，也涉及业主。《民法典》明确规定，建设单位依法与物业服务人订立的前期物业服务合同，对业主具有法律约束力。

在实践中，物业的销售及业主入住是持续的过程。这个阶段要求全体业主共同参与选择物业服务人的决策是不现实的，而这个阶段的物业服务又是必需的，所以，为了避免在业主大会选聘物业服务人之前出现物业服务的真空，明确前期物业服务的责任主体，规范前期物业管理活动，《物业管理条例》明确地将前期物业管理的权利义务与责任赋予了建设单位及建设单位选聘的物业服务人。

2. 前期物业服务合同的时效

由建设单位与物业服务人签订前期物业服务合同，仅仅是在业主不具备自行选聘物业服务人条件下的权宜措施，因此在业主自行选聘物业服务人条件具备后，必须赋予业主选聘物业服务人的自主权。《民法典》第九百四十条明确规定，建设单位依法与物业服务人订立的前期物业服务合同约定的服务期限届满前，业主委员会或者业主与新物业服务人订立的物业服务合同生效的，前期物业服务合同终止。关于前期物业服务合同的时效，可以从以下两方面理解。

（1）前期物业服务合同可以约定期限。与其他一次性服务不同，物业服务具有长期性的特点。物业服务人实施物业服务过程中，需要物资设备购置、人员培训等前期投入，这些投入作为企业的经营成本，需要一定时间的经营活动才能逐步得到回收。物业服务人在承接物业之前，要进行成本测算和经营风险预测，前期物业服务合同期限不确定，不仅不利于物业服务人统筹安排，降低交易成本和防范经营风险，而且可能导致物业管理市场秩序的混乱，诱发纠纷和矛盾。因此，前期物业服务合同约定期限，在便于物业服务人做出科学、合理商业预期的同时，也可以督促业主及时成立业主大会，尽快行使自行选聘物业服务人的权利。

（2）前期物业服务合同是一种附终止条件的合同。虽然期限未满，但业主委员会与物业服务人签订的物业服务合同生效时，前期物业服务合同自然终止。也就是说，前期物业服务合同按照约定的期限履行完毕的前提是，前期物业服务合同期内没有物业服务合同生效的事实。前期物业服务合同附终止条件，是由前期物业管理本身的过渡性决定的。一旦业主组成了代表和维护自己利益的业主大会，选聘了物业服务人，进入了正常的物业管理阶段，前期物业服务合同就完成了它的阶段性目标而自动终止，终止的时间以业主委员会与物业服务人签订的物业服务合同生效时为准。

3. 前期物业服务合同的特征

前期物业管理常常包括常规物业管理所不具有的一些内容，如管理遗留扫尾工程、空置房出租或看管等，因此具有一定的特殊性。现实生活中，物业管理纠纷很大程度集中于前期物业管理阶段，如建设单位遗留的房屋质量问题、小区配套设施不齐全问题等。前期物业服务合同对日后物业管理的规范化实施起着尤为重要的作用。前期物业服务合同具有以下特征。

（1）由建设单位和物业服务人签订。由于在前期物业管理阶段，业主大会尚未成立，还不能形成统一意志来选聘物业服务人，只能由建设单位选聘物业服务人。另一方面，此时建设单位仍拥有部分物业的所有权，是物业的第一业主。建设单位在选聘物业服务人时，应充分考虑和维护未来业主的合法权益，代表未来的广大业主认真考察、比较各物业服务人，并对其有所要求与约束。

（2）过渡性。前期物业服务合同的期限，存在于业主、业主大会选聘物业服务人之前的过渡时间内。物业的销售、入住是陆续的过程，业主召开首次业主大会时间的不确定性决定了业主大会选聘物业服务人时间的不确定性。因此，前期物业服务的期限通常也是不确定的。但是，一旦业主大会成立并选聘了物业服务人，前期物业管理服务即告结束，前期物业服务合同也相应终止。

（3）要式合同。由于前期物业服务合同涉及广大业主的利益，《物业管理条例》要求前期物业服务合同以书面方式签订。为了保护当事人的合法权益，2004年9月6日，建设部在以前物业服务合同示范文本的基础上，制定了《前期物业服务合同（示范文本）》（建住房〔2004〕115号）。

7.3.2 物业服务合同

业主如决定设立业主大会，当业主入住达到一定比例时，就应按规定及时召开业主大会，选举、组建业主委员会。业主委员会的设立，标志着前期物业管理的结束，物业管理进入正常的日常运作阶段，即由业主委员会代表全体业主实施业主自治管理。业主委员会成立后，对原物业服务人实施的前期物业管理要进行全面、认真、详细的评议，听取广大业主的意见，决定是续聘还是另行选聘其他的物业服务人，并与确定的物业服务人（原有的或另行选聘的）签订物业服务合同。合同的甲方是业主委员会（代表所有业主），乙方是物业服务人。甲方是委托方，乙方是受托方。合同的委托管理期限由双方协议商定，以年为单位。物业服务合同签订后，前期物业服务合同同时终止。

每次委托期满前，业主委员会应根据广大业主的意见和物业服务人的业绩，决定是续聘还是另行选聘其他的物业服务人，并与之签订新的物业服务合同。

7.3.3 前期物业服务合同与物业服务合同的区别

（1）合同签订主体不同。前期物业服务合同的委托方是建设单位，物业服务合同的委托方是业主委员会。

（2）合同的内容不同。前期物业服务合同的内容具有特殊性，除规定日常物业服务内容外，还应当针对物业服务人的早期介入、物业共用部位和共用设施设备的承接查验、开发建设遗留问题的解决、保修责任及入住管理服务等内容做出规定；物业服务合同则主要对物业管理区域内的房屋及附属设施设备的维修、养护、管理及环境卫生和公共秩序的维护活动做出约定。

（3）存在阶段不同。前期物业服务合同仅存在于前期物业管理阶段，此时业主入住人数较少且尚未成立业主大会；物业服务合同存在于建筑物生命周期的绝大多数时间。

（4）合同履行期限不同。《物业管理条例》对前期物业服务合同的期限做出特别的规定，虽然可以约定期限，但前期物业服务合同期限内，只要业主委员会与业主大会选聘的物业服务人签订的物业服务合同生效，前期物业服务合同终止；物业服务合同的期限，法律法规并无特别规定，由双方当事人协商确定。

7.3.4 物业项目运营中的其他合同

物业项目运营全过程中，会涉及除业主、物业服务人之外的多方主体，因此各主体间的合同除物业服务合同之外，还有很多。如商品房买卖合同、供水供电有偿委托合同、早期介入合同、室内装饰装修管理服务协议、物业经营协议、国库车位租赁合同以及专项管理项目及设备分包协议等。

在实践中，物业服务人承接一个物业管理项目后，往往根据管理区域的规模、服务项目的多少和自身服务能力的情况，将保安、绿化、保洁等服务委托给其他专业服务公司承担。物业服务人作为委托人与接受委托的专项服务企业之间签订委托服务合同，但是专项服务企业与业主之间并不存在合同关系。因此，专项服务的委托合同虽然与物业管理活动相关，但都不能称之为物业服务合同。《民法典》第九百四十一条规定，物业服务人将物业服务区域内主分专项服务事项委托给专业性服务组织或者其他第三人的，应当就该部分专项服务事项向业主负责。物业服务人不得将其应当提供的全部物业服务转委托给第三人，或者将全部物业服务支解后分别转委托给第三人。

【案例 7-3】前期物业服务合同对业主具有约束力①

FD 公司为上海市隆昌路 ×× 号产权人。2014 年 1 月 1 日，FD 公司与 HH 公司签订前期物业服务合同，约定由 HH 公司为 FD 公司提供物业服务。合同为期 3 年，自 2014 年 1 月 1 日起至 2016 年 12 月 31 日止。

2014 年 10 月，FD 公司与 QQG 公司签订房屋租赁合同，将 FD 公司 1 号楼 16600m^2 的房屋出租给 QQG 公司，租赁期 15 年，自 2014 年 11 月 1 日起至 2029 年 10 月 31 日止，期间使用该房屋所发生的物业管理费、水、电、煤、通信、空调、有线电视费等均由 QQG 公司承担。2014 年 10 月 30 日，FD 公司向 HH 公司 FD 物业管理处发出通知，说明上述事项。2015 年 9 月 9 日，HH 公司向 QQG 公司发出催款单，并于 2015 年 10 月向法院提起诉讼，请求判令 QQG 公司向 HH 公司支付自 2015 年 2 月 1 日起至 2015 年 12 月 31 日止的物业服务费 2590136.40 元和滞纳金 200965.40 元。

QQG 公司抗辩称，HH 公司没有对 QQG 公司承租的 16600m^2 商业物业的专有区域提供物业服务，因此不应该按 16600m^2 收取物业服务费；QQG 公司并非该房屋的业主，而只是承租人，不受前期物业服务合同约束。

法院认为，前期物业服务合同约定 HH 公司的义务为对物业共用设施设备的日常运行和维护、提供公共绿化养护服务、物业公共区域的清洁卫生服务、公共秩序的维护服务等，并不针对专有区域提供物业服务；建设单位依法与物业服务人签订的前期物业服务合同，以及业主委员会与业主大会依法选聘的物业服务人签订的物业服务合同，对业主具有约束力。业主以其并非合同当事人为由提出抗辩的，人民法院不予支持。

7.4 物业服务合同的签订与终止

7.4.1 物业服务合同的内容

1. 合同的主要条款

根据《民法典》第四百七十条，合同的内容由当事人约定，一般包括下列条款：

（1）当事人的姓名或者名称和住所；

① 上海市第二中级人民法院民事判决书（2016）沪 02 民终 2142 号。

（2）标的；

（3）数量；

（4）质量；

（5）价款或者报酬；

（6）履行期限、地点和方式；

（7）违约责任；

（8）解决争议的方法。

2．物业服务合同的主要内容

除合同的一般条款外，《民法典》第九百三十八条规定物业服务合同的内容一般包括服务事项、服务质量、服务费用的标准和收取办法、维修资金的使用、服务用房的管理和使用、服务期限、服务交接等条款。物业服务人公开作出的有利于业主的服务承诺，为物业服务合同的组成部分。

（1）物业服务事项。业主与物业服务人在物业服务合同中约定的物业服务事项，是指在签订合同时已经协商一致的物业服务的具体内容，双方未达成一致的服务项目或履行中发生的新项目，协商一致后应当另行签订补充协议。

（2）物业服务质量。约定物业服务质量就是约定各项具体服务应当达到的标准。只约定物业服务事项不约定物业服务质量，或者约定服务质量不明确，会造成合同履行争议。因此，约定服务质量必须具体、细致。业主与物业服务人可以参照《普通住宅小区物业服务等级标准》及本地区的物业服务指导标准，结合物业项目情况、物业服务收费标准及业主对物业服务的需求，协商确定物业服务质量的要求。

（3）物业服务费用。首先要明确物业服务的收费方式，实行包干制还是酬金制，或者是其他收费方式。然后根据不同收费形式明确收费标准、酬金数额或酬金比例、交费时间、收取办法等。

（4）维修资金的使用。在遵守住宅专项维修资金法规政策的基础上，合同应当约定物业服务人申请、使用和结算专项维修资金的方式，以及业主大会、业主委员会监督权利的行使等内容。

（5）物业服务用房的管理物业服务用房是由建设单位配置，所有权归全体业主共有，仅供物业服务相关活动使用的房屋。必要的物业服务用房是物业服务人开展物业服务的前提条件。对于物业服务用房的配置、用途、产权归属等，《民法典》《物业管理条例》已经有了明确规定，当事人需要在合同中就相关内容予以细化。

（6）服务期限。物业服务合同一般属于长期的持续性合同，需要当事人对合同的期限进行约定。物业服务合同的期限条款应当尽量明确、具体，或者明确规定计算期限的方法。

（7）服务交接。物业服务合同要对因合同期满或其他原因，物业服务人发生更迭时，原物业服务人与业主或业主委员会移交物业管理权的程序规则和移交内容明确约定。

7.4.2 物业服务合同的签订要点

物业服务合同在签订时，应以政府颁布的示范文本为基础，双方在平等自愿的前提下，遵循公平、诚实信用与合法的原则，经充分的协商讨论达成一致意见后方可签订。物业管理工作自身的特点决定了在物业服务合同签订时，除了遵循签订一般合同时的注意事项外，还要注意以下要点。

1. 明确业主、业主委员会的权利义务

除了《物业管理条例》规定的业主、业主委员会应有的权利义务之外，业主、业主委员会的其他一些权利义务，也应在物业服务合同里明确约定。例如，业主、业主委员会有权对物业服务人的服务质量，按照合同规定的程序提出意见并要求限期整改。同时，业主、业主委员会应承担相应的义务，包括督促业主按时交纳物业服务费，积极配合物业服务人工作，尊重物业服务人专业化的管理方式和措施等。

2. 明确物业服务人的权利和义务

本着权利和义务对等的原则，在赋予物业服务人管理整个小区日常事务的权利时，也要明确物业服务人所承担的义务与责任，并且尽可能予以细化。

3. 明确违约责任

履行合同中如有一方违约就应该赔偿另外一方的损失。损失的计算及赔偿标准应该按照相关法律、法规的规定进行具体表述。对不可抗力，如地震、战争等造成的损失应该免于赔偿。要在服务合同里明确双方违反约定应承担的违约责任，约定的责任要具有实用性和可操作性。

4. 明确免责条款

在物业服务合同约定中，订立合同各方应本着公平合理、互谅互让的原则，根据物业的具体情况设立免责条款，明确免责的事项和内容。例如，在物业服务合同中应当明确约定物业服务费不包含业主与物业使用人的人身保险、财产保管等费用，排除物业服务人对业主及物业使用人的人身、财产安全保护、保管等义务，以免产生歧义，引发不必要的纠纷。

5. 主要条款叙述准确、详细

物业服务及相关活动规范是合同签订的主要目的。在签订物业服务合同时，要特别注意以下主要条款。

（1）项目。应逐项写清管理服务项目，如房屋建筑共用部位的维修、养护和管理，共用设施设备的维修、养护、运行和管理等。

（2）内容。详细写明各项目所包含的具体内容。例如，房屋建筑共用部位的维修、养护和管理项目内容应包括楼盖、屋顶、外墙面、承重结构，环境卫生应覆盖的部分，以及安全防范的实施办法等。

（3）标准。明确各项目具体内容的管理服务质量标准。例如，垃圾清运的频率（是一天一次，还是两天一次），环境卫生的清洁标准，安全防范具体标准（门卫职责、是否设立巡逻岗）等。此外，还要注意在明确质量标准时要少用或不用带有模糊概念的词语，例如，要避免采用“整洁”等用词，因为在合同的执行过程中很难对是否整洁做出准确判断。

（4）费用。明确在前述的管理服务内容与质量标准下应收取的相应费用。物业服务是分档次的，不同档次收取的费用是有较大差异的。在明确了解了项目、内容和标准后，费用的确定往往是双方争论和讨论的焦点。在确定合理的费用时，要经过详细的内容测算和横向比较。

（5）争议的解决方式。在物业管理实践中，难免会产生各种各样的问题。这些问题既可能发生在物业服务人与业主之间，也可能发生在业主与业主之间；既有违法的问题，也有违约、违规及道德和认识水平不足的问题。显然，对于不同性质、不同层面的问题、矛盾与纠纷，要通过不同的途径、采取不同的处理方式来解决。一般情况下，有争议的合同应该通过友好协商解决。如果协商不成，则可依照合同中约定的仲裁条款要求仲裁委员会仲裁，或者向人民法院提起诉讼。

6. 服务承诺适当保留余地

物业的开发建设是一个过程，有时需分期实施。在订立合同尤其是签订前期物业服务合同时应充分考虑这点，既要实事求是，又要留有余地。比如，对于“24 小时热水供应”的服务承诺，在最初个别业主入住时，一般无法提供，因此在合同中应给予说明，并给出该项服务提供的条件与时机，以及承诺在未提供该项服务时应适当减免物业服务费。又如，当分期规划建造一个住宅区时，在首期的合同中就不应把小区全部建成后才能够提供的服务项目内容列入。

7.4.3 物业服务合同的终止

《民法典》合同编对物业服务合同的终止，及终止后物业服务人和业主的权利义务等，作出了非常明确的规定。

1. 物业服务人的解聘和续聘

业主依照法定程序共同决定解聘物业服务人的，可以解除物业服务合同。决定解聘的，应当提前 60 日书面通知物业服务人，但是合同对通知期限另有约定的除外。因解除合同造成物业服务人损失的，除不可归责于业主的事由外，业主应当赔偿损失。

物业服务期限届满前，业主依法共同决定续聘的，应当与原物业服务人在合同期限届满前续订物业服务合同。物业服务期限届满前，物业服务人不同意续聘的，应当在合同期限届满前 90 日书面通知业主或者业主委员会，但是合同对通知期限另有约定的除外。

2. 不定期物业服务合同的成立与解除

物业服务期限届满后，业主没有依法作出续聘或者另聘物业服务人的决定，物业服务人继续提供物业服务的，原物业服务合同继续有效，但是服务期限为不定期。当事人可以随时解除不定期物业服务合同，但是应当提前60日书面通知对方。

3. 物业服务人的后合同义务

物业服务合同终止的，原物业服务人应当在约定期限或者合理期限内退出物业服务区域，将物业服务用房、相关设施、物业服务所必需的相关资料等交还给业主委员会、决定自行管理的业主或者其指定的人，配合新物业服务人做好交接工作，并如实告知物业的使用和管理状况。原物业服务人违反前款规定的，不得请求业主支付物业服务合同终止后的物业费；造成业主损失的，应当赔偿损失。

物业服务合同终止后，在业主或者业主大会选聘的新物业服务人或者决定自行管理的业主接管之前，原物业服务人应当继续处理物业服务事项，并可以请求业主支付该期间的物业费。物业服务合同的权利义务终止后，业主请求物业服务人退还已经预收，但尚未提供物业服务期间的物业费的，人民法院应予支持。

【本章小结】

物业服务是指物业服务人为业主或物业使用人提供的专业性劳务活动。物业服务的特点主要有：公共性和综合性、广泛性和差异性、即时性和无形性、持续性和长期性。评价和确定物业服务等级标准主要从物业服务的基本要求、房屋管理、共用设施设备维修养护、协助维护公共秩序、保洁服务、绿化养护管理6个方面进行。

物业服务合同是物业服务人在物业服务区域内，为业主提供建筑物及其附属设施的维修养护、环境卫生和相关秩序的管理维护等物业服务，业主支付物业费的合同。物业服务合同应当采用书面形式订立；当事人未采用书面形式但是一方已经履行主要义务，对方接受时，该合同成立。

前期物业服务合同与物业服务合同的不同点主要体现在签订主体、内容、存在阶段、合同履行期限4个方面。除合同的一般条款外，物业服务合同一般包括服务事项、服务质量、服务费用的标准和收取办法、维修资金的使用、服务用房的管理和使用、服务期限、服务交接等内容。物业服务人公开作出的有利于业主的服务承诺，为物业服务合同的组成部分。

物业服务合同终止的，原物业服务人应当与业主委员会、决定自行管理的业主或者其指定的人做好交接。

【延伸阅读】

1.《民法典》合同编物业服务合同章；
2.《普通住宅小区物业服务等级标准（试行）》。

课后练习

一、选择题（扫下方二维码自测）

二、案例分析

【案例 7-4】原告某物业管理公司系为虎林镇一小区从事物业管理的企业，被告金某系该小区一门市业主，门市建筑面积为 78.55m^2。2008 年 9 月 30 日，原告与该小区业主委员会签订物业服务合同，服务期限自 2008 年 9 月 30 日至 2011 年 9 月 30 日。约定物业费每月每平方米 0.35 元，业主逾期未交纳物业管理服务费的，从逾期之日起每日按应缴费用的 0.03% 承担违约金。现原告提供了服务，被告一直拖欠 2009 年 10 月 1 日至 2011 年 9 月 30 日两年物业费，逾期付款 660 元。原告诉至法院，要求被告支付物业费、滞纳金等共计 883 元。

在诉讼中，被告辩称：① 其从未与原告签订物业服务合同，不是合同的当事人，原告与小区业委会签订的物业服务合同对自己没有约束力；② 自家门市曾因房顶掉下来的冰块将其牌匾砸坏，多次与原告的经理口头协商，但因物业公司暂时没有钱，由被告自己重新做牌匾，费用抵顶被告应交纳的物业费，故不同意交纳物业费。

业主金某的两条抗辩理由是否成立？请结合相关法律法规进行阐述。

三、课程实践

通过网络，调查了解我国各地物业服务等级标准，并选择 10 个以上有代表性的省、市，结合当地物业管理行业发展情况，进行对比分析。

8 物业项目承接查验

知识要点

1. 物业项目承接查验的含义、类型、原则、依据、区域、方法；
2. 物业项目不同阶段承接查验的条件、程序和注意事项；
3. 物业项目承接查验中的主体责任。

能力要点

1. 能够进行物业项目资料、场地、财务、人员等交接工作；
2. 能够组织实施物业承接查验工作，在过程中发现问题并跟踪整改。

物业服务人在与建设单位、业主大会授权的业主委员会或者业主签订物业服务合同之后，在对物业项目展开物业管理活动之前，必须对物业共用部位、共用设施设备进行全面的检查和验收，这就是物业项目运营中的承接查验环节。承接查验是物业服务人承接物业前必不可少的环节，直接关系到今后物业管理工作能否正常进行，以及使用和管理过程中出现质量问题时责任的界定。本章主要依据《物业管理条例》《物业承接查验办法》（建房〔2010〕165号），对承接查验的原则、条件、内容、程序等进行阐述，并对承接查验中的主体责任进行分析。

8.1 物业项目承接查验概述

8.1.1 物业项目承接查验的含义和类型

物业项目承接查验，是指物业服务人在承接新的物业项目之前，会同建设单位或者业主、业主委员会，对物业共用部位、共用设施设备进行检查和验收的活动。一般的，物业项目承接查验分为新建物业项目的承接查验和物业项目管理机构更迭时的承接查验两种类型。

1. 新建物业项目的承接查验

新建物业项目的承接查验是指承接新建物业项目前，物业服务人和建设单位按照国家有关规定和前期物业服务合同的约定，共同对物业共用部位、共用设施设备进行检查和验收的活动。

新建物业项目的承接查验应该在物业项目竣工验收合格后和业主入住之前进行。竣工验收是指建设工程项目竣工后，开发建设单位会同设计、施工、设备供应单位及工程质量监督部门，对该项目是否符合规划设计要求及建筑施工和设备安装质量进行全面检验，取得竣工合格资料、数据和凭证。竣工验收和承接查验虽然同样是对物业项目的验收和移交，但二者有着本质的区别。

（1）目的不同。工程竣工验收的目的是确认物业项目工程质量是否合格，能否交付使用，取得物业产品进入市场的资格。承接查验的目的主要在于分清各方责任，维护各方利益，减少矛盾和纠纷，以利于业主使用和物业管理顺利进行。

（2）参与主体不同。工程竣工验收是建设单位将建设的物业项目交由政府行政主管部门或行业管理单位进行竣工验收并备案，交验方是建设单位，验收方为政府行政主管部门或行业管理单位。承接查验是前期物业服务合同双方当事人在业主参与并接受行业主管部门监督下进行的，交验方是建设单位，承接方是物业服务人。

（3）对象不同。工程竣工验收是对项目是否符合规划设计要求及建筑施工和设备安装质量进行全面检验，承接查验是对物业共用部位、共用设施设备的接管查验。

2. 物业项目管理机构更迭时的承接查验

物业项目管理机构更迭时的承接查验是在前期物业服务合同终止或物业服务合同期满时，业主大会选聘了新的物业服务人，并与之签订的物业服务合同生效时所发生的物业共用部位、共用设施设备的检查和移交活动。

值得注意的是，物业项目管理机构更迭时的承接查验包括2个环节，一是原物业服务人向业主或业主委员会移交，二是业主或业主委员会向新的物业服务人移交。2个环节相对独立，法律主体有所不同。

（1）原物业服务人向业主或业主委员会移交。交验方为原物业服务人，接管方为业主或业主委员会。

（2）业主或业主委员会向新的物业服务人移交。交验方为业主或业主委员会，接管方为新选聘的物业服务人。

8.1.2 物业项目承接查验的原则和依据

1. 物业项目承接查验的原则

物业项目承接查验应当遵循诚实信用、客观公正、权责分明以及保护业主共有财产的原则。承接查验制度的指导思想是：

（1）以《民法典》和《物业管理条例》为依据，尊重业主的物权，尊重物业服务人与建设单位的契约自由。以维护业主的共同利益和物业管理市场秩序为目标，明确房地产行政主管部门的指导和监督职能。

（2）正视前期物业服务合同双方权利义务失衡的现实，平衡建设单位与物业服务人在承接查验中的利益。正视前期物业管理阶段业主大会缺失的现实，发挥物业服务人在承接查验工作中的专业优势。

（3）规范建设单位在承接查验中的责任和义务，督促建设单位提高物业共用部位、共用设施设备的建设质量。规范物业服务人在承接查验中的权利和义务，为前期物业管理活动顺利开展创造条件。

（4）强化承接查验工作的针对性和实用性，根据以往承接查验中存在的问题，有针对性地进行相关制度设计。强化承接查验工作的程序性和可操作性，通过具体详细的程序规定和操作规范，指导相关主体在实践中适用实施。

2. 物业项目承接查验的依据

物业项目承接查验的依据分为法律依据和合同依据。

承接查验的法律依据主要有《民法典》《物业管理条例》等法律法规，承接查验的内容与标准主要依据《物业承接查验办法》，以及各地行政主管部门依据该办法制定的实施细则。

承接查验的合同依据因物业的不同情况有所区别，主要原则是不应超出物业服务合同规定的范围与内容。对新建物业的承接查验，其交接双方是物业服务人和开发建设单位，承接查验以前期物业服务合同为依据；前期物业服务合同终止后，业主委员会与业主大会新选聘的物业服务人所进行的承接查验活动，以物业服务合同为依据。

具体的，实施物业项目的承接查验依据有：

（1）《民法典》。

（2）《物业管理条例》。

（3）《物业承接查验办法》。

（4）建设工程质量法规、政策、标准和规范。

（5）物业买卖合同。建设单位与物业买受人签订的物业买卖合同，应当约定其所交付物业的共用部位、共用设施设备的配置和建设标准。

（6）前期物业服务合同或物业服务合同。建设单位与物业服务人签订的前期物业服务合同，应当包含物业承接查验的内容。

（7）临时管理规约或管理规约。建设单位制定的临时管理规约，应当对全体业主同意授权物业服务人代为查验物业共用部位、共用设施设备的事项作出约定。

（8）物业规划设计方案。

（9）物业图纸资料、清单。

8.1.3 物业项目承接查验的区域和方法

1. 物业项目承接查验的区域

物业项目承接查验主要包括资料查验和现场查验两部分。现场查验区域包括物业共用部位、共用设施及共用设备。

（1）共用部位。一般包括建筑物的基础、柱、梁、楼板、屋顶，以及外墙、门厅、楼梯间、走廊、楼道、扶手、护栏、电梯井道、架空层及设备间等。

（2）共用设施。一般包括道路、绿地、人造景观、围墙、大门、信报箱、宣传栏、路灯、排水沟、渠、池、污水井、化粪池、垃圾容器、污水处理设施、机动车（非机动车）停车设施、休闲娱乐设施、消防设施、安防监控设施、人防设施、垃圾转运设施及物业服务用房等。

（3）共用设备。一般包括电梯、水泵、水箱、避雷设备、消防设备、楼道灯、电视天线、发电机、变配电设备、给水排水管线、电线、供暖及空调设备等。

物业服务人进行现场查验的重点是查验物业共用部位、共用设施设备的配置标准、外观质量和使用功能，而对物业共用部位、共用设施设备的内在质量和安全性能是在查阅确认文件的基础上进行再检验。因此，物业承接查验小组应该根据《物业承接查验办法》的规定与合同的约定，以及物业设计文件及清单，列出现场查验的项目和内容。

值得注意的是，建设单位应当依法移交有关单位的供水、供电、供气、供热、通信和有线电视等共用设施设备，不作为物业服务人现场查验和验收的内容，但涉及的合同协议应作为资料查验和移交的内容。

2. 物业项目承接查验的方法

物业项目承接查验中，主要应用的方法有以下几种。

（1）核对。应根据合同约定和规划设计批准文件及引用的法规、规范和标准，以及物业共用设施设备清单对物业共用部位、共用设施设备进行现场核对，确保设施设备的名称、型号、规格、数量和安装位置符合规划设计批准与物业买卖合同约定的配置要求。

（2）观察。主要是双方人员，特别是物业服务人员依据自身的专业技术能力和经验及观察力，在对物业共用部位、共用设施设备进行现场核对时详细观察其是否符合配置标准，外观质量是否存在缺陷，发现问题，详细记录。

（3）使用。物业服务人员在对物业共用部位、共用设施设备进行现场查验时，要根据设施设备出厂的安装、使用和维护保养说明文件的要求和有关设备的安全操作规程，由建设单位或供货厂商的专业人员开启设备，并使其达到满负荷运行，记录设备运行的主要技术参数，在现场双方进行交流沟通和有效培训，保证物业服务人的值班维修人员全面正确地使用管理设备，并从中发现问题，以便由建设单位责成责任单位负责解决，以保证查验的正常进行。

（4）检测。在物业共用部位、共用设施设备现场查验中，查验人员要利用工具和检测仪器、仪表，对共用部位、共用设施设备运行使用进行状态检测，观察、记录各种数据，看其是否达到设计文件规定的要求，是否能满足使用需要，对存在的问题做好记录。

（5）试验。物业服务人员要在建设单位专业人员指导和配合下对物业共用部位、共用设施设备的有关部位进行有效性试验（例如：消防系统的分系统试验和综合联动试验，排水系统的灌水、通水、通球试验，有防水要求部位的闭水试验等）。注意试验前要做好方案，试验中要注意安全，并做好记录。

8.2 新建物业项目的承接查验

8.2.1 新建物业项目承接查验的条件

新建物业项目的建设单位应当在物业交付使用15日前，与选聘的物业服务人完成物业共用部位、共用设施设备的承接查验工作。而在现场查验20日前，建设单位应当向物业服务人移交规定的物业资料。因此，建设单位应在物业交付使用前至少50日根据国家有关规定完成物业的竣工验收，取得质量合格证书，完成备案，使物业具备交付使用的条件。《物业承接查验办法》规定，实施承接查验的物业，应当具备以下条件：

（1）建设工程竣工验收合格，取得规划、消防、环保等主管部门出具的认可或者准许使用文件，并经建设行政主管部门备案；

（2）供水、排水、供电、供气、供热、通信、公共照明、有线电视等市政公用设施设备按规划设计要求建成，供水、供电、供气、供热已安装独立计量表具；

（3）教育、邮政、医疗卫生、文化体育、环卫、社区服务等公共服务设施已按规划设计要求建成；

（4）道路、绿地和物业服务用房等公共配套设施按规划设计要求建成，并满足使用功能要求；

（5）电梯、二次供水、高压供电、消防设施、压力容器、电子监控系统等共用设施设备取得使用合格证书；

（6）物业使用、维护和管理的相关技术资料完整齐全；

（7）法律、法规规定的其他条件。

建设单位在完成物业项目承接查验前的准备工作后，书面通知物业服务人进行承接查验，并约定时间召开承接查验协调会议。物业服务人接到建设单位的书面通知后，应主动与建设单位联系，查看达到上述查验条件的证明材料，确定物业项目具备查验条件后，与建设单位约定查验时间，共同完成查验工作。

8.2.2 新建物业项目承接查验的程序

新建物业项目承接查验一般包括：制定承接查验方案、资料查验、现场查验、查验问题处理、签订承接查验协议和办理物业交接手续6个环节。

1. 制订承接查验方案

（1）组建承接查验小组。由物业服务人和建设单位各抽调数名工程技术人员（包括土建与安装专业人员）及管理人员组成物业承接查验小组，建设单位亦可指派工程施工总承包单位、主要设备供货厂家、工程监理单位代表参加，同时可以邀请业主代表和房地产行政主管部门代表参加。由建设单位和物业服务人双方共同推选物业承接查验组长、副组长，明确各岗位职责与分工，规范物业承接查验工作。承接查验可以聘请相关专业机构协助进行，过程和结果可以公证。

（2）承接查验的技术依据。各专业工程承接查验的技术依据主要包括：

1）物业项目设计文件引用的建筑与安装施工工程的国家、行业和地方标准与规范；

2）建设单位提交的物业与物业竣工图纸资料清单；

3）设施设备供货厂家安装、调试、维修及使用说明书；

4）物业买卖合同约定的物业共用部位、共用设施设备的配置标准；

5）建筑、安装工程施工与质量验收系列丛书（实用手册）。

（3）拟定现场查验方案。拟定物业共用部位、共用设施设备现场查验方案，主要包括：查验项目、内容、标准、方法、时间与进度、问题的收集与处理、工具与器材、参加人员、记录人、负责人等，编制物业设施设备现场查验计划与进度报告。

（4）查验人员及物资的准备。收集验收文件；培训查验人员；准备查验设备、工具和仪表，包括：压力表、温度计、超声波流量计、电压表、电流表、兆欧表、试压泵、钢卷尺、直尺、高低压电工工具、水暖工工具、梯子、安全帽、移动照明灯等；准备记录表格，主要包括：

1）物业资料查验移交表；

2）物业设施设备现场查验记录表；

3）物业设施设备现场查验问题汇总表；

4）物业设施设备现场查验问题处理跟踪表；

5）物业设施设备查验最终遗留问题汇总表；

6）物业项目移交表。

（5）现场查验风险预测。分析现场查验的风险，制定预防措施，见表 8–1。

现场查验风险及预防措施　　表 8–1

风险类型	预防措施
损坏设备	带齐工具仪表，按规定路线小心行走
	组织前期培训。熟悉设备构造、原理和操作程序、注意事项
	应请安装施工单位持有高低压电工进网许可证的熟练技工进行操作
遗留物品	工作完毕应清点所带物品，防止遗漏
触电	带电操作时，应戴好绝缘手套，穿绝缘靴并严格遵守安全操作规程
	现场查验时，务必切除相关设备电源
撞伤	戴好安全帽及相关防护用品
高空坠落	使用合格的梯子，高空作业务必系好安全带
漏项	对照现场查验工作计划逐项验收，并做好记录

2. 资料查验

物业共用部位、共用设施设备现场查验20日前，建设单位应当向物业服务人移交下列资料：

（1）竣工总平面图，单体建筑、结构、设备竣工图，配套设施、地下管网工程竣工图等竣工验收资料；

（2）共用设施设备清单及其安装、使用和维护保养等技术资料；

（3）供水、供电、供气、供热、电梯、消防、环保、防雷、通信、有线电视等准许使用文件；

（4）物业质量保修文件和物业使用说明文件；

（5）房屋、共用设施设备清单；

（6）承接查验所必需的其他资料（如物业产权资料、客户资料、保修资料等）。

未能全部移交前款所列资料的，建设单位应当列出未移交资料的详细清单并书面承诺补交的具体时限。物业服务人应当对建设单位移交的资料进行清点和核查，重点检查共用设施设备出厂、安装、试验和运行的合格证明文件。物业服务人对接收到的物业资料应按规定进行分类建档，永久保存，认真管理。

3. 现场查验

物业服务人对物业进行现场查验时应当综合应用核对、观察、使用、检测和试验等方法，重点查验物业共用部位、共用设施设备的配置标准、外观质量、使用功能、检测和试验数据。

（1）物业建筑结构及装饰装修的查验和移交。主要是共用部位的现场查验，评价其使用功能及安全性和完好程度，关注是否存在危险隐患，以便分清责任，由责任人负责解决和处理。

（2）物业共用设备的查验和移交。主要包括：供电、供水、排水、消防、电梯、供暖、空调、安防、车场等设备的数量、完好程度、使用功能，共同确定其存在的问题，从而界清责任，协商处理和解决方案。

（3）物业共用配套设施的查验和移交。主要包括环境卫生设施（垃圾桶、箱、车等）、绿化设施、照明设施、安防及消防设施（如值班室、岗亭、监控设施、报警设施、车辆道闸、消防配件等）、文化娱乐设施（会所、游泳池、各类球场、健身器材等）、各种标识等。

（4）物业管理用房。包括办公用房、活动室、员工宿舍、食堂、仓库、操作间等。

（5）室外道路、场地、绿地、雨污水井等排水设施。

（6）产权属全体业主所有的设备、工具、材料等。主要包括：办公设备、交通工具、通信器材、维修设备工具、安防设备、保洁设备、绿化设备、物业管理软件、财务软件等。

现场查验应当形成书面记录。双方在物业设施设备的现场查验中，应由查验记录人将查验情况认真填入各类别现场查验记录表。查验记录应当包括查验时间、项目名称、查验范围、查验方法、存在问题、修复情况及查验结论等内容，查验记录应当由建设单位和物业服务人及其他参加查验的人员在现场签字确认，统一归档保存。

4. 查验问题处理

书面通知建设单位及时解决，并进行复验。现场查验中，物业服务人应当将物业共用部位、共用设施设备的数量和质量不符合合同约定和有关文件规定的情形记录下来，由物业现场查验小组将查验中发现的问题分类，书面通知建设单位，建设单位签收后应当及时责成责任人解决，完成后，组织查验的双方人员进行复验，直至合格。对于不能及时解决的遗留问题，双方协商解决方案，并在签订承接查验协议时明确约定。

5. 签订承接查验协议

建设单位应当委派专业人员参与现场查验，与物业服务人共同确认现场查验的结果，签订承接查验协议，对承接查验的基本情况、存在问题、解决方式及时限、双方权利义务、违约责任等事项做出明确约定。物业项目承接查验协议作为前期物业服务合同的补充协议，与前期物业服务合同具有同等法律效力。

6. 办理物业项目交接手续

建设单位应当在承接查验协议签订后 10 日内办理物业交接手续，向物业服务人移交物业服务用房及其他物业共用部位、共用设施设备。交接工作应当形成书面记录，交接记录应当包括移交资料明细，物业共用部位、共用设施设备明细，交接时间、交接方式等内容，双方签署物业移交表，交接记录应当由建设单位和物业服务人共同签字、盖章确认。物业共用部位、共有设施设备办理正式移交前，应由建设单位负责管理，移交后则由物业服务人进行使用和管理。

物业服务人应当自物业交接后 30 日内，持相关承接查验文件向物业所在地的区、县（市）房地产行政主管部门办理备案手续。

建设单位和物业服务人应当将物业承接查验备案情况书面告知业主。告知方式应在前期物业服务合同中约定。

8.2.3 新建物业项目承接查验的注意事项

（1）明确验收立场。物业服务人既应从今后物业维护保养管理的角度进行验收，也应站在业主的立场上，对物业进行严格的验收，以维护业主的合法权益。

（2）人员选配。物业服务人应选派素质好、业务精、对工作认真负责的管理人员及技术人员参加验收工作。

（3）注意特殊信息的收集。新建物业建设单位应将项目所有土建工程、装饰工程、市政工程、设备安装工程和绿化工程等主体及配套工程的施工（承包）单位名称、工程项目、工程负责人员联系电话、保修期限等内容列出清单并交给物业服务人。

（4）产权界定。小区公共设备设施、辅助场所、停车位、会所等产权须界定并出具相关证明，避免以后引起业主投诉纠纷。

（5）明确管理权限。物业服务人接受的只是对物业的经营管理权及政府赋予的有关权利。

（6）遗留问题备案。对在前期介入阶段提出的完善项目和整改意见进行复核，对尚未完善的事项，要求建设单位提出补救和解决措施并备案（包括物业管理用房，开办费用，对外承诺的小区配套设施等敏感问题）。承接查验中若发现问题，应明确记录在案，约定期限督促移交人对存在的问题加固补强、整修，直至完全合格。

（7）落实保修事宜。根据建筑工程保修的有关规定，由建设单位负责保修的，应向物业服务人交付保修保证金，或由物业服务人负责保修，建设单位一次性拨付保修费用。将建设单位施工未用完的小区建材包括各种瓷片、玻璃窗及配件等留下来备用，为以后维修减少费用。项目采用非市面上常见的建材、设备和设施的，应让建设单位或施工单位提供供货和维修保养单位的地址、电话和联系人。

（8）关注管理配套。验收时注意与物业管理服务密切相关的设施和管线有无按要求做好。包括岗亭、道闸、围栏防攀防钻设施、清洁绿化取水用的水管接口、倒水池、垃圾收集房（含清洁工具房）、小区标识系统、车棚、停车位是否足够，小区摆摊、开展社区活动、室外加工用电的预留电源插座等设施做好与否。

（9）查验手续齐全。承接查验符合要求后，物业服务人应与建设单位签订物业承接查验协议。

（10）拒绝承接未查验物业。物业服务人擅自承接未经查验的物业，因物业共用部位、共用设施设备缺陷给业主造成损害的，物业服务人应当承担相应的赔偿责任。所以，物业服务人要拒绝接管未经查验的物业，避免带来损失。

（11）分期开发项目分期查验。分期开发的物业项目，可以根据开发进度，对符合交付使用条件的物业分期进行承接查验与交接。建设单位与物业服务人应当在承接最后一期物业时，办理物业项目整体交接手续。

（12）明确查验费用。物业承接查验费用的承担，由建设单位和物业服务人在前期物业服务合同中约定。没有约定或者约定不明确的，由建设单位承担。

8.3 物业项目管理机构更迭时的承接查验

8.3.1 物业项目管理机构更迭时承接查验的条件

在物业项目管理机构发生更迭时，新的物业服务人必须在下列条件均满足的情况下才能实施承接查验。

（1）物业的业主或业主委员会（产权单位）与原有的物业服务人解除了原有的物业服务合同。

（2）物业的业主或业主委员会（产权单位）同新选聘的物业服务人签订的物业服务合同生效。

8.3.2 物业项目管理机构更迭时承接查验的程序

物业项目管理机构更迭时的承接查验与新建物业项目承接查验的流程一致，但各环节的查验内容有所不同。

1. 确定承接查验方案

（1）成立承接查验小组。为保证物业查验和移交的顺利进行，使物业管理实现无缝衔接，一般情况下，应当在物业的业主、业主委员会或产权单位主管部门的主持下，由原有的和新选聘的物业服务人的人员参加，共同组成查验和交接小组，对物业共用部位、共用设施设备和物业档案资料进行全面的查验和移交。查验小组成员要求有较强的工作经验和业务能力，专业性强。小组成员人数可根据接管物业的规模而定。

（2）准备资料和工具。准备接管时所需的各类表格、工具、物品等。物业的承接查验小组应提前与业主委员会及原物业服务人接触，洽谈移交的有关事项，商定移交的程序和步骤，明确移交单位应准备的资料、清单等。

（3）提前与有关单位协调关系。物业管理机构更迭时的承接查验没有明确的法律规定，为了顺利开展承接查验，需要同建设单位、原物业服务人、业主委员会、相关行业主管部门等单位进行沟通。

（4）对物业项目进行调查评估。为了使承接查验能够顺利进行，在承接查验前必须对旧物业的管理现状及存在问题进行全方位调查与评估，为物业移交和日后的管理提供依据，对发现需要整改的内容及时与移交单位协调处理。要调查的内容包括：房屋的完好情况，各类设施设备的运行、管理、维护情况，卫生、消杀、绿化、公共秩序、消防安全的管理服务情况，业主（物业使用人）、行政主管部门、社会公众媒体对该项目物业管理的评价情况，员工的办公、生活情况，各类管理人员的素质，管理处经营情况等。

2. 资料查验

（1）物业原始资料。包括物业交付使用初期原物业服务人从物业建设单位承接来的物业原始资料，主要是物业竣工图纸资料，竣工验收资料，设备的使用、维护技术资料，物业产权资料，物业清单等。

（2）物业共用部位、共用设施设备维修、养护和管理，以及大中修、更新改造及专业检验的资料。包括：物业设施设备清单、台账，使用、修理、改造报告，重大事故报告，专业检测报告，完好率评定报告等。

（3）业主资料。包括：业主身份、产权证明，物业查验、问题解决记录，物业使用、装修、维修资料，有关服务、投诉、回访记录和纠纷的处理报告等。

（4）财务管理资料。包括：属全体业主所有的物业管理固定资产清单、收支账目表、债权债务移交清单，水电等抄表记录及费用代收代缴明细表，物业管理服务费收缴明细表、维修基金使用审批资料和记录，其他需移交的各类凭证、表格、清单等，业主各类押金、停车费、应收款项等。

（5）合同协议书。包括：对内、对外签订的合同、协议原件。

（6）人事档案资料。指双方同意移交留用的在职人员的人事档案、培训、考试记录等。

（7）其他需移交的资料。

资料移交应按资料分类列出目录，根据目录名称、数量逐一清点是否相符完好，移交后三方当事人在目录清单上签名、盖章。

3. 现场查验

物业管理机构更迭时现场查验的内容与新建物业的现场查验的内容相同。

4. 查验问题处理

共用部位、共用设施设备及物资财产现场查验要做好记录，查验各方就存在的问题根据合同约定和有关规定，达成承接查验协议，即可办理移交手续，交由新选聘的物业服务人实施管理。在办理移交手续时应注意以下几个方面：

（1）对物业共用部位、共用设施设备的使用现状做出评价，真实、客观地反映房屋、设施设备的完损程度；

（2）各类管理资产和各项费用应办理移交，对未结清的费用（如业主拖欠的物业管理服务费及对应支付的费用等）应明确收取、支付方式；

（3）确认原有物业服务人退出或留下人员名单；

（4）提出遗留问题的处理方案；

（5）签订承接查验协议。

8.3.3　物业项目管理机构更迭时承接查验的注意事项

（1）明确交接主体和次序。此类物业的管理移交是原物业服务人将物业管理工作移交给物业的业主、业主委员会或物业产权单位之后，再由业主、业主委员会或产权单位将物业管理工作移交给新选聘的物业服务人，而不是原有的物业服务人将物业管理工作直接移交给新的物业服务人。虽然在具体移交中可合并进行，但要分清楚移交的主体和责任。

（2）注意移交重点和难点。各项资产和费用的移交，共用配套设施和机电设备接管、承接时的物业管理运作衔接是物业管理工作移交的重点和难点，承接单位应尽量分析全面、考虑周全，以利于交接和日后管理工作的开展。

（3）明确保修责任。如承接的物业项目部分还在质保期内，承接单位应与建设单位、移交单位共同签订承接查验协议，明确具体的保修项目、负责保修的单位及联系方式、保修方面遗留问题的处理情况，并在必要时提供原施工或采购合同中关于保修的相关条款文本。

（4）预判后续工作中可能出现的问题。在物业管理移交工作中，对物业共用部位、共用设施设备存在的问题不易全部发现，难免存在遗漏，因此在签订移交协议或办理相关手续时应注意做出相关安排，便于在后续工作中能妥善解决发现的问题。

8.4 物业项目承接查验主体的责任

8.4.1 建设单位的法律责任

（1）按约定解决查验问题。物业交接后，建设单位未能按照承接查验协议的约定，及时解决物业共用部位、共用设施设备存在的问题，导致业主人身、财产安全受到损害的，应当依法承担相应的法律责任。

（2）修复隐蔽工程质量问题。物业交接后，发现隐蔽工程质量问题，影响房屋结构安全和正常使用的，建设单位应当负责修复；给业主造成经济损失的，建设单位应当依法承担赔偿责任。

（3）保修责任。建设单位应当按照国家规定的保修期限和保修范围，承担物业共用部位、共用设施设备的保修责任。

（4）资料移交。建设单位不移交有关承接查验资料的，由物业所在地房地产行政主管部门责令限期改正；逾期仍不移交的，对建设单位予以通报，并按照《物业管理条例》第五十九条的规定处罚。

8.4.2 物业服务人的法律责任

（1）物业管理责任。自物业交接之日起，物业服务人应当全面履行前期物业服务合同约定的、法律法规规定的以及行业规范确定的维修、养护和管理义务，承担因管理服务不当致使物业共用部位、共用设施设备毁损或者灭失的责任。

（2）查验资料保管责任。物业服务人应当将承接查验有关的文件、资料和记录建立档案并妥善保管。

（3）损害赔偿责任。物业服务人擅自承接未经查验的物业，因物业共用部位、共用设施设备缺陷给业主造成损害的，物业服务人应当承担相应的赔偿责任。

8.4.3 业主权益的保护

《物业承接查验办法》对承接查验中保护业主权益作了明确规定。为防止前期物业服务合同终止后物业服务人拒交物业承接查验档案，规定物业承接查验档案属于全体业主所有；为发挥业主在物业承接查验中的主观能动性，规定业主的知情权和监督权，并要求建设单位和物业服务人应当将物业承接查验备案情况书面告知业主；为保障物业承接查验的经费来源，规定由建设单位和物业服务人在前期物业服务合同中约定物业承接查验费用的承担，没有约定或者约定不明确的，由建设单位承担；为发挥各方主体的监督作用，规定物业承接查验可以邀请业主代表以及物业所在地房地产行政主管部门参加，可以聘请相关专业机构协助进行，物业承接查验的过程和结果可以公证，物业所在房地产行政主管部门应当及时处理业主对建设单位和物业服务人承接查验行为的投诉。

【本章小结】

物业项目承接查验，是指物业服务人在承接新的物业项目之前，会同建设单位或者业主、业主委员会，对物业共用部位、共用设施设备进行检查和验收的活动。

物业项目承接查验应当遵循诚实守信、客观公正、权责分明及保护业主共有财产的原则，查验依据包括法律依据和合同依据两方面，查验方法有核对、观察、作用、检测、试验等，查验内容包括资料查验和现场查验两部分，现场查验区域包括物业共用部位、共用设施及共用设备。

物业项目承接查验分为新建物业项目的承接查验和物业项目管理机构更迭时的承接查验两种类型，查验程序均要分制订承接查验方案、资料查验、现场查验、查验问题处理、签订承接查验协议和办理物业交接手续 6 个环节，但各环节的工作内容及注意事项有所区别。其中，物业管理机构更迭时的承接查验又分为两部分，一是原物业服务人向业主或业主委员会移交，二是业主或业主委员会向新的物业服务人移交。2 个环节相对独立，法律主体有所不同。

物业项目承接查验过程中各方主体要严格执行国家相关法律法规和物业买卖合同、物业服务合同等的约定，履行义务，承担责任，并注意保护业主的权益。

【延伸阅读】

1.《民法典》；

2.《物业管理条例》；

3.《物业承接查验办法》。

课后练习

一、选择题（扫下方二维码自测）

二、案例分析选择题（每小题的多个备选答案中，至少有1个是正确的）

【案例 8-1】甲公司建设了一座涉外的商务大厦，因甲公司自身并不具备直接管理大厦的经验和能力，便招标乙公司作为专业机构负责该项目的物业管理工作。乙公司由于是以低价中标，实际管理运营中财务压力很大。于是通过偷工减料，对管理成本进行非正常压缩。由此造成客户大量投诉，大厦形象受到影响。甲公司决定提前1年终止委托合同，通过公开招标程序委托丙公司进行管理。在甲公司与乙公司进行项目交接时，双方分别就项目现状进行了逐项检查和记录。在检查到空调机组时，因正值冬季，环境温度无法达到开机条件，在粗略看过机房后，甲公司接收人员便在"一切正常"的字样下签了名。

春夏之交，丙公司在进行空调运行准备过程中发现，乙公司对机组的维护保养工作做得很差，竟然在过去的一年里从未给机器加过油，有的机头已不能启动，需要更换部分零件。乙公司要求甲公司支付双方约定的提前终止委托管理的补偿费用。甲公司认为，乙公司在受托期间未能正常履行其管理职责，造成设备受损，补偿部分要扣除相应部分。而乙公司的律师则拿出有甲公司工作人员"一切正常"签字的交接验收记录复印件，向甲公司提出了法律交涉。

1．本案例中，承接查验的法律主体有（　　）。

A．甲公司和乙公司　　B．乙公司和丙公司

C．甲公司和丙公司　　D．甲、乙、丙三家公司

2．本案例中，承接查验的正确程序是（　　）。

A．甲公司向丙公司移交

B．乙公司向丙公司移交

C．甲公司向乙公司移交，之后乙公司向丙公司移交

D．乙公司向甲公司移交，之后甲公司向丙公司移交

3．该项目在进行承接查验时，应具备的条件有（　　）。

A．甲公司与乙公司解除了原有的物业服务合同

B．甲公司与丙公司签订的物业服务合同生效

C．甲公司与乙公司解除了原有的物业服务合同，同时甲公司与丙公司签订的物业服务合同生效

D．无所谓

4．甲公司在这场管理机构更迭的移交工作中存在的问题有（　　）。

A．交接主体和次序不明确

B．对移交重点、难点重视不够

C．没有对后续工作中可能出现的问题进行妥善安排和解决

D. 没有明确保修责任

5. 管理机构更迭时移交工作的重点是（ ）。

A. 资产和费用的移交 B. 共用配套设施和机电设备的接管

C. 人员的安排和接管 D. 承接时的物业管理运作衔接

三、案例分析论述题

【案例 8–2】某住宅小区入住不足2年，前期物业管理由开发商委托的甲物业管理公司负责。该小区业主大会成立后决定选聘乙物业管理公司承担该小区的物业管理工作。业主委员会书面通知甲、乙公司办理移交。现场交接时，乙公司派项目经理1人，在甲公司人员陪同下观察了小区内共用部位、共用设施设备及其附属设施的运行状况。观察结果是除部分屋面漏水外，其他部分运行状况正常。对于屋面漏水，甲公司解释属保修期，应由开发商解决。于是，甲、乙两公司未将该问题列入移交工作范围。资料交接时，甲公司向乙公司移交了开发商提供的前期物业资料，对于业主入住资料，甲公司称属短期保管，已销毁。费用交接时，甲公司提出因有部分未实际居住的业主以没有接受服务为由，不缴纳物业管理服务费，致使小区物业管理服务经营亏损，希望用小区楼内广告收入冲抵。上述情况乙公司给予确认，双方共同签署了交接文件。乙公司接管后，陆续发现部分电梯存在故障，于是支出大量维修费用。

1. 本案例中，承接查验的做法是否正确？简要说明理由。

2. 本案例中，对于部分屋面漏水，甲公司的解释是否恰当？甲、乙两公司的处置方法是否正确？简要说明理由。

3. 物业资料的移交应包含哪些内容（请列举）？本案例中，甲公司处置入住资料的行为是否符合档案管理规定？简要说明理由。

4. 本案例中，部分业主拒缴物业管理服务费的理由是否成立？简要说明理由。甲公司经营亏损以广告收入冲抵的处理方法是否恰当？请列出两条你认为恰当的处理方法。

5. 你认为可以从本案例吸取哪些教训来改进承接查验工作？简要说明理由。

四、课程实践

选择你熟悉的物业项目，设计该项目承接查验的实施方案。包括：

（1）物业项目概况；

（2）查验小组构成及分工；

（3）查验技术依据清单；

（4）资料查验清单（只列清单，不列具体内容及要求）；

（5）现场查验项目清单（只列清单，不列具体内容及要求）；

（6）查验表格清单（只列清单，不附表格）；

（7）查验进度计划；

（8）保障措施。

9 物业项目前期管理

知识要点

1. 物业项目前期管理的起止时间、特征；
2. 物业项目前期筹备工作的主要任务；
3. 物业项目入住管理的含义、模式、责任界定、办理流程及注意事项；
4. 物业项目装饰装修管理流程、注意事项；
5. 物业项目保修管理的概念、保修期、维修责任界定。

能力要点

1. 能够办理入住手续，进行入住方案设计，解决入住管理中的问题；
2. 能够办理装饰装修手续，跟踪装饰装修过程中的实际问题；
3. 能够准确界定维修管理中的责任，处理保修管理中的实际问题。

对于新建物业项目，当物业服务人完成与建设单位的承接查验后，即进入前期管理阶段。这个阶段，物业服务人既要协调处理好与建设单位、业主间的关系，又要完成许多项目正常运作期间不涉及的服务内容，工作任务重，矛盾集中，是物业项目运营的关键环节。本章将对物业项目前期管理的含义、期限等基础知识加以分析，并分别阐述前期管理中前期筹备、业主入住、装修管理和质量保修管理等关键任务的服务内容、服务流程和注意事项。涉及的法律法规，除《民法典》和《物业管理条例》外，还包括《住宅室内装饰装修管理办法》(建设部令〔2002〕第110号)、《建筑装饰装修管理规定》(建设部令〔1995〕第46号)、《建设工程质量管理条例》(国务院令第279号)、《商品住宅实行住宅质量保证书和住宅使用说明书制度的规定》(建设部建房〔1998〕102号)和《房屋建筑工程质量保修办法》(建设部令〔2000〕第80号)等。

9.1 物业项目前期管理概述

9.1.1 物业项目前期管理的含义与特征

1. 物业项目前期管理的含义

物业项目前期管理是指在业主、业主大会选聘物业服务人之前，由建设单位选聘物业服务人实施的物业管理。前期管理的期限自物业承接查验开始，至业主委员会代表业主与业主大会选聘的物业服务人签订物业服务合同时止。物业项目前期管理是物业服务人对新物业项目实施的物业管理服务，服务的对象是全体业主。服务内容既包含物业正常使用期所需要的常规服务，又包括业主入住、装修管理、工程质量保修处理以及物业服务机构的前期运作、前期沟通协调等特殊内容。

2. 物业项目前期管理的特征

物业项目前期管理的特征主要表现在以下 4 个方面。

（1）基础性。物业项目前期管理的许多工作，尤其是前期管理的特定内容，是以后常规管理的基础，对常规管理阶段的工作有着直接和重要的影响。这是物业项目前期管理最明显的特点。

（2）过渡性。物业项目前期管理的职责是在新建物业投入使用初期建立物业管理服务体系并提供服务，其介于早期介入与常规物业管理之间，在时间上和管理上均是一个过渡阶段。

（3）波动性。新建物业及其设施设备往往会因其施工质量隐患、安装调试缺陷、设计配套不完善等问题，可能会出现临时停水停电、电梯运行不平稳、空调时冷时热等现象。物业及设施设备需要经过一个自然磨合期和对遗留问题的处理过程，才能逐步进入平稳的正常运行状态。因此，此阶段的物业管理服务明显呈现出波动和不稳定状态。

（4）风险性。在物业项目前期管理阶段，需要投入较大人力、财力、物力等资源，管理成本相对较高；与此同时，物业空置率相对较高，管理费收缴率偏低。因此，物业项目前期管理阶段的经营收支容易出现收入少、支出多、收支不平衡甚至亏损等情况。

9.1.2 物业项目前期管理的筹备

物业项目前期管理筹备是指物业服务人在进驻新承接项目之前进行的人、财、物及其他运营方面的准备工作，这是保障物业服务工作开展的前提条件。

为保障项目开展的质量及效率，应编制筹备计划。先通过现场查勘及与建设单位的沟通，确定项目的入住时间、具体交付的建筑等基本情况，然后按照入住时间倒排来完成物业项目计划的编制。计划编制完成后需与相关部门充分沟通，进行确认，达成共识。通常还会制定定期跟进机制，由责任人与验收人通过定期对照筹备工作计划进行检验，评估工作进度和效果，调整工作计划，直至筹备工作圆满完成。

1. 行政人力筹备

（1）相关手续办理。主要内容有申请营业执照、组织机构代码证、税务登记证，印章办理，基本账户设立等，分别向工商部门、质量监督部门、税务机关、公安部门、银行申报。还需办理收费许可，收费许可通常通过报批和报备方式办理，报批项目需向主管部门申报批准后方可收费。无论是报批还是报备，物业管理服务收费标准都应在经营场所对外公示，做到明码标价、亮证收费。

（2）人员配置与培训。项目人力资源定编通常需考虑项目正常服务人员和集中入住装修阶段的支援人员。项目正常人力配置应参考物业服务投标书的配置，并结合项目规模、交付进度、设施设备配置情况、园林面积、出入口数量等实际需要进行优化。在集中入住装修阶段，根据项目交付量及时间确定支援人员配置计划。

人力资源配置计划还需重点考虑人员的到位时间。到位时间过早，会增加项目的经营成本。到位时间晚，可能会影响筹备工作的推进。通常物业项目的专业主管人员在入住前2个月进场，操作类员工根据培训时间进场。

物业项目人员可以通过企业其他项目调配或面向市场组织招聘。项目入住前的培训包括项目交底、入职岗前培训和入住专项培训。

（3）管理制度制订。根据物业项目实际情况，对已制定的管理制度和服务规范进行调整、补充和完善。收集物业、业主信息资料并建档。

2. 财务筹备

（1）建立财务台账。根据项目收费面积及收费要素（包括房产编号、房地产建筑面积、业主资料等）建立财务台账的基础信息。收费台账主要包括收入类、押金类、代收代付类。收入类指的是物业管理服务费、停车费、租赁费；代收代付类指的是物业服务人受委托的代收费，如水费、电费、供暖费等。

（2）编制预算。预算收入包括物业管理服务费、停车管理费、建设单位提供的前期物资装备费、物业提前介入费、通过协议约定的物业补贴费等。预算成本包括筹备资金的需要及日常物业管理工作的支出。

3. 物业管理用房及物资筹备

（1）物业管理用房的确定。物业管理用房是指物业服务人在物业项目的办公、生活场所，以及为业主提供服务的场所。应从位置、面积、用途、产权等方面进行考虑。

（2）物资装备采购。物业项目的物资按用途分为物业服务中心、秩序维护、工程管理、保洁、绿化、行政办公、食堂、宿舍等物资，按易损程度划分为固定资产、低值易耗品。物资采购应先制订物资采购计划，采购物资项目、数量和金额应严格执行物业管理服务方案中的工作计划和财务计划。

4. 确定物业管理服务模式

对具体物业管理项目进行管理时，物业服务人可以根据企业的自身情况和需要来确定是否将部分单项服务分包给社会专业服务公司。对分包的服务项目，要进行市场调查、筛选，确定符合自己要求的分包单位。

5. 与相关单位的沟通

物业管理服务的综合性较强，在物业管理活动中所涉及的单位、部门也较多。其中有政府行政主管部门、社区居民委员会、开发建设单位、物业服务人、业主、业主大会及业主委员会等单位和部门，还有城市供水、供电、供气、供暖等公共事业单位，市政、环卫、交通、治安、消防、工商、税务、物价等行政管理部门。物业服务人应分析各相关部门和单位的职能与物业项目之间的相互关系，建立沟通渠道，确定与各方面沟通协调内容，建立良好的合作支持关系。这样不仅有利于物业项目前期管理工作的开展，也为后期的正常管理打下良好的基础。

9.2 业主入住管理

9.2.1 业主入住管理概述

1. 业主入住的含义

业主入住是指建设单位将已具备使用条件的物业交付给业主并办理相关手续，同时物业服务人为业主办理物业管理事务手续的过程。对业主而言，主要包括两个方面内容：一是物业验收及其相关手续的办理；二是物业管理有关业务的办理。业主入住的完成意味着物业由开发建设转入使用，业主正式接纳物业服务人，物业服务人的物业管理活动全面展开。

业主入住过程是物业服务人与业主的首次正式接触。物业服务人需要与建设单位相互配合，严密策划与组织，为业主提供便捷、高效、有序的入住服务，树立良好的企业形象。

2. 业主入住管理的模式

在业主入住管理实际操作中，通常存在两种模式。

（1）建设单位为主体，物业服务人辅助配合。此模式的核心内容是，建设单位具体负责向业主移交物业并办理相关手续。业主先到建设单位确认相关购房手续、业主身份，验收物业，提交办理房产证的资料，逐项验收其名下物业的各个部分，领取钥匙等。在此基础上，物业服务人再继续办理物业管理相关手续，如领取物业管理资料、交纳相关费用等。

（2）建设单位委托物业服务人办理入住。建设单位委托物业服务人代为向业主移交物业，并办理相关手续。这种情况多出现于物业管理早期介入较深，建设单位楼盘较多、人力资源不足，或建设单位与物业服务人系上下级单位，以及其他建设单位和物业服务人协商认为必要的情况。这种模式下，整个入住过程的管理工作，将完全交由物业服务人一方负责完成。

无论采用何种入住操作模式，物业项目入住运作的准备、内容、程序等都是一致的，所不同的只是建设单位和物业服务人职责不同。费用按合同约定或由双方协商承担。

3. 业主入住管理中的责任界定

物业项目入住过程涉及建设单位、物业服务人及业主三方，在入住管理过程中，要厘清三方的法律关系。《关于审理商品房买卖合同纠纷案件适用法律若干问题的解释》中规定："对房屋的转移占有，视为房屋的交付使用，但当事人另有约定的除外。房屋毁损、灭失的风险，在交付使用前由出卖人承担，交付使用后由商品房买受人承担；商品房买受人接到出卖人的书面交房通知，无正当理由拒绝接收的，房屋毁损、灭失的风险自书面交房通知确定的交付使用之日起由商品房买受人承担，但法律另有规定或者当事人另有约定的除外。”入住的实质是建设单位向业主交付物业的行为，由建设单位主导并承担相关法律责任和义务。如属于建设单位原因未交付给业主的物业，其物业管理服务费用由建设单位承担，导致业主损失的由建设单位赔偿。物业服务人作为入住后期的管理服务单位，只是协助具体手续办理，与业主建立服务与被服务关系，承担物业交付后的相关管理责任。业主依据法规与合同约定验收物业，并与物业服务人建立服务关系，对于不具备交付条件的物业有权拒收并要求建设单位赔偿损失，但属于业主无正当理由拒绝接受物业的，物业管理服务费用由业主承担。

9.2.2 业主入住前的准备

1. 入住方案筹划

入住方案内容包括入住手续办理事项（仪式策划、流程策划、交房线路设计、物资准备等）和入住现场布置（业主等待区、入住手续办理区、车辆停放区设置等）。方案中应包含对可能的紧急的突发事件的识别、评价，以及处置预案。物业服务人依据入住方案内容编制入住工作计划，以推动各单位、各部门系统、有序地开展工作。

2. 入住资料准备

（1）房屋质量保证资料。包括竣工验收备案表、面积实测技术报告书、住宅质量保证书、住宅使用说明书等。

（2）入住通知书。建设单位向业主发出的办理入住手续的书面通知，主要内容包括：物业具体位置，物业竣工验收合格及物业服务人接管验收合格的情况介绍，准予入住的说明，入住具体时间和办理入住手续的地点，委托他人办理入住手续的规定，业主入住时需要准备的相关文件和资料，其他需要说明的事项。

（3）物业验收须知。建设单位告知业主在物业验收时应掌握的基本知识和应注意事项的提示性文件，主要内容包括：物业建设基本情况、设施设备的使用说明，物业不同部位保修规定，物业验收应注意事项及其他需要提示说明的事项等。

（4）房屋验收表。用于记录业主对房屋的验收情况，主要内容包括：物业名称、楼号，业主、验收人、建设单位代表姓名，验收情况简要描述，物业分项验收情况记录及水、电、煤（燃）气等的起始读数，建设单位和业主的签字确认，物业验收存在的问题、有关维修处理的约定，验收时间等，其他需要约定或注明的事项。

（5）业主手册。由物业服务人编撰，向业主、物业使用人介绍物业基本情况和物业管理服务相关项目内容的服务指南。内容包括：欢迎辞，小区概况，物业服务人及项目管理单位（处）情况介绍，业主管理规约（临时管理规约），小区内相关公共管理制度，物业装饰装修管理指南、物业服务流程等，公共及康乐设施介绍，服务指南及服务投诉电话，其他需要说明的情况及相关注意事项。

（6）预先填写有关表格。为方便业主和缩短工作流程，对表格资料预先做出必要处理，如预先填上姓名、房号和基本资料等，将发放给业主的资料装袋。

3. 入住现场布置

（1）布置办理入住手续的场地，如制作安装彩旗、标语、标识牌、导视牌、流程图、公告、交通导向标志、入住流程、装饰装修登记流程、有关文件明示等。

（2）布置办理相关业务的场地，如电信、邮政、有线电视、银行等相关单位业务开展的安排。

4. 房屋验收及房屋钥匙编号

督促施工单位全面彻底清理楼内及小区内的各类垃圾，以及建筑涂料及施工配件，对房屋进行复验，房屋钥匙按楼栋单元分类编号，并制作钥匙板摆放，确定专人发放管理。

5. 人员安排

（1）编制入住手续办理流程中各个岗位须知，包括职责、物资、流程、要求、答客问、紧急联系人等，便于培训、快速掌握。

（2）人员调配到位。

（3）组织培训与模拟演练。

6. 发出入住通知书

通过有效途径或合理手段，如根据业主提供的通信方式，以电话、电报、信函、电子邮件等方式与业主联系，或在上述联系无效的情况下通过登报、广播和电视公共传媒等方式向业主传递或传达物业入住信息，向业主适时发出入住通知书，约定时间验收物业和办理相关手续。

9.2.3 业主入住手续办理流程

业主入住手续办理流程如图 9-1 所示。

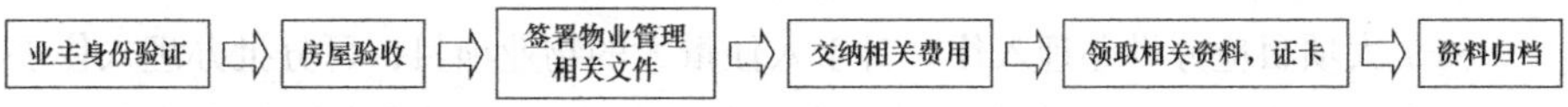

图 9-1 业主入住手续办理流程图

1. 业主身份验证

建设单位或物业服务人凭业主身份证、入住通知书或购房合同等对业主进行身份登记确认。

2. 房屋验收

（1）对于入住量大的项目，可为客户设置等候区，发放等候号牌。等候区可提供饮料、水果、小食品、杂志，以及有关交房资料、装修常识、企业宣传等纸质或声像资料。

（2）验房人员陪同业主登记水、电、气表起始数、房屋验收情况，建设单位和业主核对无误后在房屋验收表、房屋设备移交清单上签字确认，建设单位向业主发放钥匙。对于验收不合格的部分，物业服务人可协助业主敦促建设单位、施工单位进行工程整改、返修。若发现重大质量问题，业主可拒收钥匙，物业服务人需做好登记。

3. 签署物业管理相关文件

（1）指导业主填写业主基础信息登记表，收集业主必要信息，便于后期管理与服务。

（2）签署物业管理相关文件或代办业务文件，如用电过户协议、委托银行代收款协议、车位使用协议、装饰装修服务协议、消防责任书等。

4. 交纳相关费用

业主按法规或合同约定交纳入住当期（当月、当季）物业管理服务费及其他相关费用（停车费、装饰装修管理费等）。物业服务人应准备好相关收费依据，并让每位收费人员熟知，必要时告示业主，便于消除业主疑虑，防止冲突。

5. 领取相关资料、证卡

发放并让业主签领相关资料与证卡，如用户手册、房屋使用说明书、房屋质量保证书、智能系统使用说明书、装饰装修须知、乔迁须知等资料及门禁卡、水卡、电卡等。

6. 资料归档

入住手续办理完结之后，及时将各项资料归档，妥善保管。注意不得将业主或使用人信息泄露给无关人员。

9.2.4 业主入住管理的注意事项

业主入住在物业管理中是一项烦琐、细致的工作，既要求快捷高效又要求井然有序。由于业主普遍缺乏物业入住的相关知识和经验，加之双方缺乏沟通，宣传资料准备不足，入住手续办理容易出现不畅，导致客户不满。入住管理过程中应注意以下事项。

1. 业主入住准备工作中应注意的事项

（1）大项目应分批办理入住。对于入住量大的物业项目，可分批办理入住手续，避免现场业主过多，产生混乱。在入住通知书中应明确告知其入住办理时间、办理流程、需准备的材料，现场亦应有明确标识和提示，以便对业主入住进行有效疏导和分流，确保入住工作的顺利进行。

（2）配备足够的现场工作人员。现场引导、办理手续、交接查验、技术指导、政策解释、综合协调等各方人员应全部到位，协同工作。如现场出现人员缺位，机动人员应及时补位。

（3）准备充足的资料。由于业主的随意性是不可控的，应避免业主过于集中，因此，有必要预留一定余量的资料。

（4）现场标识清楚。工作现场应张贴入住公告及入住流程图、入住的标牌或标识、作业流程图、欢迎标语、公告提示等。同时，现场摆放物业管理服务相关法规和其他资料，方便业主取阅，减轻咨询工作压力。对于重要的法规文件等，可以开辟公告栏公示。

（5）设立紧急预案。入住时由于现场人员混杂、场面较大，随时可能发生如治安、消防、医疗、纠纷等突发事件，建设单位及物业服务人应预先设立各种处理方案，防患于未然。

2. 业主入住过程中应注意的事项

（1）合理安排入住时间。根据业主的不同情况实行预约办理或实行弹性工作方式。因故未能按时办理入住手续的，可按照入住通知书中规定的办法另行办理。

（2）实行一站式服务。在入住办理期间，建设单位、物业服务人和相关部门应集中办公，形成流水作业，一次性地解决业主入住初期的所有问题，如办理入住手续，开通电话、有线电视等。

（3）专人负责咨询和引导。入住现场应设迎宾、引导、办事、财务、咨询等各类人员，解决业主各类问题。业主的不满意见均能及时地获得沟通，避免矛盾激化或不满情绪的扩散。一旦发生争议吵闹，应在争议初期即引导业主至单独洽谈室或远离交房现场的区域，逐级沟通缓解冲突。

（4）注意业主安全保卫及车辆秩序。入住期间不仅有室内手续办理，还有现场验房等程序。而有些楼盘的现场施工尚未完结，现场人员混杂，故应注意业主人身安全和引导现场车辆有序停放。

【案例 9-1】业主入住时物业公司能否扣押业主家钥匙

张先生接到开发商与物业公司办理入住手续的通知，兴高采烈地来办理入住手续。但是，在办理过程中，物业公司要求张先生一次性交齐一年的物业管理服务费，张先生对此表示不理解，拒绝交付。于是，物业公司拿出张先生刚刚签写完的前期物业服务合同，向张先生解释这是前期物业服务合同中的约定，请张先生按约办事。此前张先生认为前期物业服务合同都是制式合同，没有认真阅读就签字了。张先生认真阅读完合同后，气不打一处来，认为合同中有许多条款含有不公平、不合理的内容。张先生明确表示，物业管理服务费不能按物业公司的要求交纳，对前期物业服务合同中的不公平、不合理的内容也要到政府有关部门进行投诉。对此，物业公司宣布，停止张先生入住程序的办理，不交付张先生所购房屋的钥匙。

业主购买房屋，与房屋的开发商之间形成了一种房屋买卖关系，即房屋买卖法律关系，房屋买卖合同就是他们之间这种法律关系的反映。从本案例看，业主接到开发商与物业公司办理入住手续的通知，并在入住手续办理过程中，已进入交纳物业管理服务费程序，那么，按照入住手续办理的正常程序，说明该业主已完全履行房屋买卖合同中的义务。既然业主已经按照房屋买卖合同的约定，向开发商付了全部的购房款，自然，开发商就应该履行其向业主交付房屋的义务。本案例中物业公司停止张先生入住程序的办理，且不交付张先生所购房屋钥匙的做法显然是不合法的行为。

物业公司对张先生的态度，应从正面的角度给予积极的认识，不要像本案例采取这种激化矛盾的做法。首先对于张先生的合理主张，要表示赞同和支持，明确表示可以按照国家和地方的政策法规执行，同时表明这种做法不是恶意而为之，而是在物业管理服务费收缴难这样一种现实中的无奈之举。

对张先生指出的前期物业服务合同中存不公平、不合理内容的条款，应明确告之前期物业服务合同的形成，是按照《物业管理条例》要求，由开发商与物业公司约定的。由于物业管理区域难以分割，并且物业管理服务是公共服务性质的，不可能实现与每位业主单独签订不同合同。通过耐心解释，力求得到张先生的认同。

9.3 物业装饰装修管理

9.3.1 物业装饰装修管理概述

物业装饰装修管理是通过对物业装饰装修过程的服务、监督和控制，规范业主、物业使用人的装饰装修行为，协助政府行政主管部门对装饰装修过程中的违规行为进行处理和纠正，从而确保物业的正常运行使用，维护全体业主的合法权益。

物业装饰装修管理主要依据《住宅室内装饰装修管理办法》的相关要求实施。非住宅类物业装修依据《建筑装饰装修管理规定》的相关要求实施。物业装饰装修管理内容包括装饰装修申报、登记审核、入场手续办理、装饰装修过程监督检查及验收等环节。

在物业装饰装修管理过程中，除建设单位、物业服务人和业主（或物业使用人）等相关主体之外，还会涉及多家装饰装修企业。为减少装修装饰过程中违规、违章行为的发生，物业服务人应主动提示、督促业主（或物业使用人）阅读理解装饰装修管理的相关规定。如出现违规、违章行为，造成公共权益受到侵害和物业损害的，物业服务人应及时劝阻，对不听劝阻或造成严重后果的，物业服务人应及时向有关部门报告。

9.3.2 物业装饰装修的前期准备

1. 装饰装修管理资料准备

物业服务人结合物业项目情况和相关要求准备装饰装修管理资料，包括装饰装修服务协议、装饰装修须知、装饰装修登记表、装饰装修巡检表、装饰装修验收表等。

2. 公示装饰装修管理要求

物业服务中心公示装饰装修申办流程、装饰装修须知、装饰装修有关的收费标准及依据。

3. 建筑垃圾管理

（1）与建设单位确定建筑垃圾堆放点，垃圾堆放点需考虑合理覆盖半径且不得处于主出入口或主干道，堆放点需实行封闭或半封闭。

（2）选聘装饰装修垃圾清运单位并确定备选方（以便应急），保障建筑垃圾及时清运。

4. 人员培训

对装饰装修管理人员进行培训，熟知装饰装修管理流程、装饰装修控制要点、装饰装修违规事项处理。在集中装饰装修阶段可以通过组建装饰装修管理小组来加强装饰装修管理。

9.3.3 物业装饰装修管理的流程

物业装饰装修管理流程如图 9–2 所示。

图9–2 物业装饰装修管理流程图

1. 装饰装修申报

业主及装饰装修施工单位向物业服务人提交装饰装修申报资料，应包括以下内容。

（1）装饰装修申报登记表、物业所有权证明、申请人身份证原件及复印件。

（2）装饰装修设计方案、原有建筑与水、电、气等改动设计及其他法规要求的有关部门核准文件。

（3）装饰装修施工单位资质，装饰装修人员相片、身份证原件及复印件。

（4）法律规定的其他相关内容。

非业主的物业使用人进行装饰装修时，应该得到业主书面确认。

2. 登记审核

物业服务人装饰装修责任人应依据相关法规要求和本项目装饰装修审批要求对装饰装修申报登记表进行审核，对有下列行为之一的应不予登记。

（1）未经原设计单位或者具有相应资质等级的设计单位提出设计方案，变动建筑主体和承重结构。

（2）将没有防水要求的房间或者阳台改为卫生间、厨房。

（3）扩大承重墙上原有的门窗尺寸，拆除连接阳台的砖、混凝土墙体。

（4）损坏房屋原有节能设施，降低节能效果。

（5）未经城市规划行政主管部门批准搭建建筑物、构筑物。

（6）未经城市规划行政主管部门批准改变物业的外立面，在非承重外墙上开门、开窗。

（7）未经供暖管理单位批准拆改供暖管道和设施。

（8）未经燃气管理单位批准拆改燃气管道和设施。

（9）其他影响建筑结构和使用安全的行为。

对于登记审核结果，物业服务人应及时书面反馈给业主。审批通过的通知装饰装修人办理进场相关手续，有违规申报登记项目的告知装饰装修人调整并重新申报。

3. 进场手续办理

（1）与业主、承建商签订装饰装修服务协议、施工消防责任书。

（2）告知业主装饰装修的禁止行为和注意事项。

（3）业主按规定缴纳装饰装修管理服务的相关费用。

（4）物业服务人为装饰装修施工单位办理装饰装修施工登记证、为施工人员办理出入证。

（5）提示装饰装修施工单位在入场前备齐灭火器等消防器材。

4. 施工管理

物业装饰装修施工期间，施工单位和施工人员应严格按照装饰装修申报登记的内容组织施工，严格遵守相关装饰装修规定。物业服务人要加强现场检查，发现装饰装修人或者装饰装修施工单位有违规行为，应当及时劝阻和制止；已造成事实后果或拒不改正的，应及时报告有关部门依法处理；违反装饰装修管理服务协议的，应追究违约责任。

（1）装饰装修时间管理。装饰装修时间包括一般装饰装修时间、特殊装饰装修时间和装饰装修期。一般装饰装修时间是指除节假日之外的正常工作时间，因地域和季节的差异而有所不同。特殊装饰装修时间是指节假日休息时间。为保障其他业主的休息和正常生产生活秩序，原则上不允许在节假日进行装饰装修。装饰装修作业时间的控制要根据项目类型、业主作息时间、季节变换、当地习俗等综合确定，如写字楼项目合理的装饰装修时间应是节假日，住宅项目的装饰装修时间应是正常工作时间。装饰装修期是指装饰装修过程的完结时间，一般情况下不应超过3个月。

（2）成品保护。为维护公共设施设备完好，施工前施工单位应对地板、防火门、楼层灯饰、转弯石材、电梯、排水管口等公共部位做好成品保护。

（3）施工人员进出。确定施工人员进出专用通道及洗手间，施工人员需凭出入证进场，夜间不得留宿。

（4）装饰装修材料、工具搬运管理。确定装饰装修车辆进出路线及装卸点。运载装饰装修材料的车辆需要检查，控制装饰装修违禁材料（厚重石材、成批的红砖、违章搭建材料等）和易燃易爆品（罐装液化气等）进入，杜绝不安全因素的出现。对于电焊机、大力锤、墙体打孔等工具需严格防范，经装饰装修主管批准后方可进入。

（5）装饰装修垃圾管理。装饰装修垃圾按指定位置、时间、方式进行堆放和清运。装饰装修垃圾必须有垃圾袋包装，堆放在指定位置，并及时清理。物业服务人可以自行或委托清运公司，统一清运装饰装修垃圾，费用由装饰装修人承担。

（6）动火作业。进行电、气焊作业前，装饰装修人或施工单位应提前半天申请，经装饰装修主管部门批准后方可进行。作业时，应配备相应的灭火器材及采取有效的防火措施。

（7）装饰装修巡查。集中装饰装修期间，物业服务人要增派人力，做到普通巡查和重点检查相结合。一方面，要检查装饰装修项目是否为已登记的项目；另一方面，要检查施工人员的现场操作是否符合要求。

5. 竣工验收

（1）业主提出装饰装修验收时，物业服务人的装饰装修验收负责人要与业主约定验收时间。

（2）装饰装修竣工验收由物业服务人的验收负责人组织业主、装饰装修施工单位、装饰装修管理人员参加。

（3）装饰装修验收时应严格按照装饰装修登记表的内容进行核验，并检查装饰装修对共用部位、共用设施的损坏情况，装饰装修管理人员做好现场验收记录。

（4）对验收不合格的，应提出书面整改意见，要求业主和装饰装修施工单位限期整改。验收合格的，物业装饰装修责任人应在装饰装修登记表签署书面意见。

（5）对验收合格的房屋，根据业主意见开具放行条，允许装饰装修单位搬出施工工具和剩余材料，结算相关费用。

6. 资料归档

装饰装修资料一部分为业主资料，如申报表、装饰装修设计图、施工人员资料等，另一部分为操作记录表。在每一单项装饰装修完成后，物业服务人需及时整理好相关资料，属业主资料的部分需归入业主档案资料，并长期保存。操作记录则按文件管理办法进行相应的归档。

9.3.4 物业装饰装修管理注意事项

（1）处理好服务与管理的关系。物业服务人的主要工作是服务，而装饰装修管理工作的核心是对装饰装修人各项装饰装修行为的一种控制，甚至是约束。这就需要物业管理服务人员既要熟悉装饰装修管理规定，坚持原则，又要学会换位思考，为业主着想，在实现控制的基础上让业主得到最大限度的满意。

（2）装饰装修管理要求事前告知装饰装修人及装饰装修企业。为避免业主的装饰装修方案、材料与法规或物业服务人装饰装修管理要求相冲突，降低业主的纠正成本，物业服务人应提前拟定装饰装修须知，在业主装饰装修申报前将装饰装修工程的禁止行为和注意事项告知业主和装饰装修企业，并要求对方书面确认。

（3）严格审批手续。装饰装修人在准备装饰装修申报资料时，可能因不知道如何表达计划的装饰装修项目，致使装饰装修人与物业服务人出现理解歧义。此时，物业服务人有必要进行现场核对，避免出现漏项或错项。在装饰装修项目申报登记时，物业服务人必须到现场对所附图纸进行核对，以防有漏项，或有大的拆动项目漏报。在办理开工手续前，物业管理方需确认装饰装修施工的相关手续是否已经完备，尤其是需政府主管部门（规划、消防、城管等）或供应部门（燃气、暖气等）审批的事项。

（4）必要的试验、检测。在装饰装修施工前，建议业主做闭水试验、管道打压测试等检测工作，以界定建设单位、装饰装修单位的保修责任，避免纠纷。

（5）严把出入关。由于装饰装修工人的来源控制有极大的不确定性、施工过程中的自我约束不足、施工单位管理不力等原因，在物业装饰装修期间，物业管理单位应严格控制物业管理区域出入口人员和材料的进出。装饰装修材料和设备是装饰装修违章的一个重要因素，材料进场时，一定要核对审批。对于有特别要求的材料或设备，应按照规定办理相应手续，杜绝不安全因素的出现。

（6）严格过程管理。在装饰装修管理的各个环节都要严格把关，某个环节出现问题要及时解决，不得将问题带到下一个环节。如果验收之前已经发现了违章，则需在处理违章后再进行验收工作。

【案例 9-2】业主安装热水器纠纷案

2002年1月26日，原告与北京市某房地产公司签订了《商品房买卖合同》，约定购买商品房一套。原告入住时，与被告签订了《物业管理协议》及《装修管理规定》，在《装修管理规定》中，双方约定“未经物业公司同意，禁止在楼宇外墙上及楼顶露天平台上安装花架、防盗护栏、窗框、天线或遮篷等物件”。2006年12月，原告与被告协商，要求在楼顶安装太阳能热水器，但双方分歧较大，未能达成一致。后被告将该楼通往楼顶的通道门锁住，禁止原告在该楼楼顶安装太阳能热水器。最后原告诉至法院，要求被告将该楼通往楼顶的通道门打开，允许其安装太阳能热水器。

通州区人民法院经审理认为，《装修管理规定》中“未经物业公司同意，禁止在楼宇外墙上及楼顶露天平台上安装花架、防盗护栏、窗框、天线或遮篷等物件”虽没有明确列明禁止原告安装太阳能热水器，根据合同使用的词句、合同的相关条款、合同目的及汉语的通用语法，该条款中的“等”应表明未列举完全，应包括所有影响楼宇外观及安全的附属设施。同时，双方签订装修规定的时间是2003年前后，不能苛求被告对太阳能发展的预期，对该条款应做扩张解释，

"等"字应包括所有影响楼宇外观及安全的附属设施。故判决：驳回原告的诉讼请求。

《中华人民共和国可再生能源法》虽规定国家鼓励单位和个人安装和使用太阳能利用系统，但同时亦规定，对于已建成的建筑物，住户应在不影响其质量与安全的前提下安装符合技术规范和产品标准的太阳能利用系统，且当事人另有约定的除外。结合本案的实际情况，《装修管理规定》中双方争议的条款应视为双方的另有约定。同时，虽然太阳能具有节能、环保、节约等诸多优点，但结合我国目前的实际情况，建设设计单位对太阳能利用系统不熟悉及缺乏相应的设计和安装规范，已有的建筑物在设计和建设中没有考虑太阳能利用系统的使用，故对安装太阳能利用系统后建筑的美观、楼顶的防水和管线的安装等问题未做相应解决。故对于原告的诉讼请求，不应予以支持。

9.4 物业质量保修管理

9.4.1 物业质量保修管理概述

1. 物业质量保修管理的含义

物业质量保修管理，是指物业服务人协助建设单位对建筑工程竣工验收后在保修期限内出现的质量缺陷，予以修复的管理过程。所谓的质量缺陷，是指物业建筑工程的质量不符合工程建设强制性标准及合同约定。

2. 物业质量保修管理中的责任界定

物业管理区域通常可以划分为两部分，一是物业服务人承接管理的物业共用区域及共用设施设备部分；二是业主从建设单位购买的产权专有部分。这两部分的保修期内的维修事务都应由建设单位负责。

物业服务人的保修管理工作，主要是向建设单位申报对物业共用区域及共用设施设备的质量保修，跟踪并督促完成；业主产权专有部分可由业主自行向建设单位提出处理要求。在实际管理中，业主也可以向物业服务人反映，物业服务人应及时转告建设单位。

需要说明的是，超出保修期的物业共用区域及共用设施设备的维修、更新、改造，仍由物业服务人负责实施，所需费用可以从专项维修资金中划转；超出保修期的业主产权专有部分的维修，应由业主自行负责，业主也可请物业服务人维修，所需费用由业主承担。

3. 物业质量保修管理的期限

（1）城市房地产开发经营管理的期限。依据《城市房地产开发经营管理条例》（国务院令第588号），房地产开发企业应当在商品房交付使用时，向购买人提供住宅质量保证书和住宅使用说明书。住宅质量保证书应当列明工程质量监督单位核验的质量等级、保修范围、保修期和保修单位等内容。房地产开发企业应当按照住宅质量保证书的约定，承担商品房保修责任。保修期内，因房地产开发企业对商品房进行维修，致使房屋原使用功能受到影响，给购买人造成损失的，应当依法承担赔偿责任。在质量保修期内对工程质量问题进行协调处理。

（2）建设工程质量管理的期限。依据《建设工程质量管理条例》和《房屋建筑工程质量保修办法》，在正常使用下，房屋建筑工程的最低保修期限为：

1）地基基础工程和主体结构工程，为设计文件规定的该工程的合理使用年限；

2）屋面防水工程、有防水要求的卫生间、房间和外墙面的防渗漏，为5年；

3）供热与供冷系统，为2个供暖期、供冷期；

4）电气管线、给水排水管道、设备安装为2年；

5）装修工程为2年；

6）其他项目的保修期限由建设单位和施工单位约定。

房屋建筑工程保修期从工程竣工验收合格之日起计算。

4.商品住宅质量管理的期限

为加强商品住宅质量管理，确保商品住宅售后服务质量和水平，维护商品住宅消费者的合法权益，住建部颁布了《商品住宅实行住宅质量保证书和住宅使用说明书制度的规定》，对房地产开发企业出售的商品住宅的保修期限做如下规定：

1）地基基础和主体结构在合理使用寿命年限内承担保修；

2）屋面防水为3年；

3）墙面、厨房和卫生间地面、地下室、管道渗漏为1年；

4）墙面、顶棚抹灰层脱落为1年；

5）地面空鼓开裂、大面积起砂为1年；

6）门窗翘裂、五金件损坏为1年；

7）管道堵塞为2个月；

8）供热、供冷系统和设备为1个供暖期或供冷期；

9）卫生洁具为1年，灯具、电器开关为6个月；

10）其他部位、部件的保修期限，由房地产开发企业与业主自行约定。

规定还明确表示，住宅保修期从房地产开发企业将竣工验收的住宅交付用户使用之日起计算。

9.4.2 物业质量保修管理准备工作

在入住前，物业服务人应要求建设单位组织工程保修协调会议，通过与建设单位签订保修协议或会议纪要方式来确定工程保修的标准、流程、权利和义务，包括工程质量保修范围和内容，工程保修服务费用，建设单位、施工单位、物业服务人三方的权责。物业服务人应事先拟定工程保修方案，编制保修登记表、派工单据、统计表格等保修管理资料，向业主公示保修流程、保修须知，并对保修管理人员进行专业培训。在集中保修阶段，物业服务人可以通过组建保修小组来加强管理。

9.4.3 物业质量保修处理流程

物业质量保修处理流程如图 9-3 所示。

图9-3 物业质量保修处理流程图

1. 信息收集

工程保修信息的收集包括业主专有部分保修信息和物业共用部位、共用设施设备保修信息两种情况。业主专有物业保修信息的收集途径主要有两个：业主验房时发现的工程质量问题和业主入住后在保修期内发现的工程质量问题；共用部位与共用设施设备保修信息收集途径主要是物业服务人在物业项目承接查验时发现的工程质量遗留问题。管理人员应对各类工程质量遗留问题进行现场确认，并及时整理和归档。

2. 保修责任界定

根据维修项目的具体部位，清楚界定保修范围和保修期限，分清保修责任。

（1）物业共用区域及共用设施设备。保修期内的，向建设单位申报，物业服务人跟踪督促完成；保修期外的，物业服务人负责维修。

（2）业主购买的产权专有部分。保修期内的，业主自行向建设单位提出处理要求，或由物业服务人代为转告；保修期外的，业主自行解决，或由物业服务人提供有偿服务。

3. 派工

物业服务人将现场确认了的工程质量遗留问题可开具保修工单，并将保修工单派发给建设单位保修联系人，由收件人办理签收手续，以界定保修责任。对于施工人员未按约定受理工单的应及时报告建设单位，防止耽搁业主保修问题的处理。

4. 跟踪管理

物业服务人应对建设单位的保修工作进行跟进与督促，具体工作如下。

（1）分别对业主专有物业保修和共用部位与共用设施设备发出的保修工单按楼栋或单元建立台账。

（2）对工程质量遗留问题处理进行现场巡查，并做好工作日记。巡查时应关注承建商是否按计划派遣施工人员在现场施工。

（3）定期对工程质量遗留问题的报修情况、处理情况和完结情况进行统计分析，形成报告，报送上级部门及建设单位。

（4）与建设单位和施工单位建立良好的工作关系，参与保修工作例会，主动将工程质量遗留问题与相关方沟通。

5. 验收

建设单位维修完毕将保修工单返回后，物业服务人的保修管理人员应及时进行现场查验，记录查验结果，查验不合格的要求建设单位进行返修。对于超过保修时限仍未维修到位的保修工程，物业服务人应知会建设单位跟进，直至保修问题得到解决为止。业主专有物业部分保修工程查验合格后，通知业主进行现场验收。

6. 资料归档

验收合格后，应将全部过程资料整理并归档。

9.4.4 物业质量保修管理的注意事项

（1）严格界定管理权限。物业服务人的职责是协助建设单位监管施工企业履行保修责任，不得对业主做出任何未经建设单位书面明确的承诺。

（2）建立沟通机制。物业服务人应与建设单位及施工单位三方建立完善的沟通机制，保障保修工作的顺利完成。项目较大或工程遗留问题较多时，应建议建设单位组织工程保修工作联合领导小组，由建设单位、施工单位和物业服务人共同组成，协调解决保修管理中的问题。

（3）建立保修款结算联合会签制度。向建设单位建议，建立工程保修款结算联合会签制度。在物业服务人未签字时，建设单位不与承建商结算保修工程款，以推动工程保修问题获得最终处理。

（4）合理确定保修期限。对于实际交付时间严重滞后于竣工验收日期的物业项目，特别是滞销房产，应与建设单位充分沟通，争取保修期自交付业主之日算起。

（5）妥善处理违规问题。发生涉及结构安全的质量缺陷，物业服务人应及时报告建设单位。建设单位或者房屋建筑所有人应立即向当地建设行政主管部门报告，由原设计单位或者具有相应资质等级的设计单位提出保修方案，施工单位实施保修，原工程质量监督机构负责监督。

【案例9-3】业主诉物业公司财产损害赔偿案

王某为顺义区某房屋业主。2002年2月与开发商签订的商品房预售合同中关于保修责任约定：出卖人自商品住宅交付使用之日起，按照《住宅质量保证书》承诺的内容承担相应的保修责任。在商品房保修范围和保修期限内发生质量问题，出卖人应当履行保修义务。后王某入住房屋并交纳了专项维修资金，该房屋自2007年夏季楼顶就开始出现漏雨现象，当时已经超过了楼房的保修期。王某向物业公司报修后，该公司至王某家中查看，但称因漏雨面积大，仅小修不能实质解决问题，只能申请专项维修资金进行维修，但一直未能成功申请该维修资金进行维修。王某以物业公司既不履行维修义务，也不向有关部门申请专项维修资金，致使房屋的漏水面积不断扩大，严重影响了正常生活为由诉至法院，要求物业公司对该房屋的楼顶进行维修至不再渗漏，对房屋渗漏墙面进行粉刷、恢复室内原状。物业公司称，王某每次报修物业公司都及时进行了维修。但因为楼顶漏水面积过大，维修效果不明显。现同意对楼顶进行维修，但不同意对房屋进行粉刷。

首先应明确物业管理服务的性质。物业管理服务是指物业服务人按照物业服务合同的约定，对房屋及配套的设施设备和相关场地进行维修、养护、管理，维护管理区域内的环境卫生和相关秩序的管理活动。业主与物业服务人之间实际是一种服务合同关系，物业服务人对于业主的物业提供维修、养护等服务，既是物业服务人法定义务，一般作为必备条款在物业服务合同中加以约定。物业服务人在业主已经报修的情况下，未及时提供维修、管理服务，导致业主人身、财产安全受到损害的，应当依法承担相应的违约责任。具体承担责任的方式，包括继续履行、采取补救措施或者赔偿损失等。

就本案而言，依据《房屋建筑工程质量保修办法》第七条规定，屋面防水工程的保修期为 5 年。而本案涉诉楼房屋面防水工程、外墙面出现渗漏现象时，已经超过上述期限，相应的维修责任应当不再由开发商承担。王某在初始购房时履行了交纳住宅专项维修资金的义务，故在楼顶出现渗漏时，应当由物业公司提取专项维修资金进行维修。就维修范围，物业公司的维修范围应当限定在因其未履行维修义务所造成的直接损失方面。就本案而言，对于王某要求物业公司对涉诉楼房渗漏墙面进行粉刷、恢复原状的诉讼请求，由于上述损害结果系房屋质量出现问题后出现的结果，非物业公司原因造成，故该项诉讼请求无法得到法院的支持。

综上，法院认定，王某要求物业公司对楼顶进行维修的诉讼请求，于法有据，予以支持。对于王某要求物业公司对涉诉楼房渗漏墙面进行粉刷、恢复原状的诉讼请求，法院不予支持。

【本章小结】

物业项目前期管理是指在业主、业主大会选聘物业服务人之前，由建设单位选聘物业服务人实施的物业管理。物业项目前期管理期限自物业承接查验开始，至业主或者业主委员会代表业主与业主大会选聘的物业服务人签订物业服务合同时止。

物业项目入住管理是物业服务人与业主的首次正式接触，需要与建设单位相互配合，严密策划与组织，为业主提供便捷、高效、有序的入住服务，树立良好的企业形象。在入住管理过程中，要注意厘清建设单位、物业服务人及业主三方的法律关系。

物业装饰装修管理的相关主体除建设单位、物业服务人和业主外，还会涉及多家装饰装修企业。为减少装饰装修过程中违规、违章现象的出现，物业服务人应主动告知业主装饰装修管理的相关规定。如出现违规、违章行为，造成公共权益受到侵害和物业损害的，应及时劝阻，对不听劝阻或造成严重后果的，应及时向有关部门报告。

物业服务人在保修管理中，要注意保修期限和保修范围的界定。保修期内的物业共用区域及共用设施设备的质量问题，由物业服务人负责向建设单位申报，跟踪和督促建设单位维修；保修期内业主产权专有部分的维修，可由业主自行向建设单位提出处理要求，也可以由物业服务人代为转告建设单位。超出保修期的物业共用区域及共用设施设备的维修、更新、改造，仍由物业服务人负责实施，所需费用可以从专项维修资金中划转。超出保修期的业主产权专有部分的维修，应由业主自行负责，业主也可请物业服务人维修，所需费用由业主承担。

【延伸阅读】

1.《民法典》；
2.《物业管理条例》；
3.《住宅室内装饰装修管理办法》；
4.《建筑装饰装修管理规定》；
5.《建设工程质量管理条例》；
6.《商品住宅实行住宅质量保证书和住宅使用说明书制度的规定》；
7.《房屋建筑工程质量保修办法》。

课后练习

一、选择题（扫下方二维码自测）

二、案例分析选择题（每小题的多个备选答案中，至少有1个是正确的）

【案例 9-4】某小区入住装饰装修阶段，许多业主集中装饰装修。一天，小区秩序维护员在上午7点巡视时发现8号楼某房正在进行装饰装修施工，装饰装修材料乱堆乱放，一旁还有做饭的燃气灶，屋子一角还在使用电焊设备。但当秩序维护员要求其出示相关审批文件和施工人员标识时，施工人员却说，由于忙着赶工还没来得及办理。请结合案例回答下列问题。

1. 物业服务人在装饰装修管理中的漏洞有（　　）。

A. 没有严把材料出入

B. 现场巡视不严格

C. 动火作业没有审批

D. 没有及时监督施工人员办理施工手续

2. 在装饰装修过程中，有声响的拆打的时间一般安排在（　　）。

A. 12:00 以前　　B. 8:30 以后

C. 8:30～11:30　　D. 14:30～17:30

3. 对装饰装修工程进行竣工验收时，下列说法正确的是（　　）。

A. 装饰装修竣工验收由业主自行组织

B. 装饰装修竣工验收由业主和施工队共同进行

C. 装饰装修验收由物业管理处责任人组织，业主、装饰装修施工单位、装饰装修管理人员参加

D. 装饰装修验收由物业管理处责任人组织，政府相关部门、业主、装饰装修施工单位、装饰装修管理人员参加

4. 业主在办理装饰装修手续时，物业服务人应该审核（　　）。

A. 装饰装修方案　　B. 装饰装修施工合同

C. 企业资信证明　　D. 装饰装修材料供货合同

三、案例分析论述题

【案例 9-5】某小区的物业公司按照制订的维修维护计划，对区内所有的污水管网进行了检查和疏通，一切均正常。就在检查疏通完之后几天，由于楼上某业主家进行装修，施工人员违反物业装修管理规定，擅自将装修残余水泥、油漆等倒入地漏，经排水管道流至该楼主管弯头处，堵塞了本楼的管道。楼上住户排出的污水不能流出，便慢慢从楼下李先生家的地漏处冒出。管理处发现跑水后，马上通知李先生，由于李先生当时不在家中，电话联系 2h 后，李先生与物业公司管理人员一同现场检查，发现部分木地板已被水淹。搞清故障点后，物业公司管理人员立即消除了堵塞现象。李先生认为物业公司未尽到管理职责，遂向物业公司提出索赔要求。

1. 在本次事件中，物业公司是否负有赔偿责任？请简述理由。

2. 物业装饰装修管理人员在巡视过程中应注意哪些问题。

【案例 9-6】某住宅小区，2012 年 10 月组织业主入住。入住工作由开发商办理，物业服务人协助。小区有 15 套房屋未销售，另 3 套房屋因建筑质量问题，业主拒绝办理入住手续，开发商也认可质量问题，表示维修后再交付。业主张某在 10 月 8 日办理入住手续，领取了相关资料和钥匙后发现房屋门窗有质量问题，遂与开发商约定限期整改。由于开发商未在

约定期限内完成房屋门窗整改，张某以此为由拒缴物业管理服务费。物业服务人在10月20日巡视过程中发现业主王某装修前未办理装修手续，并私自拆改天然气管道设施。王某称无人告知禁止拆改天然气设施的有关规定，所以便拆改了。物业服务人要求其恢复原状。王某则提出自愿签署一份承诺书，内容包括“承诺因拆改天然气管道导致出现的安全事故，均由本人负责”等，并自愿交纳天然气改造押金3000元。

1. 15套未售房屋和3套存在质量问题房屋的物业管理服务费分别应当由谁承担？简要说明理由。

2. 张某拒缴物业管理服务费的理由是否成立？简要说明理由。

3. 你认为王某拆改天然气管道的说法是否正确？简要说明理由。

4. 针对王某未办理装修手续即开始装修的情况，物业服务人应该采取哪些管理措施？

5. 王某自愿签署的承诺书是否有效？为什么？

【案例9-7】业主李先生到物业公司办理入住手续，物业公司的张小姐接待了他。以下是他们的对话。

李先生：“我接到入住通知书已经半年多了，由于工作忙，一直没来办理手续，今天特抽空来办理。”张小姐：“没关系，我们一切为用户服务，不论拖多长时间，我们都一样办理。您的材料是否都带齐了？”李先生：“这是买房合同、入住手续书及付款收据。”张小姐：“可以了。”李先生：“你们公司的收费标准有批文吗？”张小姐：“有，你看，这是房地产公司的批文。”李先生：“我最近资金比较紧张，维修资金这一部分我能不能缓交，等到发生大修时，我一定补齐。”张小姐：“可以，不过您必须写一个保证。”李先生：“装修是否要办理手续？”张小姐：“只要您不破坏承重墙，就不用办理任何手续。”李先生：“我是否可以一次缴纳10年的物业管理服务费？”张小姐：“那太好了，都像您这样我们的服务就有保障了。”李先生：“还要办理什么手续吗？”张小姐：“没有了。这是您房子的钥匙，请收好。欢迎您成为我们的新业主。”

请分析在上述对话中，张小姐的回答有哪几处存在问题，并简述理由。

【案例9-8】2010年11月15日，上海市静安区胶州路728号胶州教师公寓在进行外墙整体节能保温改造施工过程中发生火灾，最终导致58人在火灾中遇难，71人受伤。

通过网络了解事件发生过程及事后处理情况，并思考本事件对于物业装饰装修管理工作的警示意义。

四、课程实践

1. 通过网络，分别检索普通住宅、别墅、商业、商住混合体等不同类型物业项目的入住管理工作流程资料，并进行对比分析。

2. 选择你所在或熟悉的物业公司和其将接管的物业项目，编制该项目入住实施方案。包括：

（1）物业项目概况；

（2）时间安排；

（3）人员配备；

（4）文件、资料清单；

（5）入住流程设计；

（6）入住现场布置；

（7）应急预案。

10 物业项目房屋及设施设备管理

知识要点

1. 房屋及设施设备管理的含义、构成；
2. 房屋质量管理评价指标；
3. 房屋共用部位、设施及场地的管理内容、注意事项；
4. 物业项目设备的种类、组成、管理评价指标、管理内容；
5. 物业项目设备安全管理要点；
6. 物业公共能源管理的含义、内容；
7. 物业节能减排管理措施。

能力要点

1. 能够检查发现房屋及设施设备存在的问题；
2. 能够组织和落实房屋及设施设备运维计划、优化与提升计划、修缮及改造方案、安全防范方案，并组织实施。

物业项目房屋及设施设备管理是指对房屋共用部位、共用设施设备及场地的日常运行维护、维修及更新改造等。房屋及设施设备管理涉及面广、技术含量高，关系到物业的正常运行和安全使用，是物业管理的重要内容之一。良好的管理，可以延长物业使用年限、降低设备寿命周期费用、提高物业价值和使用价值，是物业保值、增值的有效手段，可以为业主创造优美舒适的工作、生活环境。管理过程中，一方面要通过物业使用说明书、管理规约及其他宣传沟通渠道，让业主和物业使用人充分了解房屋及设施设备使用方法，正确使用房屋及设施设备；另一方面物业管理单位要认真做好房屋及设施设备的维修保养、巡视检查工作，确保房屋及设施设备的稳定、可靠、安全使用和运行，降低维护费用，延长房屋和设施设备的经济寿命。

本章分别就房屋及设施场地管理、物业项目设备管理的含义、评价指标和工作内容进行阐述，并简要介绍物业项目公共能源管理的含义、内容及节能减排措施。

10.1　物业项目房屋及设施场地管理

10.1.1　房屋及设施场地的构成

1. 房屋的基本组成部分

（1）主体结构——基础、承重构件（梁、柱、承重墙等）、非承重墙、屋面、楼地面等。

（2）装饰装修——门窗、内外粉层、顶棚、细木装饰、内外装修饰材等。

（3）设施设备——水卫、电气、暖通、空调、特殊设备（电梯）、安防、消防、避雷、通信、有线电视、网络等。

2. 房屋共用部位的构成

房屋共用部位一般包括：建筑物的基础、柱、梁、楼板、屋顶，以及外墙、门厅、楼梯间、走廊、楼道、扶手、护栏、电梯井道、架空层及设备间等。

3. 设施场地的构成

物业的设施场地一般包括：道路、绿地、人造景观、围墙、大门、信报箱、宣传栏、路灯、排水沟、渠、池、污水井、化粪池、垃圾容器、污水处理设施、机动车（非机动车）停车设施、休闲娱乐设施、消防设施、安防监控设施、人防设施、垃圾转运设施、健身设施及物业服务用房等。

10.1.2　房屋管理质量的评价指标

（1）房屋完损等级。根据各类房屋的结构、装修、设备等组成部分的完好、损坏程度，房屋的完损等级划分为：完好房、基本完好房、一般损坏房、严重损坏房和危险房五个等级，见表 10–1。

房屋完损等级　　表 10–1

房屋完损等级	评定标准
完好房	① 结构、装修、设备各项符合完好标准 ② 在装修、设备部分中有一、二项符合基本完好的标准，其余符合完好标准
基本完好房	① 结构、装修、设备各项符合基本完好标准 ② 在装修、设备部分中有一、二项符合一般损坏的标准，其余符合基本完好以上的标准 ③ 结构部分除基础、承重构件、屋面外，可有一项和装修或设备部分中的一项符合一般损坏标准，其余符合基本完好以上标准
一般损坏房	① 结构、装修、设备部分各项符合一般损坏的标准 ② 在装修、设备部分中有一、二项符合严重损坏标准，其余符合一般损坏以上的标准 ③ 结构部分除基础、承重构件、屋面外，可有一项和装修或设备部分中的一项符合严重损坏标准，其余符合一般损坏以上的标准

续表

房屋完损等级	评定标准
严重损坏房	结构、装修、设备部分中有少数项目完损程度符合一般损坏标准，其余符合严重损坏标准
危险房	经房屋主体结构安全鉴定部门进行安全鉴定后，认定为危房者，列为危险房，按规定进行专业管理

（2）房屋完好率。房屋完好率的评定计量一律以“幢”为评定单位，以建筑面积（平方米）为计量单位。房屋完好率是指完好房与基本完好房面积之和占房屋总建筑面积的百分率。

$$房屋完好率=\frac{完好房建筑面积+基本完好房建筑面积}{房屋总建筑面积}\times100\%$$

（3）危房率。危房率是指危险房建筑面积占房屋总建筑面积的百分率。

$$危房率=\frac{危险房建筑面积}{房屋总建筑面积}\times100\%$$

（4）房屋主体结构的安全鉴定。房屋主体结构的安全鉴定是在物业管理过程中发现房屋主体结构安全隐患时，书面报告所在地房地产安全管理机构，由其安排房屋主体结构安全鉴定部门，对房屋进行主体结构安全鉴定。

10.1.3 房屋及设施场地的维护

房屋主体结构的所有修缮，由物业根据房屋完损等级评定时发现的问题和安全隐患，上报房屋安全主管部门进行房屋安全鉴定后，确需进行修缮的，应及时报告业主或业主委员会，征得业主同意后，动用住宅专项维修资金，聘请具有专业资质的单位进行修缮。修缮后经房屋安全主管部门鉴定，达到房屋主体结构安全标准，消除危险房。

房屋共用部位的日常维护，由物业随时安排，及时修理完善。而涉及维修、更新、改造项目，则可书面报告业主或业主委员会，征得法规规定的一定比例的业主同意后，申请动用住宅专项维修资金，聘请具有专业资质的单位进行修理。修理后，保证房屋共用部位、共用设施场地达到完好或基本完好标准。

房屋及设施场地的日常巡检维护要求见表10–2。

房屋及设施场地的日常巡检维护要求　　　表10–2

项目		周期	内容及要求	方法
结构	地基基础	半年	有足够承载能力，无超过允许范围的不均匀沉降（肉眼观察无明显裂缝）	人工观察、记录，发现沉降和异常现象，及时报告有关部门查勘鉴定、修缮
	承重构件：梁、柱、墙、板、屋架	半年	肉眼观察承重构件，平直牢固，无倾斜变形、裂缝、松动、腐朽、蛀蚀	
	非承重墙	半年	砖墙平直完好，无风化破损	

续表

项目		周期	内容及要求	方法
结构	屋面	半年	不渗漏，防水层、隔热层、保温层完好，积尘甚少，排水畅通，雨季加强检查	人工观察、记录，清洁、维护，必要时安排维修
	楼地面	半年	混凝土块料面层平整、无碎裂	
	地下室顶板	半年	不渗漏，雨季加强检查	
装修	室内外饰材地面	每月	地面平整，无破损，定期清洗、结晶、打蜡	人工观察、记录，清洁、维护，必要时安排维修
	室外墙面装饰	3个月	完整牢固，无大量积尘、空鼓、剥落、破损和裂缝	
	室内墙面装饰	3个月	完整牢固，无明显积尘、破损、空鼓和裂缝	
	门窗（含防火门、窗）	3个月	完整无损，无积尘，开关灵活、严密，玻璃、五金齐全，油漆完好	
	顶棚	3个月	完整，牢固，无破损、变形、下垂脱落	
	细木装修	3个月	完整，牢固，油漆完好	
场地与景观	广场地面	每月	地面平整，无破损，排水顺畅，设施、标识完善	人工观察、记录，清洁、维护，必要时安排维修
	道路	每月	路面平整，无破损，排水顺畅，设施、标识完善	
	停车场	每月	路面平整，无破损，排水顺畅，设施、标识完善	
	景观	每月	完整、美观、清洁，设施、标识完善	
	绿化	每周	长势良好，无病虫害，清洁，标识完善	
共用设施	大门、围栏（墙）	每月	完整，无锈蚀、破损，标识完善	人工观察、记录，清洁、维护，必要时安排维修
	健身器材	每周	完整，无锈蚀、破损、安全隐患，标识完善	
	公示栏、宣传栏	每周	完整，无锈蚀、破损，标识完善，内容达标	
	信报箱	每周	完整，无锈蚀、破损，标识完善	
	垃圾箱（站）	每周	清洁、完整、无破损，标识完善	

10.2 物业项目设备管理

10.2.1 物业项目设备的概念与分类

1. 物业项目设备的概念

物业项目设备是指附属于房屋建筑，具有一定功能的系统，由全体业主共有共用的各类设备的总称。物业项目设备是构成房屋建筑实体的不可分割的有机组成部分，是发挥物业功能和实现物业价值的物质基础与必要条件。物业项目设备既包括室内设备，也包括室外设备。

2. 物业项目设备的分类

物业项目设备主要分为：给水排水系统、供暖系统、消防系统、通风系统、空调系统、燃气系统、强电系统、电梯系统、弱电系统等。物业项目设备的专业分类及组成见表10–3。

物业项目设备的专业分类与组成　　表10–3

序号	专业系统	种类	组成
1	给水排水系统	生活、生产及消防给水，市政管网直供或二次加压供水，分层供水，分质供水，循环供水（热水、冷却水、工艺供水）等	水箱、水池、水泵、组合式供水设备（气压罐组合、变频泵组合、无负压供水）、热水器、中水设备、游泳池水处理设备、排水设备
2	供暖系统	按照热媒的不同可以分为：热水供暖系统、蒸汽供暖系统、热风供暖系统 按照热源的不同又分为：热电厂供暖、区域锅炉房供暖、集中供暖	锅炉房、屋顶膨胀水箱、供回水管道、管路上的排气阀、伸缩器阀件、散热设备及室内外地沟等
3	消防系统	消火栓以及疏散通道消防系统（室外），消火栓以及灭火器消防系统（低多层），高层建筑消防系统，包括：火灾自动报警与联动控制系统、水灭火系统（消火栓、喷淋）、送风排烟系统、疏散指示、消防广播、消防电梯、防火隔离、气体灭火、灭火器等	消防水池、水箱、水泵（消火栓泵、喷淋泵、稳压泵）、消火栓、喷淋头、报警组阀、消防接合器、消防风机（正压送风、排烟）、防火阀、排烟阀、火灾报警器（感烟、感温等）、火灾自动报警与联动控制器、分区隔离、疏散通道、消防广播、安全标识、气体灭火系统、灭火器、消防专用工具、防护器具等
4	通风系统	按通风动力分类：自然通风式、机械通风式 按服务范围分类：全面通风式、局部通风式 按气流方向分类：送（进）、排风（烟）式 按动力所处的位置分类：动力集中式、动力分布式	进风口、排风口、送风管道、风机、降温及供暖设备、过滤器、控制系统，以及其他附属设备等
5	空调系统	工艺空调及舒适性空调，中央空调（集中式、半集中式）或分散式空调，全空气式、全水式或空气–水式空调等；蒸汽压缩式制冷或吸收式制冷	制冷机组（冷水机组、冷温水机组、热泵机组）、锅炉（燃煤、燃气、电锅炉）、换热器（板式、容积式）、空调机组（新风机组、风机盘管、通风机）、循环泵、冷却塔、水处理
6	燃气系统	按气源的不同可分为三类：天然气、煤气、液化石油气	城市燃气供应系统由气源、输配管网和应用设施三部分组成，包括配气站、管网、储气库（站）、储配站和调压室等、入户管、燃气表和燃具等
7	强电系统	高压与低压，单回路与多回路，有、无自备电源，长期或短期供用电	高低压供配电（高低压配电柜、电力变压器、电容柜、控制柜）、动力（电动机、控制柜）、照明、避雷等设备

续表

序号	专业系统	种类	组成
8	电梯系统	客梯、货梯及客货梯，直流梯、交流梯或液压梯，超高速、高速、中速、慢速电梯，单控或集控电梯，垂直梯或自动扶梯，升降机	曳引系统、导向系统、电气控制系统、轿厢、门系统、重量平衡系统、安全保护系统，以及机房、井道、基坑等
9	弱电系统	安防监控系统（多层住宅），安防、消防监控系统（普通高层住宅），包括：安防、消防、楼宇自控、办公自动化、通信网络、有线电视、车场自动化、综合布线等，智慧化建筑，增设物联网、云计算等	工作站（中央控制器、显示器、计算机、打印机、备用电源），网络控制器，现场控制器（DDC），末端设备（控制器、传感器、报警器、摄像机、远红外投影、巡更器、对讲门禁，执行机构）等

10.2.2 物业项目设备管理的含义及评价指标

1. 物业项目设备管理的含义

物业项目设备管理，是指物业服务人根据物业服务合同的约定和有关规定，运用先进的技术手段和科学的管理方法对各种物业共用设备的使用、维护、保养、维修、更新等实施管理，保证设备的正常使用，提高设备的完好率，延长使用寿命，以最大限度地满足业主和使用人对设备使用的需要，并创造良好的经济效益和社会效益。

提高设备的利用率及完好率，是物业项目设备管理的根本目标，可以概括为“四好”，即用好、管好、维护好、改造好。物业项目设备完好的基本标准：结构与零部件完整齐全；设备运转正常，满足使用功能；设备技术资料及管理记录齐全；设备整洁，无跑、冒、滴、漏现象；防水、防冻、保温、防腐、安全、标识等措施完整有效。

2. 物业项目设备管理的质量评价指标

（1）设备完好率，是指完好设备数量占全部设备总数量的百分率。

$$设备完好率=\frac{完好设备数量+基本完好设备数量}{设备总数量}\times 100\%$$

（2）设备有效利用率，是指每年度设备实际使用时间占计划用时的百分比，是反映设备工作状态及生产效率的技术经济指标。

$$设备有效利用率=\frac{设备有效工作时间}{设备有效工作时间+设备停机或无效工作时间}\times 100\%$$

10.2.3 物业项目设备管理的内容

1. 物业项目设备的运行管理

物业项目设备的运行管理实际上包括了物业项目设备技术运行管理和经济运行管理两部分。设备的技术运行管理，通过制订科学、严密且切实可行的操作规程和运行方案，确保设备的运行性能始终处于最佳状态，确保安全运行。设备的运行经济管理，包括能源消耗的经济核算、操作人员的配置和维修费用的管理。

（1）合理使用设备

1）合理配置设备。根据生产工艺和用户需求及设备性能，科学配置设备台数，编制科学合理的运行方案，保证设备运行高效率。

2）合理配置人员。根据设备数量、技术操作的复杂程度、生产安排和用户需求及环境变化，合理配置和调整操作及维修人员。

3）提供良好的环境。包括机房、操作间、值班室、照明、通风、空调、通道等。

4）健全管理制度。包括责任制、规程、程序、维修保养手册、作业指导书、应急预案等。

（2）设备巡检。设备巡检就是对设备进行有针对性的检查，可以停机检查，也可以随机检查。设备巡检包括日常巡检及计划巡检。

1）日常巡检。由操作人员对设备随机进行检查、调整、维护。日常检查内容包括运行状况及参数，安全保护装置，易磨损的零部件，易污染堵塞需经常清洗更换的部件，运行中经常要求调整的部位，运行中经常出现不正常现象的部位等。日常的设备调整是由操作人员根据设备运行负荷及状态的变化，及时调整运行参数，保证设备始终处于最佳的运行状态，发现故障或隐患，立即排除后报告，避免事故发生。

2）计划巡检。有计划地对设备进行检查、调整、维护。一般以专业维修人员为主，操作人员协助进行。计划巡检内容主要有记录设备的磨损情况、异常情况、需更换零部件，确定修理的部位、部件及修理时间，安排检修计划。

2. 物业项目设备的维修保养管理

设备在使用过程中会发生污染、松动、泄漏、堵塞、磨损、震动、发热、压力异常等各种故障，影响设备正常使用，严重时会引发事故。物业项目设备维修养护是设备维修与保养的结合。为防止设备性能劣化或降低设备失效的概率，按事先规定的计划或相应规定采取的技术管理措施。

（1）设备维修养护的内容。设备维修养护主要包括日常维护、定期维护、针对性修理、计划修理、项目修理、改造维修等。日常维护是由操作人员随时进行，通过清扫、紧固、润滑、调整、防腐、防冻及外观表面检查等方式对设备进行日常护理，以维持设备的性能和技术状况。

（2）设备维护保养的要求。设备维护保养一定要按设备维修保养手册实施，严格执行安全操作规程。特种设备的维修保养必须严格执行国家有关法律法规的规定，确保其安全、正常运行和使用。设备管理和使用部门要制定设备保养的考核制度，并严格检查考核。设备保养一般有如下3类：日常保养，主要为日保养和周保养，由操作工完成；一级保养，以操作工为主，维修工协助；二级保养，以维修工为主，操作工协助。设备维修养护主要要求达到“清洁、整齐、润滑良好、安全”。对长时期运行的设备要巡视检查，定期切换，轮流使用，进行强制保养。

（3）设备计划性检修。计划性检修是以检修间隔期为基础，编制检修计划，对设备进行预防性修理。根据月度维修保养计划，下达设备维修保养任务单，按标准对设备进行维修保养。通过科学、有效的维修保养，可以保持设备良好的技术状态、运行效率，最大限度地满足用户需求，还可以有效延长设备大、中修周期，甚至可以避免设备大修，从而大幅降低设备的全寿命周期费用。

（4）设备维修方式。设备维修方式具有维修策略的含义。现代设备管理强调对各类设备采用不同的维修方式，就是强调设备维修应遵循设备运动的客观规律，在保证使用的前提下，合理利用维修资源，达到寿命周期费用最经济的目的。

1）事后维修。不将设备列入预防性维修计划，发生故障后或性能、精度降低到不能满足使用要求时再进行修理。这种方式发挥主要零部件的最大寿命，维修经济性好，但不适用于影响性较大的设备。此方式可适用于下列设备：一是对故障停机不会影响正常使用的设备；二是利用率低或有备用的设备；三是修理技术不复杂又能提供备件的设备。例如：空调系统和给水排水系统中所用的“一用一备”的水泵等设备。

2）预防维修。为防止设备性能、精度劣化或为了降低设备故障率，按事先规定的修理计划和技术要求进行的修理活动，称为预防维修。对重点和主要设备进行预防维修。主要采取两种方式：一是定期维修，按规定时间执行预防维修活动，具有周期性特点；二是状态监测维修，根据设备技术状态，按实际需要进行预防维修方式。

3）改善维修。为消除设备先天性缺陷或频发故障，对设备局部结构或零件设计加以改进，结合修理进行改装以提高其可靠性和维修性措施的维修方式。

（5）物业项目设备的大、中、小修及项修

1）大修。大修是设备基准零件磨损严重，主要精度、性能大部分丧失，必须进行全面修理，才能恢复其效能时使用的一种修理方式。内容包括：对设备进行全部解体、清洗，修理基准件，更换或修复磨损件；全部研刮或磨削导轨面；修理、调整设备的电气系统；重新按标准组装，检测；修复设备的附件及翻新设备外观；重新按标准加入工质、润滑油；进行整体测定、试车。

2）中修。介于设备大修与小修之间的修理。内容包括：对设备进行局部解体，更换或修复磨损件；修理、调整设备的电气系统；重新按标准组装，检测；修复设备的附件及设备外观；重新按标准加入工质、润滑油；进行整体测定、试车。

3）小修。工作量最小的一种计划修理。

4）项修。对设备精度、性能的劣化缺陷进行针对性的局部修理。

（6）修理周期、修理间隔期及修理周期结构。修理周期是指两次相邻大修之间的间隔时间。修理间隔期是指两次相邻计划修理之间的工作时间。修理周期结构指在一个修理周期内应采取的各种修理方式的次数和排列顺序。

3. 物业项目设备的更新改造管理

（1）物业项目设备的损耗。物业项目设备在使用中会产生有形损耗和无形损耗。有形损耗是指机器设备在使用过程中发生的实质磨损或损失。无形损耗，也称经济磨损，是指设备在使用过程中因技术进步而造成的价值降低、技术落后、高耗能污染等丧失使用价值的情况。当这种损耗达到规定的限度时，应进行报废或升级改造处理。

（2）物业项目设备的更新。物业项目设备更新的主要具有以下作用：设备更新是物业维持使用功能的必要条件；设备更新是实现物业项目设备高效、安全、节能的重要途径；设备更新是物业保值、增值的物质基础。设备更新的原则是以物业的使用价值为基础，采用新技术、新工艺、新材料，符合节能、环保的要求，并且要进行经济论证，以确保经济效益。

（3）物业项目设备的技术改造。技术改造是指应用现代科学技术成就和先进经验，改变现有设备的结构，装上或更换新部件、新装置，以补偿设备的无形和有形损耗。

4. 物业项目设备的外包管理

根据管理需要，物业项目设备可以进行委托外包。外包主要有两方面的内容：一是将某类设备的管理全部外包给专业公司，包括运行操作、维护保养和修理等工作，如电梯、中央空调等；二是将某类维修（通常是大、中修）、改造、更新工程进行外包。

5. 物业项目设备的安全管理

（1）完善物业项目设备安全管理的制度建设

1）建立安全管理制度。建立并完善设备使用管理制度、值班制度、交接班制度、巡查制度、岗位责任制、设备机房出入管理制度、消防设备管理制度、安防设备管理制度、电梯使用管理制度、高空作业管理制度等。

2）完善设备运行、维修安全操作规程。包括高低压停、送电安全操作过程，高低压倒闸安全操作过程，电气设备巡检规程，电梯运行操作规程，制冷机运行操作安全过程，空调机组安全操作规程，水泵运行操作规程，消防水泵试运行操作规程，送排风风机安全操作规程，燃煤、燃气（油）、电锅炉等设备运行安全操作规程，以及各类设备的维修保养安全操作规程等。

3）建立设备突发事件的应急预案。包括突然停电、停水、停气（汽）、停暖应急预案，水、气管道爆管泄漏应急预案，突发设备事故、人身事故应急预案，自然灾害突发应急预案，房屋安全突发应急预案等。

（2）人员培训。加强设备安全专业培训。推动全员安全管理，确保物业安全，做到人人都是安全员，个个关注房屋设备安全。

（3）物业项目设备故障处理。设备或系统在使用过程中，因某种原因丧失了使用功能或降低了效能时的状态，称为设备故障。通过了解、研究故障发生的宏观规律，分析故障形成的微观规律，采取有效的措施和方法，控制故障的发生。

（4）物业项目设备事故管理

1）物业项目设备事故类别。根据设备修理费用或故障所造成的停机时间进行划分，其分类如下：一般事故，修理一般设备费用为500～5000元，修理重要设备费用为1000～10000元，或造成停电、停水、停气、停冷（暖）10～30分钟；重大事故，修理一般设备费用在5000元以上，修理重要设备的费用在10000元以上，或造成停电、停水、停气、停冷（暖）30分钟以上；特大事故，修理费用在10万元以上，或造成停电、停水、停气、停冷（暖）两天以上。

2）物业项目设备事故的原因分析。由于人为原因造成的事故，称为责任事故；因设备的设计制造、维修和安装、调试不当引起的事故，称为质量事故；因各种自然灾害造成的事故，称为自然事故。

3）物业项目设备事故的调查与处理。设备事故发生后，应立即切断电源、水源、气（汽）源，保护现场，及时进行调查、分析和处理，逐级上报。事故的分析要客观、全面、实事求是。事故的处理要遵循“三不放过”的原则，即：事故原因分析不清不放过；事故责任者和群众未受到教育不放过；没有防范措施不放过。

4）物业项目设备事故报告及资料存档。发生设备事故的单位或部门应在3日内认真填写事故报告单，上报设备管理部门，并按有关规定逐级上报。事故处理和修复后应填写记录，计算维修费，与原始资料归档保存，并统计上报。

6. 物业设施设备档案管理

物业设施设备档案主要包括设备原始档案，设备技术资料和政府职能部门颁发的有关政策、法规、条例、规程、标准等强制性文件，以及设备运行、维修养护、修理改造的使用管理档案。其目的在于规范管理，便于事后追溯，还可以作为管理的证据。物业设施设备档案主要包括以下内容。

（1）设施设备原始技术档案，包括物业竣工图纸、竣工资料和技术资料，设备生产厂家的安装、维护、使用说明书与合同书等，主要依据物业项目设施设备承接查验时交验方提交的物业清单。

（2）设施设备的基础管理档案，包括房屋清单、共用设施清单、设备登记卡、设备清单、设备台账、设备卡等。

1）房屋清单和共用设施清单，是按照物业承接查验时接收的清单到现场进行核对，查验确认后形成的。

2）设备登记卡，是在物业承接查验时，依据设备的铭牌和装箱单的内容进行填写的，是设备的原始资料的真实反映。

3）设备清单，是根据设备登记卡的信息制作的，主要用于方便设备管理，如管理人员查询和编制维修保养计划和机配件采购计划时使用。

4）设备台账，是对于重要的一、二类设备进行动态管理的记录，如电梯、高压配电设备、空调的制冷主机、锅炉、消防设备等。

5）设备卡，挂在（粘贴在）设备上的醒目位置，一台设备一个卡。

设施设备的原始技术档案和基础管理档案是随设施设备同寿命保存的。

（3）设施设备使用管理档案

1）设施设备使用维护档案，包括：设备运行日志、故障处理记录、巡检记录、事故处理报告、维修保养计划、维修保养报告、设备完好率检查评定、设备系统状态参数测定记录、设备系统的专业安全检验报告等。设施设备使用维护档案的保存年限一般为3～5年，可定期处理。

2）设施设备修理、改造档案，包括：设备、设施、系统的专项修理、大修、中修、改造计划，实施合同，实施报告，验收报告等。

3）设施、设备报废档案，包括：设施、设备的报废申请、评估、报废记录等。

（4）设备管理的相关法律、法规、规范与标准等强制性文件。

10.3 物业项目公共能源管理

10.3.1 物业项目公共能源管理的含义

物业公共能源管理是指物业服务人对物业项目的共用部位、共用设施设备及场地在使用、维修中消耗的能源进行计划、控制和监督的管理工作。物业公共能源消耗包括共用设备（供电、给水排水、电梯、消防、空调等设备）、设施（公共照明、景观等）运行、使用时的耗能，以及绿化、保洁、施工过程中的能源消耗。

物业公共能源管理的目标是通过规范、有效的管理，达到合理用能、节能减排、降低能耗费用，实现绿色、生态建筑目标的要求，为业主创造价值，为企业创造效益，为人类社会造福。

10.3.2 物业项目公共能源管理的内容

（1）落实相关法律和规章。汇编能源管理的法律法规和规章制度，如《民用建筑节能条例》《中华人民共和国节约能源法》《公共机构能源管理条例》及地方政府的节能管理办法等，制定完善物业项目公共能源管理制度。

（2）编制物业公共能源管理规划。编制物业公共能源管理规划，是指根据法规、标准及规范的要求，确定物业项目公共能源管理的目标、组织架构、人员配置、管理流程和绩效考核办法等。

（3）编制物业公共能源管理计划。内容包括公共能耗项目、设施设备基础参数、能源统计标准、基础能耗统计分析、能源管理措施、实施责任落实等。

（4）实施物业公共能源管理。通过开展宣传培训，提高全体员工和用户依法用能、合理用能、节约能源的知识、意识和主观能动性；加大能耗大户管理，如电梯、空调、供水、中水处理、照明等能耗管理；落实能源管理措施，促进节能减排；推行节能采购，应用可再生能源；做好能耗统计、汇总，进行数据对比分析；对能耗问题进行整改，持续改进提高。

（5）物业公共能源绩效管理。根据能源管理目标责任书及能源管理时限成果，对管理责任人进行绩效考核。

（6）经验推广。每年年底对物业项目能源管理的先进经验进行总结、宣传、表彰、推广，促进全企业、全行业共同提高。

10.3.3 物业项目节能与减排管理措施

节能与减排是指节约能源和减少环境有害物排放，加强用能管理，采取技术上可行、经济上合理及环境和社会可承受的措施，从能源消费的各个环节，降低能耗，减少损失和污染物排放，制止浪费，有效合理地利用能源，提高能源利用率，保护和改善环境，促进经济社会全面协调可持续发展。

1. 设备节能减排管理

物业专业设备节能减排管理措施见表 10–4。

物业专业设备节能减排管理措施　　表 10–4

项目	管理措施
供配电设备节能	① 合理优化高压线路设计，减少输配电线路损耗 ② 提高变压器利用率，减少空载损耗 ③ 加强设备管理，及时调整设备运行参数 ④ 利用低谷电价差，降低能耗费用 ⑤ 提高供电功率因数，保障能源利用效率
用电设备节能	① 交流接触器节能运行——交流接触器无声运行技术 ② 变频器的优化运行——正确设置能够使变频器的运行更加合理，节能效率更高 ③ 选用高效光源，使用高效节能型照明配件 ④ 根据物业服务协议的约定和用户实际需求及季节变化，合理调整照明灯开关时间 ⑤ 确定不同区域的照度，合理控制照明电压 ⑥ 控制照明电路中的高次谐波，合理设置开关的设置范围
电梯设备节能	① 加强电梯设备维修保养，提高运行效率 ② 合理设置电梯使用台数，减少空耗 ③ 实行多台电梯群控，实现合理运行
空调系统节能	① 根据天气变化和用户需求，制定科学合理的空调运行方案 ② 合理设置空调房间空气状态参数，避免空气过冷、过热 ③ 充分利用新风，在满足空调需求的情况下，不供冷、热源，只开风机送风 ④ 及时利用空调系统的热能回收装置，扩大热能回收率 ⑤ 合理调整空调新、回风比例，降低冷、热源消耗 ⑥ 加强设备维修保养，提高设备运行效率 ⑦ 及时对空调水管道系统清洗、除垢，降低热阻系数，提高传热效率，加强系统、管道维修，减少跑、冒、滴、漏，做好系统设备、管道保温工作，减少系统热损失 ⑧ 及时清洗、清扫过滤网、风管等，降低送风阻力

续表

项目	管理措施
空调系统节能	⑨ 及时调整冷、热源主机的运行参数，在满足用户需求的情况下，适当提高制冷机的蒸发温度，提高制冷效率，适当扩大空调水系统温差，降低水循环设备耗能；合理设置空调供冷水温度，尽量避免系统产生冷凝水，有条件的地方可以进行冷凝水回收利用 ⑩ 充分利用空调系统智能化设备，实现科学的自动化调节；定期对空调设备、系统的运行效率进行测定，综合评价系统、设备效率，以便及时进行改进
给水排水系统节能	① 根据用户需求，合理安排供水运行设备数量 ② 合理设置变频供水、气压稳压供水系统压力，避免超高压运行，降低能耗 ③ 加强设备系统维修保养，提高设备运行效率，减少系统跑、冒、滴、漏 ④ 提高跑水、爆管漏水事故的应急处理能力，尽量减少损失 ⑤ 热水供应要合理设置供水温度，做好管道保温，降低热能消耗 ⑥ 充分利用建筑中水设备，提高中水利用率
减排管理	① 充分利用减振降噪设施，减少噪声污染 ② 严格控制有害物质排放，减少环境污染 ③ 合理再利用废物，降低费用

2. 技术改造节能、减排

利用新技术、新工艺、新材料进行技术改造，实现节能目的，主要有以下几方面。

（1）利用高效率的机电设备改造老设备，提高设备使用效率。

（2）合理利用变频技术，实现随系统负荷变化无极调节能力，降低能源消耗。

（3）利用电梯储存的势能、动能再利用新技术，有效降低电梯耗能。

（4）利用国家电网谷峰电费差价政策，应用冰蓄冷、蓄热技术，降低供冷、供热能耗费用，提高电网运行效率和社会效益。

（5）广泛推广应用空调热泵技术，提高空调系统效率和能源利用率。

（6）提倡推广低温地板辐射供暖技术，结合利用太阳能和热泵技术，实现节能环保供暖。

（7）进行空调大温差、小流量加变频技术改造，有效降低空调系统能耗，提高系统效率。

（8）进行新光源和太阳能利用，改造老照明光源，降低照明耗能。

（9）利用雨水回收技术，节约公共水耗。

（10）利用太阳能热水器，减少热水能耗。

（11）推广楼宇设备智能化控制技术，实现楼宇设备智能化控制，有效节约能源。

3. 合同能源管理

合同能源管理是指合同能源管理公司通过与客户签订能源服务合同，由自己担负风险为客户提供节能改造的一整套服务，并从客户节能效益中收回投资和取得利润的一种商业运作模式，其实质就是一种以减少能源费用来支付节能项目全部投资的运营方式。

物业管理要充分利用合同能源管理模式来进行物业项目的节能减排技术改造，以最少的资金投入并且不承担风险而实现物业项目的节能减排技术改造，最终实现节能减排的目标。

【本章小结】

房屋及设施设备管理涉及面广，技术含量高，关系到物业的正常运行和安全使用。良好的管理，可以延长物业使用年限，降低设备寿命周期费用，提高物业价值。

管理的关键，一是通过多种形式的宣传沟通，业主和物业使用人才能充分了解房屋及设施设备的使用方法，正确使用房屋及设施设备；二是认真做好房屋及设施设备的维修保养、巡视检查工作，确保房屋及设施设备的稳定、可靠、安全使用和运行。

物业公共能源管理的目的是通过规范、有效的管理，以达到合理用能、节能、减排、降耗的要求，实现绿色、生态建筑的目标，为业主创造价值，为企业创造效益，为社会造福。

【延伸阅读】

1.《国务院关于印发2030年前碳达峰行动方案的通知》(国发〔2021〕23号)。

2.《中共中央 国务院关于完整准确全面贯彻新发展理念做好碳达峰碳中和工作意见》。

课后练习

一、选择题（扫下方二维码自测）

二、案例分析选择题（每小题多个备选答案中，至少有1个是正确的）

【案例10-1】某物业服务人新接管一处已入住10年的小区，通过业主意见调查，了解业主关于小区整改的意见，对项目的要求、预算金额和施工工期进行了汇总，见表10-5。

××小区整改内容汇总表　　表10-5

序号	项目名称	需要资金（万元）	整改内容和要求	计划工期（月）
①	给水管改造	48.2	部分给水支管由于锈蚀需要更换	9
②	外墙修补、粉刷	45.5	建筑外墙瓷砖有脱落的危险需要修补，由于污渍需要粉刷	6
③	内墙粉刷	11.7	内墙包括走道、楼梯墙面需要粉刷	3
④	电梯大修改造	33.0	包括系统调试、配件更换、变速箱清洗、换机油、部分电梯更换钢丝绳、轿厢内壁及地板更换	3
⑤	绿化改造	19.0	包括补种、新种树木草坪，加装休闲椅	3
⑥	小区外围封闭	6.3	包括设置围墙、岗亭、绿化隔离带及警示标识等	2
⑦	兴建活动场所	14.3	在架空层新建活动室，要进行隔断并安装设备	1
⑧	监控系统	30.5	新建小区闭路电视监控系统和周界防越系统	1
⑨	停车场路面改造	17.2	停车场打混凝土路面（原为泥土地）	2
⑩	标识的制作和改造	0.3	制作并安装小区道路、停车和房屋等标识	1
⑪	住户防盗网的油漆	24.0	住户阳台防盗网的重新油漆	2
⑫	公共照明系统维修	0.4	公共照明部分灯具和线路的更换	1
⑬	住户空调架的更换	4.8	部分住户空调架由于锈蚀需要更换	2

1. 上述项目中，不属于物业服务人负责的项目有（　　）。

A. ①　　B. ③

C. ④　　D. ⑪

E. ⑬

2. 对于不属于物业服务人负责的项目，如果业主愿意委托物业服务人进行管理，其费用应该（　　）。

A. 由委托的业主承担

B. 从物业管理服务费中支取

C. 由委托的业主和相邻业主承担

D. 从专项维修资金中支取

3. 上述项目中，可以从物业管理服务费中支取的项目有（　　）。

A. ③　　B. ⑤

C. ⑦　　D. ⑩

E. ⑫

4. 从物业管理服务费中支取的项目，其资金在物业管理服务费公示表上应列入（ ）。

A. 行政办公费用　　B. 维修保养费用

C. 绿化费用　　D. 外包费用

5. 上述项目中，需要向城市规划管理部门申报并取得许可后，方能进行的有（ ）。

A. ①　　B. ④

C. ⑥　　D. ⑦

E. ⑨

6. 对需要向城市规划管理部门申报的项目，应该由（ ）进行申报。

A. 物业服务人　　B. 业主

C. 原开发商　　D. 所在地居民委员会

7. 上述项目进行过程中，需由政府相关管理机构进行管理和最后验收的项目有（ ）。

A. ①　　B. ④

C. ⑤　　D. ⑧

8. 上述项目进行过程中，（ ）两个项目均对业主生活影响最大。

A. ①④　　B. ②③

C. ⑤⑥　　D. ⑧⑨

9. 如果该小区的维修资金不能满足整改项目的维修需要，可以采取的方法有（ ）。

A. 与业主协商，放弃部分项目的维修，待条件成熟时再进行

B. 与业主协商，追加维修资金

C. 与业主协商，加收物业管理服务费

D. 由原建设单位无偿投入

E. 与业主协商，由物业服务人先行垫资进行，后从公共收益中逐年偿还

10. 如果该小区的维修资金能够满足上面所有应由物业服务人负责的整改项目的需要，从物业管理的角度看，首先进行项目（ ）最合理。

A. ①⑦　　B. ③⑤

C. ④⑥　　D. ⑧⑨

三、案例分析论述题

【案例 10-2】某超高层办公楼产权属单一业主，分散出租。该办公楼采用中央空调制冷，运行时间为每年 5 月 1 日至 9 月 30 日。空调能源费按每月每平方米实行定期收费，由物业服务人收取，盈亏包干。一家

具有国家备案资质的节能服务公司来本大厦调研后，提出可实行合同能源管理模式实施节能管理。方案主要内容如下：由节能服务公司出资，采用一种经实验室论证成功的创新技术改造空调设备（主要是主机及其配套设备）：改造工程时间自今年2月25日起实施，周期60天（若出现改造工程逾期情况，节能服务公司将提前10天告知）；预计改造后空调节能率可达30%，节省的能源费用按8∶2的比例在节能服务公司与物业服务人之间进行分配，合同期为6年。

1. 根据上述条件，本方案实施中，业主和物业服务人可能遭遇的重大风险是什么？简要说明理由。

2. 若实施节能改造，被更换拆除的设施设备处置权归谁所有？简要说明理由。

3. 业主提出：同意上述节能改造方案。但在合同期满后，节省的能源费用应归业主所有。此要求是否合理？简要说明理由。

【案例10-3】某高层综合物业项目地处城市中心区，总建筑面积10万m^2，地下2层，部分为配套停车库，部分为机电设备层。整个大厦由一台中央空调集中供冷。绿化面积为项目占地面积的5%，且以本地树种和灌木为主。1至4层为商业裙楼，5层以上为散租写字楼。裙楼出租给不同的企业用作百货商场经营。物业管理服务由业主聘请的一家物业服务企业承担，出租经营内部区域，由各承租单位自行管理。

1. 节能减排的措施一般可分为技术节能（如投入资金进行设备改造）和管理节能（在管理手段方法等方面上下功夫）。请就本项目建筑和设施设备管理分别提出技术节能和管理节能措施各2项以上（含2项）。

2. 该项目物业管理服务包括房屋维修管理服务、设施设备管理服务、保洁服务、公共秩序管理服务、消防管理服务、绿化管理服务等内容。相对而言，哪些是管理服务的重点工作？请简要说明理由。

3. 在物业管理服务过程中，相关各方先后提出了以下观点。

① 物业管理服务的消防安全管理不涉及裙楼各出租经营场所。

② 各承租单位应分别和物业服务企业签订物业服务合同以方便管理服务。

③ 百货商场内夜间值班巡视不属于物业服务企业的职责。

④ 写字楼公共卫生间清洁工作应由物业服务企业承担。

⑤ 大厦屋顶设立商业用途广告牌，由物业服务企业经营，收益应交到业主委员会主任指定账户，由业主委员会管理、支配和使用。

请分别指出上述观点正确与否，并对不当或错误的观点说明理由。

四、课程实践

选择自己熟悉的大型物业综合体项目，详细了解其设备的基础数据和管理维护现状，完成一份关于该项目的设备调研报告。主要内容：

（1）设备基本情况（种类、组成、数量等）。

（2）设备完好情况（利用“完好率”“有效利用率”两个评价指标简单进行评估）。

（3）设备运行、维修、养护、更新、改造等基本情况。

（4）设备安全管理情况。

（5）设备档案管理情况。

（6）设备能源管理情况，包括节能减排措施。

（7）设备管理组织架构及各岗位管理职责。

（8）设备管理制度体系。

11 物业项目秩序维护

知识要点

1. 物业项目秩序维护的含义、内容；
2. 公共安全防范的含义、内容、方法、检查要点、注意事项；
3. 车辆管理的规划、内容、注意事项；
4. 消防管理的原则、术语、标识、内容；
5. 消防隐患的识别、处置。

能力要点

1. 能够制定物业管理区域内公共秩序维护方案和制度并组织实施；
2. 能够发现物业管理区域内公共秩序维护中存在的问题，并持续改善。

物业项目秩序维护，是指物业服务人接受业主委托和协助政府有关部门，为保持和维护物业管理区域内公共秩序而开展的综合管理活动。秩序维护的实施，要以国家相关法规为准绳，以物业服务合同的约定为依据，通过合同明确相关各方的责任义务。物业服务人在进行秩序维护的过程中，注意不得超越职权范围，不得违规操作。关于物业服务人在秩序维护中的义务和责任，我们已经在第 3 章作了详细叙述。

秩序维护主要包括公共安全防范、车辆管理和消防管理等，本章将分别就这 3 项工作的含义、内容、方法和注意事项等进行阐述。

11.1 物业项目公共安全防范

11.1.1 公共安全防范的含义

公共安全防范，是物业服务人接受业主委托，协助政府相关部门，为维护公共治安、施工安全、物业正常运行秩序等采取的一系列防范性管理活动。

1. 公共安全防范的危害源

（1）危害行为人。盗贼、伤害行为人、破坏秩序行为人、违反作业程序人等。

（2）物理能。电能、势能、光能、热能、动能、风能等。

（3）化学物质。有毒有害物质、绿化药剂、清洁药剂、消杀药品等。

（4）自然灾害源。火源、风源、水源、震源、声源等。

2. 公共安全防范的危害载体

（1）危害行为人使用的工具、通道、藏身之处。

（2）物理物品。高空坠物、松动的围墙、玻璃、破损的栏杆、车、机械等。

（3）化学物质使用方式、使用工具、地点。

（4）自然灾害源。风、水、大地、声波等。

3. 公共安全防范的危害承载体

危害承载体是指受危害损伤的人或财物。

11.1.2 公共安全防范的内容

公共安全防范的内容主要包括出入管理、公共安全秩序维护、灾害防治、社区管理和施工现场管理。

（1）出入管理。区分不同物业的类型和档次，制订相应方案，实现人员、物品、车辆等出入的有效管理。

（2）公共安全秩序管控。对影响物业项目区域内公共安全秩序的各种行为、设施设备安全隐患、作业人员的作业行为等进行合理管控，确保物业项目区域内的公共安全秩序正常有序。

（3）灾害防治。根据各类常见灾害（如风灾、火灾、水灾、雪灾、地震等），根据所在地域特征制订完善的灾害应急响应预案及采取适当的预防措施，达到防灾减灾的管控效果。

（4）社区管理。为了共同做好社区管理，创建安全和谐社区，物业服务人除做好管理区域内各项物业管理工作外，还应协助公安机关、街道办事处等政府部门做好社区安全防范管理工作。具体内容包括：重大社区活动知会辖区派出所及社区居委会；协助相关部门维护辖区治安秩序和处理意外事故；积极配合相关部门做好国家法律政策宣传；协助相关政府部门进行人口普查工作；协助辖区派出所进行暂住人口登记工作；执行政府依法实施的应急处置措施和其他管理措施。

（5）施工现场管理。根据建设单位书面合同委托的具体要求，区分施工现场各单位的管理职责，制定相应方案，实现对人员、施工材料、设施设备、施工车辆的进出，以及施工区域划分分隔与物品存放的有效管理。

11.1.3 公共安全防范的方法

1. 预防

（1）划分公共安全防范区域。针对物业项目不同区域管理对象的差异，可以划分成禁区、防护区、监视区。对不同区域实施不同级别的防范措施。

1）禁区。物业管理区域内业主专有部分、安全监控中心、各类设备房等。严格进行身份识别，禁止无关人员进入禁区。可以设置特殊的固定岗位（如领导办公楼层的固定岗、安全监控中心的监控岗等）进行禁区进出控制。安装报警系统，防止无关人员强行进入。

2）防护区。物业管理区域内各幢建筑物内共用部位、室内外停车场等。设置定期巡逻制度，对可疑人员进行询问。可以增加安防系统进行技术控制，例如使用门禁系统自动识别进出人员，智能道闸系统自动识别进出车辆等。

3）监视区。物业管理区域边界以内、建筑物以外的区域，以及公共建筑内的公共区域。监控岗通过监控观察区域情况，巡逻岗对来访人员进行远距离观察，并在有需要的情况下提供必要的指引。在发生特殊状况时，及时到现场查看处理。

（2）设置秩序维护岗位。物业项目的秩序维护岗位分为固定岗和流动岗。

1）固定岗。在物业项目的主要出入口应设置固定岗，如大门固定岗、停车场出入口固定岗、大堂固定岗等；项目的安全监控中心设置固定的监控岗；项目内特殊区域设置特殊固定岗，如卸货区的固定岗、领导楼层的固定岗、研发区域的固定岗等。固定岗一般均为24小时全天候值守；部分固定岗按服务时间设置，如领导楼层的固定岗、卸货区的固定岗等；主要出入口根据需要可以设双岗。固定岗的职责主要是人员、物品、车辆的出入管理，出入口秩序维护，视频监控，消防报警装置监控等。

2）流动岗。在物业项目的公共区域应设置巡逻岗，如楼层巡逻岗、外围巡逻岗、停车场巡逻岗等。在物业项目的秩序维护队伍中还应设置班长岗进行流动管理。流动岗设置必须按流动岗巡逻覆盖范围制订多套相应的巡逻路线，该巡逻路线应完全覆盖该岗位巡视范围的各个角落并满足巡逻频次要求。流动岗的职责主要是设施设备、场地、物品、人员的巡视，以及发生异常情况时的现场处置等。

（3）制定秩序维护方案。秩序维护方案主要有安全布防方案、巡逻方案、主要危险源方案、紧急事件应急预案等。

1）安全布防方案。对物业项目的整体建筑布局、各类通道口的分布、周边的环境情况、顾客群体特征、项目硬件配套、项目服务标准等信息进行摸底分析，根据实际需要按“经济可行，完整布防”的原则进行最合理的安全布防。方案内容包括安全布防需求分析，秩序维护人员配置计划，职责、岗位分布图，装备配置计划等。

2）巡逻方案。根据安全布防方案各巡逻岗位设置的巡逻区域，实地进行巡逻线路摸底分析，设立巡逻签到点，确保巡逻路线能够覆盖巡逻区域各处且无盲点。同时应准备多套巡逻路线，确保巡逻的有效威慑力。方案内容包括巡逻路线图、巡逻签到点位清单、装备配置计划等。

3）主要危险源方案。对物业项目的常见危险源进行罗列，按危险源评价法进行打分评价，选取符合评价结果的主要危险源，制定相应的预防措施。方案内容包括危险源识别表、主要危险源清单、主要危险源控制措施表等。

4）紧急事件应急预案。对物业项目的常见紧急事件进行讨论罗列，一般常见的紧急事件包括盗窃、火灾火警、停水、停电、水浸、高空抛物、坠楼、卫生事件、台风、暴雪等，根据情况合理设置救援疏散组、通信联络组、后勤保障组、现场控制警戒组、交通管制组等，并制定事件处理流程。预案内容包括事件应急组织结构图、各处置环节小组人员配置清单（通信方式、职责、姓名等内容）、事件处置流程、物资装备配置清单等。

5）保险购置。秩序服务过程中对于部分事件发生后有可能造成较大经济损失的，物业服务人应提前通过购置保险的方式进行风险转移。一般物业项目常见的购置保险险种有公众责任险、财产险、停车场险、意外伤害险等。例如，在项目中有大型地下停车场且使用率较高，一般物业服务人应购置停车场险，避免车辆剐碰、被盗等赔偿风险；大型商业项目，物业服务人应购置财产险，避免火灾、水浸等情况下造成的财产损失。

6）安防系统的使用。物业管理安防系统是指物业管理区域内用于治安、消防、车辆管理及紧急呼叫等安全防范的技术设备系统。常用的安防系统有闭路监控系统、红外报警系统、自动消防监控系统、门禁系统、自动呼救系统、道闸系统、煤气自动报警系统和巡更系统等。为确保安防系统功能的正常发挥，秩序人员要熟练掌握安防系统的技术性能，使之相互配合，正确使用，如利用监控系统和自动报警系统的相互配合，减少误报，提高管理效率。同时，安防系统应由秩序维护人员定期检查，发现问题及时上报工程部门处理。

7）安全防范教育宣传工作。在物业项目的安全防范工作中，物业服务人还应定期对业主进行安全防范教育宣传工作，以发动业主群防群治达到良好的安全防范效果。常见的安全防范教育宣传包括火灾预防、火灾逃生知识、防盗防窃、高空坠物、宠物饲养、煤（燃）气使用常识、极端天气应对、卫生事件处置常识等。教育宣传工作的开展方式包括宣传海报、专项社区活动、项目广播、专项通知、温馨提示等。

2. 准备

在公共安全事件发生前，应根据物业项目各种重大危害源和关键危害因素，准备相应的应急资源，并进行定期的应急处置训练、演练。

（1）应急物资准备。根据应急预案相关内容进行物资装备的事先准备，常见的物资装备包括：防具（防火服、防毒面具等）、通信器材、急救药品、水及食物、交通工具、处置工具、灭火器、消防水带、消防水枪、警棍、头盔、铁马等。

（2）应急训练及演练。定期对秩序维护队伍进行应急训练及演练。应急训练包括体能训练、急救训练、基础军事技能训练、灭火器材使用训练等，一般一周一次专项训练。应急演练包括火灾应急演练、紧急疏散应急演练、治安事件应对应急演练等，一般半年一次应急演练。

3. 应对

当紧急事件发生时，必须第一时间启动相应的应急预案。根据以人为本、减少危害、统一指挥、分级负责、快速反应、协同应对的原则进行现场处置，并及时将相关信息上报相关政府部门。在应对过程中，秩序维护人员应根据情况设置救援疏散组、通信联络组、后勤保障组、现场控制警戒组、交通管制组等职能分组，协同应对，快速处置。

4. 恢复

事件发生后，对事件发生造成的损害情况进行评估，制定恢复方案并组织实施，最后对事件进行总结，汲取教训。

11.1.4 公共安全防范的检查

1. 定期检查

（1）日检。秩序维护队伍的各班班组长每天应依据检查标准对本班各岗位的当班人员进行检查，检查内容包括仪表礼节、服务态度、工作纪律、工作质量、工作记录、交接班、岗位形象、安全隐患等，对存在的问题应及时指出并做出相应处理。

（2）周检。秩序维护主管及项目领导每周应根据检查标准进行全面的检查，除日常检查外，还包括各类安防设施设备的检查、业主意见收集反馈、班组长检查记录、安全隐患分析等，并填写周检记录表。

（3）月检。月检工作是指由指定人员对各项目的安防工作进行全面检查，重点检查现场管理效果及过程管理记录，确保安防工作的有效性。

2. 专项检查

专项检查工作是指由指定的督查人员不定期对安防工作进行突击检查，确保安防工作严格按标准执行，并对违规人员进行处罚教育。一般包括卫生检查、陌生人测试、设备安全检查等。

（1）卫生检查。督查人员应不定期地，特别是在公共卫生事件发生时（如禽流感、非典等），对各岗位进行卫生检查，重点检查个人卫生状况及场地卫生状况。个人卫生状况主要检查身体清洁情况、口气清新无异味、衣服干净整洁情况。场地卫生状况主要检查岗亭／值班室的地面、台面、墙面卫生情况，台面物品整洁情况，物资工具整洁情况等。

（2）陌生人测试。通过不同形式的陌生人测试来检查各岗位工作是否按要求进行。

1）停车场陌生人测试。通过陌生车辆进行临时进出停放测试。主要验证：车辆进出是否按要求登记或发卡，是否按标准收费，是否收费给票，车场岗员工是否热情，礼仪礼节、仪容仪表是否符合要求等。

2）来访人员陌生人测试。通过陌生人进行闯入试验。主要验证：陌生人进入是否按要求进行询问身份识别，是否按要求登记进入，门岗巡逻岗是否联动协同等。

3）安防系统陌生人测试。通过触发相关的安防系统（遮挡摄像头、触发红外报警、触发门禁报警等）进行测试。主要验证：各岗位是否能够及时发现异常情况，发现异常情况后是否在规定的时间内快速反应赶至现场处置，各岗位是否按要求进行联动应对等。

（3）设备安全检查。对物业共用设备进行有针对性的检查。

11.1.5 公共安全防范的注意事项

物业服务人在进行公共安全防范过程中，要注意法定赋予的相关权利和义务。物业服务人在管理区域内维护公共秩序的主要方式为履行劝告义务、制止义务、报告义务和安全防范协助义务。

（1）遇到有人在公共区域聚众闹事，应立即向公安机关报告，并及时上报上级领导，协助公安机关迅速平息事件，防止事态扩大。

（2）遇有违法犯罪分子正在进行盗窃、抢劫、行凶、纵火等违法犯罪活动时，应立即报警，协助公安机关制止，并采取积极措施予以抢救、排险，尽量减少损失。对于已发生的案件，应做好现场的保护工作，以便公安机关进行侦查破案。

（3）管辖范围内公共区域有疯、傻、醉等特殊人员进入或闹事时，应将其劝离管辖区，或通知其家属、单位或公安派出所将其领走。

（4）辖区公共区域内出现可疑人员，要留心观察，必要时可礼貌查问。

（5）管辖区域内发生坠楼等意外事故，应立即通知急救单位及公安部门、家属，并围护好现场，做好辖区客户的安抚工作，等待急救单位及公安部门前来处理。

（6）安防人员不得剥夺、限制公民人身自由；不得搜查他人的身体或者扣押他人合法证件、合法财产；不得辱骂、殴打他人或者教唆殴打他人。

11.2 物业项目车辆管理

物业管理区域内的车辆管理是物业秩序维护的一项基本内容，也是体现管理水平的重要环节。

11.2.1 车辆管理的规划

1. 人员和制度建设

为做好管理区域内车辆管理，物业服务人应根据小区车辆管理实际情况做好人员安排，包括小区车辆交通的疏导及管理人员、停车场维护人员、车辆收费管理人员等。车辆管理制度包括公共制度和内部制度两部分。公共制度是指政府公布的交通法规、停车场收费管理办法等；内部制度是指企业内部制定的管理制度，如停车场管理规定、出入口管理规定、交接班管理规定、工作考核管理规定、停车场收费标准、停车场车位分配办法等。在执行相关制度时，物业服务人应对收费停车场所办理的各类证照将其上墙，公开收费标准。

2. 停车场规划

（1）动线规划。停车场一般在初步设计时，设计院往往根据设计规范进行双向行驶设计，但在实际物业管理过程中，停车场原设计行驶线路往往无法满足管理需要，且容易造成车场路口或交叉口拥堵，以及发生剐碰事故。因此，物业服务人应在物业项目早期介入阶段就参与停车场的动线规划工作。

1）情况调查。了解物业项目的人流车流通道布置情况，停车场使用顾客群体（住宅项目固定客户为主、临停为辅，商业项目临时顾客为主、卸货车辆为辅）。了解车位分配区域划分情况（固定车位、临停车位、卸货车位等），车位配置充足情况（车位充足、车位不足等），车场进出口配置数量及位置，连接车场出入口市政道路交通情况，等等。

2）确定车辆区域内流动的动向。一般设置原则为先进行区域分隔，将停车场划分为相对独立的停放区域。例如酒店车辆停放区、商场车辆停放区、公寓车辆停放区等。根据划分出的停放区域考虑进出口配置，如果有两个或两个以上通道可明确进口及出口独立设置，若只有一个进出口通道，则进出共用设置。通道口设立后应从进口到出口设置单向循环动线，确保所有交汇口无交叉行驶情况。另外，如果通道口直接连接市政主干道，一般宜设为出口，避免造成交通拥堵。如进出口均直接连接市政主干道，宜设置指挥岗疏导交通。

（2）车位的需求分析与规划

1）需求分析。拟定停车位的规划与分配方案前应对物业项目的停车需求情况进行调研分析。分析对象包括建筑平面图、车位布置平面图、通道、出入口、停车场硬件配置情况、本项目业主（租户）车辆拥有情况、规划车位数量、外来车辆情况、周边停车状况、收费标准等。

2）车位规划。调研分析后，确定停车位的具体设置（增设、减少、改建等）、区域划分、数量配置（月卡车辆配置、固定车位配置、临停车位配置）、分配方式等，并向停车场所有权方提交停车位规划与分配方案，在获得权属方批准后予以实施。

（3）标识系统规划。随着现代城市的发展，越来越多的建筑设计了地下停车库。地下停车库的投入使用，可以大大缓解路面的停车压力，美化小区。同时，地下车库对各类交通指示、方向指示等标识有较多的要求，停车场应在有需要的位置设置足够的出入口标识、限高标识、限速标识、禁笛标识、方向指示标识、禁行标识、停车位标识、禁停位标识、减速慢行标识、严禁烟火标识、消防疏散指示标识、楼梯通道指示标识、设备标识、机房标识及各类提示标识。指示标识设计应注重区域及区域交界处的明确指示，采用指示字体大而少的标识牌进行表示，并在各个区域的立柱上增设明显的当前位置指示，避免车主丢失位置感。一般停车场建设时均已设置了一定的交通指示标识，但在真正入住后，物业服务人还应结合实际使用的需要再补充适量停车场地脚线、地上方向指示、防撞标识、免责标识及温馨提示等标识，进一步做好停车场标识的完善。

11.2.2 车辆管理的内容

车辆管理的内容包括车辆出入管理、车辆停放管理、突发事件管理和收费管理等。

1. 车辆出入管理

（1）对物业管理区域内出入及停放的车辆，宜采用出入卡、证管理。卡、证根据停车场的性质可采用纸质登记卡、IC 卡、ID 卡等。

（2）一般对居住在物业管理区域内的业主物业使用人，其车辆多以办理年卡或月卡的方式，出入时只需出示年卡或月卡即可。

（3）外来的车辆或暂时停放的车辆采用发临时卡的方式进行管理，即每次进入时发给一张临时卡，记录进入的时间、道口、车牌号、值班人等，此卡在车辆出去时收回。是否收费，根据相关法规、物业类型、停车场性质和物业服务合同约定做相应处理。

（4）遇到车主未带车卡情况时，车场出口岗应要求车主出示行驶证、驾照、身份证进行核实，核实身份后予以登记放行，必要时可上报上级进行查询处理。

（5）对于进出的公检法值勤车辆，出入口岗应询问进出事由并核实相关车辆证照，登记后予以放行。

（6）对于进出车辆装有货物的，应查看货物是否为易燃易爆危险品，如发现安全隐患，应予阻止或上报上级同意后放行（放行的同时应通知巡逻岗全程跟进）。

2. 车辆停放管理

（1）车辆进入后，管理人员应引导车辆停放。

（2）有固定车位而任意停放，以及不按规定停放、任意停放或在消防通道停车等现象出现时，管理人员应及时劝阻。

（3）车辆进入停车位停放时，管理人员应及时检查车辆：车辆是否有损坏，车窗是否已关闭，是否有贵重物品遗留车内等，必要时做好记录并通知车主，避免出现法律纠纷。

3. 突发事件管理

停车场突发事件管理主要包括车损事件、车位占用、车辆拥堵处理等。

（1）车损事件处理流程

1）现场确认车辆损毁情况，拍照取证。

2）比对进场车辆记录，核实车损前后车辆对比状况。

3）确认车损，并按车场保险申报流程提请赔偿。

4）支付车主赔偿款，并总结车损发生原因，汲取经验教训。

（2）车位占用处理流程

1）现场确认车位占用情况，拍照取证。

2）联系占用车位车主开走占用车辆，如无法联系上应张贴温馨提示条。

3）在占用车辆开走之前，应及时提供车位给固定车位车主临时停放。

4）占用情况处理完毕后，应及时将占用车位的车辆列入重点监控对象，停放时尽量给予引导，如属经常行为者应列入车场黑名单禁止进入车场。

5）必要时可建议固定车主安装车位锁控制占用情况。

（3）车辆拥堵处置流程

1）车场巡逻岗现场确认拥堵情况。

2）对讲通知进出口岗控制车流，必要时安排其他巡逻岗进行车辆分流控制。

3）现场指引拥堵处车辆逐辆疏散。

4）疏散后，应在拥堵点继续指挥车辆有序行驶，直至车流高峰时段结束。

4. 收费管理

（1）收费标准。停车场收费按物业性质一般分为3类，即住宅类，社会公共、临时类，商业场所配套类；按车型分为摩托车、小车、大车、超大型车4类。物业服务人应根据各地的价格主管部门发布的《机动车停放服务收费管理办法》制定相应的停放管理服务费用标准，设定的停放管理服务费用上限不得超出政府定价标准，报价格主管部门备案后方可执行。在车场出入口处设立停放管理服务费标准公示牌，以便车主查询。

（2）收费方法

1）人工收费。未安装智能道闸系统的停车场，应通过进出登记纸卡记录，人工计算收取相关停放管理服务费用。该方式因管理漏洞较多，已逐步淘汰，主要用在临时性的停车场所。

2）系统收费。现大多数住宅停车场均采用系统收费方式进行收费，此类方式是通过智能道闸系统对车辆的进出时间进行自动计算，直接显示停放费用，由车场出口岗进行临停收费，客服人员进行月卡授权，收取月卡停放费用。

3）中央收费。中央收费是指将车场进出口岗及停放费用收费岗分开独立设置，主要用于安装有智能道闸系统的商业或写字楼项目。该类项目临时停放车辆较多，同时收费单价较高。将收费岗位独立设置，一是便于收费漏洞的管控；二是避免收费造成出入口拥堵，提高车流行驶速度。

5. 停车场智能管理系统的使用

目前停车场使用的收费系统大多数使用感应卡停车场管理系统。这类感应系统高效快捷、公正准确，有助于停车场对车辆实行动态和静态的综合管理。而且这类系统易于操作维护、自动化程度高，可大大减轻管理者的劳动强度，还可杜绝失误及任何形式的作弊，防止停车费用流失。另外，停车道闸收费系统还可与图像智能识别系统一起使用，可更有效地杜绝偷车、盗车现象的发生，并减少在外被剐伤的车辆进入停车场后再索赔的纠纷，使停车场管理者和使用者得到最大的安全保障。停车场道闸系统还可与红外感应系统一起使用，可有效同步地对车场内车位空置分布情况进行管理，可提前指引车主车辆停放位置，方便车主停放的同时，减少了车场引导人员的配置及车辆拥堵情况。

11.2.3 车辆管理的注意事项

1. 交通标识要醒目

车辆管理的交通标识及免责告示应充足明显，避免发生法律纠纷。完善的交通标识及提示，既可以确保管理区域车辆交通的有序，又可以减少安全事故的发生。而车辆停放票据、卡、证及收费牌上的相关免责提示可以提醒车主做好相应的安全防范措施，减少安全事件的发生，并且避免发生安全事件时引发法律纠纷。

2. 车辆停放手续齐全

车主首次申请办理停车年卡或月卡时应提交本人身份证、驾驶证、车辆行驶证原件与复印件，并签订停车位使用协议，建立双方车辆停放服务关系。协议上应对车辆是有偿停放还是无偿停放、是保管关系还是仅仅车位租用关系、停放过程中的安全责任等法律责任问题予以明确，避免在车辆出现剐损或丢失时引起法律纠纷。

3. 车辆停放符合消防要求

车辆停放必须符合消防管理要求，切忌堵塞消防通道。部分车主为了方便，经常会将车辆停放于消防通道，或部分物业服务人为了提高车辆停放收入，擅自将部分消防通道划为停车位，这样往往会导致消防通道的堵塞，严重影响消防疏散及抢救。因此，车辆停放管理应特别注意对消防疏散通道的管理。确保车辆停放必须符合消防管理的要求，不能堵塞消防通道。

4. 车库内电梯入口是安防重点

对于电梯直接通往室内停车场车库的小区，必须做好电梯入口的安全防范监控措施，避免不法人员直接从地下车库进入楼内。

11.3 物业项目消防管理

11.3.1 消防管理的含义

消防管理是指为保障物业管理区域内火灾预防、火灾处置等事宜而协助政府相关部门的综合管理活动，包括消防知识宣传、消防安全检查、监控值守、标志管理、应急处置、志愿消防队伍建立、消防管理制度完善以及对消防设备设施的维修保养等工作。

消防管理是秩序维护的一项重要工作。消防管理工作的指导原则是“预防为主，防消结合”。为做好物业的消防管理工作，物业服务人应着重加强对辖区内业主的消防安全知识宣传教育及消防安全检查，并建立义务消防队伍，完善消防管理制度，加强消防设施设备的完善与维护保养工作。

物业项目秩序维护人员应在业主办理入住手续前检查物业管理区域内消防警示标识的安装情况，并对遗漏及安装位置不符合要求的进行更正。指示标识包括：疏散路线、疏散通道方向、紧急出口、禁止堵塞、禁止锁闭、灭火器、地下消火栓、地上消火栓、消防水泵结合器、击碎面板、手动报警装置、火警电话、禁止吸烟、禁止烟火、禁止存放易燃物、禁止带火种等。

消防管理中用到的几个术语有：

（1）火情，指起火的地点、部位、燃烧物及火势大小等。

（2）火警，指怀疑有火情的有关信息，如煳味、烟火、不正常温度等。

（3）火灾，指着火因素在时间和空间上失去控制，并对人身及财物造成损害的燃烧现象。按火情大小和损失情况分为特大火灾、重大火灾、火灾3种。

11.3.2　消防管理的内容

消防管理的内容可以分为火灾预防、物资准备、救火应对和事后恢复4个环节。

1. 火灾预防

物业项目的火灾预防是消防管理工作的首要任务，物业服务人应根据国家法规、消防主管部门的指导要求，制定完善的消防管理制度，认真做好物业项目的火灾隐患（危险源、危险载体）识别工作，编制完善的火灾应急预案，建立消防设施设备专人维护与保养制度，同时还应积极开展物业项目范围内业主的消防安全知识宣传教育工作。

（1）义务消防队。义务消防队伍是日常消防检查、消防知识宣传及初起火灾抢救扑灭的中坚力量，为了做好小区的消防安全工作，各物业项目应建立完善的义务消防队伍，并经常进行消防知识与实操技能的训练与培训，加强实战能力。

1）义务消防队的构成。物业项目的义务消防队由项目的全体员工组成，分为指挥组、通信组、警戒组、设备组、灭火组和救援组等。

2）义务消防队员的工作。义务消防队员的工作包括消防知识的宣传普及教育，消防设施设备及日常消防防火工作的检查，消防监控报警中心的值班监控，以及发生火灾时配合消防部门实施灭火扑救。

3）义务消防队伍的训练。义务消防队伍建立后应定期对义务消防人员进行消防实操训练及消防常识的培训，每年还应进行一到两次消防实战演习。

（2）消防制度

1）制定物业服务人消防管理规定。物业服务人消防管理规定包括企业消防管理机构及运作方式、消防安全岗位责任、奖惩规定、消防安全行为、消防保障要求、消防事故处理报告制度等。

2）制定消防设施设备管理制度。消防设施设备管理制度的内容包括消防系统运行管理制度，消防器材配置、保管制度，消防系统维护、保养及检查检测制度，消防装备日常管理制度，消防系统运行操作规程等。

3）编制消防检查方案及应急预案。根据各管辖区域特点，制定消防检查要求与标准，并编制消防演习方案及消防事故应急预案等。消防检查方案要明确重点防火单位和防火部位。重点防火的物业主要包括：生产易燃易爆的工厂、大型物资仓库及工厂较为密集区、酒店、商场、写字楼、高层及超高层、度假村等；重点防火部位主要包括：机房、公共娱乐场所、桑拿浴室及卡拉OK厅、业主专用会所、地下人防工程、资料库（室）、计算机（资讯）中心等。

4）制定灭火预案。在制定灭火预案前，消防安全部门负责人应组织人员深入实地，调查研究，确定消防重点。根据火灾特点和灭火战术特点，模拟火场上可能出现的情况，进行必要的计算，为灭火方案提供正确的数据，确定需投入灭火的装备和器材，以及供水线路。明确灭火、救人、疏散等战斗措施和注意事项，文字说明并绘制灭火部署预案图。灭火预案主要内容包括：物业项目单位的基本概况，包括周围情况、水源情况（特点）、物资特性及建筑特点、单位消防组织与技术装备；火灾危险性及火灾发展特点；灭火力量部署；灭火措施及战术方法；注意事项；灭火预案图。

2. 物资准备

（1）常规消防装备。大型物业管理区域一般配备：包括消防头盔、消防战斗服、消防手套、消防战斗靴、消防安全带、安全钩、保险钩、消防腰斧、照明灯具、个人导向绳和安全滑绳等。消防器材一般配置：

1）楼层配置。一般在住宅区内，多层建筑中每层楼的消火栓（箱）内均应配置2瓶灭火器；高层和超高层物业每层楼放置的消火栓（箱）内应配置4瓶灭火器；每个消火栓（箱）内均应配置1～2盘水带、1支水枪及消防卷盘。

2）岗亭配置。每个保安岗亭均应配备一定数量的灭火器。在发生火灾时，岗亭保安员应先就近使用灭火器扑救本责任区的初起火灾。

3）机房配置。各类机房均应配备足够数量的灭火器材，以保证机房火灾的处置。机房内主要配备有固定灭火器材和推车式灭火器。

4）其他场所配置。其他场所配置灭火器材应能保证在发生火灾后能在较短时间内迅速取用扑灭初期火灾，以防止火势进一步蔓延。

（2）消防装备的维护

1）定期检查。消防装备至少每月进行一次全面检查。发现破损、泄漏、变形或工作压力不够时，应对器材进行维修和调换申购，以防在训练中发生事故。

2）定期养护。所有员工应爱护器材，在平时训练和战勤中对器材都应轻拿轻放，避免摔打、乱扔乱掷，用完统一放回原处进行归口管理，并定期清洗和上油，以防器材生锈、变形、失去原有功能。

3）专人保管。消防安全部门应指定专人对消防装备进行统一管理，建立消防设备保管台账，避免器材丢失和随便动用。平时训练用完后应由带训负责人交给器材保管员，做好领用和归还登记。

4）交接班检查。消防班在交接班时应对备用、应急和常规配备的器材进行检查，以保证器材的良好运行。

5）定期统计。配置在各项目的消防器材，每月均应做一次全面统计工作，按照各区域分类统计，以保证项目配备的消防器材完整、齐全，对已失效、损坏的器材应进行重新配置。配置在每个项目及各个场所的消防器材，应由项目管理员签字确认，专人负责管理。

（3）消防安全培训及演练。根据消防相关法律法规要求，物业服务企业负责人为消防责任人，项目消防管理人员为消防安全管理人员。上述人员均应参加消防主管部门的消防安全培训，并获取相应的消防安全资格证，可以邀请消防主管部门派员指导。根据消防相关法律法规要求，物业服务人应每年至少组织一次消防演练，演练结束后应记录存档以备主管部门抽查。

3. 救火应对

当项目发生火灾时，物业服务人现场值班人员应当立即报警，同时启动火灾应急预案，组织力量进行人员疏散及灭火扑救工作，同时还应做好现场的隔离警戒及伤员救治协助工作。火灾扑灭后，值班人员应当协助公安机关消防机构现场调查取证，按照公安机关消防机构的要求保护现场，接受事故调查，如实提供与火灾有关的情况，并对调查结果进行总结，汲取教训。

（1）火灾、火警的应对步骤

1）报警。自动报警装置显示火警信号或接到火情报告，应立即确认火警发生部位。

2）确认。值班人员通知巡逻岗前往现场观察，确认火情后立即上报主管人员启动应急预案，同时立即拨打119报警，通知消防主管部门。

3）疏散。启动消防广播系统通知相关人员撤离火灾现场，救援疏散组第一时间对现场人员进行疏散。

4）灭火。在疏散的同时，灭火组应及时启用就近的灭火器材进行灭火，如火势过大应在保证安全的前提下以尽量控制火势蔓延为主要任务，为消防部门的灭火救援争取时间。

（2）火灾报警步骤。发现火灾，及时报警，牢记火警电话——119。报火警时的主要步骤如下。

1）报警时要讲清着火单位所在区县、街道、胡同、门牌号或乡村地址。

2）要说清是什么东西着火和火势大小，以便消防部门调出相应的消防车辆。

3）说清楚报警人的姓名和使用的电话号码。

4）要注意听清消防队的询问，正确简洁地予以回答，待对方明确说明可以挂断电话时，方可挂断电话。

5）报警后要到路口等候消防车，指示消防车去火场的道路。

（3）火灾逃生常识

1）受到火势威胁时，要当机立断，披上浸湿的衣物、被褥等向安全出口方向冲出去，不要往柜子里或床底下钻，也不要躲藏在角落里，更不要贪恋财物，盲目地往火场里跑。

2）当发生火灾的楼层在自己所处的楼层之上时，应迅速向楼下跑，因为火是向上蔓延的。

3）千万不要盲目跳楼，可利用疏散楼梯、阳台、落水管等逃生自救。

4）燃烧时会散发出大量的烟雾和有毒气体，它们的蔓延速度是人奔跑速度的4～8倍。当烟雾呛人时，要用湿毛巾、浸湿的衣服等捂住口、鼻并屏住呼吸，不要大声呼叫，以防止中毒。要尽量使身体贴近地面，靠墙边爬行逃离火场。

5）逃到室外后，要随手关闭通道上的门窗，以免烟雾沿人们逃离的通道蔓延。

6）在被烟气窒息失去自救能力时，应努力滚到墙边，便于消防人员寻找、营救，因为消防人员进入室内都是沿墙壁摸索着行进。此外，滚到墙边也可以防止房屋塌落砸伤自己。

7）当自己所在的地方被大火封闭时，可以暂时退入居室。要关闭所有通向火区的门窗，用浸湿的被褥、衣物等堵塞门窗缝，并泼水降温。同时，要积极向外寻找救援，用打手电筒、挥舞色彩明亮的衣物、呼叫等方式向窗外发送求救信号，以引起救援者的注意，等待救援。

8）一旦被火势困住，要积极采取紧急避难措施。避难是指在受到火势威胁的情况下，采取的自我保护行为。一些大型综合性多功能建筑物，一般都在经常使用的电梯、楼梯、公共厕所附近及走廊末端设置避难间。

9）如果被困在2层以下的楼层内，被烟火威胁，时间紧迫无条件采取任何自救办法时，也可以跳楼逃生。在跳楼前，应先向地面抛一些棉被、床垫等柔软物品，然后用手扒住窗台或阳台，身体下垂，自然下滑，使双脚着落在柔软物上。

10）火场上不要乘坐普通电梯。这个道理很简单：其一，发生火灾后，往往容易断电而造成电梯故障，给救援工作增加难度；其二，电梯口通向大楼各层，火场上烟气涌入电梯通道极易形成烟囱效应，人在电梯里随时会被浓烟毒气熏呛而窒息。

4. 事后恢复

火灾扑灭后，物业服务人应及时做好恢复工作，主要包括：现场警戒隔离，协助相关部门做好现场取证工作；如有购置相应保险的，应启动保险申报赔偿工作；现场清洁修复工作；总结经验教训，完善防范措施；编制报告上报上级部门。

11.3.3 消防隐患的识别与处置

消防隐患的识别是消防预防工作重中之重，只有提前识别出消防隐患才能做好消防预防工作。消防隐患的识别主要通过消防安全检查及设备运行测试的方式进行。

1. **消防安全检查**

物业消防安全检查的内容主要包括消防控制室、消防泵房、消防水箱水池、自动报警（灭火）系统、安全疏散出口、应急照明与疏散指示标志、室内消火栓、灭火器配置、机房、厨房、楼层、电气线路及防排烟系统等场所。消防安全检查应作为一项长期性、经常性的工作常抓不懈。在消防安全检查组织形式上可采取日常检查和重点检查、全面检查与抽样检查相结合的方法，应结合不同物业的特点来决定具体采用什么方法。

（1）专职部门检查。应对物业小区的消防安全检查进行分类管理，落实责任人或责任部门，确保对重点单位和重要防火部位的检查能落到实处。一般情况下，每日由小区防火督查巡检员跟踪对小区的消防安全检查，每周由班长对小区进行消防安全抽检，监督检查实施情况，并向上级部门报告每月的消防安全检查情况。

（2）各部门、各项目的自查。自查的形式包括日常检查、重大节日检查和重大活动检查。日常检查以消防安全员、班组长为主，对所属区域重点防火部位等进行检查，必要时要对一些易发生火灾的部位进行夜间检查。重大节日检查是针对元旦、春节等重要节假日的火灾特点，对重要的消防设施设备、消防供水、自动灭火等情况重点检查，必要时制订重大节日消防保卫方案，确保节日消防安全得到控制。节假日期间大部分业主休假在家，用电、用火增加，应注意相应的电气设备及负载检查，采取保卫措施，同时做好居家消防安全宣传。重大活动检查是在举行大型社区活动时，应制订出消防保卫方案，落实各项消防保卫措施。

2. **设备运行测试**

设备运行测试主要包括消防水泵的点动测试、送排风系统的联动测试、烟感的报警测试、消防广播试播测试、气体灭火装置模拟测试、防火分区（防火卷帘门）隔断联动测试等。

3. **消防隐患处置**

（1）消防设施设备损坏、故障的应及时报工程部门修复。

（2）对占用消防通道的，应及时与占用方协调，疏通消防通道。

（3）对于存在火灾发生隐患的施工现场、库房等应完善消防器材配置，设定巡查要求加强巡查。

（4）对隐患措施未能马上落实的，在落实前加强隐患的巡查强度，重点防范。

【本章小结】

物业项目秩序维护，是指物业服务人接受业主委托和协助政府有关部门，为保持和维护物业管理区域内公共秩序而开展的综合管理活动。秩序维护的实施，要以国家相关法规为准绳，以物业服务合同的约定为依据，通过合同明确相关各方的责任义务。物业服务人在进行秩序维护的过程中，注意不得超越职权范围，不得违规操作。秩序维护主要包括公共安全防范、车辆管理和消防管理等。

物业服务人在进行公共安全防范过程中，要注意国家法律赋予的相关权利和义务。在管理区域内维护公共秩序的主要方式为履行劝告义务、制止义务、报告义务和安全防范协助义务。

物业管理区域内车辆管理是物业秩序维护的一项基本内容，也是体现管理水平的重要环节。车辆管理的内容包括车辆出入管理、停放管理、突发事件管理和收费管理等。

消防工作的指导原则是“预防为主，防消结合”。在火灾预防管理中，消防隐患识别是重中之重，只有提前识别出消防隐患才能做好消防预防工作。

【延伸阅读】

通过网络，检索大型物业服务人或商住混合的大型物业项目有关秩序维护的实施规范或实施细则，了解在公共安全防范、车辆管理和消防管理中应注意的关键内容。

1.《民法典》侵权责任编；

2.《物业管理条例》；

3.《保安服务管理条例》。

课后练习

一、选择题（扫下方二维码自测）

二、案例分析填空题

【案例 11-1】某地发生特大暴雨，导致某小区内地下车库水淹，顾客停放的车辆浸泡损坏。

【案例 11-2】某小区的外墙瓷片松动坠落，造成首层玻璃顶棚破碎。

【案例 11-3】某小区发生盗窃案，经警方现场勘查发现外墙上排水管有盗贼脚印，阳台门窗处有攀爬痕迹，某住户损失部分财物。

上述紧急事件中，危害源分别是________、________、________；

危害载体分别是________、________、________；

危害承载体分别是________、________、________。

三、案例分析选择题（每小题的多个备选答案中，至少有1个是正确的）

【案例11-4】某日下午，某小区进来一陌生人，值班秩序维护员即上前询问其来访事由、访问对象并要求登记、查验和押存身份证。该人回答："有事，你不用管！"随后径入电梯。值班保安阻拦未果，立即用对讲机通知监控中心工作人员和巡楼保安，注意监控观察。该人到某楼层出电梯后，被巡楼秩序维护员截住，再次询问并要求其出示身份证件。该人置之不理并用钥匙打开房门进入，秩序维护员紧盯尾随至门口等候。稍后，该人搬出一台电脑，秩序维护员继续尾随并用对讲机通知大堂值班秩序维护员。该人将出大楼时在大堂被阻止，值班保安要求其出示物业管理单位出具的物品放行条或证明其业主身份的证件。该人无法提供，但称是受业主所托搬取电脑。

1. 该人进入大堂时，值班保安较为妥当的做法是（　　）。

A. 礼貌询问　　B. 要求登记

C. 查验并押存身份证　　D. 阻止该人进入电梯

2. 该人进入大厦楼层后，保安人员合情合理的做法是（　　）。

A. 截住，再次追问并要求出示证件

B. 紧盯尾随等候

C. 通过监控设备注意观察

D. 礼貌询问是否需要帮助

E. 巡楼保安在该楼层守望

3. 该人搬电脑至大堂，保安人员恰当的处理措施是（　　）。

A. 要求出示能证明其业主身份的证件

B. 要求出示物品放行条

C. 若无法出示放行条或身份证明，则可变通采用抵押个人证件或重要物品予以放行

D. 若无法出示放行条或身份证明，及时打电话与业主联系核实

E. 若无法与业主取得联系，扣留物品后将其放行

四、案例分析论述题

【案例11-5】物业公司的张经理带领新来的物业管理员巡视楼宇，在进入大门时，门卫向他们微笑敬礼，这时有一个人提着大箱子往门外走，门卫很有礼貌地帮助其开门。巡视到2楼，这里正在装修，木工、瓦工和焊工都在一个房间紧张地忙碌着，为了防止发生火灾，焊工作业场地准备了2个泡沫灭火器。来到3楼，管理员问："2楼和3楼的灭火器的数量怎么不一样呀？"经理说："每层只要有灭火器就符合要求，不必都一

致。”看到消火栓柜前摆放着整齐的花盆，管理员问：“消防柜前的物品摆放是否有规定?”经理说：“没有明确规定，但是消火栓柜门必须保证开关灵活，一旦发生火灾才能很快地拿出来使用。”管理员问：“3楼的通道门用灭火器撑着是为什么?”经理说：“有几个房间正在装修，来回来去搬着东西开门费事，把门撑开后省得经常放下东西去开门，这也是个办法。”在楼道里，管理员看到一个人正在吸烟，问道：“在大厦的公共场所里是否可以吸烟?”经理说：“我们不行，客人是我们的用户，只要注意安全，我们不便制止。”管理员说：“经理您看，发小广告的都到3楼来了。”经理说：“现在发小广告的太多了，轰走一拨又来一拨，真拿他们没办法。”走到3楼的尽头，经理说：“我们还得从那边上4楼，你看他们为了装修，箱子都摆在通道上了。”来到4楼，管理员说：“我闻到一股烧纸的味，是否应检查一下?”经理说：“大厦安全非常重要，防火意识必须加强，下星期召开全体大会一定要好好强调这一点。”

请指出并改正本案例中存在的不妥之处。

五、课程实践

选择你熟悉的物业项目，拟定该项目突发事件应急预案。

12 物业项目环境管理

知识要点

1. 物业项目环境管理的含义；
2. 物业项目清洁卫生管理的模式、范围、质量、安全；
3. 物业项目日常和专项清洁管理的方法；
4. 物业项目绿化管理模式、质量管控、管理方法、注意事项；
5. 物业项目有害生物防治的方法、注意事项。

能力要点

1. 能够制定物业管理区域内环境管理方案，组织实施环境管理工作；
2. 能够对物业管理区域内环境管理进行监管，发现环境管理的问题；
3. 能够对物业管理区域内环境管理的疑难问题提出建设性解决方案，对环境营造与管理进行优化。

物业项目环境管理是物业项目管理的基本内容之一，包括物业管理区域内共用部位、共用设施场地的清洁卫生、园林绿化和有害生物防治等管理活动。物业项目环境管理的质量，直接影响着业主及物业使用人的生活、工作品质，是物业管理服务质量的直观体现。本章分别对物业项目清洁卫生管理、绿化管理和有害生物防治的内容和要求进行阐述。

12.1 物业项目清洁卫生管理

12.1.1 物业项目清洁卫生管理的模式与范围

1. 清洁卫生管理的模式

物业清洁卫生管理是指物业服务企业通过宣传教育、监督治理和日常清洁工作，保护物业管理区域环境，防治环境污染，维护物业管理区域内的清洁卫生，营造美好的环境氛围。物业清洁卫生管理的模式大致可分为外包管理及自行作业两大类。

外包管理是将清洁工作交由专业清洁公司具体实施，物业服务企业仅配设监管人员。外包模式的管控重点是监督检查外包清洁公司的工作质量，并按合同对其进行考核与管理。

自行作业是由物业服务企业自行招聘清洁工，在物业管理区域内自行实施清洁服务工作。在管理中，自行作业除了要监督检查清洁工作质量外，更加要注重清洁操作技术及清洁流程的管控。

2. 清洁卫生管理的范围

（1）楼宇内的公共部位。楼宇内从底楼（含地下）到顶楼天台的所有公共部位，包括楼梯、大厅、电梯间、公用卫生间、公共活动场所、楼宇外墙等。

（2）物业管理区域内的公共场地。物业管理区域内的道路、绿化地带、公共停车场、公共娱乐场所等所有公共场地。

（3）生活废弃物。物业管理区域内的生活废弃物，主要包括垃圾和粪便两大类。住宅区的生活垃圾和商业楼宇使用过程中的废物的要分类收集、处理和清运，这要求业主要按规定的时间、地点、方式，将垃圾倒入指定的区域或容器。

12.1.2 物业项目清洁卫生管理的质量管控

1. 清洁卫生管理的要点

清洁卫生管理工作的基本要求是"五定""六净""六无""当日清"。

（1）五定，是指在清洁卫生管理上，要做到定人、定地点、定时间、定任务、定质量。

（2）六净，是指清洁卫生标准应做到路面净、人行道净、绿化带净、雨（污）水井口净、树坑墙根净、果皮箱净。

（3）六无，是指清洁卫生标准要达到无垃圾污物、无人畜粪便、无砖瓦石块、无碎纸皮核、无明显粪迹和浮土、无污水脏物。

（4）当日清，是指清运垃圾要及时，当日垃圾当日清。要采用设置垃圾桶（箱）、垃圾分类、袋装的方法集中收集垃圾。

2. 清洁卫生管理的质量管控

（1）建立健全清洁卫生管理制度，包括清洁卫生各岗位的岗位职责，标准操作工艺流程，操作质量标准，清洁质量检查及预防、纠正机制，员工行为规范，清洁绩效考核制度等。

（2）明确保洁频次、质量标准及其指标体系。不同的物业管理区域由于其清洁对象材料、形状、使用频率等不同，有不同的质量要求标准，需要采取相应的操作方法及保洁频次，需针对不同区域制订针对性的质量标准及指标体系。

（3）完善保洁质量考核机制，包括合同质量标准条款约定、日常巡查质量统计方法、奖惩标准及额度等。

（4）明确不同类型物业清洁检查重点。清洁工作日常管理由日检、月检及专项抽检组成，其中日检应覆盖小区主要楼内外公共区域。检查的主要部位有：建筑物的内外墙角、地面、顶棚、天台、道路、停车场、公共区域门窗、扶手、电梯、楼外沙井、沟渠、垃圾桶及垃圾处理场所等。

12.1.3 物业项目日常保洁管理的方法

1. 楼外公共区域清洁

楼外公共区域的清洁工作以扫、捡、洗等为主，具有工作相对简单、技术要求不大、跟踪清洁要求较高等特点。在清洁时间上，楼外公共区域要求每天在早上业主出门前先全面清扫一次主要道路，避免在业主出门时因清洁道路对业主造成影响。在业主出门活动后主要对道路上新产生的垃圾等进行及时的跟踪保洁，并对绿地、游乐场所、水池景观、停车场、排水沟等不易对业主造成影响的地方进行清洁。楼外公共道路应根据不同物业等级确定不同的频次及时进行清洁，并对道路及绿化地等进行跟踪巡查，及时清除道路及绿地上的垃圾杂物。对于铺装道路应定期用水进行清洗，而沉沙井、雨污水井等也应根据合同要求定期进行全面清洁。

2. 楼内公共区域清洁

楼内公共区域的清洁包括大堂清洁、楼梯及公共走道清洁、墙面清洁、电梯及卫生间清洁等。楼内公共区域的清洁对象涉及玻璃、地毯、各种石材、各种金属、木材、水泥及其他各种建筑装饰材料等，各种材料的物理、化学性质不一样，它们的污染性质及对清洁剂的要求与承受能力也不一样，因而其清洁的工艺及原理也各不相同。楼内公共区域清洁除了常规的清扫、清抹外，更多的是对清洁对象如石材、木地板、地毯等的保养工作。因而楼内清洁工作涉及打蜡、抛光、晶面处理、洗地、地毯清洗、玻璃清洁、金属制品清洁等多种工艺。

3. 垃圾收集与处理

从物业管理的角度，垃圾一般可分为日常生活垃圾、经营生产垃圾和建筑垃圾，物业服务企业要做好管理区域垃圾的分类收集与处理。

（1）日常生活垃圾。物业公司每天在指定时间对各楼层垃圾进行收集后统一进行分类处理再清运到指定的处理场所。同时，在小区内适当区域设立一定数量的果皮箱，供居民在公共区域投放少量果皮垃圾时使用，清洁人员每天定时对果皮箱进行清理。多层楼宇可在小区楼下适当位置摆放适当的垃圾桶或垃圾池统一收集垃圾，亦可定时上门收垃圾后统一清运。摆放于公共区域的垃圾桶或垃圾池应尽量做到封闭，并且周围用瓷砖做好硬化措施，每天做好垃圾桶（池）的清洗，保证垃圾桶（池）及其周边的清洁卫生，不产生异味，不滋生蚊蝇老鼠，不对周边环境造成影响。

管辖区域内应放置分类垃圾桶，按可回收垃圾、厨余垃圾、有害垃圾和其他垃圾进行分类，按一定规定或标准将垃圾分类储存、投放和搬运。收集垃圾时，应做到密闭收集，分类收集，防止二次污染环境，收集后应及时清理作业现场。

（2）经营生产垃圾。经营生产垃圾一般指的是餐饮类厨余垃圾、园林修剪出的植物残枝及生产企业的生产废料等。这类垃圾因为种类不同而有不同的处理方法，一般由物业服务企业与相关生产单位约定，由生产单位自行按环保规定处理。如果物业管理区域内有多家产出同样垃圾的单位，亦可由物业服务企业设定专门的垃圾停放点进行统一收集，然后再安排专业公司按环保要求进行统一处理。

（3）建筑垃圾。建筑垃圾一般指的是由装修、工程改造等施工产生的土渣、砖块、木板等废弃物。可以要求施工单位每日自行清除清运，也可由物业服务企业在小区较偏僻的地方划出专门区域，临时统一堆放，并经垃圾处理人员将可回收及有害垃圾分类捡出后，统一清运往城市堆填区堆放，其费用在办理装修手续时由各装修户按一定标准交纳。

12.1.4 物业项目专项清洁管理的方法

1. 清洁拓荒

清洁拓荒是指在建筑物竣工验收后、正式交付使用前，对整个物业管理公共区域进行一次彻底的全面清洁，是从工地状态转为日常使用状态的一个清洁过程。清洁拓荒往往时间紧迫、工作量大，涉及各类清洁对象及各种污渍，有些还需要对清洁对象进行首次保养，对清洁技术的要求比较高。

2. 外墙清洗

外墙的装修材料有花岗岩、马赛克、玻璃、铝合金、不锈钢、各种外墙涂料等。这些装饰材料在长期的日晒雨淋、有害气体腐蚀及灰尘吸附之下，会逐渐氧化、变脏、变色等，从而失去原有的光泽、老化，导致物业的贬值。为了使其保持亮丽的外观，使物业的保值、增值，应定期对外墙装饰面进行清洁保养。

3. 石材养护

石材是现代建筑中大量使用的材料。石材的清洁不单只清扫、清抹，更重要的是做好养护。石材的养护不仅包括传统的打蜡、抛光，还包括现代的晶面处理、石面翻新及专业的除碱除锈等。

（1）打蜡。打蜡适用于楼内大理石、花岗岩、水磨石、人造大理石、釉面地砖、木地板及 PVC 塑料等装饰的地板。全面封蜡可视地面使用频度每 3 个月到一年做一次。

（2）蜡面抛光。抛光是为了保持封蜡地面的光泽及美观而进行的一种保养工艺。抛光时亦可顺便对损坏较严重的蜡面进行局部补蜡。不同档次及不同材质的物业对地面要求不一样，抛光可视地面使用频度及清洁费用决定频度。对于要求较高且使用频度较大的地方如酒店大堂、高级写字楼大堂等可每日进行一次地板表面蜡面抛光，而对于其他使用频度较小的地方一周甚至半月抛一次即可。

（3）晶面处理。晶面处理也称晶硬处理、镜面处理，主要适用于各种石材地面。对于使用较久、表面磨损较多的石材地面在进行晶面处理时往往结合石材面翻新进行。

4. 地毯保洁

地毯的清洁保养主要有以下 5 个阶段。

（1）日常吸尘。每日使用吸尘器吸走地毯表面的灰尘，以免灰尘日久沉积在地毯的纤维之中。

（2）及时除渍。对于新产生的局部污渍，可采用局部加清洁剂洗后吸干的办法处理。

（3）定期的中期清洗。使用频繁的地毯，配备打泡箱，用干泡清洗法进行中期清洁，去除污垢，使地毯保持长期的清洁。

（4）深层清洁。灰尘和污垢一旦在地毯的纤维深处沉积，须采用擦泡抽洗法进行深层清洗，以恢复地毯的光亮清洁。

（5）防污处理。深层清洗后的地毯，用地毯防污处理剂进行防污处理，形成保护膜，避免污渍的渗透，便于日后的清洁。

5. 游泳池清洁

游泳池是小区居民锻炼及游乐的场所，其水质及水池卫生状况对小区居民的身体健康有着极大的影响。一般通过循环过滤系统及日常清洁、加药消毒等对游泳池及水质进行卫生保洁处理，确保水质清澈、卫生。由于游泳池卫生要求高、水处理专业性强，为了保持游泳池水质量能达到国家标准，必须每天定期对池水进行 pH 值、余氯、水温、混浊度等检查，每月对大肠杆菌进行检测，发现不符标准及时进行处理。

6. 管道疏通

管道疏通包括雨水管道疏通、公共污水排水管道疏通及化粪池清理等。

（1）雨水管道疏通。雨水管道要求雨季期间最少每月全面检查疏通一次，及时清除管道内积存的泥沙杂物、杂生植物等，确保下大雨时雨水能及时排出。

（2）公共污水排水管道疏通，主要是各楼排污主管的弯头、排污管落地处到污水井之间及小区污水系统到市政污水系统等管道的清疏。对于已正常入住多年的小区，要求每月对各排污管道的弯头处用高压水进行一次疏通，如果流水不畅，可用专业疏通设备进行疏通，确保其通畅。而对于新入住尚处于装修高峰期的小区，则必须每半月对所有排污主管进行一次彻底清疏，以防止装修材料掉到管道内将管道堵塞造成污水返冒现象。

（3）化粪池清理。化粪池应每月进行检查，并每半年清掏一次。由于化粪池的处理会对周围居民造成一定影响，因此清掏时间尽可能缩短，并事先向相关居民发出通知，让居民做好相关准备。

7. 冬季除雪除冰

在北方地区，突然的降雪会给人们的出行带来极大的不便及安全隐患。物业服务企业应制订专门的除雪除冰应急预案，并贮备好冰雪天气应急使用物资。在收到下雪天气预报后，根据天气预报的情况启动应急预案。应急预案应包括人员组织架构、应急处置流程、应急物资贮备等。

目前北方除雪主要有人工铲扫、机械铲扫及融雪剂化雪等方法。机械铲雪多应用于市政道路、机场等大型公共场所。融雪剂因对植物及土壤有一定的影响，通常用于人工清扫后机动车道彻底除雪或各栋楼门口、车库出入坡道等地方的除雪，在有绿化的地方不适宜使用。人行道路一般用人工扫雪的方法清除积雪。清铲出来的雪临时堆积于人行道树脚或不影响通行的区域，撒了融雪剂的雪不宜堆积于有植物的地方。

北方冬季雨雪天后，须及时清除各出入口雨雪所形成的结冰，并做好防滑告示，避免行人因结冰滑倒受伤。

12.1.5 物业项目清洁卫生的安全管理

1. 高空作业安全

（1）高空作业人员须身体健康，且经专业培训后持证上岗，严禁酒后、过度疲劳及情绪异常时登高作业。

（2）高空作业须在合适气候环境下操作，风力过大、雨雪天、夜间不适合进行高空作业。

（3）高空作业须正确佩戴安全带、保护绳、安全帽，并且所有安全保护装置在每次使用前必须全面检查，确保符合安全要求。

（4）高空作业必须有专门的安全防护及监督人员。

2. 药物使用安全

（1）清洁药剂根据不同的清洁对象做好分类存放，并且每类药剂上必须有清晰的药剂名称、使用方法、适用对象、稀释倍数等说明。

（2）强腐蚀性、强挥发性、易燃易爆类、剧毒性等危险药物必须单独存放于危险品仓库，并由专人进行保管。

（3）药物存放处必须做好防火、防爆、防腐蚀、防中毒的相应措施，确保安全。

（4）所有药物必须建立完善的进、出、存、销的登记制度。

（5）药物在不同的清洁对象上使用必须严格按说明浓度做好配比，新药物或新清洁对象使用药物，须先进行局部试验，没问题后方可大面积使用。

（6）稀释药物时，应将浓液往稀释液中倒，而不能将稀释液往浓液中倒。

（7）使用药物时，须戴好相应的防护装置，避免药物对人造成伤害。

（8）使用完的药物容器须回收，并按环保要求进行处理，不可随便丢弃。

3. 机械使用安全

（1）所有机械操作人员须经专门培训合格方可上岗。

（2）使用前须检查机械、电线、插头等有无损坏，电线与转动部分是否保持适当距离，用电场所有无水湿等情况，确保用电安全。

（3）所有带转动装置的机械必须确保转动部位有完善的保护装置，避免将物品、人员等卷入。

（4）使用洗地机、打磨机、扫地车等高速运转的设备时，须将机械周围物品及人员清离，避免造成损害。

（5）所有机械设备应按使用说明进行操作，避免长时间运行而造成损害。

（6）无人看守时须关闭所有机械设备。

（7）蓄电池类设备在充电时应远离明火和电火花。

（8）进行机械操作时，应戴好相应的防护装置，避免机械对操作人员造成伤害。

4. 消防安全

（1）所有清洁人员均应进行相关的消防知识培训，学会逃生及扑灭初期火灾。

（2）所有贮存清洁药物、机械的地方均应使用防爆灯，并配备相应的消防设施设备。

（3）清洁操作需使用电源时，须检查插头、电线等是否损坏，避免连接不好起火。

（4）清洁过程须注意做好对烟感、喷淋、报警器等消防设施设备的保护，避免造成损害。

5. 其他安全

（1）清洁井下等密闭空间作业时，须注意做好通风及防爆工作，避免造成窒息及爆炸。

（2）在交通道路及车场进行保洁时，须穿着反光衣并做好警示，避免发生交通安全事故。

（3）在有人员通过区域进行较大保洁作业时，应竖立警示工作牌，必要时做好隔离防护，避免对客户造成影响。

（4）进行深水区域清洁时，须由水性好的人员进行操作，并做好救生防护工作。

（5）进行其他危险性作业时，须做好相应的安全防护措施，避免发生安全隐患。

12.2　物业项目绿化管理

12.2.1　物业项目绿化管理的模式

绿化是城市建设中的一个重要组成部分，绿化可以保护和改善生态环境，是美化城市的重要手段。

由于物业服务企业管理方式、管理范围、管理目标的不同，以及物业管理区域内园林绿化情况和档次的差异，物业绿化管理有着不同的运作模式。一般可以分为完全自主管理模式、自主管理与特种作业外包相结合管理模式、子公司管理模式。

12.2.2 物业项目绿化管理的质量控制

1. 物业绿化管理的工作要求

（1）保持植物正常生长。应加强对植物病虫害的管理，保证病虫害不泛滥成灾，确保植物正常生长，没有明显的生长不良现象。

（2）枯枝黄叶的清理及绿化保洁。及时清除园林植物的枯枝黄叶，对园林绿地范围进行清扫保洁，每年要对大乔木进行清理修剪，清除枯枝。在灾害天气来临前还应巡视所管辖物业的园林树木，防止其对业主造成潜在危害。

（3）绿化植株的修剪改造。及时对妨碍业主活动的绿化植株进行改造，减少人为践踏对绿化造成的危害。例如，对交通道路两旁的行道树进行适当修剪，对因设计不合理而造成居民生活不便的园路分布进行合理化改造。这样既方便业主，也减轻物业服务企业绿化补种的压力。

（4）加强绿化保护宣传。对主要花木进行挂牌宣传，注明其植物名、别名、学名、科属、原产地、生长习性等方面的知识，引导业主主动参与绿化管理，营造良好社区环境文化。

2. 物业绿化管理的质量管控方法

（1）建立健全绿化管理制度。绿化管理制度包括绿化管理各岗位的岗位职责、标准操作流程，不同类植物养护的质量标准，绿化质量检查及预防、纠正机制，员工行为规范，绿化养护绩效考核制度等。

（2）编制管辖区植物清册。为了充分了解管辖区域内绿化植物情况，以便更有效地实施管理，可根据开发建设单位移交的园林建设资料及现场调研情况，编制管辖区域的植物清册。清册内容应包括植物种名、数量、分布区域、植物照片、植物生长特性及养护要求等，对主要植物制作并悬挂植物铭牌。

（3）区分日常工作和周期性工作。将绿化管理工作分成日常性的淋水、除杂、清除黄叶、绿化保洁等工作，以及周期性的修剪、施肥、病虫害防治等工作，并将周期性的工作做好计划，按计划实施及检查。

（4）完善巡视检查机制。制定绿化巡视线路，并建立日检、周检、月验收及会诊等检查机制，完善检查记录及整改机制。

（5）建立植物养护工作预报机制。每月末由专业人员对下阶段园林植物病虫害趋势、天气趋势、植物生长趋势、杂生植物生长趋势等进行预报，并根据预报采取相应措施，每月初对上月预报准确情况进行记录，并累积制定成符合当地实际情况的园林绿化管理月历，实现对园林绿化的预见性管理。

（6）明确不同类型植物绿化检查重点。

12.2.3 物业项目绿化管理的方法

物业绿化管理包括绿化日常养护、园林绿化的翻新改造、绿化环境布置、花木种植、园林绿化灾害预防和绿化有偿服务。

1. 绿化日常养护

绿化日常养护工作是保证植物正常生长发育、维护管理区域绿化、景观效果的基本任务。绿化日常养护包括水分管理、清理残花黄叶、绿化保洁、杂草防除、植物造型与修剪、园林植物施肥、病虫害防治、草坪养护等工作。

（1）水分管理。不同的植物对水分的要求不一样。对于喜欢干燥环境的植物应加强通风透光、降低湿度；对于空气湿度要求较高或摆放环境过于干燥的植物，应设法增大空气湿度；对于喜欢干燥环境的多肉类植物及一些肉质根植物应保证土壤排水良好、疏松透气；对喜湿类植物则要求土壤水分充足。北方在入冬后土壤结冻前应对园林植物进行一次灌水保墒，也就是俗称的“浇过冬水”，并对主要风口的植物搭建防风障，以保证植物在冬季不至于被旱死或风干。

（2）清理残花黄叶。绿化管理人员应勤于巡查，及时发现和清除残花、黄叶。对于一些非观果植物开完花后结籽的，要及时将所结的籽清剪。对于采取自然式管理的园林，平时可以不要求及时清除残花黄叶，但每年的冬天应至少彻底清除一次残花、黄叶，以减少来年的病虫害。

（3）绿化保洁。绿化保洁包括植物叶面保洁、花盆保洁、绿化垃圾清运及工作环境保洁等。

（4）杂草防除。杂草防除有人工防除及化学防除两种。人工防除主要应用于杂草量较少或较大棵、较易于拔除的杂草种类，或不宜使用除草剂的地方。化学防除效率较高，且杀除得干净彻底，但化学防除使用不当会对园林植物造成严重影响甚至死亡，必须慎重使用。

（5）植物造型与修剪。植物造型与修剪可分为休眠期修剪与生长期修剪两大类。休眠期修剪通常修剪量较大，因而也称大修剪，一般在冬季植物休眠期或生长缓慢期进行。生长期修剪指的是在植物生长期间为了控制植物长势、形状而进行的抹芽、摘心、除蘖、徒长枝修剪及适当的控形修剪。一般开花植物在开花后须进行生长期修剪；造型植物为了保持造型，也应定期进行生长期修剪。

（6）园林植物施肥。根据不同植物及不同肥料，施肥方法有液肥法、撒施法、环状沟施肥法、放射状开沟施肥法、穴施法等。未发酵的有机肥由于带有大量的细菌或病虫，而且发酵时会产生大量的热量，容易对植物造成伤害，或引发蚊虫滋生，因此有机肥应充分腐熟后再在栽植前施入土壤中或施入栽植穴中，亦可在早春和初冬土壤结冻前刨开树盘，将有机肥施入后再覆盖上土壤。速效化肥易于被植物吸收，但当化肥太过靠近植物根部或挂于植物枝叶上时，极易对植物造成烧伤，因此，施用化肥要遵循薄肥勤施、与植物保持一定距离的原则。

（7）病虫害防治。根据病虫害发生的规律，抓住其生长发育的薄弱环节及防治的关键时刻，采取有效、切实可行的方法，在病虫害大量发生或造成危害之前予以有效的控制，使其不能发生或蔓延，保护园林植物免受灾害。同时加强栽培技术应用，根据病虫害发生发展的规律，因时、因地制宜，合理地协调应用生物、物理、化学等防治措施，创造不利于病虫害发生的条件，以达到经济、安全、有效地控制病虫害发生的目的，将病虫害造成的危害降到最低水平。

（8）草坪养护

1）草坪灌溉。夏秋季节的草坪灌溉在太阳升起之前较好。冬春季节由于气温较低，适合在上午 11 时左右进行灌溉。在北方冬季及早春由于有结冰现象不需要灌溉。夏天草坪对水分的需求量最大，这时，除了下雨外，高级草坪要求每 2～3 天甚至每天灌溉一次。冬季草坪对水分的要求不大，可少灌溉些，可隔多日灌溉一次。春季由于雨水较多，灌溉要看天气情况。每次灌溉的水量以土壤湿润到 10～15cm 深为宜。

2）草坪施肥。新建草坪或草坪翻新时可在建坪基质中加施厩肥、堆肥、人粪尿、泥炭等有机肥作基肥供草坪日后生长需要。草坪成坪后通常施复合液肥或撒施缓释性复合肥。一般草坪不宜施用尿素、磷酸二氢钾等速效性肥料，以免造成草坪灼伤或疯长变弱。对于缓溶性的肥料，用人工施撒或机械施撒的方法，将粒状肥料均匀撒于草坪上，然后再用水浇灌，将肥料淋到草层下部；而速溶性的肥料尽量将肥料用水浸泡溶解后再稀释成合适的浓度，用喷洒机器或花洒将稀释的液肥均匀地喷淋于草坪上。用液施法施肥时必须注意掌握好稀释的浓度，如果浓度过大，极容易造成草坪草的整片烧伤。液施法的肥料稀释浓度在 0.1%～0.3% 的范围内。

3）草坪修剪。草坪修剪主要是定期去掉草坪草枝条的顶端部分，使之经常保持平整、美观，并促进分蘖，延长绿期，减少病虫害的发生。草坪在修剪时应遵守“三分之一”原则，即每次修剪下来的草的长度不超过未剪草坪草自然高度的三分之一。在草坪草的休眠期，应适当提高留茬高度，生长旺季则应适当降低留茬高度。荫蔽的树下或自然条件不太好的地方应适当提高留茬高度。

4）草坪杂草防治。杂草是造成草坪观赏质量下降的主要原因，也是造成草坪退化的主要原因。在进行杂草防除时，应根据杂草生长情况选用除草方法。少量杂草或无法用除草剂的草坪杂草采用人工拔除，而已蔓延开的恶性杂草则用选择性除草剂杀除。利用化学除草剂除草时一定要谨慎，严防除草剂对草坪草造成伤害。

5）草坪更新。草坪在种植一定年限后，或使用过度、受人为破坏、肥药害、严重病虫害之后，往往会造成草坪退化，致使局部甚至全部降低或失去观赏、使用价值。这时可通过疏草、打孔、培沙、补种、补播等方法对退化的草坪进行修复、更新复壮，使之保持良好的景观效果。

2. 园林绿化的翻新改造

（1）园林植物补植。在物业绿化管理过程中，经常会出现因原设计用植物不当导致植物退化、人为破坏园林植物、因工程需要临时挖掉一些植物及台风等自然灾害对植物造成破坏等情况。为了不破坏原植物景观，应对受破坏的植物及时补植。

（2）花坛更换。为了保持花坛的良好景观，每天应及时对衰败的个别植株进行更换，并在整个花坛衰败植株超过三分之一时将整个花坛植物全部更换。

3. 绿化环境布置

绿化环境布置是指节假日或喜庆等特殊场合对管理区域内的公共区域或会议场所等进行花木装饰等布置。

4. 花木种植

花木种植包括苗圃花木种植及工程苗木种植。苗圃花木种植是物业服务企业为了方便绿化管理而自建花木生产基地，用于时令花卉栽培、苗木繁殖及花木复壮养护等。苗圃花木种植工作包括时令花卉栽培、阴生植物繁殖与栽培、苗木繁殖、撤出花木复壮养护、盆景制作等。

5. 园林绿化灾害预防

不同地方的园林景观特别是园林植物在使用过程中，每年不同的季节均会因自然灾害的影响而或多或少地受到损坏，如寒害、台风灾害及洪涝灾害、滑坡、旱灾等。为了减少自然灾害的影响，降低自然灾害所造成的损失，应及时根据气候变化情况，在自然灾害发生前及时采取有效措施减少自然灾害的影响。

6. 绿化有偿服务

绿化有偿服务是利用物业服务企业所拥有的园林绿化专业人才开展针对业主、物业使用人甚至是物业管理区域外的其他单位提供的绿化代管、专项养护、绿化改造、庭院绿化设计施工、花木出租出售、花艺装饰、插花艺术培训、花卉知识培训等有偿服务，此服务既可方便客户，充分利用资源，又可以增加收入。

12.2.4 物业项目绿化管理的注意事项

1. 早期介入期的关注点

为确保物业小区的园林绿化得到合理的规划，园林建筑及园林植物得到合理的设计与配置，减少由于规划设计及材料使用、施工等方面的不合理而造成日后管理的困难，绿化管理需要在设计、施工、验收等阶段就对不同的重点进行介入。

（1）规划设计阶段，主要从物业管理的角度针对园路规划及设计合理性、科学性、实用性，园林植物品种的选择，园林树木的分布等提供参考意见，避免由于规划设计的不合理而给日后的物业管理增加负担。

（2）施工阶段，主要针对一些隐蔽工程及给水排水、园林回填土材料、管线分布、园路等施工从方便实用的物业管理角度进行介入，提供参考意见，避免由于施工不当而将一些隐藏的问题带入物业管理阶段，增加物业服务企业的负担。

（3）园林竣工验收及物业综合验收阶段，主要从物业管理的角度对存在的问题提出整改意见，将对物业管理存在的隐患进行清除，同时，对植物品种进行核对清点，评估植物生长状况，对园林建筑及小品、园路、花槽花坛、园林资料等进行验收移交等。

2. 植物选材的注意事项

（1）生活居住公共区、人员活动密集区不宜选用有毒、有刺、重污染及水果类的植物品种。

（2）离建筑物 3m 范围内不宜种植大型乔木。

（3）架空层、高大乔木下等荫蔽区域不宜种植阳性植物。

（4）沿海地区及强风地区不适宜选用根系较浅的大冠幅植物。

（5）北方地区东西走向道路不宜选用常绿植物做行道树。

3. 药物使用的注意事项

（1）绿化药物应做好分类存放，并且每类药剂外包装上必须有清晰的药剂名称、使用方法、防治对象等说明，严禁药物流落到无关人员手中。

（2）绿化药物必须由专人进行保管并建立完善的进、出、存、销的登记制度。

（3）药物存放处必须做好防火、防爆、防腐蚀、防中毒的相应措施，确保安全。

（4）药剂的用量及稀释倍数应遵循药物使用说明。

（5）宾馆、酒楼、会所、商场、写字楼、学校等人员集中地，餐饮场所、食品生产及贮藏场所等禁用剧毒或强刺激性药剂，施用时间应避开人流高峰期。

（6）施药人员应穿戴手套、口罩、眼罩及长衣长裤，施完药后应彻底洗漱后方可进食。

（7）进行药物喷雾时，施药人员应站在上风口施药，且下风口应无其他人员。

（8）未施完的药及已用完的药瓶、药袋、药具等，严禁到处乱扔乱倒，不允许倒入河、湖等水域，应集中收集处理。

（9）发生药物中毒，应及时将中毒者及其所接触药物送医院检查治疗。

（10）施药后 2～4h 应对所施药的植物进行观察，发现植物有药害现象应立即用水冲淋，以减轻药害。

4. 机械、工具使用的注意事项

（1）所有机械、工具使用前均应检查一次，检查发现缺油、螺丝松动等小问题，应自己解决并做好记录，对于较大故障无法自己解决的，报请专业技术人员进行检修。

（2）所有机械、工具入仓前均应做好机身内外清洁卫生工作。

（3）技术员每年底将所有机械、工具检查一次，将下一年内有可能损坏的部件列清单并做好记录，预先购买一定数量的相关配件。

（4）所有机械、工具均应至少每月检查保养一次，若检查发现问题，及时请专业技术人员进行检修。

（5）使用绿化机械、工具进行操作时，应确保工作区域内没有非相关人员，以确保安全。

（6）非专业技术人员不应擅自拆装绿化机械、工具。

12.3　物业项目有害生物防治

有害生物防治不仅包括对白蚁等危害性比较严重的社会性虫害的防治，还包括对老鼠、蚊子、苍蝇、蟑螂等病媒生物的防治及环境综合治理等。

12.3.1　物业项目有害生物防治的方法

1. 白蚁防治

（1）新建房屋及装饰材料的白蚁预防

1）施工前的现场处理。主要是清理建筑周边及建筑内、建筑回填土内的木料、纸张等植物纤维类东西，断绝场地上遗留的白蚁食料，间接地消灭白蚁，减少白蚁生存的可能性。

2）墙基、地坪和土壤的白蚁预防处理。在新建房屋处若发现蚁害，则必须进行彻底处理，包括使用物理方法和化学药物杀灭白蚁，不留隐患。

3）木构件的预处理。木构件的预处理目的是切断白蚁的汲水线路，避免白蚁直接危害，延长木构件的使用年限。木构件的预处理可使用杀白蚁药物涂刷、浸泡等，也可用 60℃以上高温处理。

（2）日常白蚁防治方法

1）挖巢法。挖巢法是指根据白蚁的蚁路、空气孔、分飞孔及兵蚁、工蚁的分布等判断找出蚁巢后将其挖除。树巢、墙心巢、较浅的地下巢等都可用挖巢法防治。挖巢时最好在冬天进行，并在挖巢后在巢穴周围再施些白蚁药杀灭残蚁。

2）药杀法。药杀法是通过在白蚁蛀食的食物中或在白蚁主要出入的蚁路中喷入白蚁药物，使白蚁身体沾上白蚁药粉，药粉通过相互传染传递给其他白蚁，导致整巢白蚁中毒死亡。药杀法所使用的药物须是慢性药物，这样才可以保证白蚁在回到蚁巢前不死亡，并且药物能传递到蚁王、蚁后身上，确保整巢白蚁全部死亡。

3）诱杀法。诱杀法有药物诱杀和灯光诱杀两种方法。诱杀法主要用于发现白蚁但未能确定蚁巢地点，或者知道蚁巢地点但难以将其挖出、用药杀法不能彻底消灭的情况下。药物诱杀通常用木制诱杀箱诱杀；灯光诱杀主要用于白蚁分飞时诱杀。

4）生物防治法。生物防治法是以自然界存在的种间斗争和白蚁与真菌的关系为基础，利用白蚁的天敌或病菌来防治白蚁。

2. 鼠害防治

（1）防鼠

1）环境治理。经常清除住宅区内的杂草，发现新旧鼠洞要及时堵塞。

2）断绝食源。做好食物的管理工作，堆放粮食的仓库要做好防鼠板，其他食物应盖好，及时处理生活垃圾。

3）建立防治设施。楼内排水沟要安挡鼠栅，木门下边要钉 60cm 高的铁皮，通风口要安装 1.3cm 孔径的铁网，食物仓库门口要安装 0.6m 的挡鼠板，门和框要求密合，缝隙要小于 0.6cm。

（2）化学灭鼠。采用灭鼠毒饵灭鼠：将抗凝血灭鼠剂与饵料（如玉米、谷子、小麦等）混合后制成的毒饵在鼠类活动区域投放，鼠盗食毒饵后 3～7 天内中毒死亡。用毒饵灭鼠时须注意所选用的毒饵中不得含有国家禁用的急性灭鼠剂、选用的毒饵中主要有效成分含量应符合标准、选用的毒饵适口性要好，不变质或发霉。投放抗凝血灭鼠剂制成的毒饵时应遵循少量多堆、定时补充的办法，每堆的量为 20～40g，沿着墙边或鼠洞投放，每隔 2～10m 投一堆，尽量投在隐蔽之处，最好是投放到毒鼠盒内。补投毒饵时应吃多少补多少，如果吃完，则加倍补投。

（3）器械灭鼠。采用鼠笼、鼠夹、粘鼠板等放置于鼠类经常活动的地方，放置食物诱饵引诱鼠，从而将其捕捉消灭。

（4）生物灭鼠。利用鼠类天敌、病原微生物、不育遗传等方法灭鼠。

3. 蚊子防治

（1）环境治理。一切积水都能滋生蚊子，因而清除各种积水是灭蚊的根本办法，所以要密封改造下水道并经常清疏，填平洼地，翻盆倒罐，家庭种养水生植物要每周换水两次，防止滋生蚊子。

（2）幼蚊防治

1）查找和清理滋生地。蚊虫的滋生地主要是积水处。大致可分类两大类：一类是自然积水，如沟渠、河浜、池塘等；另一类是非自然性积水，如缸罐容器、树洞、竹节、石穴、防空洞、洼地、废旧轮胎、屋顶反檐、大型落叶等。物业服务企业应在雨后及时清理各类积水，定期组织业主、客户进行翻盆倒罐行动，并对雨水沙井加防蚊闸盖，减少蚊虫的滋生地，减少幼蚊的产生。

2）生物防治。幼蚊生物防治的方法主要是在面积较大的水域养小鱼，小鱼会吞食水中的幼蚊，从而达到灭蚊作用。对于不适合养鱼的死水区域，可采用投放球形芽孢或苏云金芽孢杆菌进行生物灭蚊。

3）药物防治。对于地下沟渠类等没有鱼类及其他生物的幼蚊滋生地，可采用化学药物冲洗的方式将其中滋生的幼蚊杀灭。此外，对于工地积水池也可以采用投放石灰水改变水的 pH 值来杀灭幼蚊。

4）物理防治。幼蚊的物理防治可采用水中投少量机油将水面空气隔绝，从而导致幼蚊缺气窒息的办法来灭蚊。

（3）成蚊杀灭

1）化学药物杀灭。可采用打烟炮、烟熏、超低容量喷雾等办法将藏身于角落的成蚊进行化学药物杀灭。

2）物理杀灭。可利用蚊子的趋光性及采用灭蚊灯模拟人呼出的二氧化碳潮湿气息等方式将成蚊诱杀。

4. **苍蝇防治**

（1）环境治理

1）加强垃圾管理，垃圾日产日清，并加强无害化处理，尤其是动植物类的腐败体，必须及时收集处理，垃圾场、垃圾桶必须每日清洗。

2）公共厕所要专人管理，粪池密封，定时清扫、冲洗，做到无蛆、无蝇，清除苍蝇滋生地。

3）不乱丢垃圾、果皮，及时清理公共场所垃圾杂物。

4）植物施用农家肥须深埋，不能裸施于地面。

5）雨水、污水须分流排放，污水必须下坑上盖，不能明排地面。

（2）物理诱杀。利用苍蝇喜好的饵料将苍蝇引入蝇笼或具黏性的物体上，然后用热水烫杀。

（3）药物杀灭

1）对可能滋生苍蝇的地方（如垃圾堆放地等）喷洒杀虫剂。

2）对苍蝇较多的场所可采用滞留喷洒、空间喷洒等方法进行药物杀灭。

5. **蟑螂防治**

蟑螂又叫蜚蠊，属于卫生虫害的一种，为杂食性昆虫，食料范围广泛，尤其喜食淀粉类及糖类食品。蟑螂的防治方法如下。

（1）环境治理

1）堵眼、封缝。为了防止蟑螂侵入，对墙壁、地板、门框、窗台（框）、水池和炉台等处的孔洞和缝隙应用石灰、水泥和其他材料加以堵塞封闭，尤其要注意堵塞水管、煤气管道、暖气管等管道孔洞，用水泥或石灰堵洞抹缝。

2）严格控制食物及水源，及时清理生活垃圾。利用纱门、纱窗防止蟑螂由外爬入或随物品带入楼内，每次使用厨房后及时清理遗留的食物碎屑，每天产生的生活垃圾及时清理不过夜。

3）整顿卫生。彻底整顿楼内卫生，清理杂物，清除残留卵荚，控制和减少高峰季节的蟑螂密度。

（2）药物杀灭

1）利用灭蟑药粉、药笔、杀虫涂料及毒饵粘捕等进行防治。

2）利用打烟炮、滞留喷洒等方式杀灭。

6. **其他卫生虫害防治**

（1）蚤类防治

1）做好清洁保养工作，改善环境，控制宠物行动和卫生，消灭鼠害，断绝蚤的血源。

2）利用灯光盆水法、动物诱捕法、烧燎烫法等方法进行防治。

3）利用敌百虫或敌敌畏熏蒸等进行药物防治。

4）做好个人卫生防护。

（2）螨类防治

1）勤利用吸尘机吸尘，减少螨虫滋生。

2）定期清洗地毯。

3）保持室内通风干燥。

（3）蚂蚁防治

1）用灭蚁灵等毒饵诱杀。

2）用开水浇烫灭杀。

3）用杀虫剂喷杀。

12.3.2 物业项目有害生物防治的注意事项

1. 安全生产

（1）药物使用安全

1）消杀药剂根据不同的杀灭对象做好分类存放，并且每类药剂外包装上必须有清晰的药剂名称、使用方法、适用对象等说明，严禁药物流落到无关人员手中。

2）消杀药物必须由专人进行保管并建立完善的进、出、存、销登记制度。

3）药物存放处必须做好防火、防爆、防腐蚀、防中毒的相应措施，确保安全。

4）使用药物时，须戴好相应的防护装置，进行消杀投药前应对业主进行告知，避免对小孩、宠物等造成伤害。

5）毒鼠药类必须使用慢性低毒性药物，严禁使用剧毒急性药物，鼠药投放时药物上面必须加掩盖装置，并做好有毒标志，避免鸟类误食。

6）使用完的药物容器须回收，并按环保要求进行处理，不可随便丢弃。

（2）机械使用安全

1）所有操作机械人员须经专门培训合格方可上岗。

2）使用前须检查机械、电线、插头等有无损坏，电线与转动部分是否保持适当距离，用电场所有无水湿等情况，确保用电安全。

3）所有带转动装置的机械必须确保转动部位有完善的保护装置，避免将物品、人员等卷入。

4）机械高温部位应做好防护及警示，避免烫伤操作人员。

5）进行机械操作时，应戴好相应的防护装置，避免机械对操作人员造成伤害。

2. 环境综合治理

有害生物防治的根本办法是环境综合治理。因此，进行有害生物防治，首先应做好环境积水清除、垃圾杂物清理、雨污分流、建筑缝隙填堵等综合治理工作。而且，有害生物的防治必须在整个区域内同时进行，可以事半功倍。

有害生物防治的另一项重要工作是要对区域内业主进行有害生物基本知识的宣传，并发动全体业主一起对家居环境进行治理，消灭有害生物的滋生环境，这样才可以达到有效治理，提高有害生物防治效果。

【本章小结】

物业项目环境管理是物业项目管理的基本内容之一，包括物业管理区域内共用部位、共用设施场地的清洁卫生、园林绿化和有害生物防治等管理活动。物业项目环境管理的质量，直接影响着业主及物业使用人的生活、工作品质，也体现出物业管理服务质量。

物业项目环境管理的重点和难点因物业项目类型、档次的不同而有所差异，不同的业主及物业使用人对环境管理的要求也会有所区别。

随着物业管理社会化程度的不断提升，越来越多的物业服务企业开始将相对独立的物业项目环境管理模块外包，交由专业的保洁公司、绿化公司管理，减轻管理环节，提高管理效率。

【延伸阅读】

ISO 14000 环境管理体系。

课后练习

一、选择题（扫下方二维码自测）

二、案例分析选择题（每小题的多个备选答案中，至少有1个是正确的）

【案例 12-1】某分期开发住宅小区，一期业主已入住，二期正处于开发建设期，工地内到处是凹洼积水及饭盒，一期与二期交界处也丢了很多空罐头盒。一期有一个临时垃圾收集点，十几个没盖的垃圾桶就放置在未硬化的沙土上，由于长期投放垃圾且未及时清理，垃圾桶周围土壤已发黑发臭。夏天到来，已入住的一期业主纷纷投诉小区蚊子、老鼠、蟑螂、苍蝇多，要求物业服务企业彻底解决环境问题，否则将拒交物业管理服务费。

1. 造成该小区老鼠较多的主要原因有（　　）。

A. 垃圾收集点周围卫生没做好

B. 周围有空罐头盒

C. 垃圾桶没上盖

D. 周围饭盒乱丢给老鼠提供食物

E. 周围积水

2. 在本案例中，造成蚊子滋生的主要原因是（　　）。

A. 旁边工地有凹洼积水　　B. 小区内有垃圾收集点

C. 垃圾桶周围未硬化　　D. 周围环境有空饭盒及空罐头盒

E. 垃圾未及时清理

3. 垃圾收集桶放置在未硬化的沙土上，长期投放垃圾且未及时清理，会造成（　　）滋生。

A. 蚊子　　B. 蟑螂

C. 老鼠　　D. 苍蝇

4. 要彻底解决该小区存在的环境问题，必须做的是（　　）。

A. 消除旁边工地积水或在积水中投放杀蚊药物

B. 清理周围饭盒及罐头盒

C. 严禁在小区内设垃圾收集点

D. 规范垃圾收集点的管理，硬化垃圾收集点周围地面

E. 垃圾桶上盖

三、课程实践

选择你熟悉的物业项目，对该项目环境管理情况进入检查，指出环境管理中存在的问题，并提出优化建议。

第3篇

经营管理篇

在做好常规的物业管理服务基础上，提高物业项目管理的规范性、科学性，降低经营风险，对提高物业服务人盈利能力至关重要。本篇分别就物业项目运营中的服务品质管理、客户服务与公共关系、行政管理、人力资源管理、财务管理、风险管理等关键任务的内容及要点作了阐述。

13　物业项目服务品质管理

知识要点

1. 质量管理的含义、原则、体系要求；
2. 物业项目质量管理的内容、步骤；
3. 物业管理质量评价标准，作业指导书的编制方法；
4. 供应商质量考核的内容和方法；
5. 物业管理供应商的选择与管理。

能力要点

1. 能够组织编制质量管理体系文件，策划整体质量提升方案；
2. 能够编制物业管理现场作业指导书，根据作业指导书进行培训；
3. 能够组织实施物业管理区域内质量评价，对物业管理现场质量管理进行优化与提升；
4. 能够对供应商进行日常管理，进行供应商质量考核。

服务品质是物业服务人生存与发展的关键，随着业主和物业使用人对物业服务质量要求的不断提高，服务品质管理已经成为提升物业服务人市场竞争力的重要内容。本章首先介绍物业项目质量管理的原则和管理体系的建立，之后就质量管理相关的绩效评价方法和供应商管理进行阐述。

13.1　物业项目质量管理体系

13.1.1　全面质量管理的基本理念

20 世纪 60 年代，美国的费根堡姆（Feigenbaum）最早提出全面质量管理的概念。全面质量管理是一个组织以质量为中心，为保证和提高产品和服务质量，以全员参与为基础，在产品和服务的研究、规划、设计、制造、销售及售后等各方面综合运用一整套的质量管理体系、手段和方法，通过使顾客满意和使本组织所有成员及社会整体受益，而达到组织长期成功的系统管理活动。其核心思想是组织的一切活动都围绕质量进行，它坚持“用户至上”原则，要求以用户为中心，一切为用户服务，从而使产品和服务的质量能够全方位地满足用户的需求。

国际标准化组织在综合提炼当代质量管理的实践经验及理论分析的基础上，

确立了“八项质量管理原则”，以帮助各类组织利用这些原则来建立质量管理体系并进行绩效改进。

（1）以顾客为关注焦点。物业服务人应当始终关注所服务的业主和物业使用人，将理解和满足他们现在以及未来的需求作为做好服务工作的出发点和落脚点。

（2）领导作用。物业服务人通过兼顾业主、物业使用人、供应商、股东、员工等多方面的需求和期望，以及为公司确定愿景和目标，并为员工提供所需的资源与培训，协调和实施质量活动，促进各层次、各部门之间协调，从而将问题减到最少。

（3）全员参与。物业服务人通常拥有大量的一线操作人员，应当建立良好的激励机制、知识管理机制，以激发这些员工参与质量管理的热情，并以主人公的责任感去解决各种问题。

（4）过程方法。物业服务人通过系统识别业主和物业使用人的需求标准、物业项目服务标准、企业的质量控制标准，设置不同的职能机构承担相应的工作，并基于每个活动过程考虑其具体的要求、资源的投入和管理方式，从而有效地利用资源，降低成本。

（5）管理的系统方法。物业服务的过程是相互关联和相互作用的，每个过程的结果都在影响着最终服务的质量，因此需要运用系统的方法对各个过程实施控制。

（6）持续改进。物业服务人要生存发展，必须不断满足业主和住户日益增长的需求和期望，为适应外部环境的不断变化，必须不断改进服务的质量，提高服务过程、体系运行的有效性，让顾客持续满意。

（7）基于事实的决策方法。如果将决策看成是一个过程，那么决策过程的输入就是基于事实的真实、可靠的数据，应进行的活动可包括将收集的业主信息（服务需求、服务投诉等）进行合乎逻辑、客观的分析，召集人员研究，提出多个方案，并对其进行对比评价，选择最佳方案，这就是决策过程的输出。

（8）与供方互利的关系。物业服务涉及多个专业，物业服务人可以通过服务外包方式提供专业服务，供应商提供的专业服务是物业服务人服务合同义务的组成部分。物业服务个与供应商的关系，直接影响到物业服务人能否持续稳定地提供令业主满意的服务。

上述八项原则之间存在着内在的逻辑关系。要实现成功的转型，首先要解决一个立场问题，这体现了第一个原则，“以顾客为关注焦点”；在明确了顾客立场的基础上，管理者要带领全体成员去实现这种转变，这体现了第二、三个原则，“领导作用”和“全员参与”；上下同欲的努力还必须有正确的方法论，即原则四的“过程方法”和原则五的“系统方法”；由于存在着激烈的竞争，同时顾客的期望也在不断升高，因而所建立起来的管理系统必须持续不断地改进，即原则六；基于事实的决策方法是持续改进的最有力武器，即原则七；持续改进仅仅局限于组织内部所能够取得的成果还是非常有限的，组织还必须与自己的顾客和供应商进行紧密的合作才有可能取得更大的成功，即原则八。八项原则的逻辑关系图如图 13–1 所示。

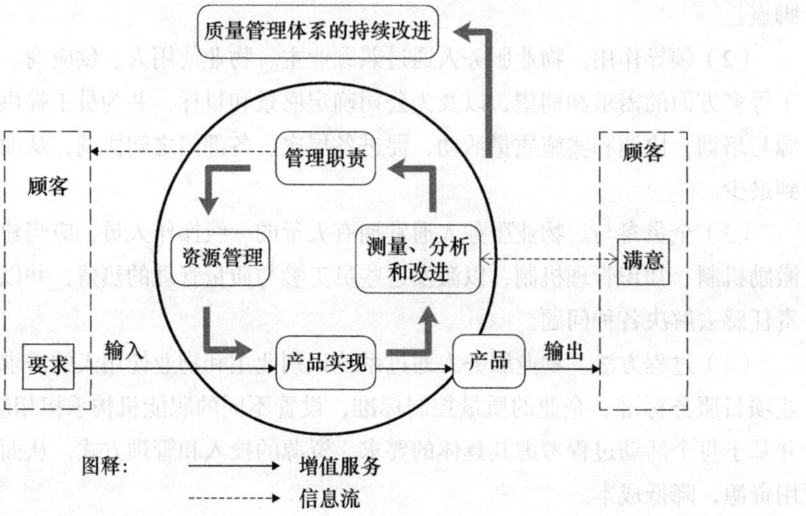

图 13–1 八项质量管理原则逻辑关系图

13.1.2 物业项目质量管理体系的含义

1. 质量管理体系的含义

质量管理体系是指在质量方面指挥和控制组织的管理体系，通常包括制定质量方针、目标以及质量策划、质量控制、质量保证和质量改进等活动。为了实现质量管理的方针目标，有效地开展各项质量管理活动，必须建立相应的管理体系，这个体系就叫质量管理体系。

针对质量管理体系的要求，国际标准化组织的质量管理和质量保证技术委员会制定了 ISO 9000 族系列标准，以适用于不同类型、产品、规模与性质的组织。该类标准由若干相互关联或补充的单个标准组成，其中为人们所熟知的是 ISO 9001《质量管理体系要求》。

质量管理体系具有以下内涵：

（1）质量管理体系由多种要素组成。

（2）推行质量管理必须建立质量方针并制定质量目标。

（3）质量管理体系是一个产品质量形成的全过程管理。

（4）一个组织通常只有一个质量管理体系。

2. 物业服务质量管理体系

目前我国物业服务企业大多推行 ISO 9001∶2000 质量管理体系，其核心思想是对物业管理服务进行持续有效的改进。物业服务企业通过对服务提供过程的控制以及对服务结果的监视与测量，实现企业在不同阶段的质量目标，最终获得物业服务企业市场竞争力的提升。

物业服务质量标准，指在物业管理与服务中，国家和物业行业协会为保证物业服务质量水平，制定与设立相关的法律法规以及服务准则。一般来说，物业服务标准体系可以分为服务标准、管理标准与工作标准 3 个部分。而服务标准，即服务规范，是企业标准化运作的基础与主体，是衡量判断物业服务效果的准则。

13.1.3 建立质量管理体系的步骤

1. 质量管理体系的策划与设计

（1）教育培训，统一认识。企业应对全体员工进行贯彻 ISO 9000 族系列标准及建立质量管理体系的普及教育，使其理解并掌握标准的基本内容及原则。

（2）组织落实，拟订计划。企业应当成立专职的质量管理部门（组织），任命管理者代表，负责质量管理体系的建立及运行。同时，应当制订质量管理体系推进的工作计划。

（3）确定质量方针，制定质量目标。质量方针体现了一个组织对质量的追求和对顾客的承诺，是员工质量行为的准则和质量工作的方向。

（4）现状调查和分析。企业或项目现状调查和分析的内容包括体系情况分析，服务特点分析，组织结构分析，管理和操作人员的组成、结构及水平状况的分析，以及管理基础工作情况分析。

（5）调整组织结构，职能分工。在完成落实质量管理体系要素并展开为对应的质量活动后，必须将活动中相应的工作职责和权限分配到各职能部门。

2. 质量管理体系文件的编制

质量管理体系文件一般包括质量手册、程序文件、作业指导书和质量记录。

（1）质量手册。质量手册是对质量管理体系作概括表述、阐述及指导质量管理体系实践的主要文件，是企业质量管理和质量保证活动应长期遵循的纲领性文件。

（2）程序文件。程序是为完成某项活动所规定的方法，描述程序的文件称为程序文件。程序文件是质量手册的支持性文件，是指导员工如何进行及完成质量手册内容所表达的方针及目标的文件。

（3）作业指导书。作业指导书是详细说明特定作业是如何运作的文件，它描述了开展活动的方法和要求，一般适用于某一职能内的活动。它是对质量手册、程序文件的具体展开和补充。

物业项目的作业指导书一般要包括以下两部分内容：

1）项目岗位职责。包括项目组织架构图、项目职责与权限、项目经理职责、项目副经理职责、专业主管职责（工程主管、客服主管、秩序主管等）、一般员工职责（客户服务员、秩序维护员、技工、保洁员等）。

2）服务操作指导书。包括投诉处理作业指导书、二次装修管理作业指导书、发电机组操作作业指导书、洗手间保洁作业指导书、草坪养护作业指导书等。

（4）质量记录。质量记录是为完成的活动或达到的结果提供客观证据的文件。物业项目的质量记录主要包括：顾客服务、秩序服务、工程服务、保洁服务、园艺服务等内容。

3. 质量管理体系的运行

质量管理体系文件编制完成后，质量管理体系将进入试运行阶段。其目的是通过运行，考验质量管理体系文件的有效性和协调性，并对暴露出的问题采取改进措施和纠正措施，以达到进一步完善质量管理体系文件的目的。

4. 质量管理体系评审

物业服务人应按策划的时间评审质量管理体系，以确保其持续的适宜性（质量管理体系适应内外部环境变化的能力）、充分性（质量管理体系满足市场、顾客潜在的和未来的需求和期望的足够的能力）和有效性（质量管理体系运行的结果达到所设定质量目标的程度）。评审应包括评价质量管理体系改进的机会和变更的需要，包括质量方针和质量目标。

质量管理体系评审一般安排在内部质量管理体系审核结束后、外部质量管理体系审核开始之前，每年至少进行一次管理评审，两次管理评审的间隔时间不超过一年。

5. 质量控制

质量控制是为了通过监视质量形成过程，消除质量环上所有阶段引起不合格或不满意效果的因素，以达到质量要求，获取经济效益，而采用的各种质量作业技术和活动。质量控制流程如图 13–2 所示。

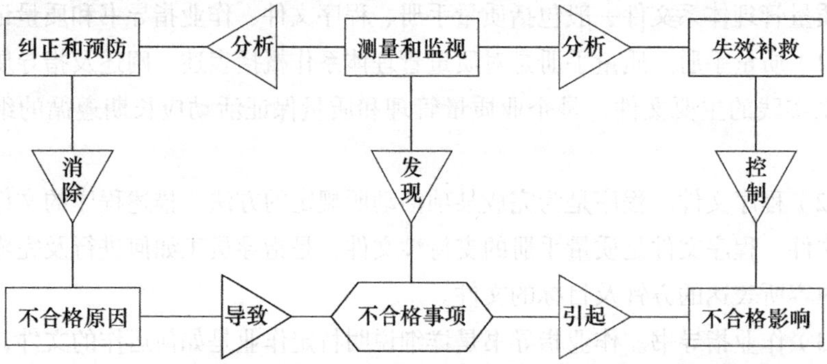

图 13–2 质量控制流程图

图 13–2 中，“不合格原因—导致—不合格事项—引起—不合格影响”是认识问题的基础流程；“测量和监视—发现—不合格事项”是发现改进机会的前提流程；“测量和监视—分析—纠正和预防—消除—不合格原因”是消除不合格原因的前置流程；“测量和监视—分析—失效补救—控制—不合格影响”是控制不合格的滞后流程。

物业服务人在质量控制方面经常采取的做法有：现场人员填写工作记录，如《工作记录表》，工程服务的《设备运行记录表》《设备运行巡检表》《设备定期维护记录表》；专业主管要进行工作检查，如《顾客服务检查表》；质量主管要代表项目经理进行质量检验，如《顾客服务检验表》；公司要对项目部进行内部流程审核，如《内部审核清单》。此外，物业服务人还通过神秘顾客调查、顾客回访、顾客满意度调查等方式进行质量控制。

6. 质量改进

物业项目应运用质量方针、质量目标、审核结果、数据分析、纠正和预防措施以及管理评审，持续改进质量管理体系的有效性。通过测量和监视找到不合格项，分析不合格项产生的原因，针对原因提出纠正和预防措施，以消除不合格原因，实现质量的改进。

常用的质量改进工具有因果图、排列图、直方图、检查表、分层法、散布图、控制图 7 种。下文通过一个案例来阐述质量改进工具在物业管理中的应用。

【案例 13-1】顾客服务工作的改进

某物业公司为了解公司的物业服务提供与顾客当前对其的期望和需求的契合程度，找出服务过程中的短板，确保物业服务质量得到有效控制和持续改进，特开展顾客满意度调查，获取相关数据和资料。

公司对收回的调查问卷进行了汇总统计和分析，运用柱状图统计分析各项目部综合满意指数、分项满意指数、单项满意指数，运用分层法对业主所提的需求进行统计，运用排列图分析顾客所提需求或不满意的重要因素，运用因果图分析造成不满意的原因，并提出质量改进要求：密切关注单项不满意比例≥ 50% 的项目，系统分析，找出原因，制定改进措施，及时跟踪落实；单项满意指数＜ 60 为不满意，要重点改进；单项满意指数≥ 90 为非常满意，保持和推广；对提出意见和建议的业主，项目部必须安排回访，制定纠正整改措施并组织实施；顾客满意指数测评后项目部改善措施应当在小区内公示（图 13-3～图 13-5）。

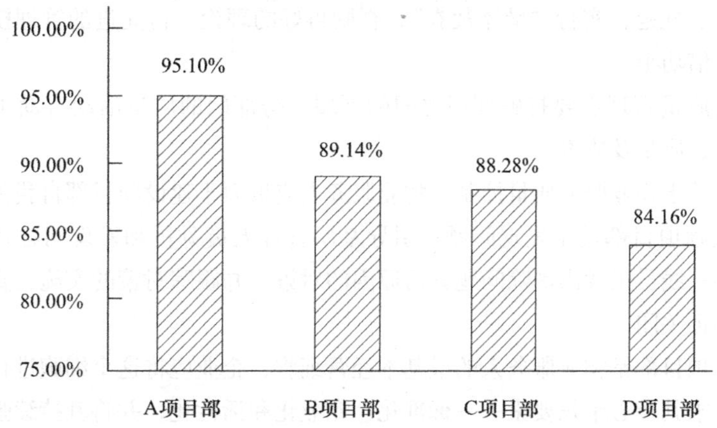

图 13-3 业主满意度柱状图分析

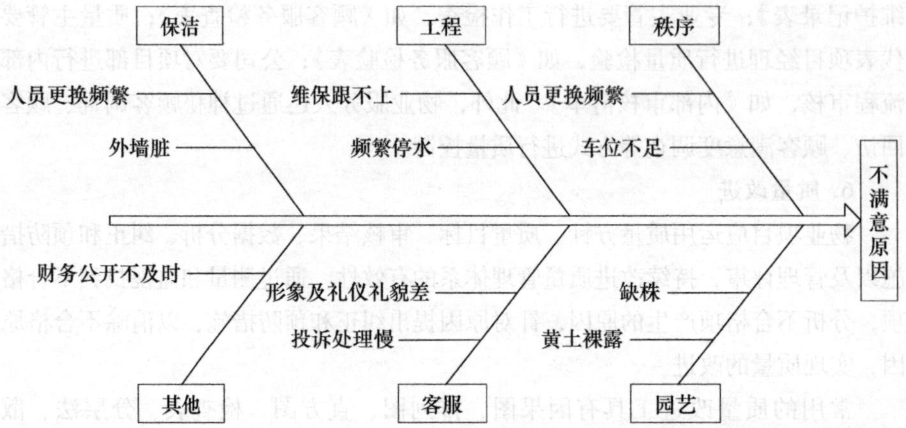

图13-4 业主满意度因果图分析

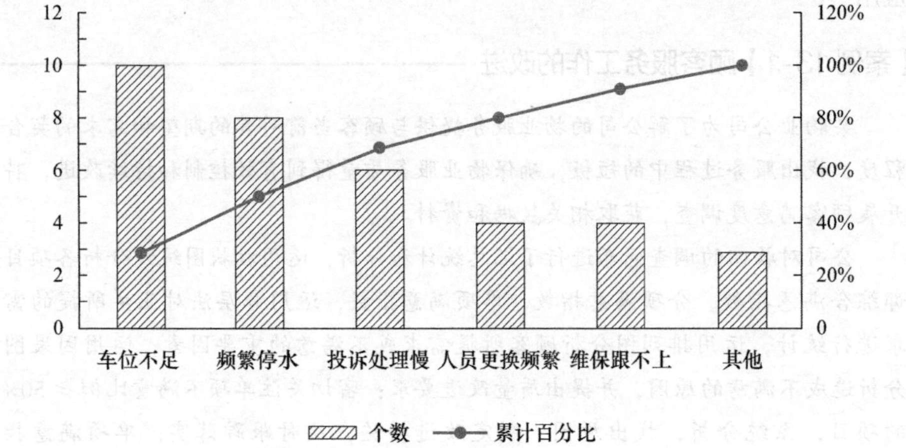

图13-5 业主满意度排列图分析

13.1.4 实施质量管理的注意事项

（1）加强人员培训是实施质量管理的重要保障。

（2）企业推行质量管理系列标准一定要根据企业自身的具体情况和有关的法律、法规、规范，实行“量体裁衣”，否则再好的理论、再先进的管理模式，都只能是事倍功半。

（3）质量管理需要打破部门之间的围墙，跨部门的质量活动有助于改善设计、服务、质量及成本。

（4）关于物业服务质量控制，物业服务人应致力于建设项目部自我独立运作机制，鼓励项目部员工发现问题；引导基层管理人员分析和发现问题背后的原因；协助一线员工找出消除问题背后原因的对策，并跟踪对策的实施，直到问题解决和验证关闭。

（5）项目部是物业服务人的最基本经营细胞，企业应将这个细胞进行系统的解构，寻求其核心生长要素——标准化、专业化和活性化，并将其持续强化。

（6）物业服务人的质量管理人员应该认识到发现问题是解决问题的前提，应将发现问题与解决问题区隔开来，不要在发现问题的同时顾虑解决问题的困难；要培育“乐于发现问题”的质量管理文化，研究解决问题对策时，应有突破性思维和建设性思维。

（7）物业服务人不能仅仅拿着“大棒”对项目部进行质量审核，审核发现问题后，要引导项目部寻找问题背后的原因，扩大项目部思考问题的视野。企业应给项目部提供并培训使用更多的管理工具，如发现问题的工具、解决问题的工具。同时，在质量审核过程中应与项目部更多地探讨体系文件的有效性，对文件内容进行必要的修订。

13.2 物业项目绩效评价

13.2.1 物业项目绩效评价的含义与类型

1. 物业项目绩效评价的含义

绩效简单地说是“成绩和效益”。绩效是相关主体在实践活动中所产生的、与劳动耗费有对比关系的、可以度量的结果。

物业项目的绩效，是指一定经营期间的物业项目经营效益和经营者业绩，主要表现在盈利能力、顾客服务质量、内部运营管理和团队成长等方面。

物业项目的绩效评价是指通过定量和定性的分析，对物业管理项目的效益和经营者的业绩，进行综合评判。

2. 物业项目绩效评价的类型

按照不同的评价目的和评价工作的实施主体，物业项目绩效评价的类型有以下几种。

（1）政府评价。政府评价是指政府有关部门根据企业监管的需要、奖惩的需要或财务分析的需要等，分别或联合组织的物业项目绩效评价。

（2）社会评价。社会评价是指项目所属企业出资人、债权人、中小股东或社会中介机构等，为及时了解项目经营的真实情况、促进投资效益提高、加强项目的社会监管而组织开展的评价行为。

（3）自我诊断评价。自我诊断评价是指物业服务人根据自身经营管理的特定需要而自行开展的绩效评价，它是经营管理的一项重要内容，也是物业项目绩效评价工作的重要内容。

13.2.2 物业项目绩效评价的方法

绩效评价方法有很多种，常见的包括360度评价法、关键绩效指标法（KPI）、经济值增加法、平衡计分卡等。近年来，基于平衡计分卡的KPI考核已经成为企业使用最广泛的一种绩效评价方法。

1. **平衡计分卡模型**

平衡计分卡（BSC，Balanced Score Card），于20世纪90年代初由美国人罗伯特·卡普兰和戴维·诺顿提出，它打破了传统的单一使用财务指标衡量业绩的方法，而是在财务指标的基础上加入了客户因素、内部经营管理过程和员工的学习成长，在集团战略规划与执行管理方面发挥了非常重要的作用。

平衡计分卡将企业战略分为财务、顾客、流程、学习与成长4个不同角度的运作目标，并依此4个角度分别设计适量的绩效衡量指标，有利于企业进行全面系统的监控，促进企业战略与远景目标的达成，如图13-6所示。

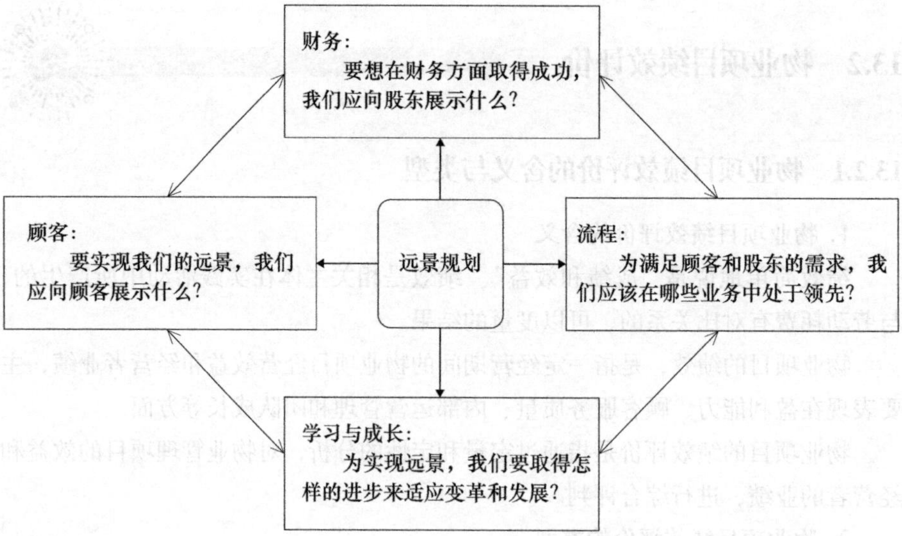

图13-6 平衡计分卡模型图

财务、客户、流程、学习与成长4个层面是相互联系、相互影响的，客户、流程、学习与成长3类指标的实现，最终保证了财务指标的实现，如图13-7所示。

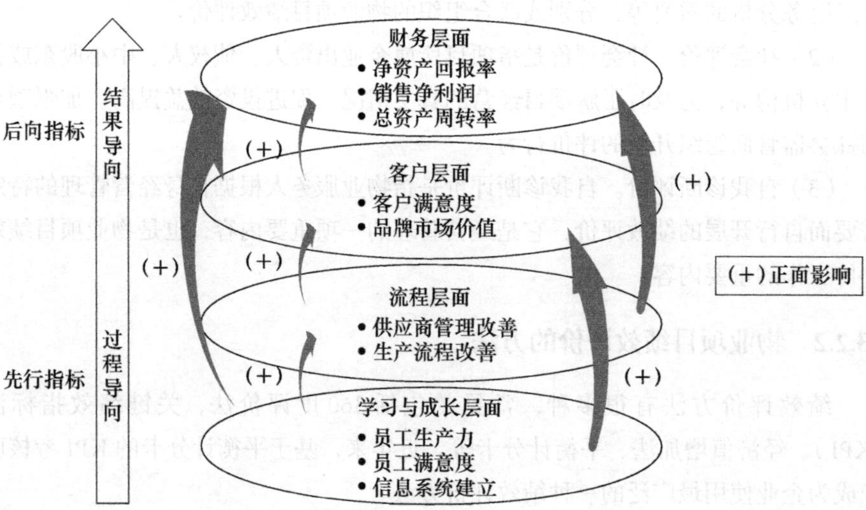

图13-7 平衡计分卡4个层面

1）财务层面指标。财务指标有收入、净利润等。

2）客户层面指标。客户指标通常包括客户满意度、客户保持率、客户获得率、客户盈利率，以及在目标市场中所占的份额。

3）内部流程层面指标。内部流程指标包括管理体系的建立、管理环境的建设、工作计划的完成率等。

4）学习与成长层面指标。学习与成长指标包括员工满意度、员工保持率、员工培训和技能等。

2. 定量指标和定性指标

平衡计分卡4个层面的指标体系，可以根据指标的标准分为定量指标和定性指标。

定量指标是可以准确数量定义、精确衡量并能设定绩效目标的考核指标。定量指标是比较客观、有效的考核指标，可以分为绝对量指标和相对量指标两种，其中绝对量指标可以是产能、质量、时间以及其他数量，如销售收入；相对量指标可以是任何同单位数量的比值，如销售收入增长率。

定性指标是指无法直接通过数据计算分析评价内容，需对评价对象进行客观描述和分析来反映评价结果的指标，如员工能力提升、项目管理体系的实施。

3. 物业项目评价指标

物业项目常见的评价指标见表13-1。

物业项目常见的评价指标　　表13-1

平衡计分卡层面	指标标准	指标
财务层面	定量指标	收入、利润、收缴率、收入增长……
	定性指标	财务管理能力、财务报表可信度……
顾客层面	定量指标	顾客满意指数、顾客投诉率……
	定性指标	客户关系管理水平、客户服务水平……
内部流程层面	定量指标	设备设施完好率、工作计划完成率……
	定性指标	管理体系成熟度、建立研发管理体系……
学习与成长层面	定量指标	员工满意度、员工敬业度、员工离职率……
	定性指标	员工能力提升、制定并推动实施人力资源规划……

4. 物业项目评价标准

评价标准是评价工作的基本准绳和前提，也是客观评判评价对象优劣的具体参照物和衡量尺度。因此，它在整个评价体系中占有重要的地位，没有评价标准，就无法实施具体、公正、客观、恰当的绩效评价。一般地，物业项目绩效评价标准可划分为定量标准和定性标准两类。

定量指标评价标准有基准值、目标值和挑战值3个评估标准，分别设置具体的数值，并匹配相应的基础分。一般情况下，基准值匹配的基础分为50分，目标值匹配的基础分为75分，挑战值匹配的基础分为100分。定量指标评价的3个值所确定的水平参数，客观反映所代表的水平。

定性指标评价标准是用来对项目进行定性评价时所采用的评判标准，多数采用主观评价。如果想要评价有依可循，可采用成熟度评价方法，即参照卓越绩效模式成熟度评价方法中对过程项评分的标准，对评价指标所应用和改进的各种方法从“方法、展开、学习和整合”4个因素综合完成情况进行评价打分。定性指标评价标准也有基准值、目标值和挑战值3个评估标准，分别设置具体的百分比，并匹配相应的基础分。一般情况下，基准值匹配的基础分为50分，目标值匹配的基础分为75分，挑战值匹配的基础分为100分。

5. **物业项目评价方法**

物业项目绩效评价的主要方法是线性插值法，用于计量指标的评价计分。线性插值法是指使用连接两个已知量的直线来确定在这两个已知量之间的一个未知量的值的方法。其计算公式为：

（1）实际完成值<基准值

$$\text{单项指标评估得分} = 0\text{分}$$

（2）基准值<实际完成值<目标值

$$\text{单项指标评估得分} = \text{基准值的基础分} + \frac{\text{实际完成值} - \text{基准值}}{\text{目标值} - \text{基准值}} \times (\text{目标值的基础分} - \text{基准值的基础分})$$

（3）目标值<实际完成值<挑战值

$$\text{单项指标评估得分} = \text{目标值的基础分} + \frac{\text{实际完成值} - \text{目标值}}{\text{挑战值} - \text{目标值}} \times (\text{挑战值的基础分} - \text{目标值的基础分})$$

（4）实际完成值>挑战值

$$\text{单项指标评估得分} = 100\text{分}$$

【案例13-2】年度绩效指标体系

某物业项目年度绩效指标体系见表13-2。

某物业项目年度绩效指标体系表 表13-2

序号	BSC层面	绩效指标	指标类型	评估标准	权重(%)
1	财务	净利润	定量指标	基准值：25万元 目标值：30万元 挑战值：33万元	20
2	财务	物业管理费收缴率	定量指标	基准值：96% 目标值：98% 挑战值：100%	15

续表

序号	BSC 层面	绩效指标	指标类型	评估标准	权重（%）
3	顾客	住户满意度指数	定量指标	基准值：80 目标值：85 挑战值：90	15
4	内部流程	工作计划完成率	定量指标	基准值：90% 目标值：95% 挑战值：100%	10
5	内部流程	建立并实施项目质量管理体系（成熟度）	定性指标	基准值：25% 目标值：45% 挑战值：65%	15
6	学习与成长	员工满意度指数	定量指标	基准值：85 目标值：90 挑战值：95	10
7	学习与成长	员工能力提升（成熟度）	定性指标	基准值：25% 目标值：45% 挑战值：65%	15

说明：基准值匹配的基础分为 50 分，目标值匹配的基础分为 75 分，挑战值匹配的基础分为 100 分。

2012 年末，经项目绩效总结，形成如下结果：净利润实现 24 万元，物业管理费收缴率为 97%，住户满意度指数为 85，工作计划完成率为 97%，建立并实施项目质量管理体系的成熟度为 40%，员工满意度指数为 96，员工能力提升的成熟度为 55%。则各单项指标的绩效分数如下：

净利润指标绩效分数：0 分

物业管理费收缴率指标绩效分数：

$$50+\frac{97\%-96\%}{98\%-96\%}\times(75-50)=62.5\text{ 分}$$

住户满意度指数指标绩效分数：75 分

工作计划完成率指标绩效分数：

$$75+\frac{97\%-95\%}{100\%-95\%}\times(100-75)=85\text{ 分}$$

建立并实施项目质量管理体系指标绩效分数：

$$50+\frac{40\%-25\%}{45\%-25\%}\times(75-50)=68.75\text{ 分}$$

员工满意度指数指标绩效分数：100 分

员工能力提升指标绩效分数：

$$75+\frac{55\%-45\%}{65\%-45\%}\times(100-75)=87.5\text{ 分}$$

因此，该项目 2012 年绩效分数结果：

$0\times20\%+62.5\times15\%+75\times15\%+85\times10\%+68.75\times15\%+100\times10\%+87.5\times15\%=62.56$ 分

13.2.3 绩效管理注意事项

物业服务人做好项目绩效管理工作，应当注意以下事项。

（1）绩效管理需摒弃这样重考核、轻计划的误区，做好绩效考核制订环节的工作。

（2）绩效考核应避免过于追求量化指标，轻视过程考核，否认主观因素在绩效考核中的积极作用。

（3）绩效考核指标并不是越多越好，因为绩效管理是有成本的，指标越多，企业投入绩效管理的成本相应也越高。因此，绩效考核指标必须要有数量限制，最多不超过10个。

（4）在进行绩效考核指标提取时需要尽可能量化、过程化、细化。能够量化的指标应该尽可能量化；不能量化的指标，将这个工作内容过程化，并对工作过程进行控制考核；既不能量化也不能过程化的指标，进行细化，直到不能再细化为止。

（5）如果被考核人本身不理解、不认同被考核的指标和设定的目标值，其可能会满怀怨气而不能全心全意地朝着目标值努力，因此必须让被考核人参与讨论考核相关内容并发表自己的意见。只有让被考核人参与其中，被考核人才能够更加容易接受这些考核指标和目标值，并且在工作中时刻提醒自己朝着目标值前进，绩效管理体系才能更加完善有效。

（6）目标值并非定得越高越好，定得合适才是最重要的，让员工使劲跳起来能够摸得着，让大家感觉既有动力又有压力。

（7）绩效管理不等于绩效考核。绩效考核是绩效管理的一个环节，绩效考核的结果与很多激励措施挂钩，它是员工培训、晋升和工资调整等的依据。绩效考核结果更是业绩改进的参照基础，有了这些结果企业才有提升的基础线，才能有的放矢地投入资源进行业绩改善。

13.3 物业项目供应商管理

13.3.1 物业项目供应商管理类型

供应商是指那些向买方提供产品或服务并相应收取货币作为报酬的实体，是可以为组织生产提供原材料、设备、工具及其他资源的企业。供应商管理是指对供应商的了解、选择、开发、使用和控制等综合性管理工作总称。供应商管理的目的，就是建立起一个稳定可靠的供应商队伍，并为企业生产提供可靠的物资和服务供应。

物业服务人通过对物业项目供应商的有效管理，可以获得符合项目质量和数量要求的产品或服务，以最低的成本获得产品或服务，确保供应商提供最优的服务和及时的送货（或提供服务），发展和维持良好的供应商关系，开发潜在的供应商。

根据供应商提供的内容，可以将物业项目的供应商分为物料供应商、服务供应商和软件供应商 3 类。

1. 物料供应商

（1）工程物料供应商：电梯及设施设备等零部件等；

（2）秩序物料供应商：对讲机，消防器材、消防设备等；

（3）保洁物料供应商：扫帚、抹布、垃圾袋等；

（4）园艺物料供应商：苗木，花卉等；

（5）后勤物料供应商：办公用品、印刷品、服装、家具等。

2. 服务供应商

（1）工程服务供应商：设施设备维保，电梯维保、供暖、水质处理等；

（2）秩序服务供应商：秩序维护、车场管理等；

（3）保洁服务供应商：日常保洁、专项清洁、开荒、垃圾清运、外墙清洗、四害清杀等；

（4）园艺服务供应商：绿化养护、绿植租摆、园林施工等。

3. 软件供应商

（1）客户关系管理（CRM）软件供应商；

（2）办公自动化（OA）系统供应商；

（3）财务系统供应商；

（4）设备设施管理系统供应商。

13.3.2 供应商管理体系的建立

1. 供应商的选择

供应商选择的基本准则是“Q. C. D. S”（Quality，Cost，Delivery，Service），也就是质量、成本、交付与服务并重的原则。在这四者中，质量因素是最重要的。首先要确认供应商是否建立有一套稳定有效的质量保证体系，然后确认供应商是否具有生产所需特定产品或服务的设备和工艺能力。其次是成本与价格，要对所涉及的产品和服务进行成本分析，并通过双赢的价格谈判实现成本节约。在交付方面，要确定供应商是否拥有足够的生产、提供能力，人力资源是否充足，有没有扩大产能的潜力。最后一点，也是非常重要的，是供应商的售前、售后服务的记录。

一般来说，供应商选择的步骤为：分析供应市场竞争环境，确定供应商选择目标，建立供应商评价标准，成立评价小组，供应商参与，评价供应商，实施供应链合作关系。选择流程中，最重要的是对供应商的评价。

【案例 13-3】工程维保供应商评价

某物业服务人为项目部选择工程维保供应商建立了一套计分卡，见表 13-3。

某物业项目工程维保供应商评价表　　表13-3

序号	测评项目及内容	测评方法					
		分值	9～10	7～8	5～6	3～4	0～2
1	注册资金（万元）	内容	≥300	200～300	100～200	50～100	<50
		评分					
2	服务项目（个）	内容	≥31	21～30	11～20	6～10	0～5
		评分					
3	项目分布城市（个）	内容	≥5	4	3	2	1
		评分					
4	通过体系认证情况（个）	内容	≥4	3	2	1	0
		评分					
5	行业内获得荣誉（项）	内容	≥4	3	2	1	0
		评分					
6	企业获得相关项目资质等级	内容	甲/一	乙/二	丙/三	暂定	无
		评分					
7	人员培训体系	内容	优	良	中	一般	差
		评分					
8	技术工种种类（个）	内容	≥7	5～6	3～4	2	1
		评分					
9	特种设备供应商数量（个）	内容	≥7	5～6	3～4	2	1
		评分					
10	服务过的项目特种设备发生事故的次数（次）	内容	0	1～2	3～5	6～8	≥9
		评分					
合计		内容					
总评得分							

通过分析这些信息，评估各供应商服务能力、服务提供的稳定性、资源的可靠性，以及其综合竞争能力，剔除不达标的供应商后，整理出供应商预选名单（一般为3～8家）。一般的，平均得分在85分（含85分）以上为初选合格供应商；平均得分在60～84分（含60分）为需讨论视具体情况再定的持续考核供应商；平均得分在60分以下为初选不达标供应商。供应商预选名单确定后，可通过供应商评比分值或招标流程确定最终供应商，并与之签订合同。

2. 供应商的评估

物业服务人和供应商签订合同后，对供应商的产品及服务质量的监管非常重要。因此必须有一套科学、全面的综合评价指标体系对供应商进行评估。

【案例 13–4】物业项目保洁供应商评估

某物业服务人采取如下方式评估保洁供应商。

（1）月度评价。物业项目每月从人员配备、人员培训情况、服务品质以及合同违约情况等方面对供应商进行评价，评价结果作为费用支付的依据，见表 13–4。

某物业项目保洁供应商月度评价表　　表 13–4

评估指标	权重（%）	评估内容
服务质量	40	1. 日常工作的处理结果； 2. 突发事件的处理结果
能力水平	30	1. 各班组的工作流程； 2. 清洁机具使用操作的熟练程度； 3. 清洁机具保养细则的掌握程度； 4. 清洁药品的使用和保管
基础管理	30	1. 保洁人员奖惩制度的实施情况； 2. 保洁人员的培训情况； 3. 劳动纪律和岗位职责的实施情况

（2）季度沟通。物业项目每季度与供应商就上季度双方工作存在的问题进行沟通，并针对问题提出整改措施和时间。

（3）年度评估。物业项目于每年年底根据年度顾客满意指数、物业项目日常管理、质量审核及顾客投诉情况对供应商进行年度评价，评价结果作为供应商是否可继续提供服务的依据（表 13–5）。

某物业项目保洁供应商年度评价表　　表 13–5

评估指标	权重（%）	评估内容
服务质量	40	1. 顾客对保洁服务的满意程度； 2. 突发事件的处理结果； 3. 工作效率水平； 4. 合同履约率
服务成本	30	1. 成本下降的空间； 2. 节能的效果
供方组织发展	30	1. 合作融洽关； 2. 供方质量管理体系的有效性

3. 供应商的变更

（1）合同期内变更。合同期内供应商服务品质难以达到现场需求、严重违反合同条款、年度评估低于相应的分数时，物业项目可对供应商进行更换。更换前先向原供应商发出合同终止的函件并约定撤场日期。更换时首先确定是否有替代的供应商，若没有物业项目需要组织选择供应商。

（2）合同期满变更。合同到期前一个月，物业项目根据供应商的日常表现和年度评估结果确定是否需要续签合同。不需要续签的，先向原供应商发出合同终止的函件并约定撤场日期。更换时首先确定是否有替代的供应商，若没有物业项目需要组织选择供应商。

4. 供应商的培养

持续不断获得高质量、低价格、及时交付的产品和超越期望的服务，是供应商管理工作永恒的目标。要实现这一目标，企业必须培养供应商。

（1）主动维护供应商的利益。供应商与企业合作的目的，是为了获利。如果不能获利，供应商就不会与企业合作，即使已经建立了合作关系，这种关系也不会长久。所以，要想供应商忠诚，必须主动维护供应商的利益。

（2）管理与帮助并重。供应商管理的常用做法是，对供应商的服务提供质量进行监测，依据监测结果对供应商进行级别评定，实施分级管理，奖优罚劣，对不合格项进行整顿；定期对供应商进行重新评价，依据评价结果调整采购措施，淘汰不合格的供应商。

（3）只有真心善待供应商，积极培养供应商，持续不断地获得高品质、低价格、及时交付的产品和超越期望的服务，才会成为现实。

13.3.3 供应商管理注意事项

（1）供应商关系管理应建立在双赢的基础上。

（2）企业应建立长期的、战略性的供应商关系。

（3）选择供应商，应建立科学的评估架构，而非选择价格最低者，同等条件下原供应商优先。

（4）建立共同的质量观念，不断提高供应商关系管理水平，帮助供应商不断提升设计和服务提供过程的质量保证能力。

（5）由于物业服务人的服务质量受供应商的服务提供质量影响较大，因此在与供应商签订合同过程中，应特别注意：在签订合同时要注意保证签约主体与实施主体一致；在合同中应明确因服务提供过程中造成的人员、财产等损失时的责任方，以免在出现问题时产生纠纷；应在合同中明确服务的技术指标标准，并尽量采取量化形式，便于检验。

（6）物业服务人应建立针对供应商的检查监控制度并落实专人负责实施。

（7）物业服务人应建立与供应商的定期沟通会议制度，及时解决合同履约过程中出现的问题。

（8）物业服务人应建立定期效果评估制度，对评估过程中发现的较大或普遍存在的问题，以书面形式通知供应商，并提出整改要求，限期整改。

（9）物业服务人定期对供应商基本情况全面更新，以及时掌握供应商的企业状况，适时采取对策，确保供应商有能力持续履行服务合同。

【本章小结】

服务品质是物业服务人生存与发展的关键，随着业主和物业使用人对物业服务质量要求的不断提高，服务品质管理已经成为提升物业服务人市场竞争力的重要内容。

八项质量管理原则包括以顾客为关注焦点、领导作用、全员参与、过程方法、管理的系统方法、持续改进、基于事实的决策方法、与供方互利的关系。建立质量管理体系的步骤包括质量管理体系的策划与设计、质量管理体系文件的编制、质量管理体系的运行、质量管理体系评审、质量控制、质量改进。

物业服务质量标准分为服务标准、管理标准与工作标准 3 个部分。而服务标准，即服务规范，是企业标准化运作的基础与主体，是衡量判断物业服务效果的准则。作业指导书是详细说明特定作业是如何运作的文件，它描述了开展活动的方法和要求，一般适用于某一职能内的活动。一般要包括项目岗位职责、服务操作指导书两部分。

物业项目绩效评价包括政府评价、社会评价、自我诊断评价。平衡计分卡将企业战略分为财务、顾客、流程、学习与成长 4 个不同角度的运作目标，并依此 4 个角度分别设计适量的绩效衡量指标，有利于企业进行全面系统的监控，促进企业战略与远景目标的达成。平衡计分卡 4 个层面的指标体系，可以根据指标的标准分为定量指标和定性指标。

物业服务人通过对物业项目供应商的有效管理，可以获得符合项目质量和数量要求的产品或服务，以最低的成本获得产品或服务，确保供应商提供最优的服务和及时的送货（或提供服务），发展和维持良好的供应商关系，开发潜在的供应商。

根据供应商提供的内容，可以将物业项目的供应商分为物料供应商、服务供应商和软件供应商 3 类。

【延伸阅读】

ISO 9001 质量管理体系。

课后练习

一、选择题（扫下方二维码自测）

二、课程实践

选择你熟悉的物业项目，对其质量管理体系进行评价。

14 物业项目客户服务与公共关系

知识要点

1. 客户的含义、细分方法，客户需求的识别方法；
2. 客户沟通的含义、方法、注意事项；
3. 客户投诉的含义、类型、方法；
4. 客户满意的含义，客户满意度评价方法、注意事项；
5. 公共关系管理的主体、方法、注意事项。

能力要点

1. 能够建立客户服务体系，进行物业服务过程监督；
2. 能够处理业户报事、报修，维护客户关系；
3. 能够进行满意度调查问卷设计，组织满意度调查，完成调查结果分析，并解决调查反馈的问题；
4. 能够进行公共关系策划、指导与维护。

物业项目管理既包括了对“物”的管理，又包括了对“人”的服务，两者相较，对“人”的服务更能体现物业管理的灵性和不可或缺性。在物业项目管理活动中，客户的概念也有狭义和广义之分。狭义的客户仅指业主及物业使用人，即物业服务的直接消费者；广义的客户则包括所有与物业管理活动相关的单位和个人。本章我们采纳狭义的客户的概念，将物业项目客户服务定义为物业服务人通过客户沟通、投诉处理和满意度调查等手段，不断改进工作，提升为业主服务的水平，并获取更大经济效益的行为。分别介绍客户服务体系的含义以及客户沟通、客户投诉处理、客户满意度调查的含义、内容及工作要点；而将协调处理与建设单位、专业分包公司、政府行政主管部门、监管部门、行业协会、市政公用单位等相关单位与个人关系的工作，纳入公共关系的范畴。

14.1 物业项目客户服务体系

建立客户服务体系，包括细分客户群体、识别客户需求、设计服务项目及标准、设计服务传递系统等内容。

1. 客户群体的细分

客户细分理论是20世纪50年代美国学者温德尔·史密斯提出的，其理论依据主要有两点。一是客户需求的异质性，只要存在两个以上的客户，需求就会不同。由于客户需求、欲望及购买行为是多元的，所以客户需求满足呈现差异；二是企业有限的资源和有效的市场竞争，任何一个企业都不能单凭自己的人力、财力和物力来满足整个市场的所有需求，企业应该分辨出自己能有效为之服务的最具吸引力的细分市场，然后集中企业资源，制定科学的竞争策略，以取得和增强竞争优势。

客户细分的方法有很多，常见的包括：根据客户的外在属性分类，如按物业项目的类型（住宅、写字楼、商业等）、按客户的地域分布、按客户的组织归属（如企业用户、个人用户、政府用户）等划分，这种划分方法简单、直观，数据也很容易得到，但这种分类相对比较粗放；根据客户的内在属性分类，如性别、年龄、籍贯、信仰、爱好、收入水平、家庭成员数、价值取向等；根据客户的消费行为分类，如客户的消费场所、消费时间、消费频率、消费金额等，通常可以从客户历史消费记录中统计得到这些数据，但这种分类方法显而易见的缺陷就是它只适用于现有的客户，对于潜在的客户，由于消费行为还没有开始，分类自然也就无从谈起。

综合以上几种客户分类方法，通常对物业项目按如下指标进行客户分类。

（1）物业类型。客户可以分为商业物业客户、办公物业客户、写字楼物业客户、住宅物业客户、工业物业客户、公建物业客户等。

（2）物业产权。客户可以分为业主、租客、其他物业使用人等。

（3）组织归属。客户可以分为企业客户、个人客户。

（4）对企业的价值贡献。客户可以分为战略客户、重要客户、普通客户。

（5）服务需求。客户可以分为服务型、意见型、费用型。服务型业主通常并不太在意价格（有时候他们甚至愿意为更好的服务支付更多的费用），但是他们非常注重服务感受，关注服务细节，对服务的瑕疵容忍度也会较低；意见型业主是喜欢表达意见的群体，往往喜欢发表对服务的看法或见解，并提出服务的要求及改进的建议，通常希望别人能认真倾听并尊重他们的看法；费用型业主通常对价格非常敏感，会关注服务感受与支付价格的关系。

物业服务项目对客户进行细分，目的是更准确地了解不同业主之间的需求，并据此制定不同的服务策略、响应对策，从而为业主提供更有针对性的服务，不断提升客户满意度。同时也使企业能集中优势资源，在某一细分市场中树立核心竞争力，进而扩大在该细分市场上的品牌及市场占有率。

2. 关键客户的识别

在与客户的关系维护中，根据“二八定律”，应当首先识别出关键的客户。这样物业服务人可以运用更少的精力与资源，获得更好的服务效果。物业服务人可以结合项目的实际，从业主拥有产权份额、业主在社区中的地位或职务、特殊需求等多个角度去识别关键客户。

【案例 14-1】某物业项目关键客户的选取标准

（1）占物业建筑总面积 5% 以上客户或单位客户代表；

（2）业主委员会委员；

（3）业主委员会筹备小组成员；

（4）非常热心参与物管服务工作，在社区中具有一定号召力的业主；

（5）对开发建设单位、物业服务人有较深成见的业主；

（6）有特殊服务需求的客户；

（7）长期病患需要医疗仪器维持生命的客户；

（8）独居的残疾和年老体弱客户。

3. 客户需求的识别

对客户需求的识别，是进行物业服务策划的基本前提。识别业主的需求，通常可以运用以下几种方法。

（1）行为访谈法。通过填写调查问卷或者面谈的方式，直接了解业主的需求。这是最为有效的方法，但在应用该方法时也会遇到一些挑战。如：业主个性化的需求太多且相互冲突，不容易平衡；业主在面谈时碍于情面或其他原因不能坦诚地表白自己的真实需求；需要花费较多的时间和精力开展调研。

（2）标杆对比法。通过对行业中的标杆企业、其他服务业（如酒店、旅行社等）标杆企业的调研、了解，学习他人在客户服务方面的最佳实践。需要注意的是，对标杆企业的一些好的做法，既要“知其然”还要“知其所以然”，切忌生搬硬套。

（3）特征分析法。首先按照不同的维度，对业主群体进行细分。然后通过头脑风暴法对不同细分业主的特征进行讨论、分析、归类，并进一步分析出他们的需求。这种方法非常适用于在项目早期介入或前期筹备阶段。

（4）业主满意分析法。通过组织和实施客户满意度评价，可以获得业主对物业服务成效的直接评价。通过对“满意因素”与“不满意因素”的分析，很容易就了解到客户在哪些方面不满意。这种方法通常适用于服务质量的改进。对识别出来的客户需求，应当作为物业服务项目、服务标准、服务流程设计的主要依据。

4. 服务项目及标准的设计

（1）确定服务的创意。通过头脑风暴会议，初步确定（个性化 / 支持性）服务的创意例如，为业主提供家庭维修服务。

（2）确定服务流程。以家庭维修服务为例：业主通过电话进行报修；呼叫中心座席人员受理后，录入 CRM 系统；物业客户服务人员接单后，通过短信或对讲机派工；技工上门提供服务；技工收取费用并请业主签字确认；客户服务人员回访后，关闭工单。

（3）确定关键场景。模拟客户的服务体验过程，确定关键接触面（或关键场景）以及细分客户的需求。例如，业主打电话报修时，希望能得到专业的回复或指引、在最短的时间内得到响应；上门提供服务时，业主希望技工能在预约的时间内准时到达、有礼貌、保持工作现场的整洁等。

（4）确定服务质量标准。将客户需求转换为相应的文件标准。通常，服务行业的质量标准分为3个层次：站在客户的角度定义服务标准（即服务应达到什么程度）；站在服务人员的角度定义服务提供标准（即如何提供服务）；站在管理者的角度定义服务检验标准（即如何检验和确认服务是达标的）。

（5）评估服务项目与标准。对已确定的服务项目与标准进行评估，主要包括以下内容。

① 该服务项目对客户是否有价值，服务标准是否已经满足或超越了客户的需求；

② 与竞争对手比较，是否有差异性；

③ 是否可以分级（以便进行产品组合和满足不同层次的客户）；

④ 企业是否有能力提供；

⑤ 提供的成本以及服务定价是否可以接受。

（6）建立示范项目并推广。运作试行，并建立示范项目，评估服务的稳定性和经济性，并推广。

5. 服务传递系统的设计

服务的设计包括服务理念的设计和服务传递系统的设计，二者密不可分。服务传递系统必须最大限度地使客户满意，同时能够有效提高运营效率、控制运营成本。服务传递系统无法简单抄袭，是服务企业的核心竞争优势。

（1）服务传递系统的构成。服务传递系统是指服务企业将服务从后台传递至前台并提供给客户的综合系统，其内涵是服务企业的运作和管理过程。服务传递系统通常由硬件要素和软件要素两部分构成。硬件要素通常是有形的，包括服务空间的布局、环境、服务的设施设备、专业工具等；软件要素通常是无形的，包括服务流程、员工培训、服务过程中员工的职责、授权等。

（2）服务传递系统的设计方法。设计服务传递系统的基本方法主要有以下3种。

① 工业化方法。这种方法一般应用在技术相对密集、标准化程度高、大规模的服务性行业，如餐饮、零售业、银行、酒店、航空等。运用这种方法需要考虑的主要问题是：建立明确的劳动分工，使服务人员的行为规范化、服务程序标准化；尽量运用新技术、新设备来取代个人劳动。

② 客户化方法。这种方法需要充分考虑客户的个性化需求，使系统为客户提供一种非标准化的、差异化的服务。一般来说，客户在其中的参与程度较高，所需使用的服务技术也较复杂、不规范。采用客户化方法需要考虑的主要问题是：把握客户的需求偏好和心理特点；引导客户在服务过程中的参与；给予现场

服务人员足够的授权以应对各种可能出现的问题。

③ 技术核分离方法。对于某些服务行业来说，可以将其服务传递系统分为高接触部分和低接触部分，即前台服务和后台服务。在低接触区域，例如设备房、电梯机房、地下室等部位，由于业主很少会到达这些地方，可以借鉴制造业的生产模式来设计工作流程，通过运用科技设备、流水作业的方式提高工作效率。而在高接触区域，例如大堂、客户服务中心、会所等，应在环境的布置、设施的配备、接待人员的形象等方面充分考虑客户的喜好和要求，提供个性化的服务。甚至有时候为了提升客户体验，适当地让客户参与。这种方法需要考虑的主要问题是：前台运作和后台运作之间的衔接；与客户接触程度的区分和两种方法的结合使用；新技术的利用及其导致的前后台区分的变化。

（3）设计服务传递系统的基本步骤

① 确认服务过程，确定服务的输入、流程与产出。

② 描绘服务蓝图，划分步骤。

③ 识别容易失误的环节。找出服务过程中可能由于人员、设备以及其他原因容易出现失误的环节，以便进行监测、控制和修正。

④ 建立时间标准。依据客户所能接受的标准确定每个环节的时间标准。

⑤ 分析成本收益。对每一环节以及整个服务系统的成本与收益进行分析，并加以改进，以提高效率。

14.2 物业项目客户沟通

14.2.1 客户沟通的含义和方法

1. 客户沟通的含义

沟通是两个或两个以上的人之间交流信息、观点和理解的过程。良好的沟通可以使沟通双方充分理解、弥合分歧、化解矛盾。沟通的形式有语言交流、书面交流和其他形式交流（如网络等）。沟通的方法包括倾听、交谈、写作、阅读和非语言表达（如表情、姿态）。

在物业管理活动中，沟通是一种常见的服务行为，也是物业客户服务的重要组成部分。科学掌握沟通的方式、方法，对提高物业管理服务品质，顺利完成物业管理服务，满足业主或物业使用人的需求有着积极和重要的作用。

2. 客户沟通的方法

在物业管理活动中，物业服务人及员工与客户的沟通随时随地都有可能发生。沟通的内容、形式和方法是复杂多变的，沟通并无固定模式。一般而言有以下几种方法。

（1）耐心倾听。物业管理服务人员应该以极大的耐心倾听客户倾诉，让其充分表达甚至宣泄。

（2）礼貌提问。在客户表达混乱或语无伦次时，要有礼貌地截住客户谈话，弄清主题和要求，也可以重新组织谈话或转换话题。

（3）表示同情。无论客户所谈话题与物业管理服务是否相关，是否合理，应表示同情但不能轻易表示认同，要审慎对待，不可受到客户的情绪影响。

（4）解决问题。客户所提问题或投诉，要引起重视，尽快处理。

（5）跟踪反馈。物业服务人员要全程跟踪处理过程，尤其要注意解决问题的方式、方法。要有一个积极的结尾，对于无法解决的问题，要有充分合理的解释。

14.2.2 不同类型客户的沟通方法

1. 与开发建设单位沟通的方法

（1）在工程维保期内，物业服务人应定期（如每月）就业主对房屋质量、售后服务等的意见和建议，工程维保进度、施工维保单位存在的问题等事项，与开发建设单位沟通，并提交书面的报告。

（2）物业服务人应按时参加开发建设单位组织的施工、监理等各相关单位的协调会，提出发现的问题并寻求开发建设单位的支持，对物业保修期内施工单位的保修质量进行监督。

（3）物业服务人每月应将与开发建设单位有关的费用，如公共能耗、工程维保费、空置物业费、委托施工费用等，进行整理，并以书面形式提交开发建设单位，督促其及时支付。

（4）条件具备时，物业服务人应当根据物业管理条例的规定，积极协助开发建设单位召开第一次业主大会。

2. 与业主委员会沟通的方法

（1）定期沟通。物业服务人应通过工作例会、管理工作报告等形式，定期（如每月）与业主委员会的成员进行沟通。沟通的内容包括：物业管理方案的修订及实施情况；物业服务人工作计划、工作目标的实现情况；通报小区内业主投诉、报修、咨询等的处理情况；通报社区文化活动开展的情况；通报小区内突发事件及处理结果；申报需动用专项维修资金的项目；需要业主委员会决策或协助的其他事项。

（2）建立突发事件报告制度。在遇到紧急突发事件时，物业服务人应及时知会业主委员会；事件处理完毕后，向业主委员会提交详细的处理报告。如造成损失或不良影响的，物业服务人还应当向全体业主发布公告。

（3）建立财务报告制度。物业服务人应定期向业主大会、业主委员会提交财务报告。财务报告应当真实、准确地反映物业服务人的收费项目、收费标准、履行情况，以及维修资金使用情况。对实行酬金制的物业项目，物业服务人应于每年年末向业主委员会提交下一年度的工作计划及财务预算，待业主大会审议通过后方可执行。

（4）协助业主委员会改选。在业主委员会成立或换届改选时，物业服务人应在遵守相关法律法规的前提下，积极协助各方主体开展筹备工作。并在业主委员会成立后，积极协助其做好业主大会召开的后勤准备工作。

（5）物业服务期届满前，物业服务人应主动与业主委员会就合同续签事宜进行沟通，听取业主委员会的意见，并制订专项工作计划以推进合同的签订。

3. 与关键客户沟通的方法

（1）客户背景资料分析。在与关键客户沟通前，物业服务人应尽可能多地收集、分析关键客户的背景资料，如年龄、学历、工作单位、工作履历、家庭成员、家庭背景、爱好、特长、作息时间、家庭困难等，做到“知己知彼”。同时根据客户的个人特点及需求确定与之沟通及维护关系的合适方式。

（2）日常沟通。物业管理经理应定期保持与关键客户的沟通，就近期的主要工作及成果向其介绍，并听取其对管理服务工作的意见和反馈。为关键客户提供一些辅助性服务，例如将公司刊物、物业管理简讯等定期邮寄给客户以示尊重。遇到重大节日或关键客户生日时，物业服务人可以派人上门道贺、赠送贺卡等。在组织社区文化活动时，物业服务人应主动邀请关键客户参与。

（3）意见处理。对关键客户提出的意见或建议，在不违反法律法规的前提下尽可能采纳其意见或满足其要求，如确实无法实现的应当及时给予回复并表示歉意。在与关键客户沟通时如出现分歧，应在掌握其真实想法和动机的前提下坦诚沟通，争取其理解和支持。如分歧无法消除，可以向关键客户的家庭成员或工作单位寻求协助。

（4）特殊服务。对有特殊需求的关键客户，物业服务人应当建立专门的台账并培训相关员工，以便在紧急情况下能够从容应对。例如，对长期病患需要医疗器械维持生命的客户，如遇设备检修导致停水停电的情况，物业服务人应提前派专人上门通知，以便客户做好应对。一旦发生意外停电，物业服务人应立即派人上门查看病人情况，并采取必要措施确保病人的维生设备正常运行。对一些独居的孤寡老人或残障人士，物业服务人应当在其生活起居、出行等方面给予亲切、细致的人性化关注。

14.2.3 客户沟通的注意事项

（1）物业服务人可以采用多元化的方式，例如工作例会、座谈会、工作联系函、电话、邮件、面谈等，与客户保持良好的沟通。

（2）与业主委员会、开发建设单位召开工作例会的，应当形成会议纪要。会议纪要由主持人签发后，分发给与会人员及相关部门。同时，物业服务人应当对会议形成决议的落实情况定期进行跟踪和督办。

（3）对重大事项，物业服务人与开发建设单位、业主委员会之间的沟通尽量使用书面形式，同时对书面的函件、报告等应当及时归档。

（4）物业服务人应当建立收发文制度。对业主委员会、开发建设单位的来函，应当在对方指定的时间内及时回函给予答复，切勿拖延。对于超越物业服务人权限的重大事项，应当及时向上级汇报。物业服务人向上述单位发函的，应当要求收文人签字，并在发文后定期跟踪。

（5）对开发建设单位或业主委员会提出的要求和建议，物业服务人应当高度重视并认真研究。对属于责任范围内的事项，物业服务人应组织制定改进措施、改进计划，并给予对方明确的回复；对不属于责任范围内的事项或暂时无法改变的质量缺陷，物业服务人应耐心做好解释，争取业主委员会的理解；对与政策、法规相抵触的要求和建议，物业服务人应礼貌拒绝，并提供相关法规依据给对方参考。

14.3 物业项目客户投诉管理

14.3.1 客户投诉的含义和类型

客户投诉（也称为客户抱怨），是指客户对企业产品质量或服务的不满意，而提出的书面或口头上的异议、抗议、索赔和要求解决问题等行为。对客户来说，投诉是保护其自身利益的有效手段；对企业而言，客户投诉管理是客户服务中一项不可或缺的内容。

在物业管理活动中，引起投诉的原因很多，主要包括以下几种情况。

（1）对设施设备的投诉。主要指集中在对照明、供水、供电、空调、供暖、电梯、安防等设施设备使用、维修、保养情况的投诉。

（2）对服务态度的投诉。主要指针对物业管理服务人员的服务态度、服务礼仪及专业水平等方面的投诉，如不负责的答复、冷漠的表情、消极的接待方式等。

（3）对服务质量的投诉。如报修应答时间、维修质量、服务标准等。

（4）对突发事件的投诉。因停电、停水等突发事件给客户带来生活、工作上的不便而引发的投诉。

14.3.2 客户投诉管理体系

1. 客户投诉管理的目的

物业服务人对客户投诉进行及时、有效的管理，可以达到以下目的。

（1）提高企业美誉度。客户发生投诉后（尤其是公开行为），企业的知名度往往会随着事件的曝光而增加。如果企业以消极的态度应对，听之任之或予以隐瞒，与公众不合作，企业的美誉度会随着知名度的扩大而下降。相反，在积极的处理和引导下，企业美誉度往往在经过一段时间下降后反而能迅速提高。

（2）提高客户忠诚度。据美国著名的消费者调查公司 TRAP 的研究发现，提出投诉的客户，若问题获得了圆满解决，其忠诚度会比那些从来没遇到问题的客户更高。因此，客户的投诉并不可怕，可怕的是不能有效地化解投诉，最终导致客户的离去。

（3）改进服务。客户发生投诉，意味着企业提供的服务没能达到客户的期望和满足客户的需求，但从积极的一面思考，也表示客户仍对企业具有期待，希望能改善服务水平。因此，从后一角度来看，客户的投诉实际上是企业改进工作、提高客户满意度的机会。

2. 客户投诉管理体系的内容

为了确保客户投诉得到高效率的处理，物业服务人应当建立和完善投诉管理体系。通常，包括管理系统、处理系统、反馈系统和评审系统 4 个部分。具体而言，投诉管理体系至少应当包括以下内容：

（1）制定投诉处理的原则、方针、目标。

（2）明确投诉处理的最高管理者、管理者代表、投诉处理部门、相关人员等，以及在处理投诉过程中各自的职责、授权、汇报程序。

（3）建立投诉的渠道。

（4）明确投诉处理的基本流程，以及投诉处理的标准、时限要求等。

（5）明确对投诉处理的监控、考核要求。

（6）投诉处理过程的管理评审及持续改进情况。

3. 客户投诉管理体系的基本要求

（1）可见性。物业服务人应当建立多元化的投诉渠道，例如上门、电话、邮件、业主意见箱等，同时应当将投诉的受理部门、联系方式、投诉受理、处理及回复的时间等公之于众，方便业主获取。

（2）可达性。已建立的投诉渠道必须保持畅通和有效。例如，投诉电话随时有人接听，业主上门投诉时有专人负责接待和跟进，邮件有专人回复等。同时，还要考虑投诉渠道能够满足所有投诉人的需要，例如残疾人、儿童、老人、外国人等有特殊需要的人群。

（3）以客户为中心。企业应当最大化地满足客户的合理需要。然而有些企业在处理投诉的过程中往往过多考虑自身利益，而忽略客户的感受。例如，受理业主投诉的时间与业主的上下班时间冲突，业主回到家希望投诉时，物业服务人却下班了；业主希望得到书面回复，企业却只能提供口头回复等。

（4）持续改进。包括两个方面的内容，一是利用投诉发现的问题持续改进服务；二是对投诉处理流程本身不断改进。

（5）责任制。无论是制造问题导致业主投诉的人员，还是投诉处理不当导致投诉升级的人员，都应当追溯和承担责任。

（6）保密性。在事情没有解决之前不要公开被投诉者和投诉人身份，以免影响调查的公正性。

（7）响应度。在收到业主的投诉后，应当快速做出响应。

（8）客观性。对投诉的调查和处理，必须保持客观、公正。

4. 客户投诉处理流程

（1）接受投诉。对客户的投诉进行详细的记录，同时应当向客户表达歉意。

（2）确认投诉。进一步了解客户的真实动机、对处理结果的要求等。注意区分业主是真的对服务有意见，还是恶意泄私愤。这两者有本质的不同，投诉者希望有一个回应和解决办法，而恶意泄私愤者则不同。

（3）调查评估。对投诉进行实质性的调查，了解事情的原委。对投诉可能产生的影响（严重性）进行评估，以决定采取什么样的措施。

（4）制订方案。与相关部门或人员协商制定服务补救的方案。

（5）回复客户。将服务补救方案回复客户，并征询其意见。如客户感觉满意则按照既定方案采取行动；如客户感觉不满意，应向客户解释处理方式和另外可供选择的方案。

（6）回访客户。在服务补救完成后，再次回访客户。

（7）投诉总结。在投诉关闭后，应当对客户投诉处理过程加以整理并存档。并定期将客户投诉的案例进行归纳和总结，以便用于员工培训及持续改进。

5. 客户投诉管理的注意事项

（1）鼓励客户投诉。物业服务人应当面向客户，建立一个公开、有效的投诉管理机制，积极鼓励客户投诉。通过快速、有效地处理客户投诉，提高物业管理服务质量，提升企业信誉。

（2）正确处理无效投诉。客户服务过程中，总有一些投诉难以处理，例如客户无理取闹的投诉、非物业服务人责任而导致的投诉等。物业服务人应对投诉处理的责任部门、流程、要求、时限等进行明确规定，当责任部门难以处理时不可以擅自关闭投诉，而应当逐级向上报告，直至投诉管理体系的最高管理者。

（3）快速响应。投诉一旦发生，企业对投诉的响应速度至关重要。物业服务人应当明确规定客户投诉处理的时限，一旦在规定的时间内投诉得不到有效处理，就应当升级到更高一级去处理。

（4）服务补救。一方面，物业服务人要尽量减少服务失误的发生；另一方面，要提前制订服务补救计划，以便在发生服务失误时弥补客户的服务感受。

14.4 物业项目客户满意度管理

14.4.1 客户满意的含义

客户满意，是指客户期望与客户实际服务感受的比较。简单来说，如果客户的感受满足了他的期望，即“期望确认”，客户就会满意；如果感受与期望不相等，即“期望不确认”。期望不确认又分为两种情况，如果实际感受低于期望，即“负面不确认”，客户就会不满意；如果实际感受高于期望，即“正面不确认”，客户就会惊喜。需要注意的是，客户期望往往不是一个点，而是一个区间，如图 14-1 所示。

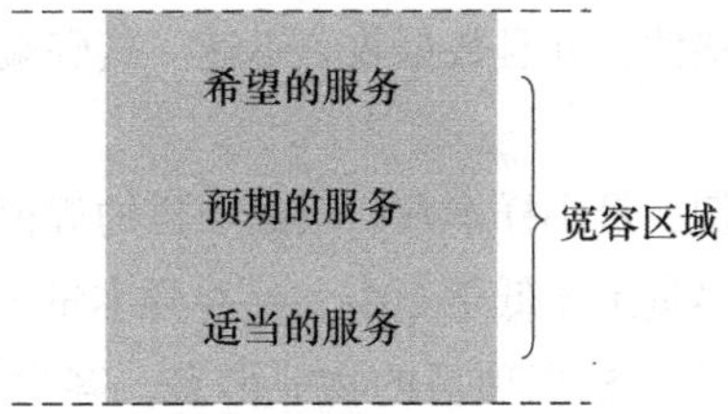

图 14-1 客户期望区间

希望的服务，是理想的期望值，它反映了客户实际最想要的服务水平。适当的服务，是最小的期望值，它反映了客户愿意接受的服务水平。由于服务的异质性，消费者也知道在不同的时间、地点接受的服务是不会完全相同的，甚至同一个服务人员在不同时间提供的服务也可能会不同。这就使得客户形成了一个宽容区域，它反映了希望的服务与适当的服务之间的差异。

在物业管理活动中，影响客户满意程度的因素主要有 3 个。一是客户对服务质量的感知，即客户在日常生活、工作中感受到的服务水平；二是客户对服务的期望，需要注意的是，人们对服务的需求是不断变化和增长的；三是客户对价值的感知，即客户付出的总成本（包括管理服务费价格、时间、精力、情感等）与其享受到的总收益的比较。

14.4.2 客户满意度评价

客户满意度评价，就是将预期服务与实际服务感受进行比较而得到的结果。客户满意度评价可以分为直接评价和间接评价。直接评价即客户满意度测量，是指依据相应的客户满意度模型来设计测量问卷，并对问卷的结果进行定性和定量分析的一种方法。间接评价包括对客户投诉的分析、对客户流失的分析、对销售业绩的分析及神秘客户调查等。

目前物业服务人都开始重视客户满意度测量，并且越来越多的物业服务人会采取聘请第三方专业机构评价的方式。客户满意度测量主要包括以下内容。

1. 确定测量的时间、范围

客户满意度测量的时间、范围具体包括开始时间、结束时间、需要测量的区域、需要参加测量的物业项目。

2. 确定测量的方式

常用的测量方式包括访谈答卷、自主答卷、网络答卷 3 种。

（1）访谈答卷。由调查员上门与客户面谈，并按照既定的问卷内容向客户提问。其好处是：可以深入了解客户的想法及意见，获得额外的信息。其弊端是：客户可能带个人成见而影响问卷结果；调查时间长。

（2）自主答卷。由客户自行填写问卷。其好处是：方便答卷者，并且可以获得相对真实完整的答案。其弊端是：较难征询额外的信息，有时候答卷者不能完全理解所提出问题而出现答题偏差。

（3）网络答卷。与自主答卷的区别是通过网络进行提交。其好处是：可以减少误差并提高数据的完整性，并且数据收集迅速。其弊端是：回收率会较低。

3. 确定测量的样本

（1）确定抽样的比例、最小样本数。根据项目的规模及客户的数量来确定抽样比例。一般抽样比例尽量不要低于20%，绝对样本量不要低于20个。

（2）确定抽样的要求。根据项目的物业形态、客户类型，来确定抽样的要求，尽量保证样本是平均分布的且代表不同类型的客户。

4. 设计、制作测量问卷

（1）内容结构。一般问卷会包括测量说明、前言、客户基本信息（地址、姓名、电话）、定量问题、定性问题、结束语等。

（2）问题设计。包括封闭式问题、开放式问题。设计开放式的问题，是为了让客户能够更加客观地表达对服务的意见。

（3）分配权重。确定不同驱动因素之间的权重关系。

（4）评价等级。常见的有五级、七级、十级评价法。

5. 组建调查团队

对调查员进行必要的培训。调查员应当保持充分的独立性，不得与被调查的物业服务人有利害关系。

6. 发放、回收测量问卷

（1）严格按照既定的样本清单发放问卷，无特殊情况不得轻易更换既定的样本地址。不得使用物业服务人推荐的样本。

（2）调查问卷应由调查员亲自上门发放及回收（或采用邮寄的方式），不得由物业服务人员工上门去发放和回收问卷。

（3）在调查过程中，调查员不得将抽样样本透露给物业服务人。在上门访问时不应有物业服务人的人员陪同。

（4）调查问卷不得放置于物业服务人。调查问卷应有客户的签名及联系电话。问卷出现损坏、人为涂改或客户答题数量不足等，均应视为无效。

7. 汇总统计测量结果

对测量的结果进行汇总统计。

8. 分析和改进

对满意驱动因素、不满意驱动因素进行分析。分析不满意驱动因素的产生原因，制订改进对策。通过开放性问题所获取的客户对服务的意见，可以作为物业项目服务改进的依据。

14.4.3 客户满意度管理的注意事项

（1）客户满意是相对的。客户满意经营是企业应当遵循的基本理念，但客户满意是相对的。不管企业如何努力，要实现百分百的客户满意是不可能的。另外，提升客户满意度是需要成本的，客户满意度达到多少才是合适的，这需要企业综合考虑竞争对手的客户满意度、提高客户满意度的投资与提高市场份额的收益之间关系、上述投资的机会成本等因素。

（2）不同企业之间的客户满意度测量数据难以比较。一些物业服务人喜欢用自己的客户满意度数据与其他同行的数据进行比较，并据此得出优劣的结论，这是不科学的。由于不同企业所采用的客户满意度模型、测量方式、评价方法、评价问题等有很大的不同，因此最终的客户满意度结果往往是无法进行比较的。客户满意与否，更多是取决于客户的期望与客户实际感受的比较。而客户期望，又受到过往消费经历、自身专业知识、企业服务承诺、企业服务口碑等诸多因素的影响。

（3）客户满意度并不等同于服务质量。物业管理服务是一项综合性服务，它包括了对人的服务及对物业的管理。由于缺乏专业知识或者是无法感知后台工作情况，客户对物业服务人的满意度评价通常只限于其能够感受到的服务。对服务质量的评价，还需要其他方面的数据或事实补充。

（4）注意区别满意率和满意度。在实际工作中，很多企业会混淆满意率与满意度的概念。

【案例 14-2】对某两个住宅小区进行满意率和满意度的对比

对某两个住宅小区进行客户满意度测量。客户满意程度由一组陈述组成，每一陈述有“非常满意”“满意”“基本满意”“不满意”“很不满意”5 种回答，分别记为 5、4、3、2、1。

满意率是指接受调查的人口中，对服务表示“满意”的人所占的比例。需要注意的是，对选取“基本满意”“满意”“非常满意”项的，都视为“满意”。计算公式为：

满意率＝∑（选择“非常满意”“满意”“基本满意”的抽样户数）/ 抽样总户数

而满意度是接受调查人口对服务满足其需求和期望程度的主观感受，常用具体分值来表示。计算公式为：

满意度指数＝∑（各分值 × 各分值对应抽样户数）/ 抽样总户数

两小区满意率和满意度测量对比见表 14-1。可以看出，A 小区与 B 小区的满意率都是 90%，但满意度指数却不相同。

某两个住宅小区进行满意率和满意度测量的对比　　表 14-1

项目	非常满意	满意	基本满意	不满意	很不满意	满意率	满意度
分值	5	4	3	2	1		
A 小区	20 户	40 户	30 户	7 户	3 户	90%	3.67
B 小区	40 户	30 户	20 户	7 户	3 户	90%	3.97

14.5 物业项目公共关系管理

物业管理是一个综合性较强的行业。在管理服务过程中，物业服务人常常会涉及与多个外部组织（或部门）打交道。建立良好的外部公共关系，是保证物业良性运作的基本前提。

14.5.1 建立公共关系的主体

物业管理活动中，通常涉及的公共关系有如下几类：政府主管部门、社会服务机构、开发建设单位、施工及监理单位、新闻媒体等。

【案例 14-3】

××物业服务公司公共关系维护一览表见表14-2。

××物业服务公司公共关系维护一览表　　　　表14-2

关系类型	公共关系单位	维护关系的主要目的	建立关系时间
政府主管部门	区物业管理科	客户投诉、信访／社区创优	正常管理阶段
	街道办事处	指导及协助物业服务人工作	正常管理阶段
	社区工作站	小区日常事务处理	正常管理阶段
	城管办执法大队	违章建筑的管理和拆除／社区乱摆卖的清理	集中装修阶段
	派出所	社区公共秩序管理的业务指导／突发事件的出警处理／社区重大活动（如召开业主大会、业委会选举等）的秩序维护	正常管理阶段
	交通管理局车场管理科	社区内外违章泊车、交通事故的协助处理／停车场的改建申报	入住之日前
	消防管理局防火科	装修消防报建／消防检查	集中装修阶段
	工商管理局	物业服务公司营业执照办理	物业公司成立时
	人防办	人防工程检查／人防工程的使用（如租赁）	正常管理阶段
	社区居委会	邻里关系协调／社区活动协助／计划生育、征兵等宣传	正常管理阶段
社会服务机构	自来水公司	与建设单位的过户／商业、住宅用水比例指标／抄表到户事宜／总表抄表	承接查验时
	电力公司	与建设单位的过户／商业、住宅用电比例指标／总表抄表	承接查验时
	供热公司	供热费用结算	入住之日前
	电话公司	电话申请／入住现场服务	入住之日前
	电信公司	宽带申请／信号增大器布局设计与安装	入住之日前
	燃气公司	管道改动申请／燃气开通申请	入住之日前

续表

关系类型	公共关系单位	维护关系的主要目的	建立关系时间
开发建设单位	高层领导	日常物业管理事宜的沟通	筹备运作阶段
	工程管理部门	工程维保协议的签订／配套工程的完善／工程遗留问题的处理	筹备运作阶段
	销售管理部门	业主销售合同及资料的取得／销售中心管理合同及费用支付	筹备运作阶段
	客户服务部门	服务品质的检查／客户投诉的受理／物业用房的确定／入住流程的设计	筹备运作阶段
	财务管理部门	空置物业费／前期介入费／补亏款／其他费用等的结算	筹备运作阶段
	公共关系单位	维护关系的主要目的	建立关系时间
施工及监理单位	总包方	三方维保协议／易损件备料	承接查验之前
	工程监理	工程遗留问题的整改协调／工程尾款的支付	承接查验之前
	土建主体／内部装饰施工单位	土建遗留问题的整改	承接查验之前
	门窗安装单位	门窗遗留问题的整改	承接查验之前
	弱电施工单位	智能化工程的安装调试／使用培训／遗留问题的整改	承接查验之前
	水电安装单位	设备安装调试／使用培训／遗留问题的整改	承接查验之前
	园林景观施工单位	维保期的养护／遗留问题的整改	承接查验之前
	消防施工单位	设备的安装调试／使用培训／消防遗留问题的整改	承接查验之前
	电梯安装单位	维保期的应急／电梯调试／遗留问题的整改	承接查验之前
新闻媒体	××晚报社	对企业重大服务活动、社区文化活动及时进行报道／在客户重大投诉或群体事件时消除不良影响，避免不切实际的报道／树立物业服务正常管理阶段	正常管理阶段
	××电视台第一现场频道		正常管理阶段
	××物业管理杂志社		正常管理阶段
	××房地产业主论坛		正常管理阶段

14.5.2 建立公共关系的工作方法

（1）机构成立、撤销的告知。物业服务人正式成立、撤销时，应主动发函告知相关单位（主要是物业主管部门、街道办事处、建设单位等）。

（2）人事更替的告知。物业服务人发生人事更替时，原关系单位的对口联系人应当带领继任者登门拜访，主动向客户介绍；物业服务公司经理发生更替时，应由物业企业向相关单位发函告知；专业主管发生更替时，应由物业服务人向相关单位发函告知。

（3）日常工作例会。物业服务人应积极主动地参加建设单位的客户服务例会、工程例会、沟通协调会、专题会议等，通过日常的工作例会展示良好的专业形象。

（4）日常工作函件，重大事件报告。日常工作以函件形式通报相关单位。当社区发生重大客户投诉、紧急突发事件、重大服务责任事故时，物业服务人应在第一时间向政府主管部门、开发建设单位报告，听取其建议或意见，并在事件处理完毕后，向其提交正式的书面报告。

（5）节假日拜访与社区活动策划。物业服务人应在节假日拜访重点的业主，在策划重要的社区文化活动时，要充分地利用公共关系资源，并邀请相关单位出席。例如邀请消防管理部门参与指导消防演练、社区消防常识宣传等。

14.5.3 物业项目公共关系管理的注意事项

（1）循序渐进。不同组织之间的良好合作关系，是在彼此长期的交往过程中逐步建立的。因此，物业服务人应按照"循序渐进"的原则与相关单位建立沟通及合作关系；物业服务人应充分利用日常的工作例会、组织社区文化活动以及各种节假日等机会，主动与相关单位保持定期的沟通，切忌急功近利或在有事情的时候才登门拜访。

（2）主动协助。物业服务人应经常收集相关单位的新政策或新闻，了解该单位正在开展的主要工作，了解对方可能的需求，并在允许的情况下整合现有资源主动协助对方；相关单位来社区开展工作时，物业服务人应礼貌接待，积极主动地配合对方处理相关事宜。

（3）职责明确。物业服务人成立之初，就应当建立《公共关系清单》，并在日常工作中不断完善和更新清单内容。物业服务人内部应明确分工，针对不同的关系单位指定对口联系人，并保证联系人的相对稳定。

【案例 14-4】业主养鸽扰民事件

2003 年 3 月，平日酷爱养鸽的 × 小区 F502 业主王先生在自家客厅和阳台搭建起鸽舍，饲养信鸽达 60 多只。鸽子发出的鸣叫声和排泄的粪便味道严重影响了 F602 及周围住户的正常生活。对此，临近的住户对王先生在住宅小区内的养鸽行为表示了强烈的愤慨和谴责。但是，王先生每日仍然将鸽子定期放飞，毫无顾忌邻近住户的感受，邻近住户都义愤填膺。

第一阶段

接到反映后，管理处客户助理与王先生进行了多次沟通，未果。鉴于此，客户助理召集了 F 座多位住户（包括养鸽户王先生）进行了协调沟通，并达成了口头协议。

（1）王先生承诺加强鸽笼的清洁，注意卫生，尽量不产生臭味，每天对鸽笼进行消毒，在阳台上加强消毒，减轻异味对邻居的影响。

（2）于 5 月 15 日将放在阳台的鸽棚拆除。

（3）逐步减少鸽子数量，限定鸽子放飞次数：周一至五每天下午5：00放飞一次，周六、日每天早上9：00和下午5：00各放飞一次。

（4）向与会业主公布自己的手机号，如业主对其养鸽子有意见，可以直接联系其本人协商解决。

第二阶段

事隔多日后，王先生并未履行会议承诺，对鸽棚的整改进度迟缓，此举再次引起F602住户的不满。于是，管理处咨询有关法律人士，并将此事向城管行政执法大队做了反映。在对该户下发了书面《整改通知书》后，城管行政执法大队工作人员上门责令王先生立即整改。然而，王先生也不甘示弱，以所谓“无禁止相关行为的法规”为由，将执法大队驳斥而回。考虑到管理处“无行政执法权”的情况下，物业管理处再一次恳请执法大队上门执法，但执法大队以无法可依为由拒不查办。

第三阶段

6月3日，客户助理会同客户主管、业委会主任、居委会工作人员将该情况反映至市政府信访办。信访办建议管理处在不违法的前提下强制执行；6月6日，该小组再一次以“改变房屋使用功能”为由，将此事反映到区国土局；6月13日，管理处工作人员再次上门与F502住户进行沟通，并下发了限期整改通知书，F502住户表示尽快想办法将鸽子移至小区外饲养，在尚未移走期间暂不放飞鸽子；6月18日，管理处又向F502业主王先生递交了×小区全体业主签名的联名投诉信及《整改通知书》，客户助理也与F502业主王先生进行了长时间的交涉和规劝。

处理结果

6月23日，王先生向管理处明确表示，他将尽量寻找合适的鸽舍，7月1日前迁移所有鸽子；6月27日，客户助理再次跟王先生沟通，竭力规劝王先生迁移鸽子；6月28日，王先生将所有鸽子迁移花城，并表示以后将不在小区内养鸽。

经验教训

作为居民的一种个人行为，在社区内的养鸽、养犬人群越来越多，相关法律、法规的健全和完善也备受人们的关注。

（1）业主的心态。从相邻权的角度来分析，王先生的养鸽行为属一种侵权行为，但这种潜意识侵权行为被养鸽者嗤之以鼻时，作为受害者，或是甘愿忍受其害，或是用法律武器维护自己的权益，前者居多，后者是迫不得已。

（2）明确角色，全程沟通。在住宅小区，面对社区矛盾和邻里纠纷，管理处只能扮演协调者的角色，严格履行职责，以真诚、耐心、不厌其烦、合法、合情、合理地引导、规劝和教育的方式力求解决问题。

（3）群众的力量是无穷的。在处理类似问题时，应维护大多数业主的权益，赢得大多数业主的理解、支持和帮助，也是解决此类问题的有效办法。

（4）建立良好的公共关系。首先，与业委会间的关系处理。业主委员会是为小区业主争取民主权利的执行机构，也是小区物业管理工作的监督机构，定期的会议沟通和不定期的专项事务沟通是小区业委会和管理公司信息传递的重要形式；小区网络平台和现场互动沟通活动（每季度的真诚面对面活动），连接小区被服务者（业主和住户）和服务者（物业公司）思想和信息的桥梁；对待小区业主和住户的意见和建议，真诚、及时、理智和规范的服务，是保证小区物业服务质量的标准。其次，与政府部门间的关系处理。物业服务人对业主没有处罚权和强制措施权，牵涉到社区矛盾或业主不文明行为时，应适时联系政府部门介入，有助于问题的解决。

（5）积极推动政府立法。在处理业主养狗、养鸽问题的过程中，管理处、业委会、居委会多次反映至政府部门，一方面寻求解决之道，另一方面共同探讨现行法规的缺陷，对城市环境卫生管理条例的修改和限制养犬规定的出台起到了一定的促进作用。

【本章小结】

业主及物业使用人是物业管理活动中最重要的客户，他们是物业管理服务的直接消费者，与物业管理活动联系最为紧密，关系最为重要。

物业服务人通过客户沟通、投诉处理和满意度调查等手段，不断改进工作，提升为业主和物业服务人服务的水平，并获取更大经济效益的行为。客户服务的内容一般包括客户沟通管理、客户投诉管理和客户满意度管理等。

在物业管理活动中，科学掌握沟通的方式、方法，对提高物业管理服务品质，顺利完成物业管理活动，满足业主（或物业使用人）的需求有着积极和重要的作用。应特别注意从业主拥有产权份额、业主在社区中的地位或职务、特殊需求等多个角度去识别关键客户。

投诉管理是物业管理活动中不可或缺的内容。物业服务人对客户投诉进行及时、有效的管理，可以提高企业美誉度、提高客户忠诚度和及时发现改进服务质量的方向。

客户满意是客户期望与客户实际服务感受的比较。在物业管理活动中，影响业主满意程度的因素主要包括业主对服务质量的感知、业主对服务的期望和业主对价值的感知 3 个方面。

物业项目运营是一项综合性较强的工作，物业服务人在工作过程中，常常会涉及与多个外部组织（或部门）打交道。建立良好的外部公共关系，是保证物业良性运作的基本前提。物业项目运营中，通常涉及的公共关系有如下几类：政府主管部门、社会服务机构、开发建设单位、施工及监理单位、新闻媒体等。

【延伸阅读】

1. 借助网络，检索物业项目中客户满意度调查的相关资料。
2. 孙玉环. 神秘顾客检测导论［M］. 大连：东北财经大学出版社，2009.

课后练习

一、选择题（扫下方二维码自测）

二、案例分析选择题（每小题的多个备选答案中，至少有1个是正确的）

【案例 14–5】业主李先生来到某物业管理服务中心，想咨询有关物业管理服务费构成和支出方面的问题，接待员小赵告诉李先生："我不明白，等我们领导来了再说。"此时，管理服务中心门外又来了一位先生，小赵对第二位先生说了句："等等，我们现在正在接待其他业主。"

1. 以下关于与客户沟通时的注意事项正确的是（　　）。

A. 创造良好的沟通环境

B. 沟通时态度诚恳，神情专注，不做与沟通无关的事

C. 对职权范围内可以决定的事项立即予以答复，对较复杂或不能立即决定的问题不要做任何解释

D. 沟通服务行为要适度，避免影响沟通气氛

E. 沟通的对象、目的、内容和地点可能有所不同，但所采取的沟通方法应该是相同的

F. 与人为善，对客户所提问题要求，不宜指责、否定和驳斥

2. 以下关于接待员小赵的接待行为的判断正确的是（　　）。

A. 小赵对第一位先生的回答是得当的

B. 小赵对第一位先生的回答过于简单，显得不负责任，应注意客户接待基本的礼仪

C. 小赵对第二位先生的回答不够礼貌，要让客户在到达管理服务中心的第一时间受到关注

D. 在这种情况下，小赵应立即判断两项工作中是否有一项可在非常短时间内完成，如果可以，则让另一位来访者稍等，先处理简单事务

E. 如果发现两项事务都无法很快处理完，则应立即请求其他人员的支援，协助接待工作

三、案例分析论述题

【案例 14–6】某住宅物业项目入住已 2 年，业主投诉该项目存在以下问题：

（1）部分楼层的防烟防火门经常处于开启状态；

（2）部分业主的屋面出现渗、漏水；

（3）小区周边治安环境恶劣。

1. 简述处理业主投诉的一般程序。

2. 提出解决以上3个问题的措施。

四、课程实践

选择你熟悉的物业项目，对其公共关系主体进行分析，并拟定该项目公共关系管理的策划方案。

15 物业项目行政管理

知识要点

1. 物业项目档案管理的含义；
2. 物业管理档案收集、整理、分类的方法和手段，档案安全管理；
3. 应用文书的类型、格式和写作要领；
4. 物业管理融入社区治理的主要措施；物业服务人在社区文化建设中的作用。

能力要点

1. 能够对项目档案进行管理；
2. 能够进行应用性文书的写作；
3. 能够组织、监督、指导社区服务工作；对社区服务和社区文化建设进行创新。

物业项目行政管理工作，是项目运营的基础性工作。本章主要介绍物业项目档案管理、应用文书管理和社区服务的基本内容和工作要求等。

15.1 物业项目档案管理

物业项目档案管理是指物业服务人在物业管理活动中，对物业原始记录文件进行收集、整理、鉴定、保管、统计和使用，为物业项目运营提供客观依据和参考资料。

15.1.1 物业项目档案的含义与分类

1. 物业项目档案的含义

档案是国家机构、社会组织或个人在社会活动中直接形成的有价值的各种形式的历史记录。档案是社会组织或个人在以往的社会实践活动中直接形成的具有清晰、确定的原始记录作用的固化信息。简单来说，档案是清晰、确定的原始性记录信息。

物业项目档案是指在物业项目的开发和管理活动中形成的作为原始记录保存起来以备查考的文字、图像、声音及其他各种形式和载体的文件。此定义包括两层含义：一是经过归档保存的原始记录及其载体；二是该原始记录的内容。如在工程竣工验收之前，施工图纸是施工单位使用文件，非原始记录。工程竣工验收后，经物业管理部门归档保存后的施工图纸，及其所记载的设计内容为该项目的原始记录，即档案。

2. 物业项目档案的内容

物业项目档案的内容包括 4 大类。

（1）物业档案。物业的权属资料、技术资料和验收文件。

（2）业主、物业使用人档案。业主、物业使用人的权属档案资料、个人资料。

（3）物业管理资料。物业的运行记录资料、物业维修记录、物业管理服务记录。

（4）物业服务人的管理资料。物业服务人行政管理及物业管理服务相关合同资料等。

3. 物业项目档案的分类方法

物业项目档案是直接记载物业及物业管理服务各个方面的历史记录。物业管理服务常用的档案分类方法包括以下 4 种，各企业可依据自身条件及管理要求，采用适宜的分类方法。

（1）年度分类法。根据形成和处理文件的年度，将全宗内档案分成各个类别。按年度分类的档案符合按年度形成的特点和规律，能够保持档案在形成时间方面的联系，可以反映出立档单位每年工作的特点和逐年发展的变化情况，便于按年度查阅利用档案。

（2）组织机构分类法。按照立档单位的内部组织机构，把全宗内的档案分成各个类别。能保持全宗内文件在来源方面的联系，客观反映各组织机构工作活动的历史面貌，便于按一定专业查阅档案。

（3）事件分类法。按照全宗内档案反映的事件进行分类，又称为事由分类法或问题分类法。能较好地保持文件在内容方面的联系，使内容相同或相近的文件集中在一起，既能较突出地反映立档单位主要工作活动的面貌，又便于按专业系统全面地查阅利用档案。

（4）流程分类法。依据立档单位设立的流程进行分类，把档案按阶段性进行归集整理。能够系统地反映立档单位的档案资料，保持立档单位档案资料全过程的连续性和全面性，利于立档单位按设立流程系统全面查阅和使用。

15.1.2 物业项目档案的收集

1. 物业项目承接查验期档案的收集

物业项目承接查验期，新建物业档案收集的对象主要是建设单位；物业管理机构更迭时档案收集的对象是业主或业主委员会。

物业项目承接查验期档案主要收集权属资料档案、技术资料档案和验收文件档案。

（1）产权资料，包括项目批准文件、用地批准文件、建筑开工有关资料、丈量报告等。

（2）技术资料，包括竣工图、地质勘查报告、工程合同、开/竣工报告、公共设备使用说明书及调试报告、工程预决算分项清单、图纸会审记录、工程设计变更通知、技术核定单、质量事故处理记录、隐蔽工程验收记录、沉降观察记录及沉降观察点布置图、竣工验收证明书、工程主要材料质量保证书、新材料及构、配件鉴定合格证书、设备及卫生洁具检验合格证书、砂浆及混凝土试块试压报告、供水管道试压报告、机电设备订购合同、设备开箱技术资料、试验记录与系统统调记录等。

（3）验收资料，包括工程竣工验收证书、消防工程验收合格证、综合验收合格证、用电许可证及供电合同、用水审批表及供水合同、电梯使用合格证。

物业项目承接查验期档案收集的两大特点，一是收集期间集中，并与承接查验同步进行，收集工作强度较大；二是技术要求高，涉及面广。物业基础资料档案是后期物业管理的重要技术依据，收集处理不全或遗漏，会对今后的物业管理工作造成影响。

2. 业主入住期档案的收集

业主入住期的物业管理档案收集主要来源于物业管理服务的对象——业主、物业使用人。

档案收集范围主要包括业主的权属档案资料、业主或物业使用人的个人资料等。权属资料一般包括房屋产权证、购房合同复印件等；个人资料一般包括身份证和户口本复印件、联系方式等。上述资料应以核对原件后的复印件作为档案资料保存。因涉及业主、物业使用人的个人资料，其收集范围和使用范围及业主、物业使用人个人资料的管理应向业主和物业使用人明确说明，避免出现因业主、物业使用人个人资料泄露导致不必要的法律纠纷。

业主入住期的资料档案收集与入住期物业管理工作密切相关，同步进行。在组织接待业主、物业使用人入住期间，应同时组织好档案资料收集所必需的准备工作。设立档案资料收集工作小组，由该工作小组专门进行档案资料的收集。工作小组可分为业主权属资料、业主及物业使用人个人资料档案分组，并确定各自档案资料的收集范围、相关表格和收集程序。

3. 日常物业管理期档案的收集

日常物业管理期档案收集的范围主要包括物业运行记录档案、物业维修记录档案、物业服务记录档案和物业服务人行政管理档案。

（1）物业运行记录档案，包括建筑物运行记录档案和设施设备运行记录档案。

（2）物业维修维护记录档案，包括建筑物维修、维护记录档案和设施设备维修、维护记录档案。

（3）物业服务记录档案，包括小区及共用设施清洁服务记录档案、小区安全巡视记录档案、小区业主装饰装修管理服务记录档案、小区增值服务记录档案、会所服务记录档案、社区活动记录档案和服务与投诉管理记录档案。

（4）物业服务人行政管理档案，包括公司的设立、变更申请、审批、登记及终止，劳动工资、人事、法律事务、教育、培训等方面的文件材料。

物业项目运营过程中，有关文件一旦实施完毕，应及时收集。一般可由相关业务部门收集立卷后，每月、每季或每年上半年向档案室移交。具体的移交规定，企业可根据自身情况决定。跨年执行处理文件或特殊载体文件可延长时间，但一般不超过1年。手续办理完毕的文件，不能由承办部门或个人保存，必须向档案部门移交。

15.1.3 物业项目档案的整理和使用

1. 物业项目档案的整理

建立著录规则，对文档的主要特征或内容信息进行著录、标引，建立有效的物业管理档案检索体系，以利物业管理档案的检索和使用。

（1）以案卷为单位整理。通称立卷，即按照文件材料在形成和处理过程中的联系将其组合成案卷。所谓案卷，就是一组有密切联系的文件的组合体。立卷是一个分类、组合、编目的过程。分类即按照立档单位的档案对文件材料进行实体分类；组合即将经过分类的文件材料，按一定形式整合；编目即将组合材料进行系统排列和修编。

（2）以件为单位整理。以计算机管理为前提条件，按照文件材料形成和处理的基本单位进行整理。一份文书材料、一张图纸或照片、一盘录音带或录像带、一本表册或证书、一面锦旗、一个奖杯等均为一件。文书材料的正本与定稿为一件，转发件与被转发件为一件，正文与附件为一件，原件与复制件为一件，来文与复文为一件。以件为单位整理的档案，其基本保管单位是件。

2. 物业项目档案的保存

（1）配置适宜物业项目档案管理室，并保持干燥、通风、清洁、防虫、防鼠、防潮，同时配备相应防盗、防火、防渍设备。

（2）全程监控，未经许可人员不得入内，涉密物业项目档案需专人管理。

（3）档案室温湿度应符合相关规范的保管要求，并建立库房安全、温湿度监测、记录制度。

（4）建立档案室设施设备定期检查、记录制度。

（5）馆藏档案定期清理核对，数量发生变化时应记录说明。

（6）根据物业项目档案的不同类别、等级，采取有效措施，加以保护和管理。

（7）重要物业项目档案宜异地备份。

3. 物业项目档案的利用

物业项目档案通常有纸介质和电子媒体两大类，检索利用与保存应区分不同介质特点，采取针对性措施使用处理。纸介质档案检索工具种类很多，物业项目档案管理常用的有目录、簿式索引、指南、卡片式检索工具等；电子媒体档案一般保存于电脑硬盘或其他电子介质，包括文字、图形或录像资料。

物业项目档案检索利用的步骤，一般是分析应用需求，明确检索范围或根据索引的指引，查找到需要的档案文件。物业项目档案检索利用的方式，一般采用档案室阅读、外借、制作副本、向查阅者提供档案等。

公司所有员工都有权根据有关的规定，办理一定的手续，获取文件、档案和图书资料利用服务。应提供有效的手工或计算机检索手段，帮助员工进行检索。对借阅原始资料的使用者，按档案不同密级，履行审批手续后，方可借阅。

4. 物业项目档案的信息化建设

物业项目档案信息化应以促进、完善企业信息化和提升档案管理现代化水平为目标，坚持技术与管理并重，与企业信息化协调和同步的原则。物业管理各信息系统的开发与实施应充分考虑物业项目档案管理工作的要求。

15.2 物业项目应用文书管理

15.2.1 应用文书的含义和基本要求

1. 应用文书的含义和分类

应用文书是应用写作的文字表现形态。应用文书是国家党政机关、企事业单位、社会团体或个人在工作、学习和生活中使用的，用以处理公或私事务、传播信息、表达意愿而撰写的具有一定的惯用体式的实用性文章。对于物业管理从业人员来说，准确熟练运用物业管理应用文书，是一项必须具备的基本技能。

通用的应用文书可分为行政公文、事务公文、会议公文、制度公文、礼仪文书、经济公文、其他日常文书、司法公文 8 大类几十种。物业管理行业属第三产业，是服务行业，因此，在制作和使用各种文书时，既要符合通用文书的一般特点，还要突出服务的特性。

2. 应用文书中的相关语

（1）内行文：仅限在独立的组织中传达的文书。

（2）外行文：可在组织外传递的文书。

（3）前行文：在事情发生前制作的文书。

（4）后行文：在事情发生后制作的文书。

（5）上行文：属内行文，且是向上级报送的文书。

（6）下行文：属内行文，且是向下级发送的文书。

（7）平行文：在各独立组织之间传递的文书。

3. 应用文书标题的制作

（1）公文式标题的构成要素。组成公文式标题的要素主要包括单位、区域（范围）、时间、事由（内容）、性质和文种等，其中“事由”和“文种”是最基本的要素。究竟选择哪些要素来构成标题，一要考虑文种的写作习惯和约定俗成的规定性，二要考虑写作的实际需要。公文式标题通过几个要素的组合，明确地说明下述问题：这篇文章是做什么用的（文种），文章是谁起草的（单位），文章反映什么时间（时间）、什么区域（范围）的什么事情（事由）。只有要素的排列组合合乎规律，才不会引起歧义。如计划属于事务文书，这种文书的公文式标题的全要素形式是“单位＋时间＋事由＋文种”。例如：《××物业公司2022年度培训计划》。

（2）文章式标题的构成模式。从构成形式看，文章式标题可以有单标题和双标题（即主副标题）。主标题概括到一定程度，不能概括和反映需要传达的含义，就必须用副标题来做具体说明。

例如，某物业服务人开展全员节约活动取得明显效果后，集团公司要求该公司上报经验材料，以便在全集团推广。这个经验材料的标题就可以制作为：“挖潜增效大有可为”，副标题可为“——××物业公司开展全员节约活动情况总结”。

4. 应用文书写作的行款格式规则

行款格式是在长期的书面语表达中约定俗成的书写行列款式。基本内容包括标题、署名、分段、引文和序码。

（1）标题。文章大标题书写的基本规则是居中排列，字号应大于正文，字体也应与正文相区别，并且上下各空一行。如果大标题字数较多，则应考虑分行排列，但分行时要注意前后意义的完整，在连贯排列时仍然要求居中。副标题应紧靠大标题下，中间不空行，题前要加破折号，所用字体也应区别于主标题。

（2）署名。署名一般放在文章的大标题之下，居中，上下各空一行，字号应小于大标题，字体也应区别于大标题和正文。

（3）分段。每个自然段的开头要空两个字的位置，第二行起顶格书写。书信、报告等应用文书的称谓部分要求顶格书写，后面加冒号，第二行空两个字。行政公文的主送机关（即受文单位）也要求顶格书写，如果一行写不下，回行时仍然顶格书写，后面加冒号。

（4）引文。较短的引文可夹在正文中。如果是较长的引文，则需换行自成一段。排列上要比正文退两格，首行和末行最好空一行，并在字体、字号上与正文有所区别。

（5）序码。序码的一般顺序应该由汉字到阿拉伯数字，由无圈到有圈，其中阿拉伯数字（例如“1”）旁应为齐底线的圆点，不能是顿号（即应为“1.”，不能写成“1、”）。

序码的使用，以一、二、三、四的“一”为例，应是：

一、...

（一）...

1. ...

（1）...

15.2.2 物业管理中常用的行政性公文

行政性公文就是通常所说的狭义公文或法定公文，属于规范体式通用公文中的一大类别，也是应用最广泛的类别。包括通告、通知、报告、请示、意见、函等。

1. 通告

通告适用于公布社会各有关方面应当遵守或者周知的事项，可分为两类，一是制约性通告，用于要求一定范围的对象普遍遵守的某些事项；二是知照性通告，用于比较公开地告知一定对象应知的事项。

2. 通知

通知适用于批转下级机关的公文，转发上级机关和不相隶属机关的公文，传达要求下级机关办理和需要有关单位周知或者执行的事项，任免人员。通知可以分为指示性、周知性、转发性三类。指示性通知用于发布规章制度、阐述政策、布置工作、答复下级单位询问等，带有指令性，需遵照执行；周知性通知用于发布需要下级单位及有关单位周知的情况。常见的如任免人员，设置或撤销、合并机构，扩展、缩小或终止有关组织、机构的某些职权，启用或更换印章、地址，召开会议等发布的通知均属周知性通知；转发性通知。用于转发上级单位及不相隶属单位的来文。

3. 报告

报告适用于向上级机关汇报工作、反映情况、答复上级机关的询问。报告可以分为五类：工作报告，用于在某项工作进行到一定阶段或已经完成时，将工作情况向上级单位汇报；情况报告，用于向上级单位汇报某种特定或紧急情况；建议报告，用于向上级单位汇报工作情况，提出工作建议；回复报告，用于对上级单位查询、查办、催办的事项做出专门答复；报送报告，用于向上级单位报送各种材料，包括下级单位主动呈送的，或者上级单位要求报送的。在报送时，需要对报送材料的有关情况进行简要说明和介绍。

4. 请示

请示适用于向上级机关请求指示、批准。从总体上看，请示一般是事项性请示，即单就某一事项请求上级单位给予指示或批准。

5. 意见

意见适用于对重要问题提出见解和处理办法，大体上可分为四类：建议性意见，用于上级单位对下级单位提出工作建议。如《×× 集团党委关于对 ×× 公司党委领导班子的意见》；决定性意见，用于对辖属机构、组织及人员提出规范性的要求和措施。如《×× 公司党委关于领导干部廉洁自律补充规定实施和处理的意见》；指导性意见，用于上级单位对下级单位进行工作指导，针对工作中的某些薄弱环节或出现的问题，上级单位用意见向下行文，阐明指导思想、工作原则，提出工作思路和措施，给下级单位以及时的指导，从而促进下级单位工作的健康开展，如《××公司关于开展业务宣传工作的指导意见》；工作部署性意见，对某项工作或全面工作作出安排。如《××公司关于进一步加强市场调研工作的意见》。

6. 函

函适用于不相隶属机关之间商洽工作、询问和答复问题、请求批准和答复审批事项。按行文方向，函可分为去函和复函。去函是主动地与有关单位商洽工作、询问事项或提出请求；复函则是针对来函的问题向来函单位回答相应的商请或询问事项。从函的内容和具体作用，可分为：告知函，从作用和内容上看类似通知，由于不是上下级和业务指导关系，使用"通知"不妥，故应用"函"；商洽函，主要是用于请求协助、商洽解决办理有关事项；询问函，主要是用于提出问题或咨询有关情况；答复函：主要是用于答复有关问题或事项；请求批准函：主要是向有关主管部门请求批准事项时使用，如向某办报送《××公司关于申请办理×××同志赴港工作签注的函》，即是向业务主管部门发送的请求批准的公文。函在应用上的广泛性和形式上的多重性，决定了其在格式、写法上的灵活性。

7. 会议纪要

会议纪要适用于记载、传达会议情况和议定事项。纪要因会而异，种类较多。从形式上可以分为例行会议纪要、工作会议纪要、协调会议纪要；从性质上可以分为决议型会议纪要，情况型会议纪要和消息型会议纪要；从内容上可分为综合性会议纪要和专题性会议纪要。

会议纪要的主体部分要根据会议的原始材料，经过认真分析整理、提炼加工，相对具体地把会议的主要议题、讨论意见、基本结论、任务、要求等会议的主要情况、精神、成果表述出来。

15.2.3 物业管理中常用的事务性公文

物业管理中常用的事务性公文有总结、计划两种。

1. 总结

总结是人们对前一段的工作、学习等进行全面系统地回顾、分析和评价，从中找出经验教训和规律性的东西，用以指导今后工作而形成的事务文书。总结有时也用小结、回顾、体会、经验、做法等称呼。

总结根据内容的不同，可以把总结分为工作总结、生产总结、学习总结、教学总结、会议总结等；根据范围的不同，可以分为全国性总结、地区性总结、部门性总结、本单位总结、班组总结等；根据时间的不同，可以分为月总结、季总结、年度总结、阶段性总结等；从内容和性质的不同，可以分为全面总结和专题总结两类。

2. 计划

计划是计划类文书的统称，也是各种计划最常用的名称。这类文书由于时限不等、详略有别、成熟程度不同，因此还使用规划、要点、方案、安排、设想、打算等名称。其区别在于制订计划者的层次不同和计划的对象、目的、要求不同。

计划按时间界限，划分为长期计划、中期计划、短期计划；按计划制订者的层次划分：战略计划、施政计划、作业计划；按计划的对象划分：综合计划、局部计划、项目计划；按计划的约束力划分：指令性计划、指导性计划。

15.2.4 其他日常应用文书

1. 条据类

条据是记载重要的行为和事务的文书，具有便条和单据的特性。便条的特点是内容简单明白，记事单一，不拘形式。条据记事简洁明了，使用方便，能作为凭据。人们在日常生活中广泛运用。单据具有凭据的作用，记载的内容不是一般的日常生活事宜，而是重要的事务或者能产生法律后果的事务，一旦发生异议和纠纷，便于查考和备作证据。包括留言条、请假条、借条、收条、欠条、领条等。

2. 告启类

（1）海报。海报是向公众报道文化娱乐消息和体育消息等的招贴。其目的是鼓动人们参与有关事情或活动。海报与广告、启事有相似点，都属于告知公众信息或情况的告启性文书，请求人们支持、协助，希望人们参与和合作。但它们又有明显的区别。首先是使用范围不同，海报以报道文化、娱乐、体育消息为主，启事可以反映政治、经济和生活等多方面的内容，而广告则多属于经济方面的内容；其次是适用的场合不同，海报多用于热闹、轻松的场合，启事多用于比较庄重的场合，而广告则什么场合都可使用；再次是制作方式不同，海报除文字说明可用美术加工，配上图片、图画、图案及各种色彩，启事以文字说明为主，广告虽在表现形式上与海报有相似之处，但多属商业性质；最后是公布方式上的不同，海报只在公共场所张贴或悬挂，启事除张贴外，还可登报刊、用广播电视传播，而广告的传播方式是最多样的，前两者都无法与之相比。

（2）标语、提示牌。标语、提示牌是公开张贴、悬挂的简短、精练的提示性语言。有些时候，标语也可作欢迎、祝贺之用。标语、提示牌制作简便、醒目、视见率高，可以起到很好的宣传作用。制作标语、提示牌要简练明了、通俗易懂，尽量抓住宣传的重点，用最少的语言传达最大的信息量；文字尽量通俗，要让人一目了然，不可有歧义；要有针对性，贴近实际，并使人印象深刻；要文明，不用禁止性提示语。一般情况下，在标语、提示牌下要有落款，标明制作单位名称（简称），或者企业 CI（视觉形象体系）。

（3）温馨提示。温馨提示是物业服务人为公开向人们告知、提醒某事，并请求公众协助支持而写的文书。其与启事的最大区别在于温馨提示比较人性化，且不包含强制性要求。温馨提示一般包括标题、正文、落款三个部分。标题一般直接以“温馨提示”文种名称为题目；内容一般包括提示的目的、原因、具体事项等；落款写明提示的单位名称和提示日期，加盖公章，并可注明联络地址、联络人。

【案例 15-1】××小区关于加强疫情防控的温馨提示

尊敬的各位业主/住户：

您好！

2022年春节即将来临，全国将会进入人口密集流动的春运之际，我市外出务工和就学人员陆续返回，全市疫情防控进入“外防输入、严防反弹”的关键时刻。为切实做好2022年春节期间疫情防控工作，巩固来之不易的疫情防控成果，确保社区居民度过欢乐祥和的节日，结合近期国内、省内疫情形势和上级有关要求，现就进一步加强疫情防控工作通知如下：

一、全面实施小区半封闭式管理。自即日起，所有人员、车辆进出入小区一律走东门和东南门。所有进出小区人员必须全部戴口罩，对不戴口罩进入人员进行提醒劝返。小区人员进出一律测温。

二、严格小区往来车辆人员核查登记。对所有进入小区人员、车辆逐人逐车核查登记，非居住本小区的中高风险地区人员一律不得进入小区。其他非本小区人员和车辆一律严控，特殊情况由管理人员做好登记备案。快递、外卖人员一律不得进入小区，由业主到大门外自行领取物件。

三、关注重点地区重点人员。近14天有外省及疫情中高风险地区行程史的人员，须在第一时间主动向居住地社区报告；不主动申报及拒绝接受测温、医学观察等防控措施，将依法追究法律责任。小区一旦发生确诊病例情况，应积极配合政府相关部门，及时采取局部封闭措施，确保疫情不蔓延、不扩散。

四、督促及时就医就诊。居民出现发热、咳嗽等症状，必须及时就诊，并第一时间向社区报告。居家隔离人员出现发热、咳嗽等异常情况，及时向街道和社区卫生健康部门报告，呼叫120将患者转运至定点医疗机构，确保第一时间得到诊断治疗。

五、加强小区环境治理和出租房管理。加强防控期间做好小区清洁消毒、垃圾分类处理、电梯消杀等工作，组织开展以环境整治为主、药物消杀为辅的病媒生物综合防治工作。落实出租房管理主体责任，加强对承租人员的管理，遇有情况及时报告。如出租房发生疫情而未及时报告，将依法追究房屋出租单位或个人的责任。

六、严控公共场所。小区内非涉及居民生活必需的公共场所一律关闭，农贸市场、超市、药店等场所合理安排营业时间，定期消杀，进入人员一律测温、佩戴口罩。

防控疫情，人人有责！小区一旦出现确诊或疑似病例，将面临患者的活动区域乃至整个小区被隔离。所以，请大家自觉遵守以上政府主管部门的相关要求和物业温馨提示，感谢您的理解和支持！

如您有任何疑问或需协助，请与物业服务中心联系。如您有任何疑问或需协助，请与物业服务中心联系。联系电话：××××××××。

××物业公司××小区项目部

2022年1月14日

15.3 社区治理与社区文化

15.3.1 社区

1. 社区的含义

在现实社会生活中，人们不仅组成各种各样的群体，参与到各种各样的社会组织中，而且还在地缘基础上形成各种守望相助、相互关联的生活共同体，人们日常的社会生活几乎都是在这个共同体中进行的。这种共同体构成了社会学研究的一个重要领域——社区。

“社区”一词从提出到现在，其含义发生了很大变化。现在所谓的社区，是指在一定地域范围内的人们所组成的社会生活共同体。具体而言，社区是在指定地域内发生各种社会关系和社会活动，有特定的生活方式，并具有成员归属感的人群所组成的一个相对独立的社会实体。目前城市社区的范围，一般是指经过社区体制改革后，作了规模调整的居民委员会辖区，它带有很强的行政管理色彩，不一定是自然形成的社区。

2. 社区的基本要素

（1）以一定的社会关系为基础组织起来共同生活的人群。人群是社区的主体，也是构成社区的第一要素。

（2）人们赖以从事社会活动、具有一定界限的地域。地域是人们进行社会活动的场所和依托，是社区存在和发展的前提，是构成社区的重要条件。

（3）相对完备的生活服务设施。基本的生活服务设施不仅是社区人群生存的基本条件，也是联系社区人群的纽带。

（4）共同的社会生活。共同的社会活动即共同的社会生活，是社区的本质特征。

（5）较为规范的生活制度及较为完整的管理机构。相应的生活制度和管理机构是维持社区秩序的基本保障，是构成“大集体”的必要条件。

（6）独特的社区文化。社区文化是一个社区得以存在和发展的内在要素，是人们在社区这个特定区域性的生活共同体中长期从事物质生产和精神生活的结果。

15.3.2　社区治理

2017年12月6日，中共中央、国务院印发《关于加强和完善城乡社区治理的意见》（中发〔2017〕13号），指出城乡社区是社会治理的基本单元，事关党和国家大政方针贯彻落实，事关居民群众切身利益，事关城乡基层和谐稳定。2021年1月5日，住房城乡建设部、中央政法委、中央文明办等十部门联合印发《关于加强和改进住宅物业管理工作的通知》（建房规〔2020〕10号），强调坚持和加强党对物业管理工作的领导，推动物业管理融入基层社会治理体系，鼓励有条件的物业服务企业向养老、家政、房屋经纪等领域延伸。

1. 社区治理的含义

不同的学者对社区治理有着不同的定义。埃莉诺·奥斯特罗姆（Elinor Ostrom）认为，对于社区治理，通过借助既不同于国家也不同于市场的制度安排，可以对某些公共资源系统成功地实现开发与调适[①]。国内学者魏娜认为，社区治理对政府和公民的要求都很高，它要求政府有极高的责任感，公民有极高的责任心，这样他们才可以在社区治理的工作中担当重任[②]。

社区治理是指政府、社区组织、居民及辖区单位、营利组织、非营利组织等基于市场原则、公共利益和社区认同，协调合作，有效供给社区公共物品，满足社区需求，优化社区秩序的过程与机制。另外，社区治理是治理理论在社区领域的实际运用，它是指对社区范围内公共事务所进行的治理。社区治理是社区范围内的多个政府、非政府组织机构，依据正式的法律、法规以及非正式社区规范、公约、约定等，通过协商谈判、协调互动、协同行动等对涉及社区共同利益的公共事务进行有效管理，从而增强社区凝聚力，增进社区成员社会福利，推进社区发展进步的过程[③]。

在我国，城市社区治理模式由行政型社区向合作型社区和自治型社区的发展过程，是社会经济体制改革和社会结构调整在城市社区发展中的一种反映，它代表着我国城市社区发展的方向。建立在合作主义基础上的新型政府与社会关系，社区制逐步取代单位制，以及城市街道体制的改革，代表着我国社区发展与制度创新的基本思路[④]。

随着社区治理的兴起，新的社区治理结构也逐渐形成。社区治理结构是指政府、社区组织、其他非营利组织、辖区单位、居民，合作供给社区公共产品，优

---

① [美]埃莉诺·奥斯特罗姆. 公共事务治理之道[M]. 余逊达，陈旭，译. 上海：上海三联书店，2000：2.

② 魏娜. 我国城市社区治理模式：发展演变与制度创新[J]. 中国人民大学学报，2003（1）：34.

③ 史柏年. 社区治理[M]. 北京：中央广播电视大学出版社，2004：62.

④ 魏娜. 我国城市社区治理模式：发展演变与制度创新[J]. 中国人民大学学报，2003（1）：135–140.

化社区秩序，推进社区持续发展的制度和运作机制[①]。

2. 社区治理的特点

（1）社区治理的主体多元化。在社区治理主体中，政府仍然起主导作用，但不再是唯一的主体，政府同其他治理主体，例如企业、民间社会组织甚至个人一起，构成社区治理多元主体，它们共同决定和处理社区公共事务。

（2）社区治理的目标综合化。社区治理除了传统的、主要来源于政府明确的政治、经济、城市建设任务目标之外，还要关注治理过程中相关的社会文化目标、生态环境目标，应立足于推动社区治理整体文明进步。除此之外，还要培育社区居民参与公共事务管理的意识和能力，培育改善社区治理组织体系，建立社区共治制度机制等。

（3）社区治理的内容精确化。社区治理涉及的内容非常广泛，一方面涉及社区基本公共管理服务，它包括社区管理服务、社区安全、社区卫生与健康、社区生态环境及物业管理、社区文化教育、社区福利、社区保障等；另一方面涉及社区个性化服务。所有这些服务，需要精确到人、到项目、到标准、到过程，才能赢得服务对象的好评。

（4）社区治理过程的交互化。社区治理需要改变过去政府行政管理自上而下的单向、指令式的作用方式，通过多元互动、协同目标、协商议事、协作共建等方式来实现，通过沟通协调，凝聚共识，让居民内心接纳和认同所采取的共同行动方案，共同治理社区公共事务。

3. 物业管理与社区治理的关系

物业管理是社区治理的重要组成部分，两者都与社区居民生活密切相关，是实现社区管理服务的重要范畴。社区治理和物业服务不是截然对立的，两者相互依存、相互促进。物业服务与社区服务之间既有区别又有联系，二者相互作用、相互影响。

（1）物业管理是社区治理的基本条件和重要表现形式。物业管理服务一方面从硬件上以企业经营管理条件为基础，保证了社区其他管理服务活动的组织管理的基本条件和物业区域环境；另一方面，物业管理服务中所实行的业主自行管理模式是社区居民自治制度建设与运作的“演练”和“热身”。

（2）社区治理体系的建设与完善，是社区物业管理服务工作开展的重要保障。物业管理服务与社区治理之间应当建立合作、协作的良性互动关系，相互配合、相互促进。物业管理和社区治理应利用自身资源，以社区为基础，共同营造社区稳定、安全、舒适、健康的人居环境，促进社会的和谐发展。

4. 正确处理物业管理服务与社区治理关系的思路

（1）明确物业服务企业与社区治理中相关主体的关系。首先要明晰社区党组织、社区行政机构、社区居委会、业主、业主大会和业主委员会与物业服务企业

---

① 陈伟东，李雪存. 社区治理与公民社会的发育［J］. 华中师范大学学报，2003（1）：28.

之间的职责权力，划清职责边界。只有界定好各自的职能，各行其责，相互支持，才能共同管理、服务好社区。其次是明确社区多元主体在物业管理服务中的作用，社区党组织的领导、行政管理主导、居民委员会的指导与监督都必须到位，相互配合，相互支持，才能搞好社区物业管理服务。要在社区党组织领导下，成立社区物业管理委员会，建立社区物业管理联席会议制度和物业管理区域工作例会制度，及时化解物业管理矛盾和纠纷，为社区和谐稳定创造条件和氛围。

（2）补齐城乡社区治理短板，改进社区物业服务管理。加强社区党组织、社区居民委员会对业主委员会和物业服务企业的指导和监督，建立健全社区党组织、社区居民委员会、业主委员会和物业服务企业议事协调机制；探索在社区居民委员会下设立物业管理委员会，督促业主委员会和物业服务企业履行职责；探索完善业主委员会的职能，依法保护业主的合法权益。探索符合条件的社区居民委员会成员通过法定程序兼任业主委员会成员；探索在无物业管理的老旧住宅区依托社区居民委员会实行自治管理；有条件的地方应规范农村社区物业管理，研究制定物业管理费管理办法；探索在农村社区选聘物业服务企业的途径，提供社区物业服务。探索建立社区微型消防站或志愿消防队等的途径。

（3）提高业主自行管理的能力与水平。首先要加强对业主权利意识的宣传教育，让业主明白自己在物业管理中享有按照物业服务合同的约定接受物业服务企业提供的服务的权利。其次要积极引导业主大会在充分尊重全体业主意愿的基础上，按照合法程序，选举热心公益事业、责任心强、具有一定组织能力的业主担任业主委员会委员。要通过规范业主大会、业主委员会的行为，促进业主自律和民主决策，依法维护自身合法权益。再次要加强业主教育培训，使其了解物业管理知识，有能力督促和参与物业服务活动。

（4）规范物业管理市场，提高物业管理服务水平。首先应加强对物业管理行业的自律管理工作，制定物业服务标准规范，通过建立黑名单制度、信息公开制度和推动行业自律管理等方式，加强事前事中事后监督。其次要规范和繁荣物业管理市场，这样既能充分发挥物业服务企业在社区治理中的作用，又能提高社区治理的效率。再次，物业服务企业要提高物业管理水平，以优质的物业管理服务推动社区服务发展，促进社区建设。通过良好的社区服务创建和谐的社区环境，树立自己的品牌，发挥自己的作用，巩固自己在社区治理中的地位。

（5）政府应加强在社区治理中对物业管理服务的引导。在政府全力加强社区建设、社区服务的过程中，应发挥物业管理的作用。对于老旧住宅区应由政府主导，通过城市更新改造和引入专业物业管理，提供必要的菜单式物业管理服务，提升老旧社区公共服务水平。对于新建社区，应当完善社区治理体系，发挥党组织和党员在发动群众、组织群众，开展社区建设活动中的积极作用，政府应指导业主组织建设，补齐物业管理主体缺位的短板。应支持物业服务企业在社区治理体系中发挥作用，给予政策支持，特别是物业费定价机制建设，保证物业服务企业的正常经营。

（6）构建物业服务与社区治理良性互动新机制。社区建设要为物业服务创造良好发展环境，物业服务企业应在参与中协调配合，促进社区内人与人、人与环境、人与社会的和谐发展。

15.3.3 社区文化

1. 社区文化的含义和内容

社区文化有广义与狭义之分。广义的社区文化是指社区共同体在长期生产和生活实践中所创造、使用或表现的一切事物的总和。狭义的社区文化是指社区共同体在长期生产和生活实践中逐渐形成和发展起来的传统、信仰、价值观、生活方式、行为模式、风俗习惯、群体心理和意识等系列精神现象的总和。

社区文化是整个社会文化的聚集点，在整个社会文化乃至人类文化中占主导作用，是人类文化的一个重要组成部分，也是构成社区的一个重要因素。社区文化是社区的地域特点、人口特性以及居民长期共同的经济和社会生活方式的反映，实质上是地方文化的具体表现。文化与社区不能割裂，文化是在一定的空间范围和时间向度上生成的，社区是文化的土壤，社区结构的形成受到文化的制约，文化的孕育和传承又存在于社区的社会活动和生活工作之中。发展社区文化，可以强化社区居民的主人翁意识，扩展健康的民风民俗，增强社区居民的归属感，维系社区良好的人际关系，推动和谐幸福社区建设。

社区文化的内容十分广泛，以住宅小区为例，社区文化主要包括以下内容。

（1）环境文化。社区环境是社区文化的第一个层面。它是由社区成员共同创造、维护的自然环境与人文环境的结合，是社区精神物质化、对象化的具体体现。主要包括社区容貌、休闲娱乐环境、文化设施、生活环境等。

（2）行为文化。行为文化主要是指社区成员在交往、娱乐、生活、学习、休闲等过程中，所产生的反映居住观的活动和行为，通常所说的社区文化就是指这一类内容。行为文化属显性文化，居住行为是行为文化的核心，反映了社区成员的道德风尚和文明程度；社区的各种娱乐、体育、文艺活动则反映了社区成员对居住观认同的要求。越是成熟的社区对认同的要求就越高，所形成的居住行为的文明程度就愈高。

（3）制度文化。一种文化要素经认同后，往往就以制度、法律、规范等形式固定下来。制度可分为两大类：一类是公众制度，主要是业主根据认同的居住观而共同制定的居住行为准则；另一类是物业服务人制定的一些管理规章制度，是在业主居住观认同的基础上对居住行为和居住习俗加以疏导和调节，制约不文明的居住行为和摒弃消极、落后的居住陋习。制度文化体现了对人情的关注，对人格的尊重，对人道的支持，使社区成员通过认同的居住观所形成的制度。

（4）精神文化。精神文化是居住小区文化的核心，即经过文化认同后所建立的居住观念和社区精神。意识和观念的树立，与制度规范相结合，使业主们都乐意去做各种有益于社区的工作，真正把居住小区看成自己的家园。

社区文化的形成，使社区的安定和文明进步有了坚实的基础，不仅能为社区发展提供精神动力和智力支持，而且还能提高社区居民的生活质量，树立良好的社会风气，提高居住小区的品位。

2. 物业管理与社区文化的关系

（1）互为促进。通过认同，建立社区的居住观和相应的行为模式，是社区成员自身的要求。从理论上讲，这种社区文化即使无任何外界推动力，也可以自发形成。然而这种自发形成的社区文化需要经过一个比较漫长的过程，而且在形成过程中可能要走弯路、错路，甚至可能会掺杂封建迷信或西方伪民主自由文化成分，为此需要付出高昂的代价来纠偏。物业管理对社区文化建设的介入，可以使社区文化建设加快文化认同，沿着健康的道路发展。同时，社区文化建设对物业管理和服务提出更高的要求。物业服务人无论在组织活动的形式与内容、环境氛围、媒体引导、沟通方式等各方面都要刻意设计和独具匠心，才能收到预期效果。

（2）互为作用。物业管理的目的是发挥物业的最大使用功能，使其保值增值，并为物业所有人和使用人创造整洁、文明、安全、舒适的生活和工作环境。物业管理提供的是服务产品，物业服务人的管理就是要充分优化人、财、物等经营要素，尽可能减少劳务支出，提高效益和效率。除必须输出绝对劳务量外，如何尽可能减少相对劳动量是物业服务人追求的企业目标。减少相对劳务量的一个最主要途径就是业主的自治自律。如果业主或物业使用人能够根据认同的居住观所形成的公众制度，遵守公德，邻里和睦，甚至主动维护公共秩序和社区环境，那么物业服务人就会事半功倍。居住小区的社区文化建设就是通过文化认同来建立能达成共识的居住观，这个过程需要借助物业管理的推动。而小区文化建设搞好了，会增加业主或物业使用人之间、业主或物业使用人与物业服务人之间的感情和相互尊重。在这种和谐的社区环境里，物业服务人自然就会较容易实现管理目标。

（3）互为约束。物业管理的规章制度应以居住小区内业主或物业使用人所认同的居住观和行为模式为基础，物业服务人执行这些规章制度应受业主委员会的监督和约束。同时，物业服务人也要依据这些规章制度来约束广大业主或物业使用人的居住行为。

3. 物业服务人在社区文化建设中的作用

（1）营造社区文化建设的基础环境。居住小区在业主入住形成居住群体时，大多数成员之间都互不认识，要相互进行了解比较困难。物业服务人因其特殊的身份与角色，在调动资源组织文化活动方面处于有利地位。因此，物业服务人可以因势利导，有计划、有目的地组织社区文化活动。为调动广大业主参与社区文化建设的积极性，宜采用群众喜闻乐见的形式，以健康有益、社区成员便于参与的文化活动为主，如举办各种晚会、演唱会、趣味运动会、文化节等，为业主享受文化生活创造一个良好的空间，同时也为业主或物业使用人之间的沟通提供场所。

（2）在社区文化形成过程中起引导作用。由文化认同而形成的居住观，才是社区文化的核心。各种文娱体育活动仅是社区形成的催化酶，还需要引导社区文化建设向内涵的方向发展。物业服务人在开展普及性文化活动的同时，要注入更多的旨在提高业主和物业使用人的文艺鉴赏水平、环境保护意识、社会保护意识、社会公德意识、科技意识等。

（3）及时将得到认同的文化要素形成规范和制度。在居住小区文化建设的过程中，居住观和居住行为的表现是多方面的。各种文化要素要经历一个逐渐被认同的过程，这个过程也许需要一个较长的时间。因此，物业服务人对业主认同的文化要素应及时总结，形成规范和制度，这样才可以使认同的文化要素固定下来。这些规范和制度包括了管理制度、行为准则、风俗习惯等，为加强业主或物业使用人自我控制和自我约束能力、为业主自律创造良好的基础。

【本章小结】

物业管理档案是指在物业的开发和管理活动中形成的作为原始记录保存起来以备查考的文字、图像、声音及其他各种形式和载体的文件，既包括经过归档保存的原始记录及其载体，也包括原始记录的信息内容。

在物业项目运营的不同阶段，档案收集的内容和收集对象是有所区别的。物业项目承接查验期档案收集的范围主要是物业权属资料档案、技术资料档案和验收文件档案，新建物业档案收集的对象主要是建设单位；物业管理机构更迭时档案收集的对象是业主或业主委员会。业主入住期档案收集的范围主要是业主或物业使用人的权属档案资料、个人资料等，收集的对象是业主、物业使用人。日常物业管理期档案收集的范围包括物业运行记录档案、物业维修记录档案、物业服务记录档案和物业服务人行政管理档案。

物业管理应用文书主要有行政性公文和事务性公文。行政性公文包括通告、通知、报告、请示、意见、函等；事务性公文主要是总结、计划；其他还有条据、告启类文书等。在制作和使用各种文书时，既要符合通用文书的一般特点，还要突出服务的特性。

社区是在指定地域内发生各种社会关系和社会活动，有特定的生活方式，并具有成员归属感的人群所组成的一个相对独立的社会实体。在这个地域空间内，人们互相认识，相互信赖，协调共生。社区治理是指政府、社区组织、居民及辖区单位、营利组织、非营利组织等基于市场原则、公共利益和社区认同，协调合作，有效供给社区公共物品，满足社区需求，优化社区秩序的过程与机制。社区文化是指社区共同体在长期生产和生活实践中逐渐形成和发展起来的传统、信仰、价值观、生活方式、行为模式、风俗习惯、群体心理和意识等系列精神现象的总和。

【延伸阅读】

1. 中共中央、国务院《关于加强和完善城乡社区治理的意见》(中发〔2017〕13号);

2. 住房城乡建设部等十部门《关于加强和改进住宅物业管理工作的通知》(建房规〔2020〕10号)。

课后练习

一、选择题(扫下方二维码自测)

二、课程实践

选择您熟悉的物业项目，拟定项目社区文化建设方案。

16 物业项目人力资源管理

知识要点

1. 人力资源管理的含义和内容；
2. 员工培训的基本知识和内容，团队建设的基本知识；
3. 绩效的含义和特点，绩效考核的方法和作用；
4. 人力资源规划的含义、基本方法和作用；
5. 项目组织架构的基础知识，项目组织优化的方法。

能力要点

1. 能够实施物业管理人员的招聘，组织实施物业管理人员的培训；
2. 能够设置项目组织架构、岗位人员配置，实施绩效考核，组织实施团队建设；
3. 能够对项目组织进行优化，进行人力资源规划。

人力资源管理，是指运用科学方法，对企业人力资源进行合理的组织与调配，对员工采用适合的方法进行培训，使人力资源保持最佳效率；同时，对员工的思想、心理和行为进行恰当的引领、调节和指导，充分发挥人的主观能动性，使人尽其才，事得其人，人事相宜，以实现组织目标。随着物业管理市场的不断规范和发展，对人力资源的有效开发与管理，已成为物业服务人的重要战略问题。本章主要介绍人力资源管理的基本内容，包括职位的设置与管理、员工的招聘与解聘、员工的培训及其管理、员工的考核与奖惩、员工权益保障等。

16.1 物业项目职位管理

16.1.1 职位管理的含义和方法

1. 职位管理的含义

职位管理是指对企业组织架构以及该架构上各职位，通过工作分析来明确不同职位在企业组织中的角色和职责以及相应的任职资格；通过职位评估来确定职位在企业组织中的相对价值，并在企业组织内部形成职位价值序列。企业的人力资源管理体系以职位管理为平台，建立薪酬体系、招聘配置、培训发展、人才职业发展通道等体系。

2. 职位管理的方法

职位管理是以公司发展战略为出发点，分析确认必要的职位并进行评估，得出支持公司战略发展的职等架构。职位管理流程如图 16–1 所示。

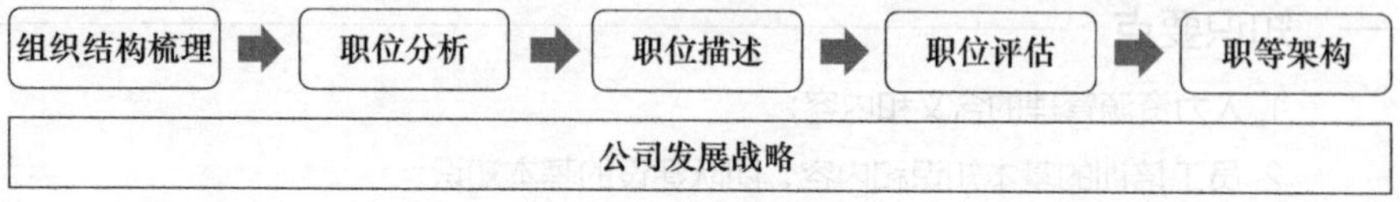

图 16–1 职位管理流程图

（1）职位分析。职位分析或称工作分析，主要是指通过系统地收集与组织目标职位有关的信息，对目标职位进行研究分析，最终确定目标职位的工作任务、职责、工作环境、任职要求以及与其他职位的关系等。

（2）职位描述。职位描述即职位说明书，它是职位分析的结果，用来书面陈述职位设置的目的、职责、任职资格等信息。包括职责描述和任职说明两大部分。

（3）职位评估。职位评估是一种确定职位价值的评价方法。它是在职位分析的基础上，对职位本身所具有的特性，比如职位对企业的影响、承担的责任、任职条件等进行系统的评价，以确定职位相对价值的过程。

在做职位评估时，应该遵循的原则包括：对职位进行评估，而非对任职的人员进行评估；根据职位说明书所描述的职位来进行评估，而非现任人员的工作情况；考虑该职位 90% 工作时间所发生的情况，非个别特例；不考虑现有的级别划分、工资级别等因素。

【案例 16–1】某大型物业服务公司项目部职位体系

该物业公司由于物业项目的类型较多，项目规模差异较大，因此，设置了物业项目典型的组织架构，包括 5 大专业职能和综合事务职能，如图 16–2 所示。

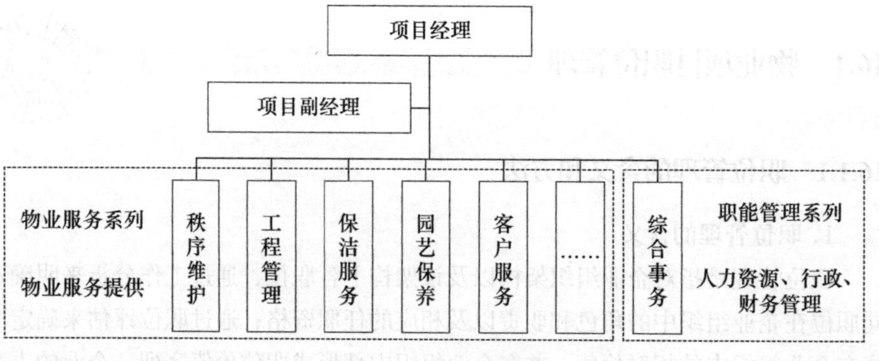

图 16–2 某物业服务公司项目部组织结构图

具体到某一个项目的组织和职位设置，可根据项目的规模、收费标准、业务分包情况、业主需求等，增加或合并相应的专业部门。如有礼宾需求，可增加礼宾服务部门；保洁、园艺由分包方承接的，可将保洁与园艺合并为一个部门等。项目部每个职位对应的职级即为职位评估后的结果，由于考虑到不同类型和规模的项目，同一职位跨越多个职级。在应用到具体每一个项目部，职位设置应满足组织架构职能完整的要求，在定编方面，需考虑项目客户需求、服务质量要求进行调整，职位设置不等于人员编制。

16.1.2 物业项目人力资源计划

人力资源计划是指企业为在需要的时间和职位上获得所需的合格人员，制定的满足这些要求的必要政策和措施。人力资源计划分为长期计划和短期计划。长期计划即为人力资源规划，一般为3～5年的计划；短期计划即为人力资源年度计划。对于物业项目来说，主要是指人力资源年度计划。

人力资源年度计划包括人力资源定编计划、员工招聘计划、员工培训计划和人力资源成本计划，其中前3个计划是人力资源成本计划编制的基础。

1. 人力资源定编计划

物业项目人力资源定编计划是指为完成物业项目各项年度工作，项目部各职位所需的人员的数量。它具有时效性，不同的阶段有不同的定编。项目部人力资源定编应遵循项目管理各职能有人负责、不缺失的原则，同时考虑项目规模、服务质量、经营收入等因素，合理设置，满足经营绩效目标的实现，可相互兼职。

编制人力资源定编计划需要考虑的因素比较多，如组织机构、企业管理模式、工作流程、业务要求、科技手段的应用等。不同企业的编制方法也不相同，主要有主观判断方法和定量分析法两种。

主观判断法是由有经验的专家或管理人员依据以往的经验，根据项目的规模、项目管理要求、工作流程等因素，预计项目人力资源定编。定量分析法是利用统计学的方法，通过对较长时间收集的数据进行分析，确定的项目各职位定编的量化标准。不同类型物业、不同科技手段会导致不同企业的人力资源定额水平出现较大的差异，各企业应当致力于不断收集和形成自己的人力资源定额。

【案例16-2】某物业服务公司项目部定编方法

以下介绍的是某物业服务公司利用定量分析确定的人力资源定编的方法。其中，各参数的实际值，根据不同企业的工作流程、历史数据等综合考虑确定。

（1）管理职位定编。通常采用比例定员计算方法确定编制人数。计算公式：

$$定编数=F/m$$

其中：F为相应管理或服务对象（即员工或顾客）数量；m为定员标准比例。

（2）秩序维护员定编。通常采用岗位定员计算方法确定编制。计算公式：

$$定编数=[\sum(m\times s\times n)]\times e$$

其中：m为一个岗位定员标准；s为班次；n为同类岗位数量；e为轮休系数。

（3）保洁园艺人员定编。通常采用比例定编的计算方法，计算公式：

$$定编数 = F/m$$

其中：F为项目建筑面积或园艺绿化面积；m为定员标准比例（在确定m值时，应考虑南北方差异和项目差异）。

2. 人力资源招聘计划

人力资源招聘计划是项目部根据项目人力资源的需求、工作职位的具体要求，对招聘的职位、人员数量、时间限制等作出详细计划。招聘计划包括：招聘职位、人员数量、每个岗位的具体要求；招聘信息发布的时间、方式、渠道；招聘实施、面试责任单位；招聘方法、预算；招聘人员到位时间。在确定招聘职位、人员数量时，需考虑本年度新增岗位、不同岗位的离职率以及项目部现有晋升、员工退休、产假等情况。

3. 员工培训计划

员工培训计划是指根据项目部员工的具体情况、上级单位的培训要求等，制定的年度项目部员工的培训安排。培训计划包括培训对象、培训内容、培训时间、方式、地点、组织者、培训师、培训费用预算等。

4. 人力资源成本计划

人力资源成本计划包括薪酬总额计划、招聘费用计划、培训费用计划和工会经费计划。

（1）薪酬总额计划。薪酬总额包括员工薪酬、法定福利、公司福利、奖励费用等。

（2）招聘费用计划。招聘费用包括招聘网站、广告费、招聘摊位费、招聘中介费、招聘差旅费等。

（3）培训费用计划。培训费用包括内外部培训师课时费、培训教材费、场地费和培训器材费等。

（4）工会经费计划。工会经费为根据政府工会经费制度要求提取的费用，已建立工会组织的企业需提取此费用。

16.1.3　物业项目员工招聘

员工招聘的流程一般为：招聘计划、招聘信息发布、应聘者申请、应聘者筛选、面试（笔试）、人员录用。

1. 招聘信息发布

招聘信息发布前应确定招聘渠道或方式。招聘渠道通常应根据所招聘的职位来确定。

招聘信息发布应明确招聘时间。招聘时间即招聘信息的有效期，对于离职率较高的操作类职位，可以设置较长的有效期。

2. 应聘者申请

招聘单位可采用表格的方式了解应聘者的信息，主要包括：姓名、年龄、应聘职位、联系方式、学历、专业、工作经历、工作经验、技能、特长、身份证明、期望薪酬、可入职时间及其他等。

3. 应聘者筛选

应聘者申请表或简历的审核，学历、工作经历、技术职称是否符合职位任职要求。

4. 面试（笔试）

面试是一个双向选择的过程，招聘单位应安排好面试程序，通过这个过程既能选择到适合的人，又给应聘者留下良好的印象。参与面试的人通常包括用人部门、人力资源部门和决策人。面试程序一般为：通知面试、笔试、第一轮面谈、第二轮面谈。

5. 人员录用

初步确定录用人选后，应与拟录用的应聘者沟通的事项主要包括薪酬、试用期、拟报到时间等。由最终的决策人确定要录用的人选，尽快向被录用的应聘者发出录用通知。

从入职手续办理日起，至约定的试用期结束前，为试用阶段。试用阶段应对员工的能力、个人品质等进行考核。在试用期结束前，应对试用人员进行评估，并在试用期结束前通知员工评估结果。通常的评估结果有转正、延长试用期、辞退等。

6. 员工档案资料管理

员工档案资料包括面试资料、员工履历表、劳动合同、劳动合同变更资料、学历学位证明、学历学位证复印件、身份证复印件、转正资料、外出培训协议、岗位调配资料、奖惩资料、离职手续资料等。员工档案资料保存期为离职后2年，包括电子档案和纸质档案。

16.1.4 物业项目员工劳动关系

1. 劳动合同管理

（1）劳动关系，是指企业所有者、经营者、普通员工及其工会组织之间在企业的生产经营活动中形成的各种权、责、利关系。主要以企业与员工所签订的劳动合同的方式明确。

（2）劳动合同的内容。劳动合同的内容条款、期限等应符合《劳动合同法》要求。员工第一次与企业签订劳动合同时，应约定试用期，通常试用期为1～3个月，最长不超过6个月。物业管理类企业大多数采用标准工作时间，标准的作息时间为：每日工作8小时，每周工作不超40小时，每周至少休息1天。员工的职位职责、企业的规章制度等可作为劳动合同的补充条款，但需员工确认已知晓。

（3）劳动合同签订。劳动合同签订与变更必须遵循的原则是平等自愿、协商一致、不违反法律、法规。在签订劳动合同前，员工应与其他工作单位无劳动关系。一般采用员工提供离职证明或由员工书面声明的方式。通常员工入职时签订劳动合同应保证在入职1个月内完成，并双方各持一份，应有员工签收手续。

（4）劳动合同变更。劳动合同变更，企业与员工应双方书面签字确认，将劳动合同变更的内容书面明确，并作为劳动合同的补充内容。

（5）劳动合同续签。劳动合同的期限满时，应双方协商一致，确定是否续签劳动合同。劳动合同期满如不续签劳动合同，即劳动合同终止，应提前30天书面通知对方。

（6）劳动合同解除。企业与员工双方均有权提出解除劳动合同，在解除劳动合同时，双方应遵守《劳动合同书》及国家相关法律法规。解除劳动合同包括员工辞职、辞退、资遣3种情况。

2. 社会保险

社会保险是国家通过立法强制征集专项资金，用于保障劳动者在暂时或永久丧失劳动力时，或在工作中断期间的基本生活需求的一种保险制度。社会保险项目包括：养老保险、医疗保险、工伤保险、失业保险和生育保险。社会保险各项目的保险费分别由企业和员工支付，按国家相关的法规条例执行，各城市保险金的交缴比例略有不同。

（1）养老保险。按现有规定在投保人达到法定退休年龄后，个人累计缴费满15年，可按月领取基本养老金；累计缴费未满15年的，一次性支储个人账户储存额。

（2）医疗保险。在投保人生病时，在医疗保险指定医院看病，可使用医疗保险。

（3）工伤保险。当投保人出现工伤时，可申请工伤认定和工伤等级鉴定，按当地政府相关条例，享受相应待遇。

（4）失业保险。在投保人失业时，向当地劳动保险部门申报失业，可按月领取失业保险金。

（5）生育保险。投保人在符合国家计划生育政策的前提下，进行产前检查和生产时，可享受生育保险。

3. 劳动争议与处理

劳动争议又称劳动纠纷，指用人单位和劳动者之间因劳动权利和劳动义务所发生的纠纷。劳动争议主要包括：因企业辞退员工、员工辞职而产生的争议；企业与员工之间因工资、保险、福利、培训、劳动保护等而产生的争议；企业与员工之间因工作变更、劳动合同执行而产生的争议。

劳动争议处理分为调解、仲裁和诉讼3个阶段。

4. 避免劳动争议的注意事项

（1）企业应严格按照《劳动合同法》的规定与员工签订劳动合同，并认真履行。

（2）规范企业人力资源的相关规章制度，并严格执行。

（3）在员工入职时，应对企业的规章制度进行培训，并保留培训记录。

（4）在员工违反企业规章制度时，应及时与员工沟通并确认。

（5）保留各种工作检查记录和工作表单，如经员工确认的值班表、考勤表、工资单等，一般保存期应为 2 年。

16.2 物业项目培训管理

企业员工的培训是企业人力资源开发的重要内容，可以帮助员工充分发挥和利用其人力资源潜能，更大程度地实现其自身价值，提高工作效率和服务质量。物业服务企业的培训通常采用二级培训的方式，第一级为企业统一组织的培训，多集中于企业中高层培训和专项培训；第二级为项目部在企业统一培训框架和计划下组织的员工培训，多集中于项目部的管理层员工和操作类员工的培训。本节重点描述的是项目部员工的培训管理工作。

16.2.1 物业项目培训的分类与内容

1. 培训分类

物业项目培训，从培训对象可分为入职培训、项目经理培训、项目管理员工培训、操作类员工培训；从培训内容来可分为企业文化认知、管理知识与技能、专业知识与技能；从培训方式可分为内部培训、外派培训。

2. 培训内容

物业项目员工培训内容可根据培训对象的职位层级、岗位职责的要求，在培训课程设置的深度和广度上进行调整。员工培训内容见表 16–1。

物业项目员工培训内容分类表　　表 16–1

分类		培训内容	适用范围
企业文化认知		公司概况、公司发展史、公司发展规划，公司理念、行为准则、公司组织架构、公司规章制度、劳动纪律等	适用于入职培训和日常企业文化宣导
理论知识与技能	管理知识	经济学、组织行为学、公共关系、心理学、市场营销、统计学、物业管理基础知识、客户服务、财务收费与管理、力资源管理、法律法规、质量管理、环境管理知识、危险源管理知识、创新管理等	适用于项目经理和主管培训
	管理技能	编制物业管理方案、创优达标方法、创新服务流程、编制工作计划、编制财务计划、财务管理报表、统计分析、团队建设、沟通技巧、绩效管理，培训技巧、环境因素识别与评价方法、危险源识别与评价方法、品质检验与改进方法、公文写作与处理等技能	

续表

分类			培训内容	适用范围
专业知识和技能	客户服务	知识	物业管理基础知识，礼仪行为规范、客户服务、客户服务职责、客户服务流程、客户服务工作要求、档案管理等	适用于项目各专业主管和客户服务操作类员工培训
专业知识和技能	客户服务	技能	所管理物业的基本情况、客户基本信息、客户服务计划编制、客户服务活动策划、客户服务突发事件预案编制、服务宣传方法、沟通技巧、心理调节方法、客户服务流程操作、客户资料整理方法等技能	适用于项目各专业主管和客户服务操作类员工培训
专业知识和技能	安全管理	知识	物业管理基础知识、所管理物业的基本情况、秩序维护的职责和权力，秩序维护员处理问题的原则和方法，职业纪律，礼仪行为规范、职业道德、内务卫生、对讲机的保养和使用、交班接班要求、停车场管理知识、交通常识、消防知识、正当防卫知识、安全岗位（巡逻、大堂、停车场、消防）工作流程和要求等	适用于安保管理主管和操作类员工培训
专业知识和技能	安全管理	技能	安保服务计划编制、安保突发事件预案编制、安全防范流程编制、安全漏洞的识别、物品出入管理、突发事件（盗窃、匪警、水火灾、煤气泄漏、室内发生刑事或治安案件）处理、发生斗殴事件的处理、巡逻中发现可疑分子的处理、发现住户醉酒闹事或精神病人的处理、遇到急症病人的处理、执勤中遇到不执行规定和不听劝阻事件的处理、车辆冲卡事件的处理、保安岗位（巡逻、大堂、停车场、消防）工作流程操作、客户及车辆识别等技能	适用于安保管理主管和操作类员工培训
专业知识和技能	保洁服务	知识	物业管理基础知识、所管项目基本情况、各种清洁工具器械和清洁材料的功能及使用知识、各种材质的特点与保养方法、各种家具保养方法等、消杀知识、所管项目保洁消杀服务流程和要求等	适用于保洁服务主管和保洁员培训
专业知识和技能	保洁服务	技能	编制保洁服务计划、保洁突发事件预案编制、各种保洁工具器械操作、保洁材料识别和使用操作、保洁场所（室内外地面、墙面、电梯、天面、绿地）保洁操作、设施（玻璃门、窗、镜面、玻璃幕墙、灯具、雨棚）保洁操作、场地（下水道、化粪池、隔油池、垃圾池）保洁操作、消杀操作、清洁突发事件的应急技能等	适用于保洁服务主管和保洁员培训
专业知识和技能	园艺管理	知识	物业管理基础知识、所管项目基本情况、常见植物花卉常识、常见植物花卉绿地养护知识、常见植物花卉虫害防治知识、室内（阳台、屋顶）绿化常识、园艺造型摆放知识、绿化常用工具设备（肥料、药品）的基本原理及使用知识、园艺绿化工作流程和工作要求等	适用于园艺管理主管和园艺工培训
专业知识和技能	园艺管理	技能	园艺管理计划编制、园艺管理突发事件预案编制、植物保洁技能、施肥操作、绿化机械设备操作及保养、花卉植物摆设技巧、花卉植物浇水方法、草坪保养技能、植物的修剪技能、除草的操作、植物花卉病虫害识别技能、防治操作、园艺突发事件处理技能、自然破坏防护技能等	适用于园艺管理主管和园艺工培训

续表

分类			培训内容	适用范围
专业知识和技能	设备设施管理	知识	物业管理基础知识、房屋附属设备的构成及分类、房屋结构构造与识图知识、房屋管理与维修养护知识、房屋装修管理知识、设备设施（供配电、给水排水、消防、制冷供暖、空调、安防、交通管理等）系统原理及管理知识、设备设施（供配电、给水排水、消防、电梯、制冷供暖、安防、交通管理等）保养维修知识、设备设施接管验收基本知识、流程和要求、房屋设备设施保养维修流程和要求、安全防护知识和要求、能源管理知识等	适用于工程管理主管和技工培训
		技能	房屋设备设施巡查（保养、维修、大中修）计划编制、装修管理方案编制、工程管理突发事件预案编制、房屋设备设施巡查（保养、维修、大中修）操作、房屋装修管控技能、房屋设备设施接管验收操作、公共能耗统计分析、公共能耗节能方案编制、房屋设备设施维修大中修方案编制等	

16.2.2 物业项目培训的组织实施

1. 培训计划的制定

根据企业对项目各职位的职责要求和能力要求，分析企业对员工培训的内容和要求。根据本项目员工的能力情况、绩效情况、项目工作要求，分析员工个人的培训需求。培训目标为培训计划提供明确的方向和依据，分为3类：一是技能培训，二是知识传授，三是工作态度的转变。培训计划主要是根据项目员工的培训需求、上级单位培训要求等编制，同时要考虑本项目的师资情况、资金问题。

由项目培训责任人根据培训计划的时间、内容组织实施培训。

2. 员工培训的管理

建立员工培训管理制度、激励制度，包括考勤、考核、培训结果应用，以增强员工参加培训的积极性。严格执行培训管理制度，严格考勤、考核及培训结果的应用。对培训效果进行评估，不断改进培训课程和方法，提高员工学习意愿。建立完善员工培训档案，包括课程、考核结果、学分等。

3. 培训方法

（1）课堂授课，是由培训师讲授，包括知识讲授、案例分析等方法。多用于知识培训。如物业管理相关法规、专业知识等培训。

（2）实践操作，是一种情景式和直观式教学，以培训师示范，受训者操作、角色扮演为主的方法，多用于技能的培训。如设备操作、保洁操作、礼仪培训等。

（3）班前班后会，是授课与实践操作相结合的方式，主要以针对日常出现问题，分析讨论改进方法，或员工实践操作、训练的培训方法。如客户服务改进、流程改进、服务礼仪等。

（4）师徒式培训，是由项目经理或主管选派一名“师傅”在日常工作各项操作技能方面对“徒弟”进行一对一或一对多的指导性培训。主要适用于管理员工管理技能、操作员工操作技能提升的训练。

（5）网络培训，是一种新型的培训方式，它是结合网络技术建立的培训操作平台，可实现授课、听课、考试、课后实践、效果检验等过程，适用各类培训对象和培训内容，可解决师资不足的问题，也可达到节约培训经费的作用。

4. 外出培训组织

外出培训是提高员工素质的一个重要途径。通常根据企业需求，为提高员工专业知识或获得岗位资格证等，派员工参加外部单位组织的培训。

5. 培训评估

培训评估包括对培训课程设置的评估、对培训师的评估和对培训对象的评估。

（1）对培训课设置的评估。评估内容包括课程是否能帮助员工能力提升，课程对提高项目经营、服务品质有效果。评估方法可采用调查表、现场工作检查和工作结果检查相结合的方式。

（2）对培训师的评估。评估内容包括课程内容的适用性、授课方式和知识的深度和广度。评估方法可采用课后调查表的方式，由被培训者填写。

（3）对培训对象的评估。包括知识和技能的掌握程度，采用考试、实操测试等方式；知识和技能在工作中的应用程度，采用现场检查和工作结果检查的方式。

16.2.3 物业项目团队建设

1. 团队建设的含义

团队建设是指为了实现团队绩效及产出最大化而进行的一系列结构设计及人员激励等团队优化行为。提升团队的快乐能量、向心力及更加优化的合作模式。团队建设主要是通过自我管理的小组形式进行，每个小组由一组员工组成，负责一个完整工作过程或其中一部分工作。工作小组成员在一起工作以改进他们的操作或产品，计划和控制他们的工作并处理日常问题。他们甚至可以参与公司更广范围内的问题。

2. 团队精神

简单来说就是大局意识、协作精神和服务精神的集中体现。团队精神的基础是尊重个人的兴趣和成就。核心是协同合作，最高境界是全体成员的向心力、凝聚力，也就是个体利益和整体利益的统一后而推动团队的高效率运转。团队精神的形成并不要求团队成员牺牲自我，相反，挥洒个性、表现特长保证了成员共同完成任务目标，而明确的协作意愿和协作方式所产生的真正的内心动力。没有良好的从业心态和奉献精神，就不会有团队精神。

3. 团队目标

目标是十分重要的团队要素，而帮助团队设定明确的目标可以遵循以下 4 大步骤。

（1）团队的目标达成一致。团队动态取决于团队需要实现的目标和每名团队成员的个性，让团队专注于核心优先事项，从而由外向内形成统一。

（2）团队任务。团队应该利用主要贡献列表制定一份任务明细，言简意赅地陈述团队为哪些工作而存在。

（3）紧要事项清单。团队任务明确之后，就要开列紧要事项清单，确定团队必须完成的工作和团队成员实现核心目标所必需的互动方式。

（4）参与规则。利用团队的任务和紧要事项清单来界定参与规则。

4. 团队建设要点

团队建设的好坏，象征着一个企业后继发展是否有实力，也是这个企业凝聚力和战斗力的充分体现。

做好团队建设，首先要有优秀的组织领导。大到一个企业集体，小到一个职能部门，或者是一个工作小组，要想组织有力，使团队成员拥有较高的忠诚度，那么，优选一个大家都认可的团队领导人至关重要。

团队建设是一个系统工程，企业组织必须要有一个大家信得过的团队领导，在其指引下，制定企业未来发展的远景与使命，为组织制定清晰而可行性的奋斗目标，选聘具有互补类型的团队成员，通过合理的激励考核，系统的学习提升，企业组织产生核聚效应，企业组织的核心战斗力才能得到全面提升。

5. 团队建设的阶段

（1）形成阶段。在这个阶段，团队成员第一次被告知，他们的团队成立了。而且，团队成员也都大致了解团队成立的原因，使命和任务。在团队组建的初期，企业内部的职能部门与团队的关系是非常重要的。

（2）锤炼阶段。在该阶段，团队成员们开始逐步熟悉和适应团队工作的方式，并且确定各自的存在价值。

（3）规范阶段。这个阶段经过锤炼期后，团队逐渐平静下来，走向了规范。那么这个阶段的主要任务就是协调成员之间的矛盾和竞争关系，建立起流畅的合作模式。要让成员们意识到，团队的决策过程是大家共同参与的，应当充分尊重各自的差异，重视互相之间的依赖关系。合作成为了团队合作的基本规范，而这时团队应该不断充实自我，努力让自己的团队成为学习型团队。

（4）运作阶段。团队成员们开始忠实于自己的团队，并且减少了对上级领导的依赖。成员们相互鼓励，积极提出自己的意见和建议，也对别人提出的意见和建议，也对别人提出意见和建议给出积极评价和迅速反馈。

团队的每一个阶段都是有机联系的，不能把每个阶段分裂开来看。要建造一个高效的团队，作为一个管理者，在每个阶段都不能掉以轻心。只有在整个过程中抓好每一个环节的工作，才有可能建立起一个好的团队。

16.3 物业项目绩效管理

16.3.1 绩效管理的含义

绩效管理是指管理者与员工之间就目标与如何实现目标达成共识的基础上，通过激励和帮助员工取得优异绩效，从而实现组织目标的管理方法。绩效管理的目的在于通过激发员工的工作热情和提高员工的能力和素质，以达到改善公司绩效的效果。

员工绩效管理过程分为四个阶段，即：绩效计划、绩效实施与辅导、绩效评估与反馈、绩效运用。

员工绩效管理过程中，相关部分和人员的职责：

（1）企业人力资源管理部门。绩效管理体系的设计、组织推进实施；绩效管理工具的提供、绩效管理技能的培训和支持；受理和反馈员工申诉、绩效结果运用落实。

（2）员工直接上级。员工直接上级是员工绩效管理的直接责任人；负责与员工沟通，制订绩效计划，进行绩效辅导、绩效评估并反馈绩效结果，确定绩效结果应用方案。

（3）员工。与直接上级沟通绩效计划，征求上级意见；落实本人绩效目标计划。

16.3.2 绩效计划

绩效计划周期是指从制订计划至绩效评估所需的时间，可分为月度、季度、半年度和年度。可根据不同的职位，确定不同的计划周期。如项目经理可为半年，管理处主管可为季度。

物业项目员工的主要绩效目标来源于项目部的绩效目标分解，不同的岗位承担不同的绩效目标，并确定衡量标准。物业项目员工绩效目标包括：收入、利润、费用收缴率、拖欠款收缴率、客户满意度、员工满意度、设备完好率、安全（被盗、火灾）程度，等等。

16.3.3 绩效辅导

绩效辅导的目的是追踪员工绩效的进展，防止问题出现或及时解决问题，协助员工达成绩效目标的过程，贯穿整个绩效管理过程。员工绩效辅导的方法主要采取正式或非正式沟通的方式。项目部的周例会或月例会，沟通共性问题；员工个别面对面的正式沟通，沟通员工个性问题；日常工作检查过程中遇到问题及时的非正式沟通，解决现场出现的问题。

16.3.4　绩效评估

员工绩效评估的内容是绩效计划中的目标项和目标值，与其无关的事项，避免掺入评估。在员工绩效评估时，以日常收集资料、财务数据、客户数据为依据，避免个人的臆断或推论。

员工绩效评估流程为：员工自评、直接上级评估、确定评估结果、反馈。

（1）员工自评。员工对自己的绩效结果完成情况进行评价，并打分，提交给上级。需要提供相应的证明资料。

（2）直接上级评估。针对绩效计划目标完成情况，进行评估打分，需要确定员工存在的问题、需要改进的方向和方法。

（3）确定评估结果。常见的绩效结果确定方法有直接分数、强制分布法。直接分数是将绩效评估的打分直接作为绩效结果；强制分布法是把绩效评估结果确定为5个等级，每个等级有固定的百分比。员工绩效等级是按评估的分数排序，再按5个等级分别占的百分比确定。

（4）反馈。绩效反馈采用与员工一对一正式沟通的方式，反馈员工绩效结果、员工工作突出的地方、存在的问题及需改进的方向和方法。

16.3.5　绩效运用

员工绩效运用主要在薪酬、职业发展和能力培训方面。在薪酬方面的运用，一是当期浮动薪酬与员工绩效结果直接挂钩，二是员工薪酬调整与员工绩效结果挂钩。在职业发展方面的运用，一是获得晋升机会或予以更有挑战性的岗位，二是根据绩效结果可能降级、工作岗位调整等。在能力培训方面的运用，一是对业绩突出的员工给予多的培训机会，提高能力，为未来晋升打好基础；二是对于业绩不足的员工，给予岗位必需的能力培训，或更换适合的工作岗位。

16.4　物业项目薪酬管理

薪酬管理可以说是人力资源管理活动中，员工最为关切、议论较多的部分，并且员工对薪酬的认识也存在着不少混乱和误区，实践中也存在着较多问题。各级管理者需要了解企业的薪酬管理制度，与员工做好薪酬沟通。

16.4.1　薪酬管理目标及政策

1. 薪酬含义

薪酬是指员工向其所在企业提供所需要的劳动而获得的各种形式的补偿，是企业支付给员工的劳动报酬。薪酬包括经济性薪酬和非经济性薪酬两大类。

经济性薪酬分为直接经济性薪酬和间接经济性薪酬。直接经济性薪酬是单位按照一定的标准以货币形式向员工支付的薪酬，包括工资、福利、奖金、津贴等。间接经济性薪酬不直接以货币形式发放给员工，但通常可以给员工带来生活上的便利、减少员工额外开支或者免除员工后顾之忧，包括社会保险、公积金、带薪假期、带薪病假、宿舍、食堂等。

非经济性薪酬是指无法用货币等手段来衡量，但会给员工带来心理愉悦效用的一些因素。包括员工活动、培训等。

2. 薪酬管理目标

薪酬管理，是指企业管理者对员工薪酬的支付标准、发放水平、要素构成进行确定、分配和调整的过程。薪酬管理目标包括以下内容。

（1）具有外部竞争力，吸引高素质人才，稳定现有员工队伍。

（2）具有内部公平，即分配公平、过程公平、机会公平。

（3）合法性是企业薪酬管理的最基本前提，要求企业实施的薪酬制度符合国家、省份的法律法规、政策条例要求，如不能违反最低工资制度、法定保险福利等。

（4）努力实现组织目标和员工个人发展目标的协调。

3. 薪酬管理政策

薪酬政策就是企业管理者对企业薪酬管理的目标、任务、途径和手段进行选择和组合，是企业在员工薪酬上所采取的方式策略。企业的薪酬政策主要包括薪酬水平政策、激励政策、薪酬分配政策、福利政策等。企业薪酬政策会受到多种内外部因素的影响。其中，外部因素包括经济增长率、通货膨胀率、劳动力市场的供求；内部因素包括企业文化、企业战略、企业经营情况等。

16.4.2 薪酬体系的设计

1. 薪酬体系设计

薪酬体系设计包括职位分析与评价、薪酬水平定位、薪酬架构、薪酬制度等。

（1）职位分析与评价。职位分析与评价是薪酬体系设计的基础。一是确定企业内部各个职位的相对重要性；二是为薪酬的公平性奠定基础。

（2）薪酬水平定位。薪酬水平直接关系到对外竞争力的问题，因此，在确定薪酬水平时，需考虑劳动力市场薪酬水平、同行业同类企业薪酬水平、人力资源市场供给情况，并需要定期检讨修订。

（3）薪酬架构。企业的各职位等级与对应的实付薪酬间的关系，即表述各职位等级间的薪酬数值。企业在确定薪酬水平定位，综合考虑各种因素后，形成薪酬等级表，可确定企业内每一职位的薪酬范围。

（4）薪酬制度。薪酬制度是指企业制定的员工薪酬管理方面的标准方法等，包括员工薪酬构成、员工定级、定薪、薪酬调整、激励性报酬计算方式、薪酬发放等的管理制度。员工薪酬构成方面，主要包括基本工资、绩效工资、激励性报酬等。

2. 福利制度

福利是对员工直接薪酬、激励性报酬以外的薪酬的补充部分，具有涵盖广泛、形式多样的特点，却又不明显，较难观察，成本也很高。福利分为法定福利、非法定福利两部分。法定福利是指政府法规规定的强制执行福利，如社会保险、高温补贴、住房公积金等，这部分福利不能因为企业经营情况而调整，也不与职位相对价值直接相关。非法定福利是指根据本企业情况制定的福利制度，如通信补贴、车辆补贴、伙食费、宿舍、商业保险等。这类福利的项目设置、标准、发放范围等，通常可以与员工的绩效、职位等级相关，并可根据员工的不同需求制订弹性福利方案，供员工选择。

16.4.3 员工薪酬沟通

员工薪酬沟通内容主要有：企业薪酬制度，包括定级定薪原则、薪酬构成、激励性薪酬计算方法、薪酬发放要求、福利情况等；员工个人薪酬情况，包括个人的定级定薪、调级调薪、福利等。

员工薪酬沟通时机，一是在员工入职时，重点沟通企业薪酬制度、福利制度、个人入职定级、定薪情况、试用期薪酬等；二是在员工职级薪酬调整时，重点沟通企业在职级、薪酬调整方面的原则，员工个人职级、薪酬调整的原因，及调整的具体情况；三是在员工有投诉时，重点沟通和解释企业薪酬制度，了解员工个人情况等。

16.5 物业项目员工劳动保护

16.5.1 物业项目职业健康安全危险源

物业项目危险源较多，但多数风险等级较小，常见的职业健康安全危险源包括：

（1）公共场所。井盖损坏、外墙清洗或高处作业、高空抛物、车辆超速行驶等。

（2）作业过程。盐酸等洗涤剂、清洁电器开关、消杀药品、园林机具使用不当、无证电焊、装修垃圾未清运、油漆（天那水）没有密封、装修无消防器材、带易燃易爆物品进入物业、与犯罪分子搏斗、蓄电池破裂、配电装置接地保护失灵、供配电设备漏电保护开关失效、供配电设备标识牌不齐全、供配电超负荷、停电或电梯故障、电气误操作、水箱清洗作业操作等。

（3）工作场所。高温作业、工作装备不安全、工作环境不安全、办公场所吸烟、仓库存放易燃易爆品等。

16.5.2 员工劳动保护的方法

1. 物业项目职业健康安全危险源的控制

根据风险评价结果，针对性地采取控制措施。

（1）对于风险评估较低的，即表明现有管理过程中已有相关作业指导，并得以合理控制，需按现有的作业指导实施。

（2）对于风险评价中等的，即表明现有管理过程中的作业指导未得到执行或没有相应的制度和控制方法，需要加强执行或增加相应的控制方法。

（3）对于风险评价较高的，即表明通过作业控制不能达到有效控制，需要投放人力、物力，制定特定的控制方案并实施，达到有效控制。

（4）对于职业健康安全危险源，通过不断的管理控制，危险源的风险会有所降低。但由于环境、服务处于变化过程中，需定期进行重新识别和评价，以便持续改进和控制。

2. 常用的劳动保护用品的配置

（1）一般劳保用品，主要指不同岗位的员工配备冬、夏季工作制服；操作员工根据工作场所需要，配备毛巾、手套、清洁用品、消毒用品、雨鞋、雨衣、水壶等；户外固定岗位，配置遮阳伞、电风扇、空调、防寒装备等；户外作业岗位，配备防暑降温用品、食品、防寒装备。

（2）特殊劳保用品，主要指保障工作过程中，对操作人员进行安全防护的用品和用具。

3. 工伤事故的处理

（1）工伤，是工作伤害的简称，也称职业伤害，是指生产劳动过程中，由于外部因素直接作用而引起员工机体组织的突发性意外损伤。工伤的范围较大，是否确定为工伤，需政府劳动主管部门认定。

（2）事故处理，流程包括：现场保护、采取急救措施、通报上级部门、安全事故调查、制定事故处理方案、改进措施实施。

（3）工伤处理，流程包括：工伤申请、工伤认定、医疗期、劳动能力鉴定、工伤赔偿。

4. 员工心理干预

物业管理行业属公共服务行业，来源于社会、政府、客户、上级的压力较多，员工容易出现或多或少的心理紧张、痛苦压抑、情绪低下、丧失信心等不良心理状态，从而导致士气低落、效率下降、服务质量低等问题，因而解决员工心理问题、缓解员工心理压力、调适员工心理情绪的员工心理管理是物业管理各级管理者所面临的新课题。

心理干预是指在心理学理论指导下有计划、按步骤地对特定对象的心理活动、个性特征或心理问题施加影响，使之发生朝向预期目标变化的过程。

员工心理干预的方法包括健康促进、预防性干预、心理咨询和心理治疗等。对于物业项目员工，主要是健康促进、预防性干预和心理咨询3种方式。健康促进，是通过组织各种活动、培训、沟通，使员工建立积极向上的心理、增强自我控制能力；预防性干预，是针对可能发生或已发生，易引起心理问题的事件，进行有针对性的提前沟通预防，或事后沟通减压；心理咨询，是指由受过专业训练的咨询者依据心理学理论和技术，通过与员工建立良好的咨询关系，帮助员工认识自己，克服心理困扰。

【本章小结】

随着物业管理市场的不断规范和发展，对人力资源的有效开发与管理，已成为物业服务人的重要战略问题。人力资源管理的基本内容，包括职位的设置与管理、员工的招聘与解聘、员工的培训及其管理、员工的考核与奖惩、员工权益保障等。

物业项目职位管理应当以公司发展战略为出发点，包括职位组织结构梳理、职位分析、职位描述、职位评估、职等架构 5 项任务。

人力资源计划分为长期计划和年度计划。年度计划包括人力资源定编计划、员工招聘计划、员工培训计划和人力资源成本计划，其中前 3 个计划是人力资源成本计划编制的基础。

员工绩效管理的目的在于通过激发员工的工作热情和提高员工的能力和素质，以达到改善公司绩效的效果，分为绩效计划、绩效实施与辅导、绩效评估与反馈、绩效运用 4 个阶段。

薪酬管理是指企业管理者对员工薪酬的支付标准、发放水平、要素构成进行确定、分配和调整的过程。薪酬管理目标包括使企业具有外部竞争力、具有内部公平、具备合法性和努力实现组织目标和员工个人发展目标的协调。

物业项目劳动保护是指对员工职业健康安全影响因素进行评估，并根据评估结果采取针对性的保护措施。

【延伸阅读】

ISO 45001 职业健康与安全管理体系。

课后练习

一、选择题（扫下方二维码自测）

二、课程实践

选择您熟悉的物业项目，对项目人力资源状况进行系统调研，拟定项目人力资源优化方案。

17 物业项目财务管理

知识要点

1. 物业服务人的预算管理；
2. 物业服务人营业收入、成本费用、税费、利润的构成；
3. 物业服务人的财务特征；
4. 物业项目财务管理的核算方式；
5. 物业服务收费标准、计费形式；
6. 物业项目费用的测算依据、测算方法；
7. 住宅专项维修资金的含义、所有权、管理及使用原则。

能力要点

1. 能够进行日常费用收支工作，做日记账；
2. 能够进行物业服务费测算，进行专项维修资金的使用、分摊、续筹，进行公共收益管理。

财务管理是企业管理的重要组成部分，是有关资金的获得和有效使用的管理。相关的法律文件主要有《物业管理企业财务管理规定》(财基字〔1998〕7号)、《国家税务总局关于物业管理企业的代收费用有关营业税问题的通知》(国税发〔1998〕217号)、《国家税务总局关于住房专项维修基金征免营业税问题的通知》(国税发〔2004〕69号)、《物业服务收费管理办法》(发改价格〔2003〕1864号)、《物业服务定价成本监审办法（试行）》(发改价格〔2007〕2285号)、《营业税改征增值税试点实施办法》(财税〔2016〕36号)。做好财务管理工作，有利于规范物业服务人财务行为，有利于促进企业公平竞争，有效保护物业管理相关各方的合法权益。本章首先简要介绍物业服务人财务管理的基础知识，然后分别就物业项目的收费管理、物业服务费测算以及专项维修资金管理等进行阐述。

17.1 物业服务人财务管理概述

17.1.1 物业服务人的财务预算管理

财务预算是集中反映未来一定期间（预算年度）现金收支、经营成果和财务状况的预算。财务预算的编制过程，是对公司未来经营活动和经营结果的安排过程。

1. 财务预算的编制要求

为了保证财务预算的有效性，编制财务预算必须遵循以下原则或要求。

（1）加强调查研究，认识资金运动规律。为提高财务预算的准确性和可操作性，在编制财务预算之前，需要了解其资金运动的特点，特别是设备维修保养等费用支出项目的规律性。

（2）实行参与管理，调动员工积极性。实质上，财务预算的编制过程，就是财务管理目标的设置过程。由于公司全体员工都将参与财务预算的执行，因此，应尽可能让员工参与财务预算的编制过程。

（3）符合实际，适当留有余地。编制的财务预算既应符合公司的实际情况，不宜过低；同时也不宜过高，通过全体员工的努力应能够实现。

（4）全面权衡，提高资金使用效益。财务预算编制过程中，不仅要求严格控制费用支出，更重要的是充分考虑各费用支出的必要性及其经济价值，防止预算中包含不应发生的费用项目。

2. 财务预算的编制方法

财务预算有多种不同的编制方法，在实际应用中可以根据不同预算内容的特点，灵活、综合地选用不同的预算方法，以求编制出最符合本企业特点的预算。

（1）增量预算法与零基预算法。预算编制方法按出发点的特征不同，分为增量预算法和零基预算法。增量预算法以基期（比如上一年度）水平为基础，分析预算期（比如下一年度）业务量水平及有关影响因素的变动情况，通过调整基期预算项目及数额，编制相关预算。零基预算法不考虑以往的预算项目和预算数额，主要以预算期（比如下一年度）的需要、企业预测目标为依据设定预算项目构成和预算水平。零基预算法的编制工作量较大，但优点是不受过去因素的影响。

（2）固定预算法与弹性预算法。预算编制方法按业务量的关系不同，分为固定预算法和弹性预算法。固定预算法只根据预算期内正常、可实现的某一固定的业务量水平作为唯一基础来编制预算。预算编出后，在预算期内除特殊情况必须追加预算外，一般不作变动或更迭，具有相对固定性，因而称为固定预算。对于业务稳定，能准确预测工作量、成本和收入的项目，可以采用固定预算法来编制预算。固定预算通常每年编制一次，使预算期间同会计年度相一致，便于对预算的执行情况和结果进行考核、评价。弹性预算法是在成本分析的基础上，根据业务量、成本和利润之间的关系，按照预算期内可能的一系列业务量水平编制预算。编制弹性预算，需要选用一个最能代表经营活动水平的业务计量单位（如收费率、管理面积、总收入等）。弹性预算的显著特点是扩大了预算的适用范围。

（3）定期预算法与滚动预算法。预算编制方法按预算期的时间特征不同，分为定期预算法和滚动预算法。定期预算法以不变的会计期间（比如年度、季度、月度）作为预算期间编制预算，预算与会计期间一致，便于依据会计报告的数据考核和评价预算执行结果。滚动预算法是在上期预算完成的基础上，调整和编制下期预算，并将预算期间逐期向后滚动推移，使预算期间保持一定时期跨度，一般有逐月滚动和逐季滚动两种。

3. 财务预算的主要内容

一般而言，物业服务人的财务预算主要包括以下几项内容。

（1）收入预算。物业服务人的收入来自物业管理服务和多种经营两个方面。管理服务收入是物业管理公司的主营业务收入。

（2）营业成本预算。营业成本是物业服务人在从事物业管理活动中发生的各项直接支出，其预算包括直接人工费和直接材料费预算两部分。其中，直接人工费预算是在预算期内直接从事物业管理活动人员的工资、奖金和福利费等预计支出，而直接材料费预算是物业管理活动中直接消耗的各种材料、辅助材料、燃料和动力、低值易耗品和包装物等方面的预计支出。

（3）管理费用预算。管理费用预算是从事物业管理活动中所发生的间接费用的预算。其内容包括物业管理人员的工资、奖金及职工福利费、固定资产折旧费和修理费、水电费、办公费、差旅费、邮电通信费、租赁费、保险费、劳动保护费、保安费、低值易耗品摊销和其他费用等。

（4）财务费用预算。财务费用预算是物业服务人在预算期内为筹措资金所发生费用的预算，其构成项目包括利息支出、汇兑损失、金融机构手续费和其他财务费用等。

（5）资本预算。资本预算也称设备维修更新计划，是物业服务人为实现物业的保值和增值，根据设备的运行状况和管理服务的需要制定的有关长期资产（固定资产等）购入和更新改造支出的预算。

（6）现金预算。现金预算亦称现金流量表，是反映预算期内货币资金的流入、流出以及资金调度的预算。在此，现金指货币资金，而并非指现钞。该预算是物业服务人进行货币资金日常管理的基本手段。

（7）预计损益表。预计损益表又称年度利润计划，是在经营决策（包括财务决策）基础上，综合反映物业服务人预算期内收入、成本费用和净利润的预算。

（8）预计资产负债表。预计资产负债表或称预计财务状况表，是揭示物业服务人资产、负债和股东权益在预算期末的水平及其构成的预算。

4. 财务预算的编制程序

（1）根据相关法规和管理服务合同的要求，特别是物业管理的内容和收费标准等，编制资本预算及年度收入预算；

（2）以收入预算为基础，制订营业成本预算，即直接材料费和直接人工费预算；

（3）依据收入预算，编制管理费用预算；

（4）根据收入预算、营业成本和管理费用预算等，并进而结合物业管理公司的收付款政策和资本预算，编制现金预算；

（5）综合所有各项预算，编制利润预算（预计损益表）和预计资产负债表。

5. 财务预算的控制

财务预算就其本质而言，是一种控制手段。为了保证财务预算能真正落到实处，物业服务人的财务管理部门应搞好物业管理财务的预算控制工作。

（1）将财务计划的各项预算指标分配落实到公司各部门。

（2）通过会计核算反映和监督公司各部门有关指标的实际完成情况。

（3）定期（按年或月）把实际完成情况同财务预算指标进行对比分析，找出存在的偏差，并分析产生偏差的原因，提出降低成本费用的途径，制定纠偏的有效措施。

（4）对责任部门和责任人进行评价和考核。

（5）根据考核结果和奖惩办法进行奖励和处罚。

（6）调整预算。在财务预算执行过程中会发生一些不可预见的因素，造成财务预算执行发生偏差，为了做到考核合理，奖罚分明，一般在每年第三季度对财务预算指标进行有依据的必要调整，保证预算的合理性和可行性。

17.1.2 物业服务人的收入管理

营业收入是指物业服务人从事物业管理和其他经营活动所取得的各项收入，包括物业管理主营业务收入和其他业务收入。

1. 主营业务收入

主营业务收入是指物业服务人在从事物业管理活动的过程中，为业主和物业使用人提供维修、管理和服务所取得的收入，主要包括物业管理收入和物业经营收入。物业管理收入是指物业服务人向业主和物业使用人收取的公共性服务费收入、公众代办性服务费收入和特约服务收入；物业经营收入是指物业服务人经营物业产权人、使用人提供的房屋建筑物和共用设施取得的收入，如房屋出租收入和经营停车场、游泳池、各类球场等共用设施所取得的收入。

2. 其他业务收入

其他业务收入是指物业服务人从事主营业务以外的其他业务活动所取得的收入，包括房屋中介代销手续费收入、材料物资销售收入、废品回收收入、商业用房经营收入及无形资产转让收入等。其中，商业用房经营收入是指物业服务人利用物业产权人、使用人提供的商业用房，从事经营活动取得的收入，如开办健身房、美容美发屋、商店、饮食店等的经营收入。

3. 物业服务人营业收入的管理

物业服务人应当在劳务已经提供，同时收讫价款或取得收取价款的凭证时确认为营业收入的实现。物业服务人与业主和物业使用人双方签订付款合同或协议的，应当根据合同或者协议所规定的付款日期确认为营业收入的实现。

17.1.3 物业服务人的成本费用管理

1. 物业服务人的营业成本的内容

物业服务人的营业成本包括直接费用和间接费用。

（1）直接费用，是指物业服务人直接从事物业服务活动所发生的支出。主要包括以下项目。

1）人员费用，是指管理服务人员工资、按规定提取的工会经费、职工教育经费，以及根据政府有关规定应当由物业服务人交纳的住房公积金和养老、医疗、失业、工伤、生育保险等社会保险费用。其中，工会经费、职工教育经费、住房公积金以及医疗保险费、养老保险费、失业保险费、工伤保险费、生育保险费等社会保险费的计提基数，按照核定的相应工资水平确定；工会经费、职工教育经费的计提比例，按国家统一规定的比例确定；住房公积金和社会保险费的计提比例，按当地政府规定比例确定，超过规定计提比例的不得计入成本；医疗保险费用应在社会保险费中列支，不得在其他项目中重复列支；其他应在工会经费和职工教育经费中列支的费用，也不得在相关费用项目中重复列支。

2）物业共用部位共用设施设备日常运行和维护费用，是指为保障物业管理区域内共用部位共用设施设备的正常使用和运行、维护保养所需的费用。不包括保修期内应由建设单位履行保修责任而支出的维修费、应由住宅专项维修资金支出的维修和更新、改造费用。

3）绿化养护费，是指管理、养护绿化所需的绿化工具购置费、绿化用水费、补苗费、农药化肥费等。不包括应由建设单位支付的种苗种植费和前期维护费。

4）清洁卫生费，是指保持物业管理区域内环境卫生所需的购置工具费、消杀防疫费、化粪池清理费、管道疏通费、清洁用料费、环卫所需费用等。

5）秩序维护费，是指维护物业管理区域秩序所需的器材装备费、安全防范人员的人身保险费及由物业服务人支付的服装费等。其中器材装备不包括共用设备中已包括的监控设备。

6）物业共用部位共用设施设备及公众责任保险费用，是指物业服务人购买物业共用部位共用设施设备及公众责任保险所支付的保险费用，以物业服务人与保险公司签订的保险单和所交纳的保险费为准。

7）办公费，是指物业服务人为维护管理区域正常的物业管理活动所需的办公用品费、交通费、房租、水电费、取暖费、通信费、书报费及其他费用。

8）固定资产折旧，是指按规定折旧方法计提的物业服务固定资产的折旧金额。物业服务固定资产指在物业服务小区内由物业服务人拥有的、与物业服务直接相关的、使用年限在1年以上的资产。固定资产折旧采用年限平均法，折旧年限根据固定资产的性质和使用情况合理确定。企业确定的固定资产折旧年限明显低于实际可使用年限的，成本监审时应当按照实际可使用年限调整折旧年限。固定资产残值率按 3%～5% 计算；个别固定资产残值较低或者较高的，按照实际情况合理确定残值率。

9）经业主同意的其他费用，是指业主或者业主大会按规定同意由物业服务费开支的费用。

以上直接费用中，物业服务人将专业性较强的服务内容外包给有关专业公司的，该项服务的成本按照外包合同所确定的金额核定。

（2）间接费用，又称管理费分摊，是指物业服务人在管理多个物业项目情况下，为保证相关的物业服务正常运转而由各物业服务小区承担的管理费用。具体包括企业管理人员的员工薪酬、员工法定福利、员工非法定福利、招聘费用、培训费用、工会经费、固定资产折旧、办公费用、物料采购费、业务招待费、水电费、市内交通费、车辆使用费（油费、路桥费、维修费用等）、差旅费、租赁及管理费、办公设备维护费、网络通信费、会议费用等。

物业服务人只从事物业服务的，其所发生费用按其所管辖的物业项目的物业服务计费面积或者应收物业服务费加权分摊；物业服务人兼营其他业务的，应先按实现收入的比重在其他业务和物业服务之间分摊，然后按上述方法在所管辖的各物业项目之间分摊。

2. 物业服务人成本费用的管理

实行一级成本核算的物业服务人，可不设间接费用，有关支出直接计入管理费用。物业服务人经营管辖物业共用设施设备支付的有偿费用计入营业成本，支付的物业管理用房有偿使用费计入营业成本或者管理费用。物业服务人对物业管理用房进行装饰装修发生的支出，计入递延资产，在有效使用期限内，分期摊入营业成本或者管理费用中。物业服务人可以于年度终了时，按照年末应收取账款余额的 0.3%～0.5% 计提坏账准备金，计入管理费用。企业发生的坏账损失，冲减坏账准备金；收回已核销的坏账，增加坏账准备金。不计提取坏账准备金的物业服务人，其所发生的坏账损失，计入管理费用；收回已核销的坏账，冲减管理费用。

3. 物业服务人其他业务支出的内容及管理

物业服务人其他业务支出是指企业从事其他业务活动所发生的有关成本和费用支出。物业服务人支付的商业用房有偿使用费，计入其他业务支出。企业对商业用房进行装饰装修发生的支出，计入递延资产，在有效使用期限内，分期摊入其他业务支出。

17.1.4　物业服务人的税费和利润管理

1. 物业服务人的税费管理

物业服务人主要涉税业务有：物业服务（主营）、场地租赁（兼营，含车位租赁）、代收转付、水电费等。按一般纳税人来计，上述业务按增值税的税率见表 17-1；小规模纳税人收取 3% 的增值税。

一般纳税人计算物业企业增值税率 表17-1

主要业务	税率	备注
物业管理服务	6%	
场地租赁	9%	
水费	3%	指差额征税部分
电费	13%	指差额征税部分
城市维护建设附加	7%	
教育费附加	3%	
地方教育费附加	2%	

2. 物业服务人的利润管理

（1）物业服务人利润的构成。物业服务人利润总额包括营业利润、投资净收益、营业外收支净额以及补贴收入。其中，营业利润包括主营业务利润和其他业务利润。

（2）物业服务人利润的计算。主营业务利润是指主营业务收入减去营业税金及附加，再减去营业成本、管理费用及财务费用后的净额；其他业务利润指其他业务收入减去其他业务支出和其他业务缴纳的税金及附加后的净额；补贴收入是指国家拨给物业服务人的政策性亏损补贴和其他补贴。

17.1.5 物业服务人的财务特征

1. 会计主体的特殊性

分为两种情况，一种是以物业服务人自身为会计主体的，认为物业项目的经营管理活动也是其企业经营活动中不可或缺的一部分，当然，也不排除有通过集中组织会计核算，降低会计信息成本的因素存在；另一种是将企业本部和每个物业项目分别作为会计主体，并编制合并会计报表。

对于采用酬金制作为计费方式的物业项目而言，明确物业项目必须作为独立的会计主体的意义在于：一方面，可以将物业管理服务的提供者即物业服务企业的经营活动与其受托代理的物业项目的经营活动区别开来；另一方面，可以将同一物业服务企业受托代理的不同物业项目的经营活动区别开来。因此，酬金制下，各物业项目应独立建账、独立核算，保证物业服务企业与物业项目之间及不同管理项目之间在资金划拨、账簿记录等方面相互独立。

在酬金制下，物业项目是独立的会计主体，但其会计核算的责任主体是物业服务企业，这反映出物业服务企业"代人理财"的特点。

2. 现阶段物业服务企业资产的特点

（1）货币资金在总资产和流动资产中的比重偏高。总的来说，由于现阶段在国家允许的范围内，低风险的短期投资渠道较少，物业服务企业往往也缺少资产管理方面的人才，使大量的货币资金处于闲置的状态。

（2）分散在各物业项目、所有权归全体业主的固定资产尚未全部纳入会计核算体系。

3. 现阶段物业服务企业负债的特点

（1）物业服务企业现金充裕，现金流稳定，普遍没有通过银行融资的需求。

（2）物业服务企业账面上存在着较多的暂收或应付款（如代收代付费用等），并且物业服务收费一般采用预收的方式。因此，物业服务企业负债相对于所有者权益的比率较高。

（3）物业服务企业的负债基本上是无息负债，即不需要支付利息的负债。

4. 所有者权益的特殊性

在进行所有者权益核算时，应注意的是：酬金制下，物业管理服务费的结余是全体业主的权益，而非物业服务企业的股东权益，不能将其纳入所有者权益的核算范围，应计入资产负债表中“少数股东权益”项目，不能将其分配给股东。

5. 收入的规定性

酬金制下，物业管理服务费是物业服务企业以代理人的身份为业主管理的资金，在地方税务法规的支持下，在会计上可以作为“代管资金”。对于采取酬金制的物业项目，物业服务企业的物业管理服务收入仅包括物业管理服务酬金收入。

6. 物业服务企业在成本费用方面的特征

（1）物业服务企业固定成本的比例较高，人工成本占总成本的比例也较高，成本费用的可控性相对较差。

（2）物业服务企业成本费用的可预测性较强。

（3）物业服务企业的成本中有相当部分属于预防性支出（如电梯维修保养费等）。

17.2 物业项目的收费管理

物业管理项目财务管理分为独立核算与非独立核算两种形式。采用独立核算形式的物业项目一般在物业项目上设有财务部或专职会计和出纳员，物业服务人对其财务权限给予一定的限制；实施非独立核算的物业服务人把各项目管理单位的会计核算集中到企业，按物业管理项目进行分别核算，各项目管理单位只负责各项费用的收取和部分费用的直接支出。

17.2.1 物业服务收费的原则

物业服务收费，是指物业服务人按照物业服务合同的约定，对房屋及配套的设施设备和相关场地进行维修、养护、管理，维护相关区域内的环境卫生和秩序，向业主所收取的费用。《物业管理条例》第四十一条对物业服务收费作出原则规定："物业服务收费应当遵循合理、公开以及费用与服务水平相适应的原则，区别不同物业的性质和特点，由业主和物业服务人按照国务院价格主管部门会同国务院建设行政主管部门制定的物业服务收费办法，在物业服务合同中约定。"

（1）合理原则。物业服务收费水平应当与我国经济发展状况和群众现实生活水平协调一致，既不能超出业主的实际承受能力，也不能一味降低收费水平，进而造成业主房屋财产的贬损和影响群众生活水平的提高。因此，研究和确定物业服务收费标准，应当面向实际，客观决策。

（2）公开原则。《中华人民共和国价格法》规定："经营者销售、收购商品和提供服务，应当按照政府价格主管部门的规定明码标价，注明商品的品名、产地、规格、等级、计价单位、价格或者服务的项目、收费标准等有关情况。经营者不得在标价之外加价出售商品，不得收取任何未予标明的费用。"《物业服务收费明码标价规定》明确规定，物业服务收费属于《价格法》调整范围，应当明码标价，物业服务人应当在物业管理区域内的显著位置，依法向业主公示物业服务人名称、物业服务内容、服务标准、收费项目、收费计价方式和收费标准。

公开透明物业管理的价格信息，除了应当按照政策要求做到物业服务收费明码标价以外，对于包干制的物业管理项目，物业服务人还应当公开与收费标准相对应的物业服务标准；对于酬金制的物业管理项目，物业服务人还应当明示物业服务支出的各项成本构成以及定期财务审计的结果。推行物业服务价格的定期公示制度，有助于业主进行服务价格的市场比较，消除价格信息的不对称，提高业主物业服务费用的竞价能力；推行物业服务价格的定期公示制度，有利于业主理解物业管理的真实价值，增强与物业服务人的价格认同，减少价格认识的误解，降低价格冲突的风险。

（3）收费与服务水平相适应原则。要求物业服务收费与服务水平相适应，就是要求质价相符，业主花钱买服务必须买得公平合理，符合等价交换原则，物业服务人的经营作风必须诚实信用，提供的服务质量必须货真价实，同时，还应当接受消费者的监督。

17.2.2 物业服务收费的定价形式

《价格法》对于包括服务收费在内的价格管理，规定了3种定价形式：一是政府定价，是指由政府价格主管部门或者其他有关部门，按照定价权限和范围制定的价格；二是政府指导价，是指由政府价格主管部门或者其他有关部门，按照定价权限和范围规定基准价及其浮动幅度，指导经营者制定的价格；三是市场调节价：是指由经营者自主制定，通过市场竞争形成的价格。

《物业服务收费管理办法》规定："物业服务收费应当区分不同物业的性质和特点分别实行政府指导价和市场调节价。具体定价形式由省、自治区、直辖市人民政府价格主管部门会同房地产行政主管部门确定。"因此，目前我国物业服务费的定价形式只有两种，即政府指导价和市场调节价。

【案例 17-1】

石家庄市区住宅前期物业服务收费等级基准价见表 17-2。

石家庄市区住宅前期物业服务收费等级基准价　　表 17-2

（单位：元 /m^2/ 月）

服务等级	基准价	电梯费	二次加压费
等级	2.80	0.30	0.05
一级	1.60	0.30	0.05
二级	1.20	0.30	0.05
三级	0.90	0.30	0.05
四级	0.60	0.30	0.05

备注：

1. 以上标准为最高限价，下浮不限。
2. 以上标准不含物业共用部位、共用设施设备等公众责任保险费用。
3. 供水企业已接管物业服务区域内供水设施的，二次加压运行费用按 0.05 元 /m^2 从物业费中扣除。

物业服务收费实行政府指导价的具体方式是，由房地产行政主管部门根据物业管理服务的实际情况和管理要求，制定物业管理服务的等级标准，然后由有定价权限的价格主管部门会同房地产行政主管部门，测算出各个等级标准的物业管理服务基准价格及其浮动幅度。各物业管理服务项目的具体收费标准，由业主与物业服务人根据规定的基准价和价格浮动幅度，结合本物业项目的服务等级标准和调整因素，在物业服务合同中约定。

物业服务收费实行市场调节价的，由业主与物业服务人按照市场原则自由协商价格，并在物业服务合同中约定，政府不予干预。

2014 年 12 月，国家发展改革委《关于放开部分服务价格意见的通知》（发改价格〔2014〕2755 号）指出："保障性住房、房改房、老旧住宅小区和前期物业管理服务收费，由各省级价格主管部门会同住房城乡建设行政主管部门根据实际情况决定实行政府指导价。"根据此规定，物业服务费两种定价方式的适用范围可以总结如下。

（1）业主大会成立之前的住宅区（别墅除外）的公共性物业服务收费实行政府指导价。

（2）别墅、业主大会成立之后的住宅区及其他非住宅物业服务收费实行市场调节价。

（3）物业服务人接受业主委托提供公共性物业服务合同以外服务的特约服务费实行市场调节价。

【案例 17-2】北京物业服务收费实行市场调节价并适时调整

2020 年 5 月 1 日，《北京市物业管理条例》正式施行。在多项突破性新规中，“物业服务收费实行市场调节价并适时调整”成为大家最关心的内容之一。

为何调？有小区物业费 30 年未变。

很多老住宅小区，物业费多年来都保持不变。以建成于 1998 年的某老旧小区为例，其二手房部分物业费的价格是多层约 0.6 元 /m^2、高层约 1.7 元 /m^2，房改房部分则是每年每户约 80 元的保洁费。“小区全年物业支出在 1400 万元左右，业主缴费和补贴费用总计约 1000 万元，收支差在 400 万元。”小区物业负责人表示，人工成本是近年来上涨最快的部分。原地踏步的物业费和不断上涨的服务成本，一动一静下，物业公司闹亏空，物业服务质量也跟不上业主的要求，不少纠纷也由此产生。

条例提出，相关主体应当遵守权责一致、质价相符、公平公开的物业服务市场规则，物业服务收费实行市场调节价并适时调整。

怎么调？自主定价前提是与业主协商。

有业主担忧，允许适时调整是否意味着物业公司有了“尚方宝剑”，想调就调？

“条例所提及的市场调节价与适时调整这两个词，并不意味着物业企业可以强势的坐地起价，业主只能被动接受。”某律所律师周某表示，市场调节价是指由经营者自主制定，通过市场竞争形成的价格。一方面，物业企业对物业费确实具有自主定价权，但另一方面，这个定价并不是单方的，而要受到市场竞争这只无形之“手”的制约。“你有定价权，但业主也有性价比最优的选择权，是供需双方协商自愿的结果。”至于适时调整，是指根据当时的服务成本与市场供需关系而进行的动态、良性的调整。“由官方机构建立实时的物业成本信息保障机制，这次也明确写入条例”，周某指出。

条例第七十三条：“物业服务收费实行市场调节价并适时调整。市住房和城乡建设主管部门应当发布住宅小区物业服务项目清单，明确物业服务内容和标准。物业管理行业协会应当监测并定期发布物业服务项目成本信息和计价规则，供业主和物业服务人在协商物业费时参考。”

怎么做？物业公司按时“晒”账单。

北京物业管理行业协会秘书长提出，对于实行市场调节价的物业项目，物业公司要有 3 个做到：做好物业服务的规定动作；按时“晒”账单；按规定的程序合理调整物业费。条例明确：物业服务人应当在物业管理区域内显著位置如实、及时公示的信息中，就包括物业服务内容和标准、收费标准和方式；上一年度物业服务合同履行及物业服务项目收支情况、本年度物业服务项目收支预算；上一年度公共水电费用分摊情况、物业费、公共收益收支与专项维修资金使用情况。

17.2.3 物业服务的计费方式

根据《物业服务收费管理办法》物业服务的计费方式有包干制和酬金制两种。

1. 包干制

包干制是指由业主向物业服务人支付固定物业服务费用，盈余或者亏损均由物业服务人享有或者承担的物业服务计费方式。实行物业服务收费包干制的，物业服务费的构成包括物业服务成本、法定税费和物业服务人的利润。包干制是目前我国住宅物业服务收费普遍采用的计费方式。

包干制计费方式下，业主按照物业服务合同支付固定的物业服务费用后，物业服务人必须按照物业服务合同要求和标准完成物业管理服务。换句话说，就是物业服务人的盈亏自负，无论收费率高低或物价波动，物业服务人都必须按照合同约定的服务标准提供相应服务。包干式计费方式适用的客户类型多为缺乏专业素养的分散产权业主。该模式的优点是，易于操作，简单便捷，有利于物业服务人强化成本意识，提高内控水平；缺点是，交易透明度不够，容易导致交易信息不对称，企业难以取得客户的信任，在收费率偏低的情况下，容易导致亏损，企业的经营风险较大。在市场不规范时，个别物业服务人可能通过减少物业服务成本来保证企业利润，业主的权益可能受到侵害。

2. 酬金制

酬金制是指在预收的物业服务资金中按约定比例或者约定数额提取酬金支付给物业服务人，其余全部用于物业服务合同约定的支出，结余或者不足均由业主享有或者承担的物业服务计费方式。实行物业服务酬金的，预收的物业服务资金包括物业服务支出和物业服务人的酬金。

酬金制也称佣金制，这种物业服务计费方式在非住宅物业管理项目普遍采用，一些高档住宅物业管理也已采用。酬金制的物业服务支出由业主负担，物业服务人受业主委托，运用自身的管理知识、经验和专业技能组织实施物业管理服务，并取得事前约定比例或者数额的酬金。酬金制计费方式，适用的客户类型多为单一产权业主以及较为专业的业主团体。该模式的优点是，以服务成本作为定价基础，财务收支公开透明，减少交易双方的信息不对称，有利于消除服务买卖双方的误解和矛盾，对于物业服务人来说，该模式有利于保证酬金收益和降低经营风险；缺点是，对交易双方的专业能力要求较高，业主监督物业服务人的成本较高，对于物业服务人来说，该模式下缺乏服务成本控制的内在动力，难以取得超额利润和实现快速增长。

为保证实施物业管理服务所需费用，酬金制要求业主按照经过审议的预算和物业服务合同的约定，先行向物业服务人预付物业服务支出。物业服务支出为所交纳的业主所有，物业服务人对所收的物业服务支出仅属代管性质，不得将其用于物业服务合同约定以外的支出。实行物业服务费用酬金制的物业服务人，应当履行以下义务。

（1）应当向业主大会或者全体业主公布物业服务资金年度预决算，并每年不少于一次公布物业服务资金的收支情况。

（2）业主或者业主大会对公布的物业服务资金年度预决算和物业服务资金的收支情况提出质询时，物业服务人应当及时答复。

（3）物业服务人应配合业主大会按照物业服务合同约定聘请专业机构对物业服务资金年度预决算和物业服务资金的收支情况进行审计。

17.2.4 物业服务收费的管理

1. 物业服务收费明码标价

物业服务人向业主提供物业服务合同约定的物业服务及物业服务合同约定以外的服务，应当按照《物业服务收费明码标价规定》实行明码标价。物业服务人实行明码标价，应当遵循公开、公平和诚实信用的原则，遵守国家价格法律、法规、规章和政策。物业服务收费明码标价的内容包括：物业服务人名称、收费对象、服务内容、服务标准、计费方式、计费起始时间、收费项目、收费标准、价格管理形式、收费依据、价格举报电话等。实行政府指导价的物业服务收费应当同时标明基准收费标准、浮动幅度以及实际收费标准。实行明码标价的物业服务收费的标准等发生变化时，物业服务人应当在执行新标准前1个月，将所标示的相关内容进行调整，并应标示新标准开始实行的日期。物业服务人在其服务区域内的显著位置或收费地点，可采取公示栏、公示牌、收费表、收费清单、收费手册、多媒体终端查询等方式实行明码标价。

物业服务人接受委托代收供水、供电、供气、供热、通信、有线电视等有关费用的，也应当依照规定实行明码标价。物业服务人根据业主委托提供的物业服务合同约定以外的服务项目，其收费标准在双方约定后应当以适当的方式向业主进行明示。物业服务人实行明码标价应当做到价目齐全，内容真实，标示醒目，字迹清晰。物业服务人不得利用虚假的或者使人误解的标价内容、标价方式进行价格欺诈。不得在标价之外，收取任何未予标明的费用。政府价格主管部门应当会同同级房地产主管部门对物业服务收费明码标价进行管理，政府价格主管部门对物业服务人执行明码标价规定的情况实施监督检查。对物业服务人不按规定明码标价或者利用标价进行价格欺诈的行为，由政府价格主管部门依照《价格法》《价格违法行为行政处罚规定》《关于商品和服务实行明码标价的规定》《禁止价格欺诈行为的规定》进行处罚。

2. 物业服务费的交纳和督促

（1）物业使用人的交费责任。业主是物业的所有权人，交纳物业服务费用是业主基本的义务。在物业管理活动中，物业服务人受业主委托，对业主的物业进行管理，为业主提供服务。因此，业主理所当然应当向物业服务人支付相应服务费用。在现实生活中，业主拥有的物业不一定为业主所占有和使用。当业主将其物业出租给他人或者出借给他人使用时，业主可以和物业使用人约定，由物业使用人交纳物业服务费用。这种情况下，物业使用人是代业主履行物业服务合同的义务。鉴于物业使用人实际占有和使用物业，是真正享受物业服务的人，《物业管理条例》规定，业主与物业使用人约定由物业使用人交纳物业服务费用的，从其约定。同时，考虑到业主毕竟是交纳物业服务费用的责任人，业主的身份相对固定，而物业使用人并不是物业服务合同的当事人，而且相对容易变化，为了保障全体业主和物业服务人的合法权益，《物业管理条例》进一步规定，即使存在由物业使用人交费的约定，业主仍然负连带交纳责任。所谓连带交纳责任，是指当物业使用人不履行或者不完全履行与业主关于物业服务费用交纳的约定时，业主仍负有交纳物业服务费用的义务，物业服务人可以直接请求业主支付物业服务费用。

（2）建设单位的交费责任。《物业管理条例》第四十二条规定："已竣工但尚未出售或者尚未交给物业买受人的物业，物业服务费用由建设单位交纳。"作为商品房出售的新建物业，物业管理区域内房屋的出售和交付需要一个过程。在销售物业之前，建设单位是唯一的业主。如果建设单位聘请了物业服务人实施前期物业管理服务的，应当支付物业服务费用。在物业全部出售并交付给业主之前，建设单位仍然需要就没有售出的物业以及没有交付给业主的物业交纳物业服务费用；已经出售并交付给业主的物业，物业服务费用由业主交纳。由于已竣工没有售出物业的产权仍然属于建设单位，作为产权人当然有义务交纳服务费用；对于没有交付给物业买受人的物业而言，物业的实际占有人还是建设单位，物业的产权也还没有转移给买受人，买受人也没有享受到相应的物业服务，所以也应由建设单位交纳物业服务费用。

（3）业主委员会对欠费业主的督促义务。按时足额交纳物业服务费用应当是业主自觉履行的义务。但现实中，业主违反物业服务合同约定，逾期不交纳服务费用的情况客观存在，有些物业管理区域业主欠交物业费的情况甚至比较普遍。为维护业主的共同利益，《民法典》第二百八十六条规定，业主大会或者业主委员会对拒付物业费等损害他人合法权益的行为，有权依照法律、法规以及管理规约，请求行为人停止侵害、赔偿损失。《物业管理条例》和《物业服务收费管理办法》均明确规定，对于欠费业主，业主委员会应当督促其限期交纳；逾期仍不交纳的，物业服务人可以向人民法院起诉。需要强调的是，业主委员会督促欠费业主交纳物业费，并不是物业服务人通过司法途径追索的前置条件。业主欠交物业管理服务费用，必然影响物业管理服务的质量。因此，业主欠费行为不仅侵害了物业服务人的合法权益，而且也损害了其他交费业主的合法权益，业主委员会有责任也有义务代表交费业主，督促欠费业主限期交纳物业管理服务费。对拒不交费的业主，物业服务人有权依法追索，但不得采取停水、停电等违法措施胁迫业主交费。依法追索的方式，就是依据物业服务合同关于解决争议条款的约定，通过仲裁或者向人民法院起诉解决。

3. 物业项目代收代交费用的管理

通常情况下，业主和供水、供电、供气、供热、通讯、有线电视等市政公用单位之间，是一种合同关系。作为合同当事人，业主和市政公用单位应当按照法律的规定和合同的约定，行使合同权利和履行合同义务。向业主收取相应的水、电、气、热、通讯、有线电视费，是市政公用单位的权利。物业服务人并不是合同的当事人，没有义务向市政公用单位支付这些费用，也没有权利向业主收取这些费用。

在物业管理区域内，物业服务人熟悉物业及业主的情况，如果接受市政公用单位的委托，代其向业主收取相关费用，可以节省当事人的时间和支出费用，提高办事效率。因此，物业服务人可以接受市政公用单位的委托，代收有关费用。这样，市政公用单位和业主以及物业服务人之间存在3个合同关系：业主与市政公用单位之间是水、电、气、热、通信和有线电视的供用合同关系；业主与物业服务人之间是物业服务合同关系；物业服务人和市政公用单位之间是委托合同关系。《物业管理条例》明确规定："物业管理区域内，供水、供电、供气、供热、通信、有线电视等单位应当向终用户收取有关费用。物业服务人接受委托代收前款费用的，不得向业主收取手续费等额外费用。"《物业服务收费管理办法》进一步明确，物业服务人接受委托代收上述费用的，可向委托单位收取手续费。

17.3 物业服务费的测算

17.3.1 物业服务费编制的依据

1. 物业项目收入的编制依据

（1）费用收缴率。费用收缴率等于当期实际收到的费用除以当期应收的费用。一般费用期间和会计期间一致，采用月度或年度计量的方式。因各地经济发展水平不同、缴费习惯各异，各地的平均费用收缴率也差异较大，在编制收入时，应先行调研当地的收缴率情况。

（2）物业服务费收入。物业服务费计算时应依据物业项目的收费标准、收费面积、收缴率等。计算的公式为

$$物业服务费收入=\sum(S\times P\times R)$$

其中，S代表物业项目的收费标准；P代表收费标准对应的收费面积；R代表收费标准对应的平均收缴率。

（3）停车场收入。停车场收入计算时应依据收费标准、停车位数量、使用率等，可以分为固定停车收入和临停收入。计算的公式为：

$$停车场收入 = \sum(收费标准 \times 停车位数量 R) + 临停收入$$

（4）其他收入。包括为社区商业活动提供场地和管理的收入、以配套形式划拨的商业用房的租赁收入、公共设施广告收入等。

2. 物业项目支出的编制依据

（1）管理计划和实施计划所需物业管理服务成本。管理计划主要是指常规物业管理服务中的人员计划、物品使用计划、能源消耗计划、工程维护保养计划、清洁保洁与绿化保养计划等。在编制测算时，应根据实施这些计划所需人工成本、物料成本、能耗成本、外包费用等进行测算。

（2）物业正常维护和保养计划。可比照参考以往每年实际发生的或其他同类物业的物业管理服务成本。

（3）物业大、中修计划。物业大、中修计划的资金来源主要有物业收入和住宅专项维修资金两种，如果是使用住宅专项维修资金，应该单独编制。

3. 物业项目的其他测算依据

（1）正确掌握小区内的其他多种经营资源，如广告位、会所等。

（2）了解配套设施布局与开发商对小区业主的承诺情况，划分可收服务费用数量、类别与单价等情况。

（3）了解物业服务合同、投标书、承诺书或物业服务计划书中，对项目物业管理服务人员的编制、人员结构、岗位设置等的人员经费情况。

（4）熟悉开办费包含的范围、分摊期、开支标准等情况。

（5）了解物业服务合同中双方所约定的服务内容、管理酬金、人员费用标准、福利待遇等事项，特别是对配套设施的启用、公共照明、绿化及其他设施的保修期等，对其成本费用要有合理的预算。

17.3.2 物业项目费用测算的方法

1. 物业项目费用测算的注意事项

（1）物业管理服务费测算编制应当区分不同物业的性质和特点，并考虑其实行的是政府指导价还是市场调节价。如果该项目采用的是政府指导价的方式，在物业管理服务费根据政府指导价已经确定的情况下，采取以收定支的测算方式，测算结果出现亏损的，可以尝试申请补贴收入。

（2）根据项目是采用酬金制还是包干制，其计算公式不同：

酬金制：

（所有支出项＋税＋管理服务酬金）/ 面积＝收入 / 面积＝管理服务费标准

包干制：

（所有支出项＋税＋合理利润）/ 面积＝收入 / 面积＝管理服务费标准

（3）物业服务人为该项目管理投入的固定资产折旧和物业项目机构用物业管理服务费购置的固定资产折旧，这两部分折旧均应纳入物业管理服务费的测算中。

（4）物业管理服务属微利性服务行业，物业管理服务费的测算和物业管理服务的运作应收支平衡、略有结余，在确保物业正常运行维护和管理的前提下，获取合理的利润，使物业服务人得以可持续发展。

（5）物业管理服务费测算时应考虑各地区同类项目的收缴率情况。

（6）物业管理服务费测算时应考虑项目合同面积和实际收费面积之间的差异。

2. 原始数据的收集

管理服务费的核算要做到合理、准确，对原始数据和资料的收集至关重要，在测算各系统大型设备更新储备金时，要首先收集包括原始价格、运输、安装调试费在内的设备原值，设备功率参数和设备使用寿命等资料；在测算低值易耗材料时，要计算出各类材料的详细数量和对市场价格进行详细调查，如计算公共照明系统时，要查清所有公共部分的灯泡、灯头、灯管、继电器、镇流器、灯箱、灯罩、开关、闸盒、电表等的数量及它们各自的平均使用期限和市场售价；其他关于工资水平、社会保险、专业公司单项承包、一般设备固定资产折旧率、折旧时间等，均应严格按政府和有关部门的规定和实际支出标准及有效依据为测算基础。

3. 物业管理服务费用的测算

（1）工作计划的编制。测算物业管理服务费，首先应根据物业项目的实际情况编制各项支出的工作计划，包括人员编制计划、物品使用计划、能源消耗计划、工程维护保养计划、清洁保洁与绿化保养计划、物业大、中修计划等。

（2）支出成本的编制。根据物业管理服务费支出（成本）项目和内容进行分解，然后由各部门或相关人员分别测算各单项费用。如在测算共用部位、共用设施设备运行维护费项目时，应分别测算其子项目，如公共建筑及道路土建零修费用、给水排水设备日常运行维护费用、电气系统设备维护保养费用等。

（3）支出成本的汇总。各单项费用测算完毕进行加总。

（4）物业管理服务酬金的计算。

（5）法定税费的计算。

（6）物业管理服务费单价的计算：以物业管理服务费总额除以该物业可收费总建筑面积即可得出单位面积物业管理服务费标准。

【案例17-3】某物业项目物业费测算

甲物业公司准备参加S市一住宅物业项目“××花园”一期项目前期物业管理招标投标，以下是该公司对××花园物业服务管理费的收支预算方案。

1. 收支预算依据及说明

（1）国家物业管理相关法律法规。

（2）S市物业管理条例。

（3）××花园项目资料及现场考察数据。

（4）S 市人力资源成本。

（5）甲物业公司劳动定额。

2. 费用测算表（表 17-3～表 17-9）

××花园物业管理服务费的测算参数一览表　　表 17-3

名称	参数明细
占地面积	89258m²
建筑面积	住宅：339186m²；商业：无
绿化面积	除去楼座和道路外约 3 万 m²
包含楼栋	14 栋（楼号：11～24 号）
每栋楼包含单元数	19 号为 3 个单元；其余均为 2 个单元
每栋楼层数	地上：11 号楼、12 号楼有 30 层；13 号楼、14 号楼、16～20 号楼有 26 层；15 号楼、21～24 号楼有 33 层；地下：均为 2 层
每单元电梯数	2 部（客梯、消防客梯各 1 部）
每部电梯层站数	26 层（7 栋）：每部客梯 26 层 /26 站，消防客梯 28 层 /28 站 30 层（2 栋）：每部客梯 30 层 /30 站，消防客梯 32 层 /32 站 33 层（5 栋）：每部客梯 33 层 /33 站，消防客梯 35 层 /35 站
每层户数	11 号楼、12 号楼为每层 7 户；19 号楼为每层 9 户；24 号楼为每层 6 户；其余各楼为每层 8 户
一期交房数量及楼号	11 号楼、12 号楼、13 号楼、14 号楼、19 号楼、20 号楼，共计 6 栋，101443m²，2014 年 7 月 30 日交房
设计出入口数量	主出入口 1 个，次出入口 2 个
设计车位数量	地上 173 个（按规划条件，实际可以多建）；地下 1150 个
设计地下车库出口	3 个（北侧 2 个，靠近次出入口；东侧 1 个，靠近主出入口）
设计机动车通行	可以在园区内通行
监控室设计位置	负一层，与消防室合用
周界摄像头分布	类型：红外摄像头；分布：出入口、车辆出入口、电梯内、小区广场、车库
水泵房	位置：地下车库 8 区；主设备及功率：水泵，1.5～45kW
配电室	位置：小区西北角、西南角；管理机构：供电局；主要设备功率：10000kW
换热站	位置：地下车库 8 区；主要设备功率：暂无；供暖方式：地暖
垃圾转运站	暂无，后期可以考虑
污水处理	与市政连接
业主活动场所	室外：有；室内：无
物业管理用房面积	位置：×× 花园北区；面积：2200m²
在建工程隔离	在建楼栋是否进行围挡：是；在建工程与小区业主出入口是否相区别：是
销售承诺	销售时介绍物业管理服务费标准为 1～1.2 元 /m²

××花园物业管理服务费收支预算总表　　表17-4

序号	项目费名称	单价/（元/月/m²）	总价/（元/月）	占费用比例/%
1	人工费		84712	69.59
2	公共设备维护费用		25566	21.00
3	清洁卫生、绿化养护费用		1164	0.96
4	安防费用		1052	0.86
5	办公费用		1033	0.85
6	利润		901	0.74
7	税金		7304	6
物业管理服务费		1.20	121732	100

××花园人工费支出预算表　　表17-5

序号	部门	岗位	人数	工资标准（元）	月工资额（元）	保险费（元）	合计（元）
1	项目	项目经理	1	3000	3000	448	3448
2	客服	客服经理	1	2200	2200	448	2648
		前台接待	1	1600	1600	448	2048
		服务专员	3	1800	5400	1344	6744
3	工程	工程经理	1	2200	2200	448	2648
		电工	1	1800	1800	10	1810
		水工	2	1700	3400	20	3420
		电梯工	1	1800	1800	10	1810
4	环境	环境经理	1	1800	1800	448	2248
		保洁班长	2	1450	2900	20	2920
		保洁员	7	1320	9240	70	9310
		绿化工	2	1320	2640	20	2660
5	秩序维护	队长	1	2200	2200	448	2648
		班长	3	1850	5550	30	5580
		队员	18	1700	30600	180	30780
		监控	3	1320	3960	30	3990
合计			48	29060	80290	4422	84712

××花园公共设备维护费用支出预算表　　表17-6

序号	项目名称	运行费（元）	检测费（元）	维保费（元）	合计（元）	说明
1	公共照明系统	2000			2000	园区照明、楼宇内公共照明、安全梯照明等
2	供配电系统	300			300	

续表

序号	项目名称	运行费（元）	检测费（元）	维保费（元）	合计（元）	说明
3	供水系统	2000	317		2317	两次蓄水池消毒，一次水质检测，水泵房用电
4	排水系统		167		167	化粪池清淘
5	供暖系统		150	125	275	供热站安全阀检查、压力容器检查
6	电梯费用	6240	3767	10000	20007	电梯检测每年一次，限速器检测每2年一次
7	日常耗材			500	500	日常各类管件、阀门、开关、灯具等物耗，以及管网小修
合计		10540	4401	10625	25566	

××花园清洁卫生、绿化养护费用支出预算表　　表17-7

序号	类别	项目名称	金额（元）	备注
1	保洁	保洁用具	125	垃圾袋、塑料绳、墩布、簸箕、扫帚、笤帚、玻璃器、刮板、毛刷、钢丝球、弹子、抹布等
2		消杀	50	
3		保洁用水	182	
4		垃圾清运费	333	
5	绿化	绿化工具	42	铁锹、胶管、钳子、平剪、弹力剪、耙子、立铲、手锯
6		农药化肥	250	
7		绿化用水	182	
合计			1164	

××花园安防费用支出预算表　　表17-8

序号	项目名称	金额/元	备注
1	对讲机	300	门岗、监控、巡逻岗、队长，共9台
2	对讲机维修	100	
3	强光手电	27	巡逻岗，4把
4	自行车	25	巡逻岗，2辆
5	灭火器灌装	600	
合计		1052	

××花园办公费用支出预算表　　表17-9

序号	项目名称	金额/元	备注
1	电话费用	400	项目、客服、工程、监控室4部电话
2	办公用品	200	综合测算

续表

序号	项目名称	金额/元	备注
3	网络费	50	全年600元
4	水电费	200	项目办公用水电开支
5	交际费	83	全年预计1000元
6	培训费	42	全年预计500元
7	财务费用	8	
8	交通费用	50	
合计		1033	

17.4 住宅专项维修资金的管理

17.4.1 住宅专项维修资金含义和来源

1. 住宅专项维修资金的含义

住宅专项维修资金是指专项用于住宅共用部位、共用设施设备保修期满后的维修和更新、改造的资金。2007年12月4日，建设部、财政部联合下发第165号令《住宅专项维修资金管理办法》，自2008年2月1日起施行。住宅专项维修资金专项用于住宅共用部位、共用设施设备保修期满后的维修和更新、改造。

2. 住宅专项维修资金的来源

（1）商品住宅专项维修资金。商品住宅的业主、非住宅的业主按照所拥有物业的建筑面积交存住宅专项维修资金，每平方米建筑面积交存首期住宅专项维修资金的数额为当地住宅建筑安装工程每平方米造价的5%～8%。直辖市、市、县人民政府建设（房地产）主管部门应当根据本地区情况，合理确定、公布每平方米建筑面积交存首期住宅专项维修资金的数额，并适时调整。

（2）公有住房专项维修资金。出售公有住房的，按照下列规定交存住宅专项维修资金：业主按照所拥有物业的建筑面积交存住宅专项维修资金，每平方米建筑面积交存首期住宅专项维修资金的数额为当地房改成本价的2%；售房单位按照多层住宅不低于售房款的20%、高层住宅不低于售房款的30%，从售房款中一次性提取住宅专项维修资金。

（3）其他来源。包括住宅专项维修资金的存储利息；利用住宅专项维修资金购买国债的增值收益；利用住宅共用部位、共用设施设备进行经营的业主所得收益，但业主大会另有决定的除外；住宅共用设施设备报废后回收的残值等。

17.4.2 住宅专项维修资金的管理

1. 住宅专项维修资金的管理原则

住宅专项维修资金管理实行专户存储、专款专用、所有权人决策、政府监督的原则。开立住宅专项维修资金专户，应当以物业管理区域为单位设账，按房屋户门号设分户账；未划定物业管理区域的，以幢为单位设账，按房屋户门号设分户账。开立公有住房住宅专项维修资金专户，应当按照售房单位设账，按幢设分账，其中，业主交存的住宅专项维修资金，按房屋户门号设分户账。

2. 住宅专项维修资金的所有权与分摊

业主交存的住宅专项维修资金属于业主所有；从公有住房售房款中提取的住宅专项维修资金属于公有住房售房单位所有。

住宅共用部位、共用设施设备的维修和更新、改造费用，按照下列规定分摊。

（1）商品住宅之间或者商品住宅与非住宅之间共用部位、共用设施设备的维修和更新、改造费用，由相关业主按照各自拥有物业建筑面积的比例进行分摊。

（2）售后公有住房之间共用部位、共用设施设备的维修和更新、改造费用，由相关业主和公有住房售房单位按照所交存住宅专项维修资金的比例进行分摊。其中，应由业主承担的，按照相关业主各自拥有物业建筑面积的比例进行分摊。

（3）售后公有住房与商品住宅或者非住宅之间共用部位、共用设施设备的维修和更新、改造费用，先按照建筑面积比例分摊到各相关物业。其中，售后公有住房应分摊的费用，再由相关业主和公有住房售房单位按照所交存住宅专项维修资金的比例进行分摊。

3. 住宅专项维修资金的申请

（1）住宅专项维修资金划转业主大会管理前，需要使用住宅专项维修资金的，按照以下程序办理。

1）提出使用建议。物业服务人根据维修和更新、改造项目提出使用建议；没有物业服务人的，由相关业主提出使用建议。

2）业主表决同意。住宅专项维修资金列支范围内，专有部分面积占比 2/3 以上的业主且人数占比 2/3 以上的业主参与表决，且经参与表决专有部分面积 3/4 以上的业主且参与表决人数 3/4 以上的业主同意使用方案。

3）物业服务人或者相关业主组织实施使用方案。

4）物业服务人或者相关业主持有关材料，向所在地直辖市、市、县人民政府建设（房地产）主管部门申请列支，其中，动用公有住房住宅专项维修资金的，向负责管理公有住房住宅专项维修资金的部门申请列支。

5）直辖市、市、县人民政府建设（房地产）主管部门或者负责管理公有住房住宅专项维修资金的部门审核同意后，向专户管理银行发出划转住宅专项维修资金的通知。

6）专户管理银行将所需住宅专项维修资金划转至维修单位。

（2）住宅专项维修资金划转业主大会管理后，需要使用住宅专项维修资金的，按照以下程序办理。

1）物业服务人提出使用方案，使用方案应当包括拟维修和更新、改造的项目、费用预算、列支范围、发生危及房屋安全等紧急情况，以及其他需临时使用住宅专项维修资金的情况的处置办法等。

2）业主大会依法通过使用方案。

3）物业服务人组织实施使用方案。

4）物业服务人持有关材料向业主委员会提出列支住宅专项维修资金，其中，动用公有住房住宅专项维修资金的，向负责管理公有住房住宅专项维修资金的部门申请列支。

5）业主委员会依据使用方案审核同意，并报直辖市、市、县人民政府建设（房地产）主管部门备案；动用公有住房住宅专项维修资金的，经负责管理公有住房住宅专项维修资金的部门审核同意；直辖市、市、县人民政府建设（房地产）主管部门或者负责管理公有住房住宅专项维修资金的部门发现不符合有关法律法规、规章和使用方案的，应当责令改正。

6）业主委员会、负责管理公有住房住宅专项维修资金的部门向专户管理银行发出划转住宅专项维修资金的通知。

7）专户管理银行将所需住宅专项维修资金划转至维修单位。

4. 紧急情况下的应对措施

发生危及房屋安全等紧急情况，需要立即对住宅共用部位、共用设施设备进行维修和更新、改造的，住宅专项维修资金划转业主大会管理前，按照"（五）住宅专项维修资金的申请"中第一部分的第四项、第五项、第六项规定办理；住宅专项维修资金划转业主大会管理后，按照"（五）住宅专项维修资金的申请"中第二部分的第四项、第五项、第六项和第七项的规定办理。

5. 不得从住宅专项维修资金中列支的费用

（1）依法应当由建设单位或者施工单位承担的住宅共用部位、共用设施设备维修、更新和改造费用。

（2）依法应当由相关单位承担的供水、供电、供气、供热、通信、有线电视等管线和设施设备的维修、养护费用。

（3）应当由当事人承担的因人为损坏住宅共用部位、共用设施设备所需的修复费用。

（4）根据物业服务合同约定，应当由物业服务人承担的住宅共用部位、共用设施设备的维修和养护费用。

【本章小结】

财务预算是集中反映物业服务人未来一定期间（预算年度）现金收支、经营成果和财务状况的预算。

营业收入包括物业服务主营业务收入和其他业务收入，物业服务人应当在劳务已经提供，同时收讫价款或取得收取价款的凭证时确认为营业收入的实现。物业服务人的营业成本包括直接费用和间接费用。

从目前政府价格管理政策看，物业管理服务费标准主要有以下两种方式：政府指导价和市场调节价，业主与物业服务人可以采取酬金制或者包干制等形式约定物业管理服务费。

住宅专项维修资金是指专项用于住宅共用部位、共用设施设备保修期满后的维修和更新、改造的资金。

【延伸阅读】

1.《物业管理企业财务管理规定》（财基字〔1998〕7号）；

2.《国家税务总局关于物业管理企业的代收费用有关营业税问题的通知》（国税发〔1998〕217号）；

3.《国家税务总局关于住房专项维修基金征免营业税问题的通知》（国税发〔2004〕69号）；

4.《物业服务收费管理办法》（发改价格〔2003〕1864号）；

5.《物业服务定价成本监审办法（试行）》（发改价格〔2007〕2285号）；

6.《营业税改征增值税试点实施办法》（财税〔2016〕36号）。

课后练习

一、选择题（扫下方二维码自测）

二、案例分析计算题

1. 某住宅小区可收费面积为10万m^2，经测算，该小区物业服务年成本为200万元，物业管理服务费实行包干制。物业服务人期望管理该项目利润率达到年服务费收入的10%。假设营业税及附加的税率为5.65%。请根据案例信息完成以下计算（请列出计算公式及计算过程）。

（1）请计算在上述条件下，该小区物业管理服务费的收费标准应是多少？（单位：元/月/m^2，保留小数点后两位）

（2）按此收费标准，物业管理服务费的收缴率应达到多少，才能保证该小区物业服务人保本运行？（保留小数点后两位）

（3）由于工资、维修材料及能源费用的刚性增长，该小区的物业管理服务成本上涨了20%，问：若物业服务人希望保持原有的利润，每年物业管理服务费需增加多少？（单位：万元，保留小数点后两位）

2. 某物业项目部经理的住宅小区实行物业管理服务收费包干制。

该项目部在年底向上级公司汇报了一年来的收入如下：

① 物业管理服务收入5000000元；

② 电梯轿厢中设立广告收入50000元；

③ 为业主进行入户维修收入66800元；

④ 公共场地租赁收入120000元；

⑤ 代理业主房屋租赁收入67500元；

⑥ 设置快递终端设备获得场地使用费收入8600元；

⑦ 代收代发快递获得服务费收入38000元。

请依据案例材料回答下列问题。

（1）上述收入中，有哪几项属于项目部开展多种经营的收入？总额是多少？

（2）上述收入中，哪些收入应属于物业服务人？总额是多少？

（3）上述收入中，哪些收入应属于业主？总额是多少？

（4）属于业主的收入应如何使用？

三、课程实践

以本公司或熟悉的物业公司近三年参与的某个物业项目的招标投标为案例，认真进行资料调研、搜集，完成该项目物业管理方案编制。方案内容包括：

（1）项目概况；

（2）项目定位、总体设想；

（3）人员配置；

（4）收支测算。

18 物业项目风险管理

知识要点

1. 物业管理风险的概念与类型；
2. 物业风险管理的内容与方法；
3. 风险防范与突发事件应急处置；
4. 应急预案的制定要求和方法；
5. 危机公关的理论与技巧。

能力要点

1. 能够识别物业管理服务风险、执行风险管理制度；
2. 能够组织实施风险管理制度的培训与演练工作；
3. 能够组织制定突发事件的应急预案，组织实施风险规避、控制工作；
4. 能够组织编制风险管理制度，进行危机公关。

物业管理涉及关系复杂，风险无时无处不在。物业管理风险如果不能有效防范，在一定条件下有可能演化为突发的、影响比较大的紧急事件。因此，物业管理风险的合理防范和紧急事件的有效处理，是物业服务人普遍面临且无法回避的问题。

18.1 物业项目风险管理概述

18.1.1 物业管理风险的含义

物业管理风险是指物业服务人在服务过程中，由于组织内外的自然、社会因素所导致的应由物业服务人承担的意外损失。

物业管理的风险类型包括早期介入的风险、前期物业管理的风险和日常管理的风险。其中，日常管理风险按行为主体分类，可包括业主或物业使用人在使用物业和接受物业服务过程中的风险、物业管理项目外包服务过程中的风险、市政公用事业单位服务过程中的风险、物业管理员工服务过程中的风险和公共媒体宣传报道中的舆论风险等。

18.1.2 物业管理风险的内容

1. 早期介入的风险

早期介入的风险主要包括项目接管的不确定性带来的风险和专业服务咨询的风险。

（1）项目接管的不确定性带来的风险。有的物业服务人在还没有确定取得项目接管权的时候，就投入了较多的人力、物力和财力。但因为种种原因，最终未被建设单位选聘，物业服务人不仅蒙受人、财、物的损失，物业服务人的品牌形象也受到了损害。

（2）专业服务咨询的风险。早期介入涉及面广、时间长、技术性强、难度高，当物业服务人不具备足够的具有相当专业技术能力和物业管理操作经验的人员全过程参与时，难以发现在项目规划设计和施工等方面存在的隐患和问题，其提供的专业咨询意见和建议也可能出现不足和偏差。此外，如果不能与建设、施工和监理单位有良好的沟通和配合，早期介入提出的合理化建议将得不到重视和采纳。

2. 前期物业管理的风险

前期物业管理的风险有许多方面，但最主要的是合同风险。合同风险具体包括3个方面。

（1）合同期限。《物业管理条例》第二十六条规定："期限未满、业主委员会与物业服务人签订的物业服务合同生效的，前期物业服务合同终止"。因此，前期物业管理合同的期限具有不确定性，物业服务人随时有可能被业主大会解聘。一旦被提前解约，物业服务人对物业管理项目的长期规划和各种投入将付诸东流。但如果物业服务人过多局限于这一因素，致使前期的规划和投入不到位，可能会带来操作上的短期行为，也会引发业主或物业使用人与物业服务人的矛盾和冲突。

（2）合同订立的风险。在订立前期物业服务合同时，物业建设单位居于主导方面。而且物业相关资料的移交，物业管理用房、商业经营用房的移交，空置房管理费缴纳等均需要物业建设单位的支持与配合。因此，建设单位在与物业服务人订立前期物业服务合同时，可能会将本不该由物业服务人承担的风险转嫁给物业服务人。此外，一些物业服务人为了取得项目管理权，在签订合同时盲目压低管理费用，这将影响到接管项目后正常经营的维持；一些物业服务人在签订合同时没有清晰约定有关责任，或忽视免责条款，甚至作出一些难以实现的承诺，致使在接管后发生不幸事件（家中财产被盗、人员伤亡等）时，处于被动局面，在合同内容上的疏忽都有可能成为业主向物业服务人索赔的理由。

（3）合同执行的风险。前期物业服务合同是具有委托性质的集体合同，由建设单位代表全体业主与物业服务人签订。虽然这种合同订立行为是法规规制的结果，但在业主入住和合同执行的过程中，由于缺乏相应法规知识或其他原因，可能会发生对前期物业服务合同的订立方式、合同部分条款和内容不认同、不执行，从而引发业主与物业服务人之间的纠纷。前期物业服务阶段处于各种矛盾交织的特殊时期，工程遗留的质量问题、设施设备调试中未妥善解决等问题，都会影响业主正常生活。由此引发的对前期合同的争议和纠纷，若处理不当，将会诱发管理风险。

3. 日常物业管理的风险

日常物业管理的风险包括两个方面，一是业主或物业使用人在使用物业和接受物业服务过程中存在的风险；二是物业管理日常运作过程中存在的风险。

（1）业主或物业使用人在使用物业和接受物业服务过程中发生的风险

1）物业违规装饰装修带来的风险。业主或物业使用人违规装饰装修，不仅会造成物业共用部位损坏、安全隐患和邻里纠纷等，增加物业管理的运行、维修和维护成本，还会使物业服务人承担一定的物业装饰装修管理责任。

2）物业使用带来的风险。在物业日常使用过程中，业主或物业使用人对物业使用出现不当行为和不当使用的情况，如高空抛物、改变物业使用功能、堵塞消防通道、损毁共用设施设备和场地等，是难以确定责任人的；业主或物业使用人因物业的“瑕疵或当事人的疏忽”而发生意外事故，造成他人人身伤害或财产损失的情况，物业服务人就要承担一定的法律责任风险。

3）法律概念不清导致的风险。在公共安全、人身财产的保险和财产保管方面，业主或物业使用人往往对物业管理安全防范主体的责任认识不清，误将本应由公安机关或业主自身承担的安全防范责任强加给物业服务人，导致物业服务人与业主或物业使用人纠纷增加，物业服务人为此投入大量的人力、财力和物力造成不必要的消耗，承担额外责任。

（2）物业管理日常运作过程中存在的风险

1）管理费收缴风险。业主或物业使用人由于各种原因缓交、少交或拒交管理费，是物业服务活动中比较突出的问题。由于物业服务人普遍缺乏有效的追缴手段，收费风险是物业日常管理服务常见的风险之一。

2）替公用事业费用代收代缴存在的风险。在公用事业费用（如水电费等）的代收代缴以及公共水电费分摊中，物业管理单位居于收取和缴纳的中间环节，如业主或物业使用人不及时、不足额缴纳相应费用，势必导致物业服务人蒙受经济损失，承担其不应有的风险。

3）管理项目外包存在的风险。物业管理服务项目外包是物业管理运作中常见的现象。在对项目外包单位的选择，以及合同订立、实施管理的诸多环节中，物业服务人虽然可采取多种手段加以控制，但潜在和不确定性因素依然存在。如选择的专业公司履约时，专业服务行为不符合物业管理服务要求。虽然物业服务人可通过要求整改予以解决，但其后果往往是业主或物业使用人仍将责任归咎于物业服务人。

4）物业管理员工服务存在的风险。物业服务人未能履行物业服务合同的约定，导致业主人身、财产安全受到损害的，要承担相应的法律责任。由于员工违规操作引发的问题，按照法律上称为的“雇主责任”，物业服务人也将承担其属下员工不当行为的赔偿责任。

5）公共媒体在宣传报道中的舆论风险。在物业管理操作中，由于物业管理服务不到位、矛盾化解不及时、投诉处理不当和与各方沟通不及时等，均有可能导致物业管理的舆论风险。舆论风险不仅会影响物业服务人的品牌形象，而且会给物业服务人带来经济上的损失。

18.1.3 物业管理风险防范的措施

在物业管理活动中，风险是客观存在和不可避免的，在一定条件下还带有某些规律性。虽然不可能完全消除风险，但可以通过努力把风险降低到最小。这就要求物业服务人主动认识风险，积极管理风险，有效地控制和防范风险，以保证物业管理活动和人们生活正常进行。

物业管理风险防范的具体措施应根据物业管理活动时间、地点和情况的不同区别处理，总体而言，物业管理风险防范可从以下6个主要方面进行把握。

1. 增强法律意识

物业服务人要学法、懂法和守法。物业管理相关合同在订立前要注重合同主体的合法性，合同服务的约定应尽可能详尽，避免歧义。在合同订立中要明确相关服务标准、服务质量、收费事项、违约责任、免责条件和纠纷处理的方式等。在参与投标、接管项目和提供服务等各个环节中自觉执行物业管理相关法律法规，并充分运用法律武器保护自身的合法权益，切实提高风险防范的法律意识、合同意识、公约意识和服务意识。

2. 加强制度建设

物业服务人要抓制度建设、抓员工素质和抓管理落实，建立健全并严格执行物业服务人内部管理的各项规章制度和岗位责任制，不断提高员工服务意识、服务技能和风险防范意识，通过机制创新、管理创新和科技创新改进经营管理方式，提高管理水平和效率，降低运营成本，增强物业服务人自身的市场竞争能力和抵御风险能力。管理中要特别注意对事故隐患的排除，在服务区域的关键位置，设立必要的提示和警示标牌，尽可能避免意外事件的发生。

3. 处理好与相关主体间关系

（1）妥善处理与业主的关系。物业服务人在向业主提供规范、到位、满意服务的同时，应通过业主公约、宣传栏等形式向业主广泛宣传物业管理的有关政策，帮助业主树立正确的物业管理责任意识、消费意识和合同意识，使他们既行使好权利，又承担相应的义务。

（2）妥善处理与开发建设单位的关系。物业服务人要通过加强早期介入，帮助建设单位完善物业项目设计，提高工程质量，节约建设资金等，努力引导建设单位正确认识物业管理活动。

（3）妥善处理与市政公用事业单位及专业公司的关系。按照《物业管理条例》第四十五条的规定，在物业管理区域内，供水、供电、供气、供热、通信、有线电视等单位应当向最终用户收取有关费用。物业服务人应当按此规定，与有关单位分清责任，各司其职。对分包某项专业服务的清洁、绿化等专业公司，要认真选聘，严格要求，并在分包合同中明确双方的责任。

（4）妥善处理与政府相关行政主管部门、街道办和居委会的关系，积极配合各级政府主管部门的工作，主动接受行政主管部门、街道办、居委会对服务工作的指导和监督。

4. 注重宣传

物业服务人应重视对外宣传，树立企业良好的形象。要与政府、行业协会、业主大会和新闻媒体等相关部门建立良好的沟通与协调机制。在风险与危机发生后，应当从容应对，及时妥善处理，做好相关协调工作，争取舆论支持，最大限度地降低企业的经济和名誉损失。

5. 引入风险分担

可以适当引入市场化的风险分担机制，比如为其接管物业的共用设施设备购买保险，若发生楼宇外墙墙皮脱落伤及行人或砸坏车辆等意外事件，由保险公司承担相应赔偿责任。

6. 采取科学手段

风险管理是一门新兴的管理学科，它是以观察实验、经验积累为基础，科学分析为手段。因此，物业服务人要重视研究风险发生的规律，加强控制和防范风险的能力。应当建立事前科学预测、事中应急处理和事后妥善解决的风险防范与危机管理机制，把握风险的规律性，引入先进的风险管理技术规避、转移和控制风险，并针对不同类型的物业管理风险建立相应的应急预案来防范风险和应对紧急事件。

18.2 物业项目紧急事件处理

18.2.1 紧急事件的含义和性质

物业管理紧急事件，是物业管理服务活动过程中突然发生的，可能对服务对象、物业服务人和公众产生危害，需要立即处理的事件。紧急事件的性质可以总结为以下几个方面。

（1）紧急事件能否发生、何时何地发生、以什么方式发生、发生的程度如何，均是难以预料的，具有极大的偶然性和随机性。

（2）紧急事件的复杂性不仅表现在事件发生的原因相当复杂，还表现在事件发展变化的不可预见性。

（3）不论什么性质和规模的紧急事件，都会不同程度地给社区、企业和业主造成经济上的损失或精神上的伤害。

18.2.2 处理紧急事件的要求

（1）在发生紧急事件时，物业服务人应努力控制事态的恶化和蔓延，尽可能降低损失，缩短恢复时间。

（2）在发生紧急事件时，管理人员应主动出击，不可消极、推脱甚至回避。

（3）随着事件的发展和变化，要依据现实条件灵活运用原定的预防措施或应对方案，有针对性地提出处理措施和方法。

（4）在紧急事件发生后应由一名管理人员做好统一的现场指挥，安排调度，以免出现“多头领导”，造成混乱。

（5）处理紧急事件应以不造成新的损失为前提，不能因急于处理，而不顾后果，造成更大损失。

18.2.3 紧急事件的处理过程

紧急事件处理可以分为事先、事中和事后 3 个阶段。

1. 事先准备

（1）成立紧急事件处理小组。紧急事件处理小组应由企业的高层决策者，公关部门、质量管理部门、技术部门领导及法律顾问等共同组成。

（2）制订紧急事件备选方案。紧急事件处理工作小组必须细致地考虑各种可能发生的紧急情况，制订相应的行动计划，一旦出现紧急情况，小组就可按照应急计划立刻投入行动。对物业管理常见的紧急事件，不仅要准备预案，而且针对同一种类型的事件要制订 2 个以上预选方案。

（3）制订紧急事件沟通计划。紧急事件控制的一个重要工作是沟通。沟通包括企业内部沟通和与外部沟通两个方面。

2. 事中控制

在发生紧急事件时，首先必须确认危机的类型和性质，立即启动相应行动计划；负责人应迅速赶到现场协调指挥；应调动各方面的资源化解事件可能造成的恶果；对涉及公众的紧急事件，应制订专人向外界发布信息，避免受到干扰，影响紧急事件的正常处理。

3. 事后处理

对于紧急事件的善后处理，一方面，要考虑如何弥补损失和消除事件后遗症；另一方面，要总结紧急事件处理过程，评估应急方案的有效性，改进组织、制度和流程，提高企业应对紧急事件的能力。

18.2.4 典型紧急事件的处理

在物业管理服务过程中经常会面临的紧急事件有火警、气体燃料泄漏、电梯故障、噪声侵扰、电力故障、浸水漏水、高空坠物、交通意外、刑事案件和台风袭击等。

1. 火警

（1）了解和确认起火位置、范围和程度。

（2）向公安消防机关报警。

（3）清理通道，准备迎接消防车入场。

（4）立即组织现场人员疏散，在不危及人身安全的情况下抢救物资。

（5）组织义务消防队。在保证安全的前提下接近火场，用适当的消防器材控制火势。

（6）及时封锁现场，直到有关方面到达。

【案例 18-1】火警风险紧急处理

某日上午 9：30 左右，控制中心收到报警，发现 C 座 6 楼厨房附近窗户有浓烟冒出。中心立即通知安防员携带消防工具赶到现场，并及时关闭了 6 楼的电源总开关及燃气总阀，来到单元门口时正遇业主返回，便协助业主迅速打开房门，此时屋内烟雾较大，厨房基本已经被浓烟覆盖。安防员迅速打开各窗户，在做好自我防护措施后进行灭火操作。事后确定是消毒柜短路引发火灾。

由于发现及时，当值安防员在监控中心指挥下，快速赶到事发地将火扑灭。此次火灾烧毁了部分橱柜及一些餐具等，部分顶棚被熏黑。由于扑救及时，未对业主财产造成更大损失。

物业管理单位工作到位，安全员训练有素，处理方式正确果断，避免了更大的损失。

2. 燃气泄漏

（1）当发生易燃气体泄漏时，应立即通知燃气公司。

（2）在抵达现场后，要谨慎行事，不可使用任何电器（包括门铃、电话、风扇等）和敲击金属，避免产生火花。

（3）立即打开所有门窗，关闭燃气闸门。

（4）情况严重时，应及时疏散人员。

（5）如发现有受伤或不适者，应立即通知医疗急救单位。

（6）燃气公司人员到达现场后，应协助其彻底检查，消除隐患。

3. 电梯故障

（1）当乘客被困电梯时，消防监控室应仔细观察电梯内情况，通过对讲系统询问被困者并予以安慰。

（2）立即通知电梯专业人员到达现场救助被困者。

（3）被困者内如有小孩、老人、孕妇或人多供氧不足的须特别留意，必要时请消防人员协助。

（4）督促电梯维保单位全面检查，消除隐患。

（5）将此次电梯事故详细记录备案。

4. 噪声侵扰

（1）接到噪声侵扰的投诉或信息后，应立即派人前往现场查看。

（2）必要时通过技术手段或设备，确定噪声是否超标。

（3）判断噪声侵扰的来源，针对不同噪声源，采取对应的解决措施。

（4）做好与受噪声影响业主的沟通、解释。

【案例 18-2】噪声侵扰事件处理

某小区一业主反映每天晚上后半夜在家里听到“嗡嗡”的声音，影响入睡，于是向物业管理单位反映，希望得到及时处理。

接到业主反映后，物业管理单位派人到业主家里检查。首先怀疑是电梯运行所致，经测试噪声不超标，且后半夜电梯几乎停用，不发出噪声。为进一步验证，又将电梯在晚上 10 点后停止运行，业主反映当晚仍有噪声干扰。经进一步排查，噪声源最后锁定在住户卫生间排水管，该排水管与发生共振的二次供水加压水管接触，加压水管共振由水泵电源故障所致，于是通知负责小区供水系统运行的自来水公司处理，噪声得以消除。

业主投诉后，应及时查找原因，逐个排除。由于此案例系自来水公司工作失误造成的，物业管理单位应加大监督力度，跟踪服务。

5. 电力故障

（1）若供电部门预先通知大厦、小区暂时停电，应立即将详细情况和有关文件信息传递给业主，并安排相应的电工人员值班。

（2）若属于因供电线路故障，大厦、小区紧急停电，有关人员应立即赶到现场，查明确认故障源，立即组织抢修；有备用供电线路或自备发电设备的，应立即切换供电线路。

（3）当发生故障停电时，应立即派人检查确认电梯内是否有人，做好应急处理；同时立即通知住户，加强消防和安全防范管理措施，确保不至于因停电而发生异常情况。

（4）在恢复供电后，应检查大厦内所有电梯、消防系统、安防系统的运作情况。

6. 浸水、漏水

（1）检查漏水的准确位置及所属水质（自来水、污水、中水等），设法制止漏水（如关闭水阀）。

（2）若漏水可能影响变压器、配电室和电梯等，通知相关部门采取紧急措施。

（3）利用现有设备工具，排除积水，清理现场。

（4）对现场拍照，作为存档及申报保险理赔证明。

7. 高空坠物

（1）在发生高空坠物后，有关管理人员要立即赶到现场，确定坠物造成的危害情况。如有伤者，要立即送往医院或拨打急救电话；如造成财物损坏，要保护现场、拍照取证并通知相关人员。

（2）尽快确定坠落物来源。

（3）确定坠落物来源后，及时协调受损 / 受害人员与责任人协商处理。

（4）事后应检查和确保在恰当位置张贴“请勿高空抛物”的标识，并通过多种宣传方式，使业主自觉遵守社会公德。

8. 交通意外

（1）在管理区域内发生交通意外事故，安全主管应迅速到场处理。

（2）有人员受伤应立即送往医院，或拨打急救电话。

（3）如有需要，应对现场进行拍照，保留相关记录。

（4）应安排专门人员疏导交通，尽可能使事故不影响其他车辆的正常行驶。

（5）应协助有关部门尽快予以处理。

（6）事后应对管理区域内交通路面情况进行检查，完善相关交通标识、减速坡、隔离墩等的设置。

9. 刑事案件

（1）物业管理单位或控制中心接到案件通知后，应立即派有关人员到现场。

（2）如证实发生犯罪案件，要立即拨打 110 报警，并留守人员控制现场，直到警方人员到达。

（3）禁止任何人在警方人员到达前接触现场任何物品。

（4）若有需要，关闭出入口，劝阻住户及访客暂停出入，防止疑犯乘机逃跑。

（5）积极协助警方维护现场秩序和调查取证等工作。

10. 台风袭击

（1）在公告栏张贴台风警报。

（2）检查和提醒业主注意关闭门窗。

（3）检查天台和外墙广告设施等，防止坠落伤人，避免损失。

（4）检查排水管道是否通畅，防止淤塞。

（5）物业区域内如有维修棚架、设施等，应通知施工方采取必要防护和加固措施。

（6）有关人员值班待命，并做好应对准备。

（7）台风过后要及时检查和清点损失情况，采取相应措施进行修复。

18.3 物业项目危机公关

18.3.1 危机公关的含义

随着物业管理活动的不断深入，各类矛盾和冲突也不断显现，物业服务人作为物业管理活动的主体之一，始终处于各类危机的包围之中。

危机公关是指由于企业的管理不善、同行竞争甚至遭遇恶意破坏或者是外界特殊事件的影响，而给企业或品牌带来危机，企业针对危机所采取的一系列自救行动，包括消除影响、恢复形象。

【案例 18-3】面对危机 物业服务人消极回避

据杭州《每日商报》2006年9月5日报道，杭州的朱女士花了近200万元买下一套别墅，买房时间是2002年5月，在2004年8月拿到房产三证。但几年来，物业保安一直住在她家的别墅，直到2006年7月才将房子腾空。在保安居住期间，朱女士的别墅曾发生煤气爆炸，别墅的玻璃窗被炸坏，房子也被折腾得破旧不堪。朱女士投诉至新闻媒体，面对媒体的采访，物业管理人一直三缄其口，采取回避的方式，拒绝媒体采访。

18.3.2 物业项目运营中的危机

物业项目运营中的危机，主要是指物业服务人在物业管理活动中，由于自身或他人的原因，造成服务对象的生命财产受到威胁或伤害，并有可能给组织带来一系列负面效应。造成物业项目运营危机的原因，主要有以下几个方面。

（1）法律意识淡薄。

（2）对抗风险意识薄弱。

（3）危机控制经验缺乏。

（4）对媒体的认识存在偏差。

（5）沟通能力有待提高。

18.3.3 物业服务人的危机公关策略

（1）加强法律法规的学习。作为物业管理行业的工作人员，必须树立终身学习的理念，切实加强对物业管理法律法规的学习，要善于从案例中学习法规，将学到的法律知识及时应用到物业管理实践之中。

（2）增强抗风险的意识。物业服务人应当在力所能及的范围内，将各类风险进行合理的转移，特别是涉及公共设施设备的维修养护、物业管理区域内的安全防范等物业管理工作中的高危岗位。

（3）建立健全危机控制预案。作为物业服务人要防患于未然，一方面加强基础管理，另一方面机敏面对危机，建立健全危机控制预案，在最大限度减少危机对组织产生的负面影响。

（4）切实加强与媒体的合作。发生危机后，首先要有积极与相关媒体合作的态度，要相信媒体的客观性，坦诚相待，不应有抵触心理，更不可隐瞒事实真相。必要时，物业服务人可设立新闻发言人制度，保持与媒体的密切沟通与合作。

（5）树立全员公关意识。物业服务人作为一个团队，不但企业高层要有良好的公关意识，每一员工都应有主人翁的责任感，将提升企业品牌形象作为己任。树立全员公关意识，切实提高自身的沟通能力，为有效化解物业管理中的各类危机提供组织保障[①]。

【本章小结】

风险防范是物业服务人普遍面临且无法回避的问题。物业项目运营全过程中，风险无时无处不在。如不妥善防范，在一定条件下就有可能演化为突发的、影响比较大的紧急事件。

物业管理风险是指物业服务人在服务过程中，由于企业或企业以外的自然、社会因素所导致的应由物业服务人承担的意外损失。物业项目运营的不同阶段，风险的内容与防控要点有所不同。

物业管理紧急事件是物业管理服务活动过程中突然发生的，可能对服务对象、物业服务人和公众产生危害，需要立即处理的事件。

物业项目运营中的危机，主要是指物业服务人在物业管理活动中，由于自身或他人的原因，造成服务对象的生命财产受到威胁或伤害，并有可能给组织带来一系列负面效应。做好危机公关的重点，包括加强法律法规的学习、增强抗风险的意识、建立健全危机控制预案、切实加强与媒体的合作、树立全员公关意识。

【延伸阅读】

关注媒体关于物业项目管理突发事件的处理过程，注意分析物业服务人在突发事件应急处理和危机公关方面的做法。

课后练习

一、选择题（扫下方二维码自测）

二、课程实践

选择你熟悉的物业项目，对其项目管理中风险进行测评，并编制项目风险防控优化方案。

① 金志韦．物业管理企业危机公关问题的思考［J］．中国物业管理，2006（12）：2．

附录

《民法典》物业管理相关内容节选

中华人民共和国民法典（节选）

（《中华人民共和国民法典》2020 年 5 月 28 日第十三届全国人民代表大会第三次会议通过，共 7 编、1260 条。其中与物业管理相关的内容有物权编、合同编的物业服务合同章、侵权责任编，以下为相关内容节选。）

……

第二编　物　　权

……

第六章　业主的建筑物区分所有权

第二百七十一条　业主对建筑物内的住宅、经营性用房等专有部分享有所有权，对专有部分以外的共有部分享有共有和共同管理的权利。

第二百七十二条　业主对其建筑物专有部分享有占有、使用、收益和处分的权利。业主行使权利不得危及建筑物的安全，不得损害其他业主的合法权益。

第二百七十三条　业主对建筑物专有部分以外的共有部分，享有权利，承担义务；不得以放弃权利为由不履行义务。

业主转让建筑物内的住宅、经营性用房，其对共有部分享有的共有和共同管理的权利一并转让。

第二百七十四条　建筑区划内的道路，属于业主共有，但是属于城镇公共道路的除外。建筑区划内的绿地，属于业主共有，但是属于城镇公共绿地或者明示属于个人的除外。建筑区划内的其他公共场所、公用设施和物业服务用房，属于业主共有。

第二百七十五条　建筑区划内，规划用于停放汽车的车位、车库的归属，由当事人通过出售、附赠或者出租等方式约定。

占用业主共有的道路或者其他场地用于停放汽车的车位，属于业主共有。

第二百七十六条　建筑区划内，规划用于停放汽车的车位、车库应当首先满足业主的需要。

第二百七十七条　业主可以设立业主大会，选举业主委员会。业主大会、业主委员会成立的具体条件和程序，依照法律、法规的规定。

地方人民政府有关部门、居民委员会应当对设立业主大会和选举业主委员会给予指导和协助。

第二百七十八条 下列事项由业主共同决定：

（一）制定和修改业主大会议事规则；

（二）制定和修改管理规约；

（三）选举业主委员会或者更换业主委员会成员；

（四）选聘和解聘物业服务企业或者其他管理人；

（五）使用建筑物及其附属设施的维修资金；

（六）筹集建筑物及其附属设施的维修资金；

（七）改建、重建建筑物及其附属设施；

（八）改变共有部分的用途或者利用共有部分从事经营活动；

（九）有关共有和共同管理权利的其他重大事项。

业主共同决定事项，应当由专有部分面积占比三分之二以上的业主且人数占比三分之二以上的业主参与表决。决定前款第六项至第八项规定的事项，应当经参与表决专有部分面积四分之三以上的业主且参与表决人数四分之三以上的业主同意。决定前款其他事项，应当经参与表决专有部分面积过半数的业主且参与表决人数过半数的业主同意。

第二百七十九条 业主不得违反法律、法规以及管理规约，将住宅改变为经营性用房。业主将住宅改变为经营性用房的，除遵守法律、法规以及管理规约外，应当经有利害关系的业主一致同意。

第二百八十条 业主大会或者业主委员会的决定，对业主具有法律约束力。

业主大会或者业主委员会作出的决定侵害业主合法权益的，受侵害的业主可以请求人民法院予以撤销。

第二百八十一条 建筑物及其附属设施的维修资金，属于业主共有。经业主共同决定，可以用于电梯、屋顶、外墙、无障碍设施等共有部分的维修、更新和改造。建筑物及其附属设施的维修资金的筹集、使用情况应当定期公布。

紧急情况下需要维修建筑物及其附属设施的，业主大会或者业主委员会可以依法申请使用建筑物及其附属设施的维修资金。

第二百八十二条 建设单位、物业服务企业或者其他管理人等利用业主的共有部分产生的收入，在扣除合理成本之后，属于业主共有。

第二百八十三条 建筑物及其附属设施的费用分摊、收益分配等事项，有约定的，按照约定；没有约定或者约定不明确的，按照业主专有部分面积所占比例确定。

第二百八十四条 业主可以自行管理建筑物及其附属设施，也可以委托物业服务企业或者其他管理人管理。

对建设单位聘请的物业服务企业或者其他管理人，业主有权依法更换。

第二百八十五条 物业服务企业或者其他管理人根据业主的委托，依照本法第三编有关物业服务合同的规定管理建筑区划内的建筑物及其附属设施，接受业主的监督，并及时答复业主对物业服务情况提出的询问。

物业服务企业或者其他管理人应当执行政府依法实施的应急处置措施和其他管理措施，积极配合开展相关工作。

第二百八十六条 业主应当遵守法律、法规以及管理规约，相关行为应当符合节约资源、保护生态环境的要求。对于物业服务企业或者其他管理人执行政府依法实施的应急处置措施和其他管理措施，业主应当依法予以配合。

业主大会或者业主委员会，对任意弃置垃圾、排放污染物或者噪声、违反规定饲养动物、违章搭建、侵占通道、拒付物业费等损害他人合法权益的行为，有权依照法律、法规以及管理规约，请求行为人停止侵害、排除妨碍、消除危险、恢复原状、赔偿损失。

业主或者其他行为人拒不履行相关义务的，有关当事人可以向有关行政主管部门报告或者投诉，有关行政主管部门应当依法处理。

第二百八十七条 业主对建设单位、物业服务企业或者其他管理人以及其他业主侵害自己合法权益的行为，有权请求其承担民事责任。

第七章 相 邻 关 系

第二百八十八条 不动产的相邻权利人应当按照有利生产、方便生活、团结互助、公平合理的原则，正确处理相邻关系。

第二百八十九条 法律、法规对处理相邻关系有规定的，依照其规定;法律、法规没有规定的，可以按照当地习惯。

第二百九十条 不动产权利人应当为相邻权利人用水、排水提供必要的便利。

对自然流水的利用，应当在不动产的相邻权利人之间合理分配。对自然流水的排放，应当尊重自然流向。

第二百九十一条 不动产权利人对相邻权利人因通行等必须利用其土地的，应当提供必要的便利。

第二百九十二条 不动产权利人因建造、修缮建筑物以及铺设电线、电缆、水管、暖气和燃气管线等必须利用相邻土地、建筑物的，该土地、建筑物的权利人应当提供必要的便利。

第二百九十三条 建造建筑物，不得违反国家有关工程建设标准，不得妨碍相邻建筑物的通风、采光和日照。

第二百九十四条 不动产权利人不得违反国家规定弃置固体废物，排放大气污染物、水污染物、土壤污染物、噪声、光辐射、电磁辐射等有害物质。

第二百九十五条 不动产权利人挖掘土地、建造建筑物、铺设管线以及安装设备等，不得危及相邻不动产的安全。

第二百九十六条 不动产权利人因用水、排水、通行、铺设管线等利用相邻不动产的，应当尽量避免对相邻的不动产权利人造成损害。

第八章 共 有

第二百九十七条 不动产或者动产可以由两个以上组织、个人共有。共有包括按份共有和共同共有。

第二百九十八条 按份共有人对共有的不动产或者动产按照其份额享有所有权。

第二百九十九条 共同共有人对共有的不动产或者动产共同享有所有权。

第三百条 共有人按照约定管理共有的不动产或者动产；没有约定或者约定不明确的，各共有人都有管理的权利和义务。

第三百零一条 处分共有的不动产或者动产以及对共有的不动产或者动产作重大修缮、变更性质或者用途的，应当经占份额三分之二以上的按份共有人或者全体共同共有人同意，但是共有人之间另有约定的除外。

第三百零二条 共有人对共有物的管理费用以及其他负担，有约定的，按照其约定；没有约定或者约定不明确的，按份共有人按照其份额负担，共同共有人共同负担。

第三百零三条 共有人约定不得分割共有的不动产或者动产，以维持共有关系的，应当按照约定，但是共有人有重大理由需要分割的，可以请求分割；没有约定或者约定不明确的，按份共有人可以随时请求分割，共同共有人在共有的基础丧失或者有重大理由需要分割时可以请求分割。因分割造成其他共有人损害的，应当给予赔偿。

第三百零四条 共有人可以协商确定分割方式。达不成协议，共有的不动产或者动产可以分割且不会因分割减损价值的，应当对实物予以分割；难以分割或者因分割会减损价值的，应当对折价或者拍卖、变卖取得的价款予以分割。

共有人分割所得的不动产或者动产有瑕疵的，其他共有人应当分担损失。

第三百零五条 按份共有人可以转让其享有的共有的不动产或者动产份额。其他共有人在同等条件下享有优先购买的权利。

第三百零六条 按份共有人转让其享有的共有的不动产或者动产份额的，应当将转让条件及时通知其他共有人。其他共有人应当在合理期限内行使优先购买权。

两个以上其他共有人主张行使优先购买权的，协商确定各自的购买比例；协商不成的，按照转让时各自的共有份额比例行使优先购买权。

第三百零七条 因共有的不动产或者动产产生的债权债务，在对外关系上，共有人享有连带债权、承担连带债务，但是法律另有规定或者第三人知道共有人不具有连带债权债务关系的除外；在共有人内部关系上，除共有人另有约定外，按份共有人按照份额享有债权、承担债务，共同共有人共同享有债权、承担债务。偿还债务超过自己应当承担份额的按份共有人，有权向其他共有人追偿。

第三百零八条 共有人对共有的不动产或者动产没有约定为按份共有或者共同共有，或者约定不明确的，除共有人具有家庭关系等外，视为按份共有。

第三百零九条 按份共有人对共有的不动产或者动产享有的份额，没有约定或者约定不明确的，按照出资额确定；不能确定出资额的，视为等额享有。

第三百一十条 两个以上组织、个人共同享有用益物权、担保物权的，参照适用本章的有关规定。

……

第三编 合 同

……

第二十四章 物业服务合同

第九百三十七条 物业服务合同是物业服务人在物业服务区域内，为业主提供建筑物及其附属设施的维修养护、环境卫生和相关秩序的管理维护等物业服务，业主支付物业费的合同。

物业服务人包括物业服务企业和其他管理人。

第九百三十八条 物业服务合同的内容一般包括服务事项、服务质量、服务费用的标准和收取办法、维修资金的使用、服务用房的管理和使用、服务期限、服务交接等条款。

物业服务人公开作出的有利于业主的服务承诺，为物业服务合同的组成部分。

物业服务合同应当采用书面形式。

第九百三十九条 建设单位依法与物业服务人订立的前期物业服务合同，以及业主委员会与业主大会依法选聘的物业服务人订立的物业服务合同，对业主具有法律约束力。

第九百四十条 建设单位依法与物业服务人订立的前期物业服务合同约定的服务期限届满前，业主委员会或者业主与新物业服务人订立的物业服务合同生效的，前期物业服务合同终止。

第九百四十一条 物业服务人将物业服务区域内的部分专项服务事项委托给专业性服务组织或者其他第三人的，应当就该部分专项服务事项向业主负责。

物业服务人不得将其应当提供的全部物业服务转委托给第三人，或者将全部物业服务支解后分别转委托给第三人。

第九百四十二条 物业服务人应当按照约定和物业的使用性质，妥善维修、养护、清洁、绿化和经营管理物业服务区域内的业主共有部分，维护物业服务区域内的基本秩序，采取合理措施保护业主的人身、财产安全。

对物业服务区域内违反有关治安、环保、消防等法律法规的行为，物业服务人应当及时采取合理措施制止、向有关行政主管部门报告并协助处理。

第九百四十三条 物业服务人应当定期将服务的事项、负责人员、质量要求、收费项目、收费标准、履行情况，以及维修资金使用情况、业主共有部分的经营与收益情况等以合理方式向业主公开并向业主大会、业主委员会报告。

第九百四十四条 业主应当按照约定向物业服务人支付物业费。物业服务人已经按照约定和有关规定提供服务的，业主不得以未接受或者无需接受相关物业服务为由拒绝支付物业费。

业主违反约定逾期不支付物业费的，物业服务人可以催告其在合理期限内支付；合理期限届满仍不支付的，物业服务人可以提起诉讼或者申请仲裁。

物业服务人不得采取停止供电、供水、供热、供燃气等方式催交物业费。

第九百四十五条 业主装饰装修房屋的，应当事先告知物业服务人，遵守物业服务人提示的合理注意事项，并配合其进行必要的现场检查。

业主转让、出租物业专有部分、设立居住权或者依法改变共有部分用途的，应当及时将相关情况告知物业服务人。

第九百四十六条 业主依照法定程序共同决定解聘物业服务人的，可以解除物业服务合同。决定解聘的，应当提前六十日书面通知物业服务人，但是合同对通知期限另有约定的除外。

依据前款规定解除合同造成物业服务人损失的，除不可归责于业主的事由外，业主应当赔偿损失。

第九百四十七条 物业服务期限届满前，业主依法共同决定续聘的，应当与原物业服务人在合同期限届满前续订物业服务合同。

物业服务期限届满前，物业服务人不同意续聘的，应当在合同期限届满前九十日书面通知业主或者业主委员会，但是合同对通知期限另有约定的除外。

第九百四十八条 物业服务期限届满后，业主没有依法作出续聘或者另聘物业服务人的决定，物业服务人继续提供物业服务的，原物业服务合同继续有效，但是服务期限为不定期。

当事人可以随时解除不定期物业服务合同，但是应当提前六十日书面通知对方。

第九百四十九条 物业服务合同终止的，原物业服务人应当在约定期限或者合理期限内退出物业服务区域，将物业服务用房、相关设施、物业服务所必需的相关资料等交还给业主委员会、决定自行管理的业主或者其指定的人，配合新物业服务人做好交接工作，并如实告知物业的使用和管理状况。

原物业服务人违反前款规定的，不得请求业主支付物业服务合同终止后的物业费；造成业主损失的，应当赔偿损失。

第九百五十条 物业服务合同终止后，在业主或者业主大会选聘的新物业服务人或者决定自行管理的业主接管之前，原物业服务人应当继续处理物业服务事项，并可以请求业主支付该期间的物业费。

……

第七编 侵权责任

……

第十章 建筑物和物件损害责任

第一千二百五十二条 建筑物、构筑物或者其他设施倒塌、塌陷造成他人损害的，由建设单位与施工单位承担连带责任，但是建设单位与施工单位能够证明不存在质量缺陷的除外。建设单位、施工单位赔偿后，有其他责任人的，有权向其他责任人追偿。

因所有人、管理人、使用人或者第三人的原因，建筑物、构筑物或者其他设施倒塌、塌陷造成他人损害的，由所有人、管理人、使用人或者第三人承担侵权责任。

第一千二百五十三条 建筑物、构筑物或者其他设施及其搁置物、悬挂物发生脱落、坠落造成他人损害，所有人、管理人或者使用人不能证明自己没有过错的，应当承担侵权责任。所有人、管理人或者使用人赔偿后，有其他责任人的，有权向其他责任人追偿。

第一千二百五十四条 禁止从建筑物中抛掷物品。从建筑物中抛掷物品或者从建筑物上坠落的物品造成他人损害的，由侵权人依法承担侵权责任；经调查难以确定具体侵权人的，除能够证明自己不是侵权人的外，由可能加害的建筑物使用人给予补偿。可能加害的建筑物使用人补偿后，有权向侵权人追偿。

物业服务企业等建筑物管理人应当采取必要的安全保障措施防止前款规定情形的发生；未采取必要的安全保障措施的，应当依法承担未履行安全保障义务的侵权责任。

发生本条第一款规定的情形的，公安等机关应当依法及时调查，查清责任人。

第一千二百五十五条 堆放物倒塌、滚落或者滑落造成他人损害，堆放人不能证明自己没有过错的，应当承担侵权责任。

第一千二百五十六条 在公共道路上堆放、倾倒、遗撒妨碍通行的物品造成他人损害的，由行为人承担侵权责任。公共道路管理人不能证明已经尽到清理、防护、警示等义务的，应当承担相应的责任。

第一千二百五十七条 因林木折断、倾倒或者果实坠落等造成他人损害，林木的所有人或者管理人不能证明自己没有过错的，应当承担侵权责任。

第一千二百五十八条 在公共场所或者道路上挖掘、修缮安装地下设施等造成他人损害，施工人不能证明已经设置明显标志和采取安全措施的，应当承担侵权责任。

窨井等地下设施造成他人损害，管理人不能证明尽到管理职责的，应当承担侵权责任。

……

参考文献

［1］ 中国物业管理协会．物业管理基本制度与政策［M］．北京：中国市场出版社，2014.

［2］ 中国物业管理协会．物业管理实务［M］．北京：中国市场出版社，2014.

［3］ 张志红．物业管理实务［M］．北京：清华大学出版社，2016.

［4］ 季如进．物业管理［M］．2 版．北京：首都经济贸易大学出版社，2007.

［5］ 王青兰，等．物业管理理论与实务［M］．北京：高等教育出版社，2017.

［6］ 张作祥，杜春辉．物业管理实务［M］．北京：清华大学出版社，2011.

［7］ 黄安心．物业管理导论［M］．北京：中国人民大学出版社，2020.

［8］ 徐笑古，王炜．物业公司“管理者”变成“服务员”［N］．人民日报，2007-09-13.

［9］ 中华人民共和国住房和城乡建设部．房地产业基本术语标准：JGJ/T 30—2015［S］．北京：中国建筑工业出版社，2015.

［10］ 黄安心．物业管理原理［M］．重庆：重庆大学出版社，2009.

［11］ 李宗锷．香港房地产法［M］．香港：商务印书馆香港分馆，1988.

［12］ 杨立新．最高人民法院审理物业服务纠纷案件司法解释理解与运用［M］．北京：法律出版社，2009.

［13］ 鲁欢．万科物业助推品牌价值破百亿［N］．京华时报，2009-11-20.

［14］ 佚名．新《物业管理条例》10 月起施行物业定位由管理转向服务［N］．石狮日报，2007-09-02.

［15］ 才琪，李云，段明哲．浅谈如何发挥新闻媒体在物业管理中的积极作用［J］．现代物业（上旬刊），2012（2）：3.

［16］ 范君．物业纠纷诉讼指引与实务解答［M］．北京：法律出版社，2014.

［17］ 中国物业管理协会．2015 物业管理行业发展报告［R］．北京，2015.